21世纪高职高专系列规划教材

电子信息类教材

实用电工电子技术实验实训教程

主　编　王光福

副主编　黄　宁　刘廷敏

王若愚　程龙泉

主　审　许志军

电子科技大学出版社

·成都·

图书在版编目（CIP）数据

实用电工电子技术实验实训教程 /王光福主编. —成都：电子科技大学出版社，2006.8（2024.8 重印）

（21 世纪高职高专系列规划教材）

ISBN 978-7-81114-209-9

Ⅰ. 电… Ⅱ. ①王… Ⅲ. ①电工技术—实验—高等学校：技术学校—教材 ②电子技术—实验—高等学校：技术学校—教材 Ⅳ. ①TM-33②TN-33

中国版本图书馆 CIP 数据核字（2006）第 087128 号

内 容 简 介

本书根据教育部制定的高职高专教育“电工仪表与测量”“电工基础”“电子技术基础”课程教学的基本要求编写而成。

全书共分七部分，主要包括电工仪表与测量的基本知识、电流与电压的测量、万用表、电功率的测量、电能的测量、相序的测量、电阻的测量、电工基础实验、模拟电子技术实验、数字电子技术实验、实验实训技术、电子技术综合实训等内容。本书以培养学生综合实践能力为目的，内容安排突出基本技能和综合实践能力的训练，可选择性和实用性强。

本书既可作为“电工仪表与测量”“电工基础”“电子技术基础”等相应理论课程配套的实验实训教材，也可作为电子技术课程的指导教材，还可作为有关工程技术人员的参考书。

21 世纪高职高专系列规划教材

实用电工电子技术实验实训教程

王光福 主编

策划编辑 朱 丹 李述娜
责任编辑 朱 丹
责任印制 段晓静

出版发行 电子科技大学出版社
成都市一环路东一段 159 号电子信息产业大厦九楼 邮编 610051
主 页 www.uestcp.com.cn
服务电话 028-83203399
邮购电话 028-83201495

印 刷 郫县犀浦印刷厂
成品尺寸 185mm×260mm
印 张 22
字 数 534 千字
版 次 2006 年 8 月第 1 版
印 次 2024 年 8 月第 16 次印刷
书 号 ISBN 978-7-81114-209-9
定 价 38.50 元

前　言

本书是与“电工仪表与测量”“电工基础”“电子技术基础”相配套的实验实训教材。根据高职高专教育培养目标的要求，我们结合多年的实践教学和改革经验，以培养应用型、技能型人才和培养学生综合能力为出发点编写了本书。

本书的特点是：①通过实验配合课堂教学内容，验证、巩固和加深理解所学的理论知识；②既着眼于对学生“电工仪表与测量”“电工基础”“电子技术基础”技能和能力的培养，又努力反映新技术，采用新器件；③理论与实践紧密结合，融为一体，验证性实验、提高性实验、设计性实验、综合性实验循序渐进，有利于培养学生的能力和因材施教；④实验实训中所用的仪器设备均是通用的，便于各校根据实际情况进行选择，适应性强；⑤设计性实验实训介绍了设计思路，并提供了参考电路，以培养学生初步设计典型电子电路的能力；⑥把基本技能和能力的培养融于电路的组装、调试过程中，针对性强，具有工程技能教育特色；⑦在课题的设计上力求做到实用、有趣，以激发学生的学习积极性和求知欲。

本书符合高职高专“电工仪表与测量”“电工基础”“电子技术基础”课程对学生实践能力的基本要求。全书由七部分组成：第一部分是常用电工仪表与测量，内容包括仪表的结构、工作原理、使用方法和注意事项等；第二部分是电工基础实验，主要内容有基尔霍夫定律、叠加原理、戴维南定理等直流电路实验，RC串联谐振、日光灯电路、三相交流电路等交流电路实验；第三部分是模拟电子技术实验，内容主要有二极管和三极管特性测试、单管交流放大、多级放大、集成运算放大器、功率放大实验等；第四部分是数字电子技术实验，内容主要有门电路、组合逻辑电路、时序逻辑电路实验等；第五部分是电子技术综合实训，以课程设计和实做的形式进行训练，培养学生的创造性和开拓性思维能力；第六部分主要介绍了实验实训技术，内容主要包括电子电路安装、调试和故障测试方法；第七部分是附录，主要列出了常用集成电路管脚排列及功能。本书在注重基础训练的同时，强调实用性、综合性，教材由浅入深，由易到难，循序渐进。

本书可作为电气、电子、通信、自动化、数控、机电一体化、计算机、机械等工科专业的“电工仪表与测量”“电工基础”“电子技术基础”等相应理论课程配套的实验实训教材，既可供单独设置实验实训课程使用，又可作为电子技术课程设计的指导教材，还可供有关工程技术人员参考。

本书由黄宁编写第一部分，刘廷敏编写第二部分，王若愚编写第三部分，程龙泉编写第五部分，王光福编写第四部分、第六部分及第七部分。王光福担任主编，负责全书的组织、修改和定稿工作。

许志军担任本书的主审，他对本书的编写原则和编写方法进行了具体指导，对书稿进行了逐字逐句、非常认真负责的审查，提出了许多宝贵的意见和建议，编者在此表示诚挚的谢意。

限于编者水平有限，加之编写时间仓促，错误在所难免，恳请读者提出批评和改进意见。

编　者

2006 年 7 月

目　录

第一部分　常用电工仪表与测量

第二部分　电工基础实验

第三部分　模拟电子技术实验

第四部分　数字电子技术实验

第五部分　电子技术综合实训

第六部分　实验实训技术

第七部分　附录

第一部分

常用电工仪表与测量

第一章　电工仪表与测量的基本知识

电工测量的对象主要是指电流、电压、电功率、电能、相位、频率、功率因数、电阻等。测量各种电量（包括磁量）的仪器仪表，统称为电工测量仪表。电工测量仪表的种类很多，其中最常用的是测量基本电量的仪表。本章着重介绍常用电工仪表的基本知识以及测量方法。所谓电工测量，就是将被测的电量或磁量与同类标准量进行比较的过程。根据比较方法的不同，测量方法也不一样，因此，就带来了不同的测量误差。所以在测量中除了应该正确选用仪表和使用仪表之外，还必须采用合适的测量方法，掌握测量的操作技术，以便尽可能地减小测量误差。为此，在分别介绍各种电工仪表与测量之前，本章首先概括介绍电工仪表的符号、型号、仪表的构成原理、误差的概念以及电工仪表的技术指标等。

1.1　常用电工仪表的符号与型号

一、常用电工仪表的符号

在实践中当我们选用或使用电工仪表时，首先会看到在仪表的表盘上及外壳上，有各种符号。这些符号表明了电工仪表的基本结构特点、准确度、工作条件等。常用电工指示仪表的主要符号如表 1-1-1 所示。

表　1-1-1

名称	符号	名称	符号	名称	符号
磁电系仪表		直流	—	绝缘强度试验电压（见五角星内，0 代表未做，单位：千伏）	☆
电磁系仪表		交流	~	危险	
电动系仪表		以标尺量限百分数表示的准确度等级	1.5	同名端	*
感应系仪表		以标尺长度百分数表示的准确度等级		接地	⏚
整流系仪表	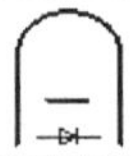	以指示值百分数表示的准确度等级		与外壳相连的端钮	

二、电工仪表的型号

电工仪表的产品型号可以反映出仪表的用途、作用原理。电工仪表的产品型号，是按主管部门制定的电工仪表型号编制法，经生产单位申请，并由主管部门登记颁发的。对安装式和便携式指示仪表的型号，规定有不同的编号规则。

安装式指示仪表型号的组成如图 1-1-1 所示。形状第一位代号按仪表的面板形状最大尺寸编制；形状第二位代号按仪表的外壳尺寸编制；系列代号按仪表工作原理的系列编制，如磁电系代号为“C”，电磁系代号为“T”，电动系代号为“D”，感应系代号为“G”，整流系代号为“L”，静电系代号为“Q”，电子系代号为“Z”等。

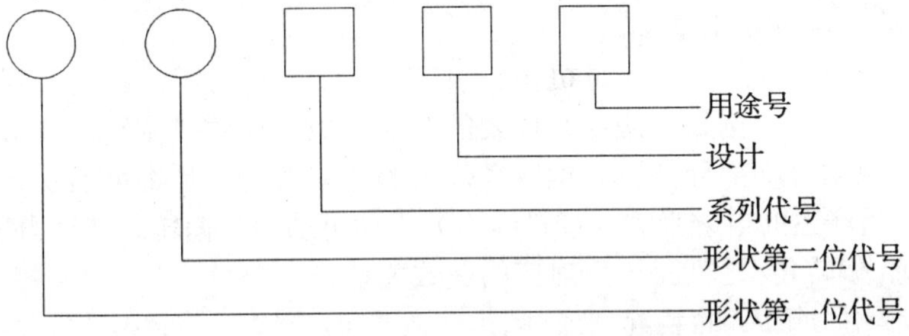

图 1-1-1　安装式仪表型号编制规则

例如，44C2-A 型电流表，其中“44”为形状代号，“C”表示磁电系仪表，“2”为设计序号，“A”表示用于电流测量。对于便携式指示仪表不用形状代号，其他部分则与安装式指示仪表完全相同。例如，T62-V 型电压表，其中“T”表示是电磁系仪表，“62”为设计序号，“V”则表示用于电压测量。

电度表的型号编制规则，基本上与便携式指示仪表相同，只是在组别号前再加上一个“D”字表示电度表，如“DD”表示单相，“DS”表示三相有功，“DT”表示三相四线，“DX”表示无功等。例如 DD28 型电度表，其中“DD”表示单相，“28”则表示设计序号。

1.2　电工指示仪表的组成与原理

电工指示仪表，就是能把被测的电量变换成仪表指针的机械角位移的一种电-机转换模拟式仪表。根据指针的指示可以直接获取测量结果，因此，又叫做直读式仪表。

电工指示仪表的种类很多，而且随着生产和科学技术的发展，新型仪表在不断出现。但由于电工指示仪表具有成本较低、使用方便、经久耐用等优点，因此，在实用工程中的应用最为广泛。

一、指示仪表的组成

指示仪表主要由测量机构和测量线路两部分组成。测量线路的作用是把被测量 x（如电流、电压、电功率等）转换为测量机构可接受的过渡量 y（如转换为电流），然后通过测量机构把过渡量 y 转换成为指针的角位移α。由于测量机构中的 x 和 y、测量机构中的 y 和 α，能严格保持一定的函数关系，所以可根据角位移α的值，直接读出被测量 x 的值。测量机构是指示仪表的核心。如图 1-1-2 所示为电工指示仪表的方框图。

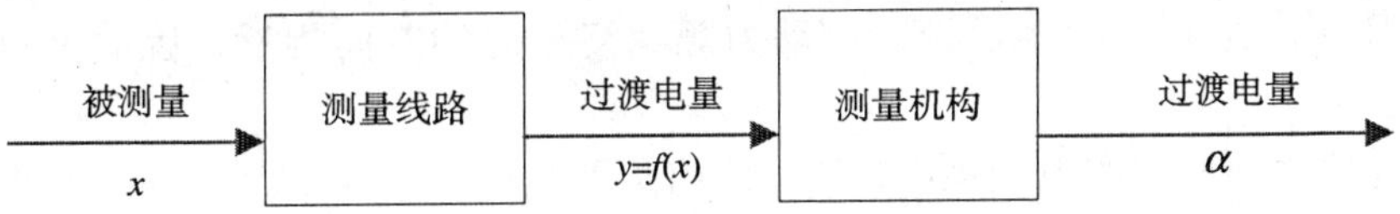

图 1-1-2　电工指示仪表的方框图

二、测量机构的主要组成部分与基本原理

指示仪表的测量机构是由固定部分和可动部分组成的。固定部分包括磁路系统、固定

线圈等。可动部分包括可动线圈、可动铁芯、游丝、指针等。如果按测量机构各元件的功能，也可分成下列几个部分：

1．产生转动力矩 M 的装置

要使指示仪表的指针偏转，测量机构必须产生一个转动力矩。不同系列的仪表，产生转动力矩的原理也不同。例如：磁电系仪表的转动力矩，是由载流线圈在永久磁铁的磁场中产生电磁力，驱动可动部分偏转。电磁系仪表的转动力矩，是将可动铁芯置于交变磁场中，铁芯被磁化后产生的电磁吸力（或推斥力）驱动可动部分偏转。转动力矩 M 与被测量 x（或过渡量 y）、偏转角α之间呈一一对应的函数关系。

2．产生反作用力矩 M_α的装置

如果指示仪表的测量机构只有转动力矩，则不论被测量有多大，仪表的可动部分都将在转动力矩的作用下，偏转到尽头。就好像不挂秤砣的秤一样，无论被称物品有多重，都会使秤杆翘起。为了使一定大小的被测量所产生的对应转矩，使可动部分偏转相应的角度，测量机构必须有产生反作用力矩的装置。反作用力矩一般是由游丝产生的。当可动部分偏转时，由于游丝被扭紧，游丝的反作用力矩相应增大，在游丝的弹性范围内，反作用力矩与偏转角α 呈线性关系，即式中：

$$M_\alpha = D \cdot \alpha \tag{1.1.1}$$

式中，D 为反作用力矩系数，由游丝的弹性、几何形状和尺寸所决定。

在游丝制成固定尺寸的情况下，D 为常数。可动部分的转动力矩 M 与反作用力矩 M_α 相等，即 $M = M_\alpha$ 时可动部分平衡，则被测量对应于一定的偏转角。即：

$$M = M_\alpha = D \cdot \alpha \tag{1.1.2}$$

$$\alpha = \frac{M}{D} \tag{1.1.3}$$

式（1.1.3）表明，仪表可动部分偏转角α与被测量的大小相对应。在指示仪表中，产生反力矩的装置除游丝外，还有张丝、吊丝等。

3．产生阻尼力矩的装置

由于可动部分具有一定的转动惯量，因此，当 $M=M_\alpha$ 时，可动部分不可能立即停止而是在平衡位置的左右来回摆动。阻尼装置是用来吸收这种振荡能量的装置，使可动部分尽快地静止，达到尽快读数的目的。仪表中的阻尼力矩装置有两种：空气阻尼器和磁感应阻尼器，如图 1-1-3 所示。

如图 1-1-3(a)所示为空气阻尼器，可动部分转动时带动了翼片，使其在阻尼箱中的运动受空气的阻力，产生阻尼力矩。如图 1-1-3(b)所示为磁感应阻尼器，当可动部分转动时带动了阻尼金属片运动，阻尼金属片因切割磁力线运动会产生感生涡流，感生涡流与永久磁铁的磁场相互作用产生制动力矩，由于制动力矩始终与运动方向相反，因此使可动部分尽快地静止下来。

空气阻尼器主要应用在电动系中，磁感应阻尼器则广泛地应用在电磁系、磁电系仪表中。

由上面的分析可知，反作用力矩与阻尼力矩明显不同，反作用力矩随仪表可动部分的偏角变化而变化，当仪表的偏角达到最大值时，反作用力矩也达到最大值且它与作用力矩相等。而阻尼力矩只在可动部分转动时产生，它的大小与转动快慢有关，当转动停止，阻尼力矩也随之消失。

1—空气阻尼盒　2—阻尼片
(a) 空气阻尼器

1—阻尼片　2—永久磁铁
(b) 磁感应阻尼器

图 1-1-3　阻尼力矩装置

4．读数装置

读数装置通常由指针、刻度尺组成。指针的形状有矛形和刀形两种。

5．支承装置

支承装置是用于支承可动部分的装置。现有的仪表中，支承方式主要有轴尖轴承支承方式和张丝弹片支承方式两类。由于张丝弹片支承方式消除了磨擦误差，提高了仪表的准确度和耐颠震性能，近年来国内外生产的可携式仪表，已大部分采用了这种结构。

1.3　仪表的误差和准确度

一、仪表的误差

仪表的误差是指仪表指示值与被测量实际值之间的差异，而准确度是指仪表指示值与实际值的接近程度。可见，仪表的准确度越高，则误差越小。仪表误差可分为两类：

1．基本误差

仪表在正常的工作条件下（在规定的温度、规定的放置方式、没有外电场和外磁场干扰等），由于仪表制造工艺的限制，仪表本身所固有的误差，如摩擦误差、标尺刻度不准确、轴承与轴尖间隙造成的倾斜误差等，都属于基本误差范围。

2．附加误差

仪表离开规定的工作条件（如环境温度的改变、外电场或外磁场的影响、波形非正弦等）而引起的误差，属于附加误差。仪表在非正常的工作条件下形成的总误差中，除有基本误差外，还包括附加误差。

二、仪表误差的表示方法

仪表的误差一般有三种表示方法：

1．绝对误差Δ

仪表的指示值 A_x 与被测量的实际值 A_0 之差称为绝对误差。即：

$$\Delta=A_x-A_0 \tag{1.1.4}$$

绝对误差的单位与被测量的单位相同，绝对误差的符号有正、负之分。

【例 1.1.1】用电压表甲去测量实际值 U_1 为 220V 的电压，它的读数为 U_{01}=220.5V；用电压表乙测量同一电压，它的读数为 U_{02}=219.2V。则它们测量的绝对误差分别为多大？

解：$\Delta_1=U_{01}-U_1=220.5-220=0.5$ (V)

$\Delta_2=U_{02}-U_1=219.2-220=-0.8$ (V)

显然，电压表甲的测量值要比电压表乙的测量值准确。因此，对于同一个测量值来说，测量的绝对误差（绝对值）越小，准确度就越高。

2．相对误差

相对误差γ，是指绝对误差Δ与被测量实际值 A_0 之比，用百分数表示。即：

$$\gamma=\frac{\Delta}{A_0}\times 100\% \tag{1.1.5}$$

以例 1.1.1 为例：

电压表甲测量的相对误差为：

$$\gamma_1=\frac{\Delta_1}{U_1}\times 100\%=\frac{0.5}{220.5}\times 100\%\approx 0.25\%$$

若同样用电压表甲去测量实际值为 380V 的电压，它的读数若为 399.4V，则相对误差为：

$$\gamma_2=\frac{\Delta}{U}\times 100\%=\frac{0.6}{380}\times 100\%\approx 0.16\%$$

我们可以得知：甲表测量 380V 的绝对误差为 0.6V，比测量 200V 时的绝对误差要大 0.1V，但它测量的相对误差却要小一些。因此，相对误差不仅可以表示测量结果的准确程度，而且便于在不同实际值的情况下，对测量的准确程度进行比较。所以，在工程上通常用相对误差来比较测量的准确程度。

3．引用误差

由于相对误差在整个仪表刻度尺的全长上不是恒定的，即各个标度上的相对误差是不相等的，因此，在国家标准中，对指示仪表的误差规定用引用误差表示。所谓引用误差是仪表的绝对误差Δ与仪表的量程 A_m 的百分比，用γ_m来表示。即：

$$\gamma_m=\frac{\Delta}{A_m}\times 100\% \tag{1.1.6}$$

引用误差，实际上也是一种相对误差，只是表达式中的分母为仪表的量程 A_m。因为仪表的绝对误差基本不变，所以若已知仪表的引用误差，便可以根据测量量程的绝对误差，计算不同量程上的相对误差。

三、准确度

仪表的准确度用仪表的最大引用误差表示。考虑到仪表各刻度上的绝对误差总存在差异，而且为了使允许误差能包括整个仪表的基本误差，对仪表的准确度是这样定义的：仪表的最大绝对误差Δ_{max}与仪表的量程 A_m 的百分比，称为仪表的准确度±K%，用下式表示为：

$$\pm K\%=\frac{\Delta_{max}}{A_m}\times 100\% \tag{1.1.7}$$

最大引用误差越小，则仪表的准确度越高。电工指示仪表的准确度等级（精度级）一般分为七级，它们所表示的基本误差见表 1-1-2。

表 1-1-2

准确度等级	0.1	0.2	0.5	1.0	1.5	2.5	5.0
基本误差(%)	±0.1	±0.2	±0.5	±1.0	±1.5	±2.5	±5.0

【例 1.1.2】用某电压表去测一电压时的最大绝对误差为 3V，该仪表电压量程为 500V，试确定该仪表的准确度等级。

解：该仪表测量的准确度为：

$$\pm K\%=\frac{\varDelta_{\max}}{A_m}\times 100\%=\frac{3}{500}\times 100\%=0.6\%$$

根据仪表的准确度等级确定该仪表的准确度等级为 1.0 级。

由该例可知，仪表的准确度等级与仪表的准确度有所区别，我们应根据仪表测量的准确度确定仪表的准确度等级。如$\pm K=\pm 0.15$，则仪表的准确度等级为 0.2；如$\pm K=\pm 3$，则仪表的准确度等级为 5.0。

例【1.1.3】用准确度为 2.5 级、10mA 量程挡的电流表 A 和用准确度为 1.0 级、100mA 量程挡的电流表 B 去测量 5mA 的电流，分别求出可能出现的最大相对误差。

解：用电流表 A 测量时的最大相对误差为：

$$\gamma_1=\frac{\varDelta_{m1}}{A_x}=\frac{\frac{\pm KA_{m1}}{100}}{A_x}\times 100\%=\frac{\frac{\pm 2.5\times 10}{100}}{5}\times 100\%=\pm 5\%$$

用电流表 B 测量时的最大相对误差为：

$$\gamma_2=\frac{\varDelta_{m2}}{A_x}=\frac{\frac{\pm KA_{m2}}{100}}{A_x}\times 100\%=\frac{\frac{\pm 1.0\times 100}{100}}{5}\times 100\%=\pm 25\%$$

由该例可知，电流表 B 虽然准确度等级比电流表 A 的准确度等级高，但它测量的准确程度却不如电流表 A。所以，片面地追求仪表的精度而忽视对仪表量程的选择，是完全错误的。为了保证测量结果的准确程度，必须合理选择仪表的量程，通常应使被测量的大小为仪表量程的一半以上。

1.4 电工指示仪表的选择要求

为了保证测量结果的准确、可靠，对电工指示仪表的选择指标主要有以下几个方面：

1. 足够的准确度

由上一节的分析可知，测量要求仪表具有较高的准确度。但仪表的准确度越高，对外界环境的要求也越高，同时价格也越高。选择时注意仪表量程，准确度以满足需要为原则，不宜盲目追求高精度的仪表。

2. 合适的灵敏度

在指示仪表中，被测量的变化将引起仪表可动部分偏转角的变化。如果被测量变化了Δx，引起偏转角α的相应变化$\Delta\alpha$，则$\Delta\alpha$与Δx 的比值就是仪表的灵敏度，用 S 表示。即：

$$S=\frac{\Delta\alpha}{\Delta x} \tag{1.1.8}$$

对于刻度均匀的仪表，则$S=\frac{\alpha}{x}$。这里，x 为任一被测量，而α是对应于 x 的仪表偏转角。可见，对于标尺刻度均匀的仪表，其灵敏度是一个常数，它的数值等于单位被测量所引起的偏转角。

灵敏度表示仪表对被测量的反应能力，它反映了仪表所能测量的最小被测量。所以，灵敏度是电工仪表的一个重要的技术指标。选择仪表的灵敏度时，要考虑被测量的要求。灵敏度过高，仪表的量限可能过小；灵敏度过低，则仪表不能反应被测量的较小变化。因此，要恰当地选用灵敏度合适的仪表，而不应单纯地追求高灵敏度。

灵敏度的倒数叫做仪表常数，用 C 表示，即$C=\frac{1}{S}$。

对某些仪器仪表（如数字仪表），还用分辨率来表示对被测量的反应能力。例如分辨率为 4μV，即仪表对 4μV 的电压变化有明显的反应。

3．仪表的阻尼良好

由于仪表可动部分的惯性，当接入被测量或被测量突然变化时，指示器不能迅速稳定在指示值上，而在稳定位置的左右摆动，以致不能迅速地取得测量读数。为减小摆动时间、迅速读数，仪表应设有良好的阻尼装置。

4．仪表本身消耗的功率尽量小

仪表接入电路时，本身也要消耗一定的能量。如果仪表消耗的功率较大，必将改变电路原有的工作状态，从而造成不能允许的测量误差。因此，仪表本身的功率应尽量小。

5．良好的读数装置

仪表的标度尺刻度应尽量均匀，以便于读数，并扩大仪表在测量时的工作范围。

刻度不均匀的仪表，在分度线较密的部分，灵敏度低而读数误差大。在这部分标度尺上进行测量时必然不能保证应有的准确度。因此，对标尺不均匀的仪表，要求在刻度盘上标明其工作部分。一般规定其工作部分的长度不应小于标尺全长的 85%。

6．有足够的强度和过载能力

仪表的电气线路和外壳之间应有良好的绝缘，以保证仪表的正常工作和使用时的安全。

仪表应有一定的耐受长时间和短时间过载的能力，以防止在延时过载下由于元件的过热、短时过载下的机械力冲击而造成仪表的损坏。

1.5 测量误差及其消除方法

测量误差是指测量的结果与被测量的真实值（实际值）之间存在的差异。测量误差产生的原因，除了由于仪表精度所限而产生的误差以外，还与测量方法不完善、测试人员的操作技能和经验不足，以及人的感觉器官的差异等因素有关。测量误差可分为以下三类：

1．系统误差

这种误差是遵循一定的规律，在测量过程中保持不变的误差。造成系统误差的原因，主要是由于仪表本身精度所限；其次是由于测量方法的不完善或者使用了近似计算公式，如用伏安法测量电阻时，忽略了仪表内阻的影响而造成的方法误差，就会带来系统误差。如果能设法消除产生这些误差的原因，则系统误差也会随之减小或消除。例如，由于仪表放置不当造成误差，若能正确安装或放置仪表，误差即可消除。但是多数情况下，产生这种误差的原因是无法完全消除的，只能采取一些特殊的测量方法减来小这种误差。

2．偶然误差

偶然误差又称为随机误差，这是一种大小和符号都不确定的误差。这种误差主要是由于周围环境的偶发原因引起的。偶然误差是不可能在一次测量中加以消除的，在足够多次的测量中，偶然误差的算术平均值趋于零，测量次数越多，测量结果的算术平均值越趋近实际值。

3．疏失误差

这是一种严重歪曲测量结果的误差，它是由于测量者在测量过程中的粗心和疏忽造成的，如读数错误或记录错误等。这样的测量结果是不可取的，消除疏失误差的根本方法，是加强测量人员的责任感，倡导认真负责和一丝不苟的工作精神。对由于疏失得到的测量结果，必须一律去除。

第二章　电流与电压的测量

测量电流和电压，在电工测量中属于最基本的测量，在工程中广泛地应用。而在电流与电压的测量中，主要是使用电流表和电压表。电流表和电压表的种类很多，本章主要介绍磁电系和电磁系的电流表与电压表的基本结构与工作原理、仪用互感器的使用以及钳形电流表的原理和使用。对电流表和电压表扩大量程的原理和计算也将进行介绍。

2.1　电流与电压的测量方法

电流与电压的测量，通常采用的方法有直接测量法和间接测量法。

一、直接测量法

测量电流或电压时，使用直读式指示仪表，即用电流表或电压表进行测量，根据仪表的读数获取被测电流和电压的方法，称为直接测量法。直流电流表的测量范围一般为 10^{-7}～10^{2}A，直流电压表的测量范围为 10^{-3}～10^{5}V。交流指示式仪表的灵敏度比直流仪表低，交流电压表的测量范围为 10^{-3}～10^{5}V。电流表和电压表的基本误差为 2.5%～0.1%。在电力工程中，直读式电工仪表已能满足测量电流和电压的要求。

1．电流表与电压表的接法

从电工基础知识中知道，当用电流表测量电流时，须将电流表与电路串联，而电压表则应与电路并联。图 1-2-1 为电流表与电压表的接线图。

为了使仪表的通电线圈与外壳之间不形成高电位，电流表接在被测电路中的低电位端，如图 1-2-1(a)所示。电压表的负端须接在低电位端，如图 1-2-1(b)所示。如果电压表的端子有接地标志，在接线时必须注意，应将接地标志的端子与被测电路的接地线相连接。

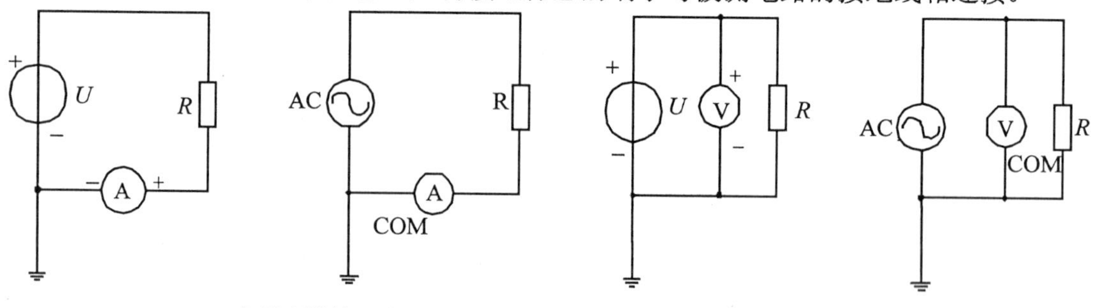

(a) 电流表接法　　　　(b) 电压表接法

图 1-2-1　电流表与电压表的接线

2．对电流表与电压表内阻的要求

将电流表或电压表接入被测电路后，电路中引入了仪表的内阻（即仪表两个端子间的等效电阻）。当电流表串入被测电路时，将使原来电路的等效电阻增加；而电压表并接在被测电路时，将会使原来电路的等效电阻减小。因此，电流表和电压表接入测量电路后，都会使原来电路的工作状态发生改变，而产生测量误差。为了减小测量误差，要求电流表的内阻应比负载电阻小得多（小到可以忽略不计）；而电压表的内阻应比负载电阻大得多。

二、间接测量法

用电流表测量电路中的电流时，往往需要将电路断开，然后将电流表串接在电路中进行测量。为了实现在不断开电路的情况下测量电流的目的，可以采用间接测量方法。间接测量法，是通过测量与电流或电压有关的量，然后通过计算，求得被测电流或电压数值的一种方法。虽然电流与电压的测量采用直接测量法已经很方便，但在有些场合还是需要采用间接法进行测量。

2.2 磁电系电流表与电压表

一、磁电系仪表的测量机构

1．磁电系仪表的测量机构组成

磁电系仪表的测量机构由固定的磁路系统和可动部分组成，其结构如图 1-2-2 所示。

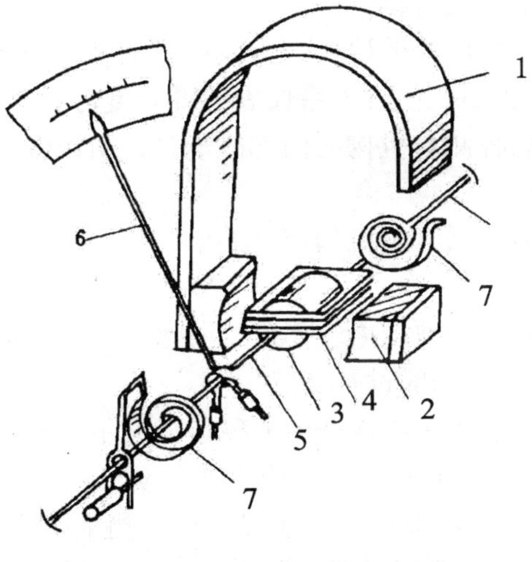

图 1-2-2　磁电系仪表的测量机构

仪表的磁路系统包括永久磁铁 1，固定在磁铁两极的极掌 2 以及处于两个极掌之间的圆柱形铁芯 3 上。圆柱形铁芯固定在仪表支架上，用来减小磁阻，并使极掌和铁芯间的空气隙中产生均匀的辐射形磁场。这个磁场的特点是，沿着圆柱形铁芯的表面，磁感应强度处处相等，而方向则和圆柱形表面垂直。因此，处在这个磁场中的可动线圈 4 绕转轴偏转时，两个有效边上的磁场也总是大小相等，并且方向是与线圈边辐向垂直的。可动线圈用很细的漆包线绕在铝框上。转轴分成前后两部分，每个半轴的一端固定在动圈铝框上，另一端则通过轴尖支承于轴承 5 中。在前半轴还装有指针 6，当可动部分偏转时，用来指示被测量的大小。

反作用力矩可以由游丝 7、张丝或悬丝产生。当采用游丝时，还同时用它来导入和导出电流。因此，装设了两个游丝，它们的螺旋方向相反。仪表的阻尼力矩则由铝框产生。高灵敏度的仪表为了减轻可动部分的重量，通常不用铝框，此时应在可动线圈中加短路线圈，以产生阻尼作用。

2．磁电系仪表测量机构的工作原理

当可动线圈通电时，线圈电流和永久磁铁的磁场相互作用，产生电磁力，从而形成转动力矩，使可动部分发生偏转。根据安培力定律，电磁力的大小与线圈通入电流 I 成正比，考虑到均匀辐射形气隙磁场的特点，不管线圈转到什么位置，转矩 M 的大小只随被测电流 I 的改变而成正比地变化，而转矩的方向则取决于流进线圈的电流方向。

线圈转动引起游丝的变形而产生反作用力矩 M_f。此力矩与变形的大小成正比，因而也和偏转角度α成正比。

由此可知，当转矩 M 等于 M_f 时，可动部分的稳定偏转角α和电流 I 的大小成正比。因此，在仪表中就可以用偏转角来衡量被测电流的大小，并通过指针在标度尺上直接示出电流的数值。

3．磁电系测量机构的主要技术特性

（1）准确度高　因为永久磁铁的磁场很强，产生的转矩很大，所以由摩擦、温度及外磁场的影响引起的误差相对较小，使磁电系仪表的准确度可达 0.1～0.05 级。

（2）灵敏度高　因为这种测量机构的内部磁场强，所以线圈中只需通过很小的电流，就会产生足够大的转动力矩。

（3）刻度均匀　由于磁电系测量机构指针的偏转角与被测电流的大小成正比，因此仪表的刻度是均匀的。

（4）过载能力小　这是因为被测电流要通过游丝，而线圈的导线又很细，所以过载容易引起游丝的弹性发生变化和线圈的过热烧毁。

（5）只能测量直流　由于永久磁铁产生的磁场方向不能改变，所以只有通入直流电流才能产生稳定的偏转。如果在磁电系测量机构中通入交流电流，则所产生的转动力矩也是交变的，可动部分由于惯性而来不及转动。所以，这种测量机构不能直接测量交流量。

磁电系测量机构主要用于在直流电路中测量电流和电压，在直流标准仪表和安装式仪表中都得到广泛应用。加上变换器后，还可用于交流电量以及非电量的测量。所以这种测量机构应用广泛，在电工仪表中占有重要的位置。

二、磁电系电流表

磁电系电流表按其量程的大小不同可分为四类，即：微安表（μA）、毫安表（mA）、安培表（A）和千安表（kA）。

1．基本电路

如图 1-2-3 所示为测量电流的最简单电路。

这种简单电路只能用于微安表或毫安表，因为动圈一般是用线径很细的漆包线绕制的。动圈与游丝串联，游丝除产生反作用力矩外，还起导流作用。当电流表接入测量电路时，被测电流将经过游丝流入动圈。由于结构的原因，可动线圈不允许通入过大的电流；否则，会引起游丝发热，破坏弹性，还会造成动圈的损坏。所以，磁电系电流表动圈内的最大允许电流，只能限制在几十微安到几十毫安之间。如果测量大电流，就需要加接分流器。

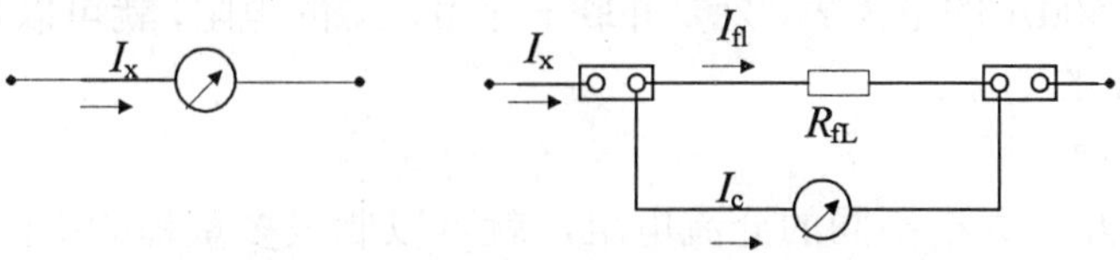

(a) 简单电路　　(b) 具有分流器的电路

图 1-2-3　电流表的基本电路

2．分流器

分流器是用来扩大电流量程的装置。它是按专门的精密制造工艺制成的一种电阻器。分流器要与测量机构并联，如图 1-2-3(b)所示。被测电流大部分通过分流电阻 R_{fL}，流入测量机构的电流 I_c 由分流公式得出：

$$I_c = \frac{R_{fL}}{R_c + R_{fL}} I_x \tag{1.2.1}$$

因此，被测电流为：

$$I_x = \frac{R_c + R_{fL}}{R_{fL}} I_c \tag{1.2.2}$$

式中　R_c 为测量机构的电阻，R_{fL} 为分流器的电阻。

K_{fL} 为分流系数，它表示被测电流比测量机构内的电流大 K_{fL}，分流电阻确定以后，分流系数 K_{fL} 是一个定值。因此，并接分流器的磁电系电流表，可以直接根据被测电流 I_x 进行刻度。即：磁电系安培表或千安表是由磁电系测量机构与分流器并联构成的。将 $I_x=K_{fL}I_c$ 代入式（1.2.2）中得：

$$I_c = \frac{R_{fL}}{R_c + R_{fL}} K_{fL} I_c$$

$$\frac{1}{K_{fL}} = \frac{R_{fL}}{R_c + R_{fL}}$$

整理后得：

$$R_{fL} = \frac{R_c}{K_{fL} - 1} \tag{1.2.3}$$

由此可见，磁电系电流表并联分流器后，若扩大的量程给定，就可以由 $K_{fL} = \dfrac{I_x}{I_c}$ 求得，并从式（1.2.3）中算出分流器的电阻值 R_{fL}（一般 I_c 和 I_x 均为仪表的已知参数）。

【例 1.2.1】一个量限为 50μA 的电流表，内阻 R_c=1kΩ，若用于测量 2.5A 的电流，求分流系数和分流电阻。

解：分流系数为：

$$K_{fL} = \frac{I_x}{I_c} = \frac{2.5}{50 \times 10^{-6}} = 50000$$

分流电阻为：

$$R_{fL} = \frac{R_c}{K_{fL} - 1} = \frac{1000}{50000 - 1} = 0.02\,(\Omega)$$

即一个量限为 50μA 的电流表，只要并联一个 0.02Ω的电阻，就可以使量程扩大到 50000 倍，用于测量 2.5A 的电流。

3．多量程电流表

在仪表中采用几个大小不同的分流电阻，就可以制成多量程的电流表。如图 1-2-4 所示为具有三个量程的安培表的电路示意图。这种接线是环形分流器，电路中量程转换开关（或插头）的接触电阻，不影响仪表的误差。因为仪表动圈外电路的闭合电阻是不变的，所以，仪表的阻尼时间和温度误差不随量程变化。而且动圈电路电阻或仪表灵敏度的变化，对各量程的影响是一致的。但在这种线路中，任意部分电阻的阻值变化，都会影响其他量程，所以调整比较麻烦。

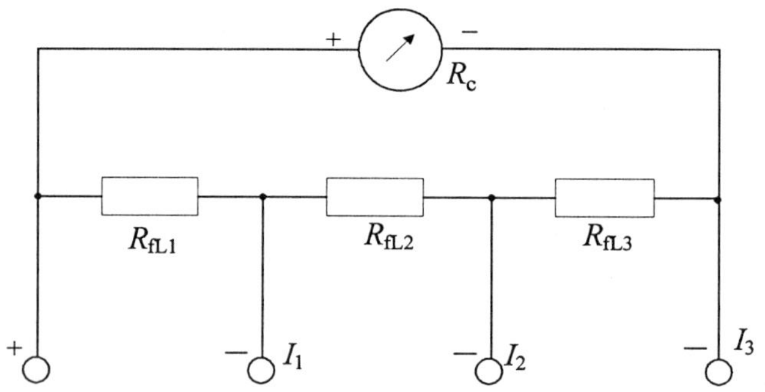

图 1-2-4　环形分流器扩大量程

三、磁电系电压表

磁电系测量机构如果与被测电压并联，则流过测量机构的电流为：

$$I_c = \frac{U}{R_c}$$

式中　R_c为测量机构的等效电阻。

当 R_c一定时，仪表的偏转角为：

$$\alpha = S_1 I_c = S_1 \frac{U}{R_c} = S_U U \qquad (1.2.4)$$

式中　$S_U = \frac{S_1}{R_c} = \frac{\alpha}{U}$ 为测量机构的电压灵敏度。

式（1.2.4）表明，磁电系仪表指针的偏转角与被测电压 U 呈线性关系。因此，刻度尺可根据电压（即被测电压）均匀地刻度。所以磁电系仪表可以直接用于测量电压。但由于动圈允许通过的电流很小，如果直接测量时，只能测量很低的电压（不超过毫伏数量级）。若测量较大的电压，必须扩大量程。扩大电压表的量程，可以采用串联附加电阻的方法，如图 1-2-5 所示。

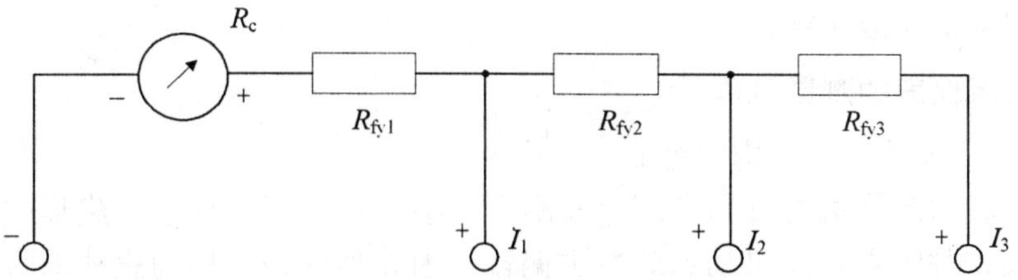

图 1-2-5　分压电阻扩大电压表量程

设测量机构的额定电压为 U_c，内阻 R_c 串接附加分压电阻 R_{fy} 之后，可使量程扩大为 U。则 U 与 U_c 的关系可由下式求得：

$$\frac{U}{R_c + R_{fy}} = \frac{U_c}{R_c} = I_c$$

令 $\frac{U}{U_c} = m$ 为电压表量程扩大倍数。可以从附加电阻 R_{fy} 值求得量程扩大倍数，也可以根据 m 值求出附加电阻。

$$m = \frac{R_c + R_{fy}}{R_c} = 1 + \frac{R_{fy}}{R_c} \tag{1.2.5}$$

当电压量程扩大 m 倍时，所需的附加电阻 R_{fy} 的值可由式（1.2.5）求得：

$$R_{fy} = (m-1)R_c \tag{1.2.6}$$

【例 1.2.2】一磁电系测量机构，满偏电流为 200μA，内阻 R_{f1}=300Ω，如果量程扩大为 60V，求附加电阻。

解：先求出测量机构的满偏电压：

$$U_c = R_c I_c = 300 \times 200 \times 10^{-6}\ \text{V} = 0.06\text{V}$$

再算出扩大倍数：

$$m = \frac{U}{U_c} = \frac{60}{0.06} = 1000$$

所以：

$$R_{f1} = (m-1)R_c = (1000-1) \times 300\Omega = 299.7\Omega$$

即测量 60V 电压，需串接 299.7kΩ的附加电阻。

由于电压表接有附加电阻，它与测量机构的电阻共同构成了仪表的内阻，所以电压表内阻的大小与电压量程有关。电压表各量程的内阻与相应电压的比值为一常数，该常数在电压表的铭牌上标明。它的单位为“欧/伏”，这是电压表的一个重要参数。这个参数愈大，仪表内阻愈大，则功率损耗愈小。

2.3　电磁系电压表和电流表

电磁系仪表，是一种用于测量直流和交流的直读式电工仪表。其测量机构主要是由固定线圈和可动铁芯所组成。由于它有结构简单坚固、过载能力强、稳定、成本较低以及便于制造等特点，所以广泛地应用在安装式和便携式仪表中。电磁系仪表常见的结构形式，主要是吸引型和推斥型两种。

一、电磁系仪表的测量机构

1．电磁系仪表的测量机构的组成

电磁系仪表的测量机构有两种：扁线圈吸引型和圆线圈排斥型。扁形线圈通电后，产生磁场将偏心铁片吸入，使可动部分发生偏转，因此称这种结构为扁线圈吸引型。线圈通电后，固定铁片和可动铁片均被线圈磁场磁化，它们互相排斥而使可动铁片转动，因而指针发生偏转。所以把这种结构叫做圆线圈排斥型。

扁线圈吸引型的结构如图 1-2-6 所示，固定线圈 1 和偏心地装在转轴上的可动铁片 2 构成了一个电磁系统。转轴上还装有指针 3、阻尼片 4 和游丝 5 等。和磁电系测量机构不同，游丝中不通过电流。阻尼片 4 和永久磁铁 6 构成了磁感应阻尼器，磁屏 7 则用来屏蔽永久磁铁的磁场对线圈磁场的影响。

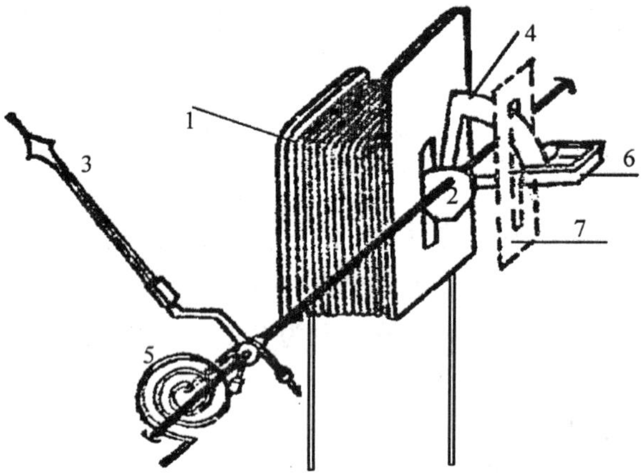

图 1-2-6　电磁系扁线圈吸引型的测量机构

圆线圈排斥型的结构如图 1-2-7 所示。固定部分包括固定线圈 1 和固定在线圈里侧的定铁片 2。可动部分由固定在转轴 3 上的可动铁片 4、游丝 5、指针 6 和阻尼片 7 组成。

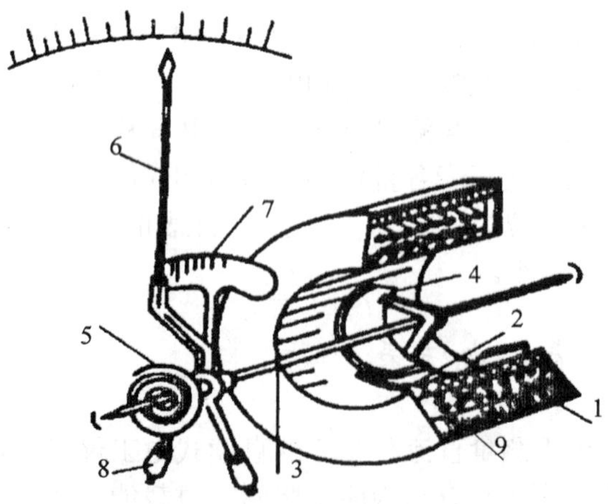

图 1-2-7　电磁系圆线圈排斥型的测量机构

对圆线圈排斥型结构来讲，当电流通过线圈时，两个铁片顺同一磁场的方向同时被磁化，因此在两个铁片的同一侧有相同的极性，结果就产生了互相排斥的力，从而产生转动力矩推动可动铁片旋转。当线圈电流方向改变时，它所产生的磁场（$\boldsymbol{B}$）的方向也跟着改变。这样，就使两个铁片的极性同时改变，因而仍然互相排斥，可动铁片的受力和转动方向不变。可见，这种结构同样可以用于交流电路中。

2．电磁系仪表的测量机构的工作原理

因为电磁系测量机构的转动力矩由电磁吸力或磁铁斥力所产生，所以，电流愈大，磁场愈强，则转动力矩就愈大。扁线圈吸引型结构中，线圈和铁片的吸引力可以看成是两个磁场互相作用的结果：一个是通电线圈的磁场，线圈的磁势 NI 愈大，磁场愈强，吸力就愈大；另一个是被磁化的铁片的磁场，如果铁片没有饱和，则线圈磁势愈大，铁片磁性就愈强，吸力也就愈大。因此，线圈对铁片的吸引力，应和线圈磁势的平方成正比。对于排斥型结构也是如此，因为铁片间的排斥力决定于两个铁片各自的磁性强弱，而它们的磁性又都和线圈的磁势成正比，所以此斥力也与线圈磁势的平方成正比。由此可见，不论是吸引型还是排斥型，其转动力矩都和线圈磁势的平方成正比。

可动铁片的转动引起游丝的变形而产生反作用力矩。此力矩与变形的大小成正比，因而也和偏转角度α成正比。

由于可动部分稳定时，偏转角α和被测电流的平方成正比。因此，可以用仪表的偏转角来衡量被测电流的大小，并通过指针在标度尺上直接示出电流的数值。但它用于电压或电流的测量时，刻度并不均匀。

3．电磁系仪表的测量机构的技术特性

（1）既可用于直流，又可用于交流。当铁芯采用优质导磁材料（坡莫合金）时，可制成交直流两用的仪表。

（2）可直接测量较大电流，过载能力强。磁电系机构不同，电磁系测量机构中电流并不通过可动部分和游丝，而是通过固定线圈。绕制固定线圈的导线又可以粗些，因此允许通过较大的电流。

（3）结构简单，成本较低。

（4）受外磁场的影响大。

电磁系测量机构内部磁场很弱，这是因为整个磁路除铁片外都是空气，磁阻很大。这样，外磁场对它的影响就很大，仅是地磁的影响就可造成 1%的误差。因此，电磁系测量机构应有防御外磁场影响的措施。

（5）用于直流测量时有磁滞误差，准确度较低。磁滞误差是由铁片的磁滞现象所引起的。用于直流测量时，这种磁滞误差可能很大，而且不稳定。这是因为根据磁滞现象的特点，当被测量增加或减小时，以及测量前仪表原先通过电流的方向不同时，误差均不相同。

电磁系仪表用于交流时则没有磁滞误差，因为这时仪表的偏转取决于平均转矩，而铁片已被多次交变磁化了。所以，电磁系测量机构更适用于交流电流和电压的测量。总之，按有效值刻度的交流电磁系仪表，不可用于直流测量，以免引起过大的误差。只有采用优质导磁材料构成的交直流两用表，才可用于直流的测量。

（6）标尺刻度不均匀。电磁系测量机构的偏转角随被测电流的平方而改变，因此，标尺刻度具有平方律的特性。在被测量较小时，分度很密；而被测量较大时，则分度较疏。

所以使用标尺的开始部分时，读数困难而且不准确，这就实际上缩小了仪表的测量范围。

综上所述，电磁系测量机构的技术特性虽有许多不足之处，但却具有结构简单、牢固、价格低廉、便于制造、经得起过载等独特的优点，因此得到了广泛的应用。目前，安装式交流电流表和电压表，一般都采用电磁系测量机构。随着新材料、新技术的采用，电磁系仪表在便携式仪表中也占有愈来愈重要的地位。此外，电磁系测量机构还可以用来制成不同用途的比率表、相位表和同步指示器等。

二、电磁系电流表

电磁系电流表测量机构的固定线圈（励磁线圈），是直接串联在被测电流的电路内的。其测量线路非常简单，而且可以制成直接接在测量电路内的大电流安培表。高量程的电流表通常只做到 200A，最多不超过 300A。若测量更大的电流，则需与电流互感器配合使用。

对于便携式或实验室用电磁系电流表，一般采用多量程的测量线路。它扩大量程时不使用分流器，而是采用分段线圈的串联和并联来改变量程的。串联、并联的换接是通过转换装置完成的。常见的转换装置有三种，即插销式、接线片式和转换开关式。如图 1-2-8 所示为多量程电磁系电流表的线路图。当接线片按图 1-2-8(a)连接时，则线圈 1 和 2 串联；当接线片按图 1-2-8(b)连接时，则线圈 1 和 2 并联。在改变量程时，必须保持固定线圈的总安匝数及固定线圈内的磁场分布不变；否则将会出现各量程的读数在同一标度尺上不重合的现象。电磁系电流表的功率损耗比较小，例如指针式的 0.5 级电流表，其功率损耗约为 0.25W，0.2 级电流表约为 0.5W。为了降低功率损耗，提高灵敏度，采用张丝结构和光标读数装置，将会使功率损耗显著降低。

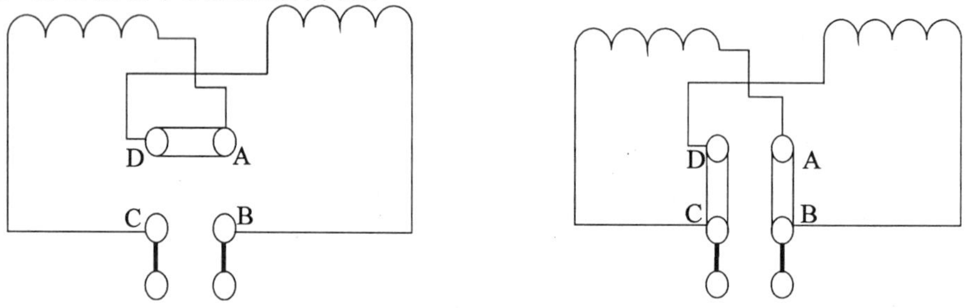

(a) 串联式　　(b) 并联式

图 1-2-8　双量限电磁系电流表线路

三、电磁系电压表

电磁系电压表是由固定线圈和附加电阻串联组成的。安装式电磁系电压表，一般只有一个量程。从理论上讲可以用串联附加电阻的方法，测量很高的电压，但电压太高时，既不安全，也会使结构体积很大。因此，电磁系电压表一般最高的量程为 600V。如果测量 600V 以上的电压，可以与电压互感器配合使用。

2.4　仪用互感器

将大的交流电流和交流电压，变换成相应的小电流和低电压的测量用互感器，称为仪用互感器。仪用互感器实际上就是一个铁芯变压器。其中接到电源（大电流或大电压）的绕组叫做一次绕组，另一个接测量仪表（小电流或低电压）的绕组叫做二次绕组。按用途的不同仪用互感器可分为：电流互感器与电压互感器。如图 1-2-9 所示为仪用互感器的图形符号。

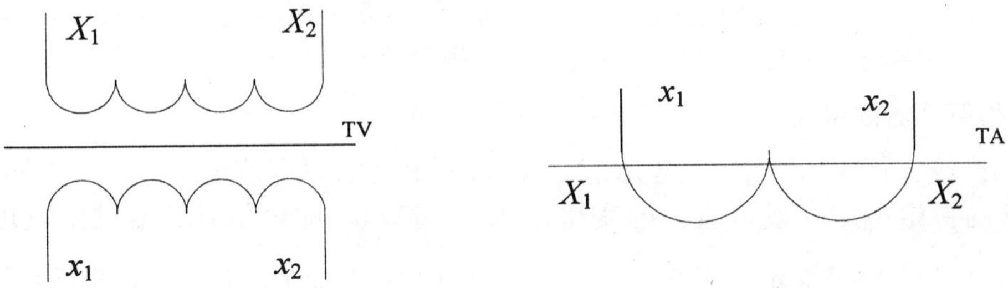

(a)电压互感器　　(b) 电流互感器

图 1-2-9　仪用互感器的图形符号

电压互感器是一个降压变压器，它的一次绕组的匝数远多于二次绕组的匝数。因为二次绕组的额定电压一般为 100V，故不同量程的电压互感器，其一次绕组的匝数是不同的，即一次绕组可以接入不同的额定电压。当使用电压互感器测量大电压时，被测电路、电压互感器和电压表之间的接线，如图 1-2-10 所示。其中 X_1、X_2 表示一次绕组与电源的接线端子，x_1、x_2 表示二次绕组与电压表的接线端子。

电流互感器相当于一个“降流”变压器，所以，它的一次绕组的匝数远小于二次绕组的匝数。通常二次绕组的额定电流为 5A。因此，不同量程的电流互感器，其一次绕组的匝数是不相同的。电流互感器与被测电路、电流表的接线，如图 1-2-11 所示。图中的 X_1、X_2 表示电流互感器的一次绕组与被测的大电流的接线端子，x_1、x_2 表示电流互感器与电流表的接线端子。

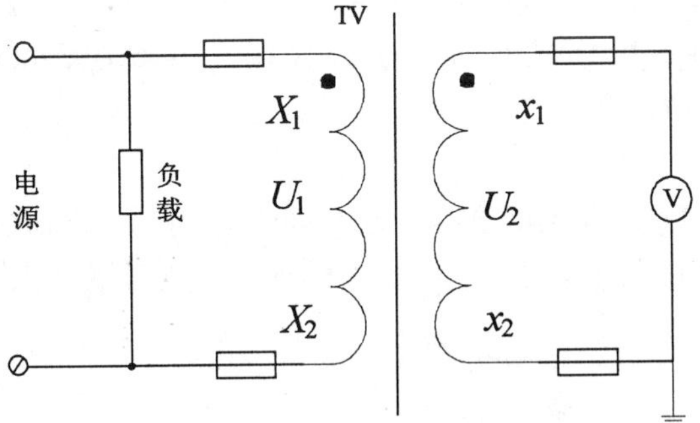

图 1-2-10　电压互感器接线图

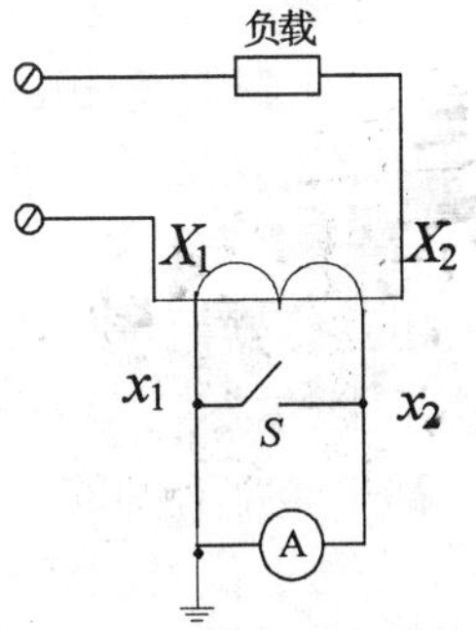

图 1-2-11　电流互感器接线图

对于电压互感器来说，它的二次绕组的匝数要比一次绕组的匝数少得多，所以二次绕组的阻抗比较小，当接入电压表后它的次级（即二次绕组闭合回路）相当于开路的工作状态。而电流互感器由于它的二次绕组的匝数远多于一次绕组的匝数，所以阻抗比较大。当二次绕组接入电流表后，因为电流表的内阻比较小，因此，电流互感器的次级（即二次绕组的闭合回路）相当于短路的工作状态。

使用互感器不但可以扩大电工仪表的量程，能将电流或电压按一定比例减小，而且更重要的是，它可以把测量仪表的电路与高电压分开，具有很好的电气绝缘作用。这就为二次电路的接地提供了条件，从而保护了操作人员的安全。所以，在高压电路中测量电流时，即使在被测电流并不很大的情况下（指能够用安培表直接测量），为了安全也需使用电流互感器。

为了安全起见，电流互感器的副边不允许开路。如需更换电流表，应先将开关 S 合上后，方可进行换表操作，避免副边产生高压危及人员和设备的安全。

一、仪用互感器的变比

互感器的一次额定电压 U_n（或电流 I_n）与二次额定电压 U_n（或电流 I_n）的比值，叫做仪用互感器的额定电压（或电流）的变比，用 K_T 表示。即电压互感器额定电压变比 $K_{TU}=\dfrac{U_{T1}}{U_{T2}}$，电流互感器额定电流变比 $K_{TI}=\dfrac{I_{T1}}{I_{T2}}$。在仪用互感器的铭牌上，都标明额定变比。通过额定变比，可以根据互感器二次绕组电压（或电流），算出一次绕组被测电压（或电流）值，即：

$$U_{T1}=K_{TU}U_{T2}$$

$$I_{T1}=K_{TI}I_{T2}$$

二、使用仪用互感器的优点

1．一表多用

采用仪用互感器可以将大电压、大电流变换成低电压、小电流，使之适合于仪表的测量要求。它可以配套使用，也可以单独使用，从而提高了仪表的利用率。此外，一个仪用互感器可以同时接入几个仪表（在不超过次级额定阻抗的前提下），而用分流器和附加电阻扩大仪表的量程时，只能是一表单用。

2．降低仪表的功率损耗

用互感器扩大仪表的量程，要比用分流器或附加电阻的功率损耗小得多。如测量 20 kV 的电压，当仪表的满偏电流为 20mA 时，电压表的功耗为：$P=UI=20\times10\times20\times10\text{W}=400\text{W}$。而采用互感器测量时，表的功率损耗最高不超过几十瓦。

3．安全可靠

采用互感器后，一次绕组与二次绕组之间只有磁耦合而无电气的直接连接，因此接在二次绕组上的仪表，与一次绕组没有直接的电气联系，这对仪表的绝缘以及对操作人员的安全，都是非常有利的。

4．有利于仪表制造的标准化

因为不论被测的电压或电流量程有几种，而与互感器配套仪表的量程却是单一的（一般电压互感器的二次绕组电压为 100V，电流互感器的二次绕组电流为 5A）。

三、仪用互感器的正确使用方法

1．互感器的接线原则

（1）电压互感器的接线应遵守“并联”原则，即其原边应和被测电压的电路并联，而副边则和所有的仪表负载并联，以使所有仪表承受同一电压，即互感器的副边电压。

（2）电流互感器的接线应遵守“串联”原则，即其原边应和被测电流的电路串联，而副边则和所有的仪表负载串联，以使所有仪表中通过同一电流，即互感器的副边电流。

（3）对某些转动力矩和电流方向有关的仪表（如功率表、电度表等），在接入互感器时，必须遵守仪表的“发电机端接线原则”，以使仪表和互感器连接后，仪表内电流的方向与不用互感器而直接接入时相同。为了正确地接线，在互感器的原边和副边线圈的端钮上都加以特殊的标志，以表明它们的极性。

2．互感器的保护接地

不论是电压互感器，还是电流互感器，其副边线圈的一端都必须接地。这是为了防止在原边线圈和副边线圈之间绝缘损坏或击穿时，原边的高电压串入副边，危及人身与设备的安全。

3．接在互感器副边的负载功率不应超过互感器的额定容量

电压互感器和电流互感器的准确度都是在一定的副边负载下才能得到保证，如果接在副边的仪表消耗的功率超过了互感器副边的额定功率，就会使互感器的误差增大。所以，接在同一个互感器上的仪表不能太多。

4．电流互感器的副边在任何情况下都不许开路

在工作原理中已述及，电流互感器的副边是不能开路的。因此在使用时，不允许在电流互感器的副边电路中装设熔断器。另外，在原边电路仍然接通的情况下，需要拆除或更换仪表时，应先将互感器的副边短路，以免在操作过程中造成副边的开路。

5．电压互感器应有保护短路的保险器

电压互感器原、副边线圈都不允许短路；否则，互感器将通过很大的短路电流而烧毁。因此，在电压互感器的原边和副边都应装设保险器，以作为短路事故的保护。

2.5 钳形电流表

一、钳形电流表的用途

通常在测量电流时，需将被测电路断开，才能将电流表或电流互感器的原边串接到电路中去。为了在不断开电路的情况下测量电流，可使用钳形电流表。

钳表的准确度不高，通常为 2.5 级或 5 级。但它可在不切断电路的情况下测量电流，使用方便，所以在生产上用得很多。为了扩大钳表的使用范围，目前我国还生产一种多用钳表，由钳形电流互感器和万用表组合而成，当两部分组合起来时，就是一个钳形电流表；将钳形互感器拔出，便可单独作为万用表使用。例如：MG28、MG36 型多用钳表，都是采用这样的结构。

二、钳形电流表的工作原理

钳形电流表是由电流互感器和电流表组成的。当捏紧钳形电流表的扳手时，其电流互感器的铁芯便可以张开，这时被测电流的导线不必切断，就能穿过铁芯张开的缺口；而当放开扳手后使铁芯闭合，这样通过被测电流的导线，就构成了电流互感器的一次绕组，在二次绕组中便会产生感应电流，使与二次绕组串接的电流表的指针发生偏转，从而在表盘上指示出被测电流的数值。钳形电流表表头的测量机构，采用的是整流式的磁电系仪表，只能用于测量交流。

实验 1.1　电流表和电压表的量程扩大

一、实验目的

1．加深对磁电系电流表和电压表扩大量程的认识。

2．学习测量机构内阻。

3．学会用比较法校验电压表和电流表。

二、实验仪器及设备

1．500 型万用表

2．标准直流电流表

3．标准直流电压表

4．可调直流电流

5．可调电压源

6．电阻箱

7．电阻（10kΩ、20kΩ、100kΩ）

三、实验内容及步骤

1．电流表内阻的测量方法

本实验测量电流表的内阻采用“分流法”。如图 1-2-12 所示，R_A 为 500 型万用表直流毫安电流挡位的内阻，测量前先将 500 型万用表置于直流 1mA 挡位，电阻箱阻值置于 10Ω，断开开关 K，调节电流源的输出电流 I 使万用表表指针满偏转，然后合上开关 K，并保持 I 值不变，调节电阻箱的阻值 R，使电流表 A 的指针指在 1/2 满偏转位置，此时，电阻箱的阻值 R 便与仪表内阻 R_A 相等。记下电阻箱的电阻 R 并填入表 1-2-1 第二行中。将 500 型万用表切换至直流 10mA 挡位，重复刚才的操作，记下电阻箱的电阻 R 并填入表 1-2-1 中。

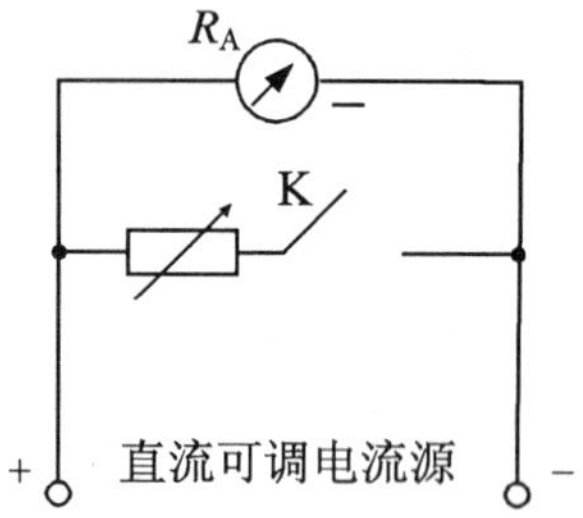

图 1-2-12　电流表内阻的测量电路

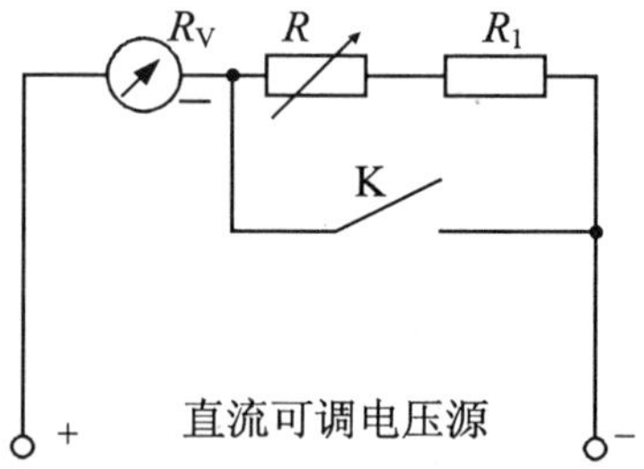

图 1-2-13　电压表内阻的测量电路

表　1-2-1

500 型万用表量限挡位	R	R_{A1}
1mA		
10mA		

2．电压表内阻的测量方法

本实验测量电流表的内阻采用“分压法”。如图 1-2-13 所示，R_V 为 500 型万用表直流电压挡位的内阻，测量前先将 500 型万用表置于直流 2.5V 挡位，电阻 R_1 选用 45kΩ，合上开关 K，调节电压源使万用表满偏，然后断开开关 K，并保持电压源值不变，调节电阻箱

的阻值 R，使电压表的指针指在 1/2 满偏转位置，此时，电阻箱的阻值 R 与固定电阻 R_1 之和便与仪表内阻相等。记下电阻箱的电阻 R_1 并填入表 1-2-2 第二行中。将 500 型万用表切换至直流 10V 挡位，重复刚才的操作，记下电阻箱的电阻 R 并填入表 1-2-2 第三行中。

表 1-2-2

500 型万用表量限挡位	R_1	R_2	R_V
2.5V			
10V			

3．电流表量程的扩大及验证

根据表 1-2-1 中 1mA 挡电流表的内阻，可计算出扩大至某一量程（学生可自选大小，建议为 20mA）需并联的分流电阻值 R_{fl}，然后按图 1-2-14 接线（图中 A 为标准电流表），完成表 1-2-3 的内容。表中以扩大至 20mA 为依据制作，若选择其他量程，学生可自行设计表格。

表 1-2-3

电流源输出电流	2mA	6mA	10mA	14mA	18mA	20mA
扩展仪表电流值						

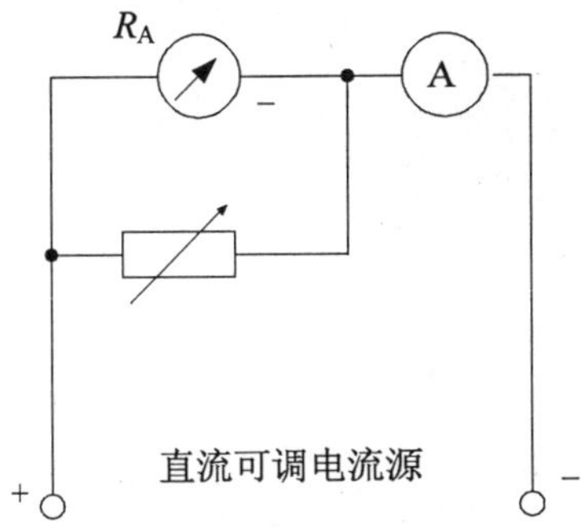

图 1-2-14　电流表量程的扩大电路

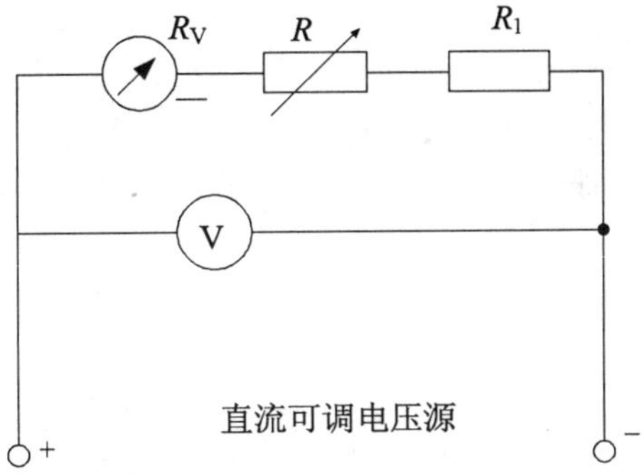

图 1-2-15　电压表量程的扩大电路

4．电压表量程的扩大及验证

根据表 1-2-2 中 2.5V 电压表的内阻，可计算出扩大至某一量程（学生可自选大小，建议为 5V）需并联的分流电阻值 R，然后按图 1-2-15 接线（图中 V 为标准电压表），完成表 1-2-4 的内容。表中以扩大至 5V 为依据制作，若选择其他量程，学生可自行设计表格。

表 1-2-4

电压源输出电压	1V	2V	3V	4V	5V
扩展仪表电流值					

四、实验总结

1．电流表和电压表不同量程之间的内阻有何关系？与理论相符吗？

2．电流表和电压表量程扩大后，读数时与原量程读数时有何关系？

3．完成该实验后自己有哪些收获？

实验 1.2　同名端的判别

一、实验室提供的仪器设备

直流电压源、交流电压源、直流电压表、交流电压表、互感器。

二、实验内容及步骤

在同一变化磁通的作用下，互感线圈的感应电动势极性始终保持一致的端点，称为同名端。请同学查阅相关理论，并根据所提供的仪器设备，自己选定实验方案，画出电路图并连接电路，完成实验，判别同名端，得出结论。

第三章　万　用　表

万用表又叫做复用电表，它是一种可以测量多种电量的多量程便携式仪表。由于它具有测量种类多、量程范围宽、价格低以及使用和携带方便等优点，因此广泛应用于电气维修和测试中。

一般的万用表可以测量直流电流、直流电压、交流电压、直流电阻、音频电平等电量。有的万用表还可以测量交流电流、电容、电感以及晶体管的β值等。

万用表种类较多，常见的主要有 500 型、MF30 型等机械指针式万用表和 DT890、DT830 等数字式万用表。本章主要介绍万用表的一般结构以及它的使用方法和维护常识。

3.1　500 型万用表

一、万用表的结构

万用表主要由表头（测量机构）、测量线路和转换开关组成。它的外形做成便携式或袖珍式，标度盘、转换开关、调零旋钮以及插孔等装在面板上。各种形式的万用表外形布置不完全相同，如图 1-3-1 所示是 500 型万用表的外形结构。

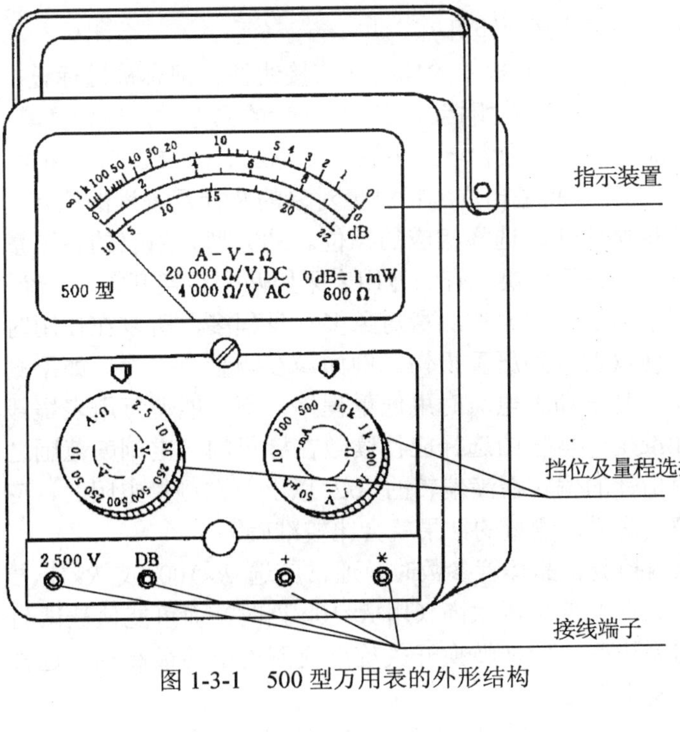

图 1-3-1　500 型万用表的外形结构

1．表头

万用表的表头多采用灵敏度高、准确度较好的磁电系直流微安表，其满刻度偏转电流一般为几微安至几百微安。满偏电流愈小，灵敏度就愈高，测量电压时的内阻就愈大，因而电表对被测线路的工作状态的影响也就愈小。一般万用表在做电压表使用时内阻为2000～10000Ω/V，高的可达 100000Ω/V。表头本身的准确度一般在 0.5 级以上，做成万用表后一般为 1.0～5.0 级。表头刻度盘标有多种刻度尺，可以直接读出被测量。

2．测量线路

万用表用一只表头能测量多种电量，并具有多种量程。实现这些功能的关键是通过测量线路的变换，把被测量变换成磁电系表头所能接受的直流电流。可见测量线路是万用表的中心环节。一只万用表，它的测量范围愈广，其测量线路也就愈复杂，但各种万用表的基本电路是大同小异的。

测量线路中的元件，绝大部分是线绕电阻、碳膜电阻、电位器等，此外在测量交流电压的线路中还有整流元件。

3．转换开关

转换开关是用来选择不同的被测量和不同量程时的切换元件，它里面有固定接触点和活动接触点，当固定触点和活动触点闭合时就可以接通电路。

活动触点一般称为“刀”，固定触点一般称为“掷”。万用表中的转换开关都采用多层多刀多掷波段开关或专用的转换开关。旋转刀的位置，使刀与不同的掷闭合，就可以改换和接通所要求的测量线路。

万用表就是由以上三部分、加上一些插孔及调整旋钮等组成的。

二、500 型万用表的使用方法

使用万用表时，必须注意以下几点：

1．接线要正确　万用表面板上的插孔（或接线柱）都有极性标记，用来测直流时，要注意正负极性；在用万用表的欧姆挡去判别二极管的极性时，应记住其“+”插孔接自内附电池的负极。测电流时，仪表应和电路串联；测电压时，仪表则应和电路并联。

2．测量挡位要正确　测量挡位包括测量对象的选择及量程的选择，测量前应根据测量的对象及其大小的粗略估计，选择相应的挡位。500 型万用表的各测量挡位标示在其面板上，并用一个转换开关进行切换。有的万用表采用两个转换开关，一个用来切换测量对象，一个用来切换量程。由于万用表的测量对象多、量程多，所以在使用时一定要注意调准测量挡位；否则可能使仪表受到严重损伤。例如，在测量电压时，如果测量挡位放在欧姆挡或电流挡，以及在测高压和大电流时用低量程挡，都可能使万用表烧毁、损坏。另外，为了使测量结果更加准确，量程的选择应使读数在标尺的一定刻度范围之内。例如，在测电流和电压时，应使指针的偏转在满偏转的 1/2 以上，在测量电阻时，应使被测电阻尽量接近标尺的中心等等。这样，测量的结果就会比较准确。

此外，在用欧姆挡测试晶体管参数时，通常应选 R×100 或 R×1k 挡；否则，将因测试电流过大（用 R×1 挡时）或电压太高（用 R×10k 挡时）而可能使被试晶体管损坏。

万用表在使用完毕后，应把转换开关旋至交流电压的最高挡，这样，可以防止在下次测量时由于粗心而发生事故。

3．使用之前要调零　为了得到准确的测量结果，在使用万用电表之前应注意其指针是否指在零位上，如不指零，应调整表盖上的机械零位调节器，使之指零。在测量电阻之前，还要进行欧姆调零，并应注意欧姆调零的时间要短，以减小电池的消耗。如果用调零旋钮已无法使指针达到欧姆零位，则说明电池的电压已经太低，不能再用了。这时应打开万用表，更换新的电池。

4．严禁在被测电阻带电的情况下进行电阻的测量　由于被测电阻上电压的串入，不仅会严重歪曲测量结果，甚至可能烧毁表头。

此外，电流和电压量程的切换，也不要在带电的情况下进行，以免使转换开关烧伤、损坏。

3.2　数字式万用表

随着数字技术的发展，数字式万用表（DMM）由于其以十进制数字直接显示、读数直接、简单、准确、功能多（可测量交直流电压、电流、电阻、电容、二极管等参数）、分辨率高、测量速率快、输入阻抗高、功耗低、保护功能齐全等优点而被广泛应用。

一、数字式万用表的结构原理

数字式万用表的核心部分为数字电压表（DVM），它只能测量直流电压。因此，各种参数的测量都是首先经过相应的变换器，将各参数转化成数字电压表可接受的直流电压，然后送给数字电压表 DVM。在 DVM 中，经过模/数（A/D）转换，变成数字量，然后利用电子计数器计数并以十进制数字显示被测参数。数字万用表的一般结构框图如图 1-3-2 所示。其中在功能变换器中，主要有电流-电压变换器、交流-直流变换器、电阻-电压变换器等。

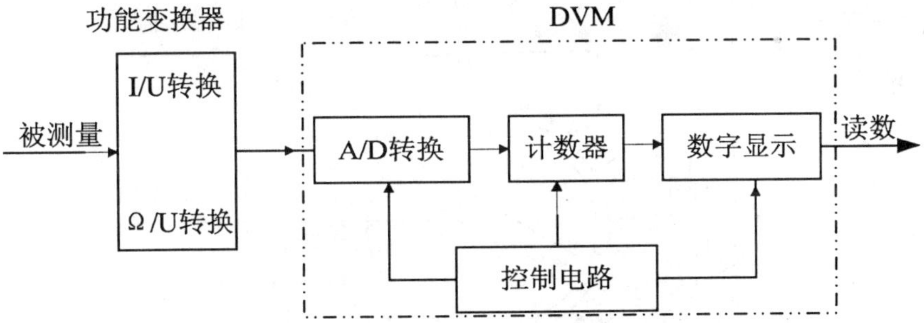

图 1-3-2　数字万用表的结构框图

二、DT890 型数字式万用表的使用方法

1．DT890 型数字式万用表的面板

DT890 型数字式万用表的面板如图 1-3-3 所示。面板上有显示器、电源开关、h_{FE} 测量插孔、电容测量插孔、量程转换开关、电容零点调节旋钮、四个输入插孔等。

2．DT890 型数字式万用表的使用

（1）直流电压挡的使用：将电源开关置于“ON”，红表笔插入“V/n”插孔，黑表笔插入“COM”插孔，量程开关置于“DCV”范围内合适的量程，将两表笔并联于被测电路两端即可测量直流电压。DT890 直流电压最大可测 1000V。若无法估计被测电压大小时，应先拨至最高量程，然后再根据显示选择合适量程（在交直流电压、交直流电流测量中都应如此）。

（2）交流电压挡的使用：将量程开关置于“ACV”范围内合适的量程，将表笔并联于被测电路即可进行交流电压的测量。DT890 数字表交流电压最大可测 700 V。

（3）直流电流挡的使用：将量程开关置于“DCA”范围内合适的量程，红笔插入“A”孔，黑笔仍在“COM”插孔，将两表笔串联在被测电路中即可进行直流电流的测量。当被测电流大于 200 mA 时，应将红表笔改插“10A”插孔。测量大电流时，测量时间不应超过 15s。

（4）交流电流挡的使用：将量程开关置于“ACA”范围内合适量程，表笔接法同直流电流测量接法，即可进行交流电流的测量。

（5）电阻挡的使用：使用电阻挡时，红表笔应插入“V/Ω”插孔，黑表笔仍在“C0M”插孔，量程开关置于“OHM”范围合适的量程，即可进行电阻测量。

（6）h_{FE} 挡的使用：该挡可以用来测量晶体管共发射极连接时的电流放大倍数，此时，应将晶体管对应的三个极分别插入“h_{FE}”相应的插孔，如果插错，测量结果就不正确。一般此挡测量结果只作参考用。

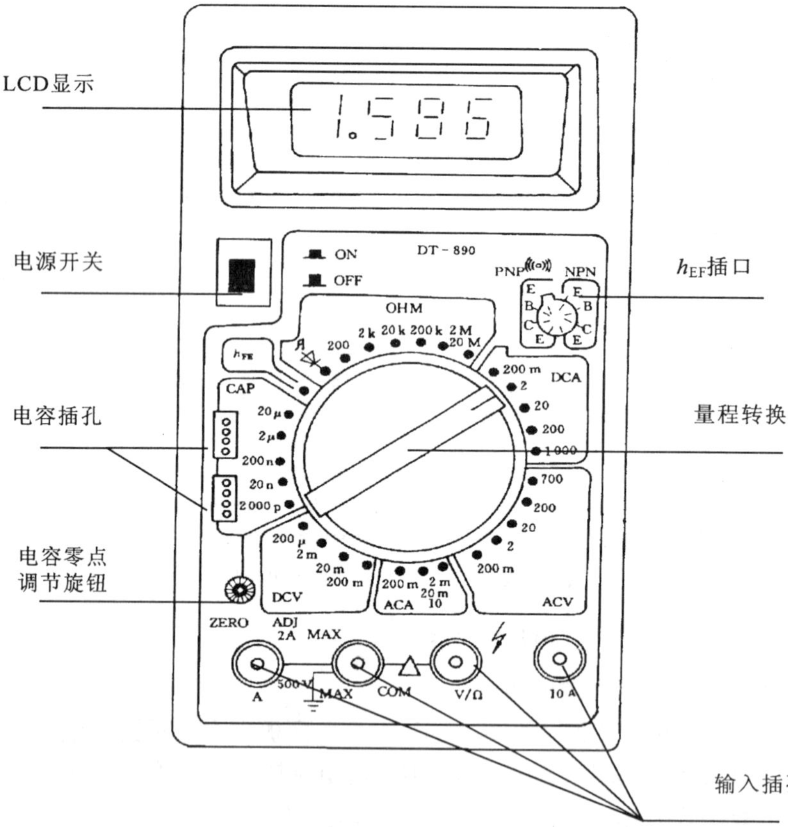

图 1-3-3　DT890 型数字式万用表面板

（7）电容挡的使用：将量程开关置于“CAP”挡，即可测量电容容量。DT890 有 5 个电容挡，最大为 20 μF，最小为 2000pF，测量时可选择适当量程。

3．DT890 使用时的注意事项

（1）严禁在测量高压（100V 以上）或大电流（0.5A 以上）时拨动量程开关。

（2）测量交流时，交流电压或电流的频率不得超过 45Hz～500Hz 的范围；否则测量结果不准确。

（3）测量电阻时，严禁带电测量。

（4）数字式万用表使用完毕后，应将量程开关置于电压最高量程，再关电源。

（5）不得在高温、暴晒、潮湿、灰尘大等恶劣环境下使用或存放数字式万用表，长期不用时，应将万用表内的电池取出。

第四章　电功率的测量

4.1　电功率的测量方法

除了前面所讨论的电流和电压的测量外，功率的测量也是最基本的电测量之一。从电工基础可知，直流电路和交流电路的功率计算公式分别为：

$$P=UI$$

$$P=UI\cos\psi$$

可见，测量功率的仪表，在直流电路中应能反映负载电压和电流的乘积；在交流电路中，除了能反映负载电压和电流乘积外，还需反映出它们之间的相位关系。电动系功率表具有两组线圈：一组与负载串联，反映出流过负载的电流；另一组与负载并联，反映出负载两端的电压，所以是一种测功率的理想仪表。

一、电动系测量机构

1．结构

电动系测量机构和磁电系以及电磁系测量机构不同，它不是利用通电线圈和磁铁（或铁片）之间的电磁力，而是利用两个通电线圈之间的电动力来产生转动力矩的，其基本结构如图 1-4-1 所示。

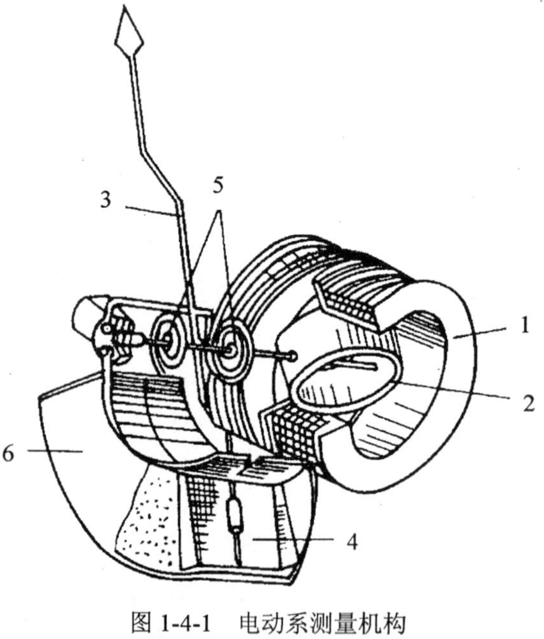

图 1-4-1　电动系测量机构

固定线圈 1 分为平行排列、互相对称的两部分，中间留有空隙，以便使转轴可以穿过。这种结构可以获得均匀的工作磁场，并借助于两个固定线圈之间连接方式（串联或并联）的改变而得到不同的电流量程。可动部分包括套在固定线圈中心的可动线圈 2、指针 3 以及空气阻尼器 6 的阻尼片 4 等，它们都固定在转轴上。游丝 5 用来产生反作用力矩，同时又起引导电流的作用。电动系测量机构多不采用磁感应阻尼器，以防止其漏磁对线圈磁场的影响。

2．工作原理

电动系测量机构的工作原理比较简单，当固定线圈和可动线圈中分别通过直流电流 I_1 和 I_2 时，因为通电的可动线圈正处在固定线圈产生的磁场之中，可动线圈将受到力矩的作用而发生偏转。所以，电动系测量机构的转动力矩和电流 I_1 及 I_2 的乘积一一对应。

反作用力矩由游丝产生，当可动部分偏转α角时，游丝产生反作用力矩。如果把固定线圈和可动线圈串联起来而流过同一电流 I，显然偏转角α就和此电流的平方成比例，于是，就可测量这个电流的大小。

当电动系测量机构用于交流电路时，其可动部分的偏转角不仅和乘积 I_1、I_2 有关，还取决于两个电流相位差的余弦 $\cos\psi$的大小，这一点和用于直流电路时是有区别的，应该注意。

3．技术特性

（1）准确度高　电动系测量机构内没有铁磁性物质，所以没有磁滞误差，准确度可以高达 0.1 级。

（2）可以交直流两用　还可以用来测量非正弦电流（测量结果为非正弦电流的有效值）。

（3）受外磁场的影响较大　这是因为空气的磁阻很大、测量机构内部的工作磁场很弱的缘故。

为了防御外磁场，和电磁系测量机构一样，可以采用磁屏蔽和无定位结构，其基本原理和电磁系测量机构中叙述的相同。

（4）过载能力差　因为可动线圈中的电流要靠游丝来导引，同时，整个测量机构在结构上又比较脆弱，所以过载能力比较差。

（5）功率消耗大　为了产生工作磁场，必须保证线圈有足够大的安匝数（NI）。因此，用电动系测量机构制成的仪表，本身消耗的功率比较大。

（6）标尺刻度不均匀　用电动系测量机构制成的电流表和电压表，由于偏转角随两个线圈电流的乘积而变化，所以标尺的刻度是不均匀的。标尺的起始部分分度很密，读数困难。需要指出，用电动系测量机构制成的功率表，其标尺刻度则是均匀的。

根据上述技术特性可知，电动系测量机构用于直流时，性能不如磁电系机构。因此电动系测量机构多用于交流精密测量中，并可制成便携式交直流两用的电流表和电压表。此外，电动系测量机构还更广泛地用来制成各种功率表，而应用于各种电路的功率测量中。

二、功率表的接线

电动系功率表的转矩和两个线圈的电流方向有关，如果其中一个线圈的电流方向接反了，转矩就会改变方向，这时不但不能读数，甚至会将指针打弯。为了防止这一点，两个线圈对应于电流流进的端钮，都要加上“*”或“±”的标志，叫做“发电机端”。功率表在接线时，应使电流和电压线圈的发电机端接到电源同一极性的端子上，以保证两个线圈的电流方向都从发电机端流入，这就是功率表接线的“发电机端守则”。

根据上述原则，功率表的正确接线有两种方式，如图 1-4-2 所示。两种电路的共同特点是，在所规定的正方向下，两个线圈的电流 $\dot{I}_1$ 和 $\dot{I}_2$ 都从发电机端流入；不同点是，图 1-4-2(a)中的电压线圈回路接在电流线圈的前面，叫做电压线圈前接电路，而如图 1-4-2(b)所示则为电压线圈后接电路。

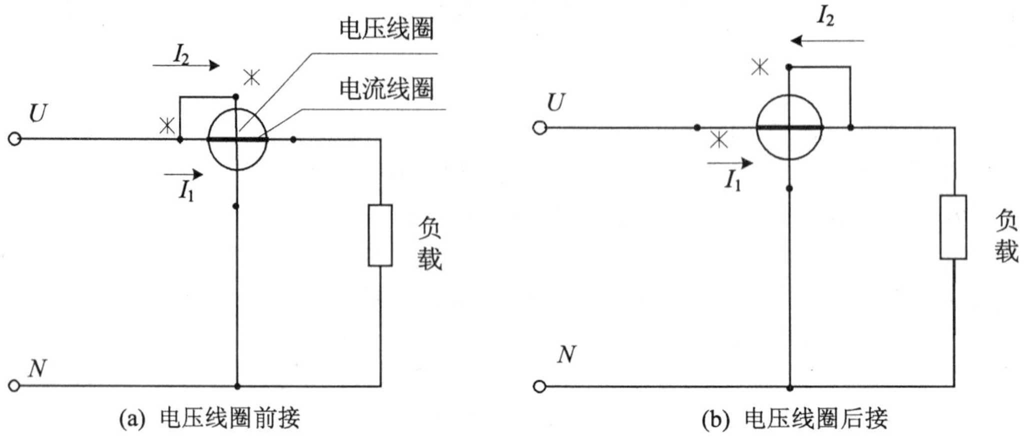

图 1-4-2　功率表的正确接线

采用电压线圈前接方式时，由于电流线圈和负载直接串联，电压线圈上的电压等于电流线圈和负载电压之和，它适用于负载电阻比电流线圈内阻大得多的情况。

采用电压线圈后接方式时，虽然电压线圈和负载直接并联，但电流线圈的电流等于电压线圈和负载电流之和，因此适用于负载电阻 R 比并联电压线圈回路电阻（R_V+R_S）小得多的情况。

总之，不论是电压线圈前接或者后接方式，功率表的读数都会由于内部损耗的影响而有所增大。在一般工程测量中，被测功率要比仪表损耗大得多，仪表内部损耗对测量结果的影响甚微，可以不予考虑。此时，由于功率表电流线圈的损耗通常比电压回路的损耗小，所以常采用电压线圈前接的方式。但是，当被测功率很小时，就不能忽略仪表的功率损耗了。

三、功率表量限的选择

功率表通常做成多量限的，一般有两个电流量限、两个或三个电压量限。通过选用不同的电流和电压量限，获得不同的功率量限。

例如 D19-W 型功率表的额定值为 5/10 A 和 150/300V，其功率量限可计算如下：

在 5A、150V 量限：5A×150V=750W；在 5A、300V 或 10A、150V 量限：5A×300V 或 10A×150V=1500W；在 10A、300V 量限：10A×300V=3000W。

可见，选择功率表测量功率的量限，事实上就是要正确选择功率表中的电流量限和电压量限，必须使电流量限能允许通过负载电流，电压量限能承受负载电压。这样，测量功率的量限就自然足够了；反之，如果选择时只注意测量功率的量限是否足够，而忽视了电压、电流量限是否和负载电压、电流相适应，将是错误的。

【例 1.4.1】有一感性负载，其功率约为 800W，电压为 220V，功率因数为 0.8，需要用功率表去测量它的功率，应怎样选择功率表的量限呢？

解：因负载电压为 220V，故所选功率表的电压额定值应为 250V 或 300V 的量限。负载电流可按下式算出：

$$I=\frac{P}{U\cos\Phi}=\frac{800}{220\times0.8}=4.54(\mathrm{A})$$

故功率表的电流量限可选 5A。

上例中，如果我们选择额定电压为 300V、额定电流为 5A 的功率表时，它的功率量限为 1500W，能够满足我们的测量要求。如果选用额定电压为 150V、额定电流为 10A 的功率表，功率量限虽然仍为 1500W，负载功率的大小并未超过它的值，但是由于负载电压 220V 已超过功率表所能承受的电压 150V，故不能选用。

四、功率表的正确读数

功率的单位为瓦特，因此功率表通常又称为瓦特表。用瓦特表测量功率时，并不能直接从标尺上读取瓦特数，这是由于功率表通常有几种电流和电压量程，但标尺只有一条，所以功率表的标尺不标瓦特数，而只标分格数。在选用不同的电流量限和电压量限时，每一分格都代表不同的瓦特数。每一格所代表的瓦特数称为功率表的分格常数。一般功率表附有表格，标明了功率表在不同电流、电压量限下的分格常数，以供查用。在测量时读取了功率表的偏转格数后，乘上功率表相应的分格常数，就等于被测功率的数值。即：

$$P=C\cdot\alpha$$

式中 P 为被测功率的瓦数；

C 为功率表分格常数，瓦/格；

α为指针偏转的格数。

如果功率表没有分格常数表，我们也可按下式计算功率表分格常数：

$$C=\frac{U_{\mathrm{e}}I_{\mathrm{e}}}{\alpha_{\mathrm{m}}}\text{瓦/格}$$

式中 U_e 为所使用功率表的电压额定值；

I_e 为所使用功率表的电流额定值；

α_m 为功率表标度尺的满刻度的格数。

【例 1.4.2】如果我们选用额定电压为 300V、额定电流为 5A、具有 150 分格的功率表去进行测量，现读得功率表的偏转数为 70 格，问该负载所消耗的功率为多少？

解：功率表的分格常数为：

$$C=\frac{U_eI_e}{\alpha_m}=\frac{300\times5}{150}=10(\text{瓦/格})$$

故被测负载所消耗的功率为：

$$P=C\cdot\alpha=10\times70=700(\mathrm{W})$$

【例 1.4.3】如果上述功率表电流线圈改用 10A 量限，那么在测量上述负载的功率时，指针将偏转多少分格？

解：这时每一分格所代表的瓦数为：

$$C=\frac{U_eI_e}{\alpha_m}=\frac{300\times10}{150}=20(\text{瓦/格})$$

$$\alpha=\frac{700}{20}=35(\text{格})$$

故在测量 700W 功率时，指针偏转的分格数为 35 格。

功率表大多采用电动系测量机构，因为电动系仪表具有两组线圈，能同时测出用以反映被测电路功率的电压和电流两个要素。常用的便携式单相功率表有 D19-W、D26-W 和 D51-W 等型号。

4.2　低功率因数功率表

一、低功率因数功率测量的特殊问题

在功率测量中，常遇到被测电路的功率因数很低的情况，例如测量铁磁材料的损耗、变压器的空载损耗和电容器的介质损耗等。从原理上说，普通的电动系功率表也可以用于低功率因数电路的功率测量，但在实际上，存在读数误差大和测量误差大的问题。

由此可见，用普通功率表测量低功率因数电路的功率，不仅读数困难，更重要的是不能保证测量的准确性。因此，必须采用专门的低功率因数功率表。

二、低功率因数功率表

低功率因数功率表是一种专门用来测量低功率因数电路功率的仪表，其工作原理和普通功率表基本相同。但是，为了解决小功率下的读数问题，其标尺应按较低的额定功率数（通常取 $\cos\Phi$为 0.1 或 0.2）刻度，这就要求仪表有较高的灵敏度。同时，为了在较小转矩下保证仪表的准确度，在仪表的结构上还要采取补偿线圈等以下几种误差补偿措施：

1．采用补偿线圈

在电压线圈后接的功率表电路中，功率表的读数由于包括了电压回路的功率损耗而造成了误差。当被测量功率很小时，相对误差就会很大。为了补偿这个功率损耗，可在电压线圈回路中串联一个结构、匝数和电流线圈一样的补偿线圈，并且绕线相反地绕在电流线圈上。

2．采用补偿电容

功率表的角误差由电压线圈的电感所引起。被测电路功率因素愈低，角误差就愈大，因而不可忽视。采用了补偿电容，则可消除角误差的影响。在 D34-W 型低功率因数功率表中，就采用了这种补偿电容。

3．采用张丝支承、光标指示的结构

为了减小摩擦误差，提高灵敏度，可采用张丝支承、光标指示的结构。这样，仪表可以在较小的转矩下工作，并且使功率消耗大为减少。在 D5-W 型和 D37-W 型低功率因数功率表中，就采用了这样的结构。

三、低功率因数功率表的使用

1．接线：低功率因数功率表的接线和普通功率表相同，即应遵守发电机端守则。但对具有补偿线圈的低功率因数功率表，则须采用电压线圈后接的方式。

2．读数：低功率因数功率表是在较低的额定功率因数下刻度的，因此其分格常数为 C：

$$C=\frac{U_e I_e \cos\psi_e}{\alpha_e}(\text{瓦/格})$$

所以，在测量时应根据所选用的额定电压 U_e 数、额定电流 I_e 以及仪表上标明的额定功率因数 $\cos\Psi_e$ 和标尺的满刻度格数 α_e 计算出每格瓦数 C，然后再根据指针偏转的格数，把被测功率计算出来。

【例 1.4.4】如果我们选用额定电压为 300V、额定电流为 1A、额定功率因数 $\cos\Psi_e$ 为 0.5、具有 300 分格的功率表去进行测量，现读得功率表的偏转数为 240 格，问该负载所消

耗的功率为多少?

解：分格常数为 C：

$$C=\frac{U_e I_e \cos\psi_e}{\alpha_e}=\frac{300\times1\times0.5}{300}=0.5(\text{瓦/格})$$

负载所消耗的功率为：

$$P=0.5\times240=120(\text{W})$$

此外，在实际测量中，被测电路的功率因数 $\cos\Psi$和功率表的额定功率因数 $\cos\Psi$不一定相同。当 $\cos\Psi>\cos\Psi_e$ 时，可能出现电压和电流未达额定值而功率超过了仪表的功率量程而打弯表针的情况。因此，低功率因数功率表在 $\cos\Psi>\cos\Psi_e$ 的条件下使用时要特别注意。

4.3　三相有功功率和无功功率的测量方法

由于工程上广泛采用三相交流电，三相交流电功率的测量也就成了基本的电测量之一。三相功率测量用的仪表，大多采用单相功率表，也有用三相功率表的。

一、用一个单相功率表测三相对称负载有功功率

在对称三相系统中，可用一只单相功率表测量一相负载的功率，其接线方式如图 1-4-3 所示。三相总功率就等于功率表读数乘以 3，即 $P=3P_1$。

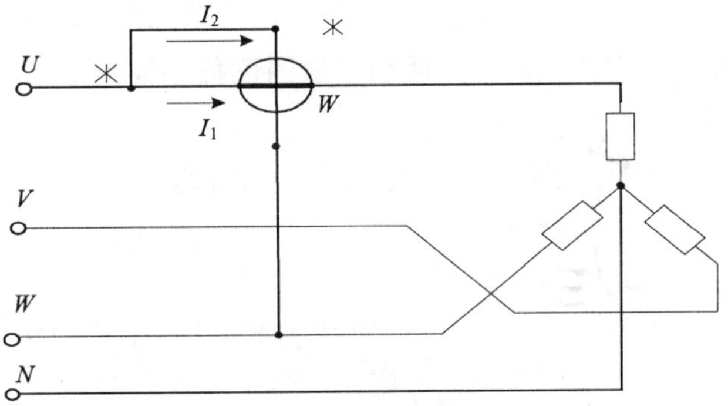

图 1-4-3　一表法测三相对称负载有功功率

功率表的电流线圈串联接入三相电路中的任意一相，通过电流线圈的电流为相电流；功率表电压线圈的带“*”端接到电流线圈的任意一端，加在功率表电压支路两端的电压是相电压。这样，功率表两个线圈中电流的相位差也就是负载的相电流和相电压之间的相位差，所以功率表的读数就是对称负载一相的功率。

二、用两个单相功率表测三相三线制的功率（以下简称“两表法”）

1.“两表法”接线方式

“两表法”接线方式如图 1-4-4 所示。这是用单相功率表测量三相三线制电路功率的最常用方法。图中功率表 W_1，的电流线圈串联接入 U 相线，通过电流 $\dot{I}_U$。电压支路的“*”端也接 U 相线，而另一端接至 W 相线，这样，加在功率表 W_1 上的电压为 $\dot{U}_{UW}$。功率表 W_2 的电流线圈串联接入 V 相线，通过电流 $\dot{I}_V$。电压支路的“*”端也接 V 相线，而另一端也

接 W 相线，这样加在功率表 W_2 上的电压为 $\dot{U}_{VW}$ 。这时两个功率表都将显示出一个读数，就每个功率表的读数来说并没有什么意义，但是把两个功率表的读数加起来却是三相总功率。

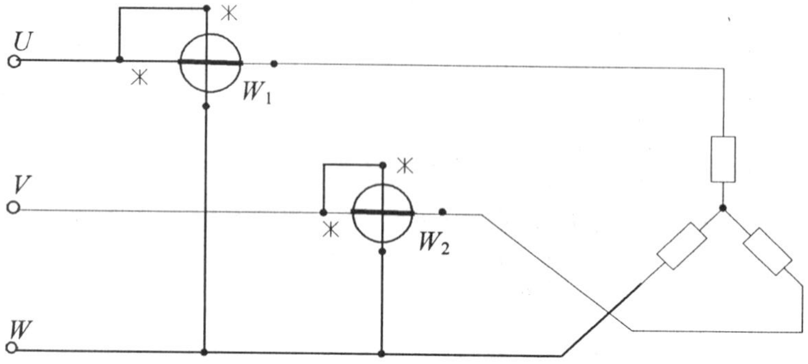

图 1-4-4　两表法测三相三线线负载有功功率

2．两表法的读数分析

（1）对于纯电阻负载，两表的读数相等。

（2）对于 $\cos\Phi$=0.5 的负载，两只表中有一只表的读数为 0。

（3）对于 $\cos\Phi$<0.5 的负载，两只表中必有一只表的读数为负值。这时为了取得读数，应将反转功率表的一个线圈反接，然后在其读数前加负号。数字式功率表不用重新接线，但要注意读数的正负。

由此可见，在对称的三相电路中，两功率表的读数不同是正常现象。三相功率等于两表读数的代数和。

三、用三个单相功率表测量不对称三相四线制电路的功率（以下简称“三表法”）

三相四线制负载多数是不对称的，所以需要用三个单相功率表才能测量。每个单相功率表的接线和用一个单相功率表测量对称三相负载的功率时的接线一样，只是把三个功率表的电流线圈相应地串接入每一相线，三个功率表的电压支路的“*”端接到该功率表电流线圈所在的线上，另一端都接到中线上。这样，每个功率表测量了一相的功率，所以三相电路总的功率就等于三个功率表读数之和，即：

$$P=P_{W1}+P_{W2}+P_{W3}$$

四、用三相功率表测量三相电路功率

三相功率表通常有“二元三相功率表”和“三元三相功率表”两种。二元三相功率表适用于测量三相三线制或负载完全对称的三相四线制电路的功率。

五、三相无功功率的测量方法

有功功率表不仅能测量有功功率，也可以测量无功功率。接线时应注意功率表的电流线圈可串接在任意一相电路中，电压线圈应跨接在另外的两相上，而它的发电机端则按相序接在超前的一相上。常用的测量方法有：

（1）用单相有功功率表测量无功功率；

（2）用三个有功功率表测量三相无功功率。

常用的三相无功功率表采用铁磁电动系的测量机构。

实验 1.3　三相功率的测量实验

一、实验预习

1. 了解测量三相电路中有功功率的方法。
2. 掌握二瓦计的接线规则。
3. 认真阅读实验内容及步骤。

二、实验目的

1. 学习用一瓦计、二瓦计和三瓦计测量三相电路的有功功率。
2. 掌握根据不同电路选择有功功率的测量方法。

三、实验仪器及设备

1. 三相负载　　一个
2. 交流电压、电流表　　一个
3. 单相功率表　　两个

四、实验内容及步骤

1. 实验原理

三相电路功率测量的方法主要有以下几种：

（1）一瓦计法：用于对称三相四线制电路，电路总功率为一相功率的三倍。

（2）二瓦计法：测量对称和不对称的三相三线制电路，电路总功率为两相功率表读数的代数和。

（3）三瓦计法　用于不对称三相四线制电路，电路总功率为各相功率读数之和。

2. 二瓦计法

二瓦计测量有功功率，一般的接线原则为：两只功率表的电流线圈分别串联接入任意两相火线中，电流线圈的发电机端必须接在电源侧。两只功率表的电压线圈的发电机端必须各自接到电流线圈的发电机端，而这两只功率表的电压线圈的非发电机端则必须同时接入没接功率表电流线圈的第三根火线上。

3. 步骤

（1）测量三相四线制电路中负载的有功功率

按图 1-4-5 接线。将电流插头分别插入连接在三相电路中的电流插座内，读取电流、电压和功率数据，记入表 1-4-1 中。

（2）测量三相三线制电路中负载的有功功率

按图 1-4-5 接线。分别测量对称负载和不对称负载的两相功率表指示数，记入表 1-4-2 中。

表　1-4-1

项目	测量值		计算值
	P_1	P_2	$P=P_1+P_2$
单位			
负载对称			
负载不对称			

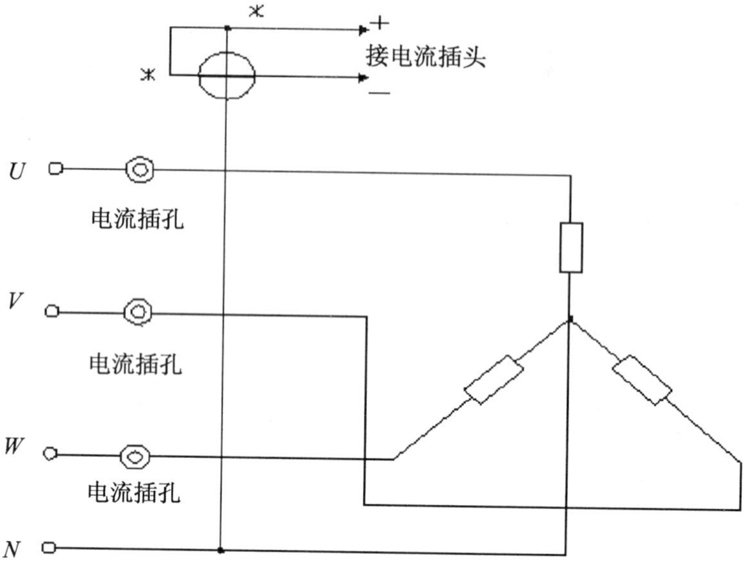

图 1-4-5　三相四线制有功功率的测量

表　1-4-2

项目	测量值			计算值 $P=P_1+P_2+P_3$
	P_1	P_2	P_3	
单位				
负载对称				
负载不对称				

五、实验注意事项

1. 调节三相交流电源时必须用交流电压表检测。
2. 改变负载时一定在断电情况下操作。
3. 实验完毕后，应先将调压器回零，再断电。

六、实验总结

第五章　电能的测量

5.1　感应系电度表

电度表是用来测量某一段时间内发电机发出电能或负载消耗电能的仪表，是我国工农业生产以及日常生活中不可缺少的一种仪表。

电度表与功率表不同的地方是，它不仅能反映出功率的大小，而且能够反映出电能随时间增长积累的总和。这决定了电度表需要有不同于其他仪表的特殊结构。即它的指示器不能像其他指示仪表一样停在某一位置，而应当随着电能的不断增长而不断转动，随时反映出电能积累的总数值。所以电度表都装有“积算机构”。它将活动部分的转动，通过齿轮传动机件折换成被测电能的数值，并由一系列齿轮带动计数器；将电能的数值直接指示出来。因此这种类型的仪表，又叫做“积算仪表”。显然，积算仪表应当有较大的转矩，才能克服一系列传动机构的摩擦力矩；否则将无法运转。

一、单相交流电度表的基本结构

交流电度表一般都是采用电磁感应原理制成的，因此叫做感应系电度表，虽然这种电度表的型号不同，但其基本结构是相似的。图 1-5-1 是常用的“三磁通式”DDl 型单相电度表的内部结构示意图。

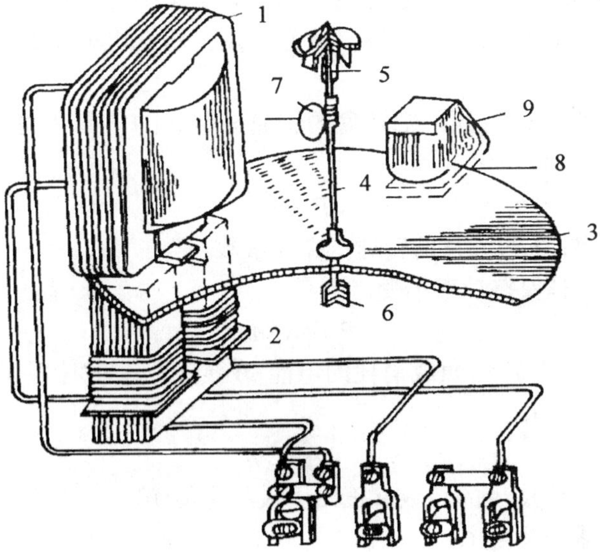

图 1-5-1　交流电度表的基本结构

单相电度表的主要组成部分可分为：

1．驱动元件

它包括电流部件和电压部件。

（1）电流部件：如图 1-5-1 中 2 所示。它是由 U 形铁芯及绕在它上面的电流线圈所组成的。电流线圈的匝数较少，导线较粗，铁芯由硅钢片叠合而成。

（2）电压部件：如图 1-5-1 中 1 所示。它是由铁芯及绕在它上面的电压线圈所组成的。电压线圈的匝数较多，导线较细，其铁芯也由硅钢片叠合而成。

2．转动元件

由铝制圆盘 3 和转轴 4 组成，轴上装有传递转数的蜗杆，转轴安装在上、下轴承里，可以自由转动。

3．制动元件

由制动永久磁铁 8 和铝盘等组成。其作用是在转盘转动时产生制动力矩，使转盘转速与负载的功率大小成正比，从而使电度表能反映出负载所消耗的电能。

4．积算机构

用来计算电度表转盘的转数，实现电能的测量和积算。当转盘转动时，通过蜗杆 6、蜗轮 7 及齿轮等传动机构，最后使“字轮”转动，便可以从计算器窗口上直接显示出盘的转数。不过一般电度表所显示的并不是盘的转数而是直接显示出负载所消耗的电能的“度”数。

此外电度表还有轴承、支架、接线盒等部件。

二、单相交流电度表的工作原理

当交流电流通过感应系电度表的电流线圈和电压线圈时，在铝盘上会感应产生涡流，这些涡流与交变磁通相互作用产生电磁力，使铝盘转动。同时制动磁铁与转动的铝转盘也相互作用，产生了制动力矩。当转动力矩与制动力矩平衡时，铝转盘以稳定的速度转动。铝转盘的转数与被测电能的大小成比例，从而测量出所耗电能，这就是单相交流电度表的简单工作原理。

由以上简单的原理分析可知，铝转盘的转速与负载的功率有关，负载功率越大，铝盘的转速越快。即：

$$P=C\cdot\omega$$

式中　P 为负载的功率；ω为铝盘的转速；C 为常数。

若测量时间为 T，且保持功率不变，则有：

$$P\cdot T=C\cdot\omega T$$

上式左端表示在时间 T 内负载消耗的电能 W（千瓦・小时），而右端代表了铝盘在时间 T 内的转数 n（转），即：

$$W=C\cdot n \tag{1.5.1}$$

式（1.5.1）表明，电度表的转数 n 正比于被测电能 W。

由式（1.5.1）可求出常数 C：

$$C=\frac{W}{n} \tag{1.5.2}$$

即铝盘每转一圈所代表的千瓦・小时数。

通常电度表铭牌上给出的是电度表常数 N，它表示每千瓦・小时对应的铝盘转数，即：

$$N=\frac{1}{C}=\frac{n}{W} \tag{1.5.3}$$

三、电度表的使用

了解电度表的结构和基本工作原理对于正确使用电度表测量电能是非常必要的，但在具体使用中还会遇到一些实际问题，下面就简单谈一下电度表使用方面的问题。

1．电度表的选择

（1）根据任务，选择电度表的类型。单相用电时，选用单相电度表；三相用电时，选用三相四线电度表或三只单相电度表；除成套配电设备外，一般不采用三相三线制电度表。

（2）根据负载的最大电流、额定电压以及要求测量值的准确度选择电度表的型号。应使电度表的额定电压与负载的额定电压相符。而电度表的额定电流应大于或等于负载的最大电流。

（3）当没有负载时，电度表的铝转盘应该静止不转。当电度表的电流线路中无电流而电压线路上有额定电压时，其铝盘转动应不超过潜动允许值。

2．电度表的接线

电度表的接线比较复杂，容易接错。在接线前要查看附在电表上的说明书，根据说明书上的要求和接线图把进线和出线依次对号接在电度表的线头上，如图 1-5-2 所示。接线时应遵守“发电机端”守则，即将电流和电压线圈带“*”的一端，一起接到电源的同一极性端上。还要注意电源的相序，特别是无功电度表更要注意相序。接线后经反复查对无误才能合闸使用。

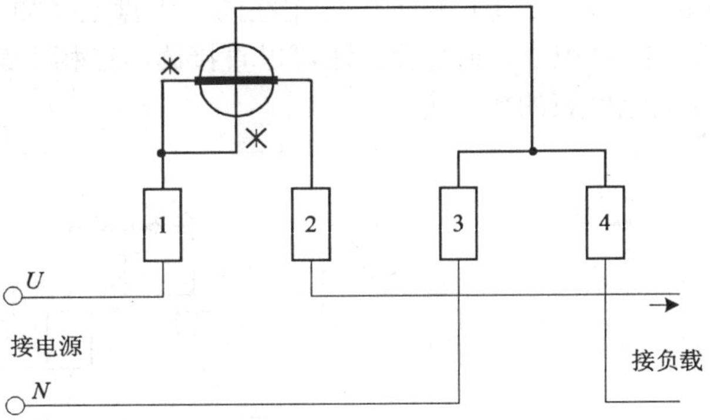

图 1-5-2　单相电度表的接线

当发现有功电度表转盘反转时，必须进行具体分析，有可能是由于错误接线引起的，但并非所有的反转都是接线错误。例如，在下列情况下反转是正常现象：

（1）装在联络盘上的电度表，当由一段母线向另一段母线输出电能改为另一段母线向这一段母线输出电能时，电度表转盘会反转。因为在这种情况下，电流的相位发生了 180°的变化。

（2）当用两只单相电度表测定三相三线有功负载时，在电流与电压的相角大于 60°，即 $\cos\Phi<0.5$ 时，其中一个电度表会反转。

3．电度表的读数

使用电度表的目的是要知道被测负载所消耗电能的度数。所以，不仅要了解电度表的工作原理和接线方法，还要了解怎样从电度表的读数求得实际电度数。

（1）如果电度表不经互感器直接接入线路，可以从电度表直接读得实际电度数。

（2）如果电度表利用电压互感器和电流互感器扩大量程时，应考虑电压互感器和电流互感器的电压变比和电流变比，实际消耗的电能应为电度表的读数乘以电流互感器和电压互感器的变比值。例如，电度表上标有“10×千瓦·小时”、“100×千瓦·小时”等字样，表示应将电度表读数乘上 10 或 100 才是实际电度数。

5.2 三相电能的测量

一、对称三相四线制电能的测量

在对称的三相四线制电路中，可以用一个单相电度表测量任一相负载所消耗的电能，然后乘以 3 即可，这时加在电压线圈上的是相电压。

二、不对称三相四线制电能的测量

如果三相负载不对称，就得用三个单相电度表分别测出每相负载所消耗的电能，然后把它们加起来得到消耗的总电能。这种方法不经济、不直观，也不方便。由于三相电能的测量多在工程电力系统中遇到，所以三相有功电能的测量，几乎都采用三相有功电度表，在不对称三相四线制电路中采用的是三相四线电度表。这种电度表实际上就是 3 个单相电度表的组合。它内部有三组完全相同的电磁元件，分别作用在固定于同一转轴的铝盘上（如 DTl 型三相四线电度表），或是三组电磁元件作用在同一铝盘上（如 DT2 型三相四线电度表）。这样不仅使电度表的体积小、重量轻，还可以直接读出三相负载所消耗的总电能。如图 1-5-3 所示是三相四线电度表的接线方法。

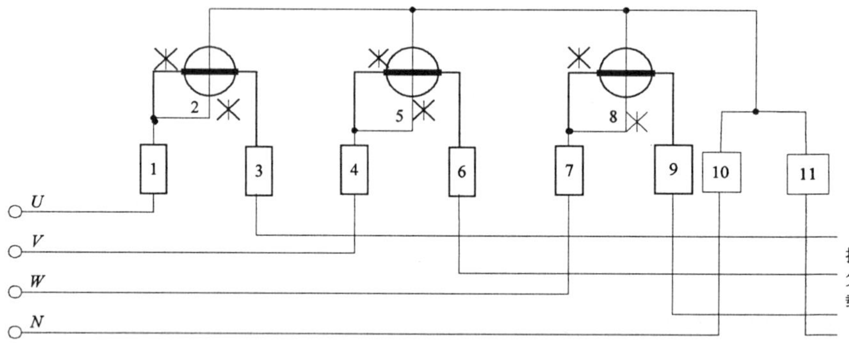

图 1-5-3　DT2 型三相四线电度表接线法

三、三相三线制电能的测量

在三相三线制电路中，三相电能可用两个单相电度表测量，测量原理和接线方法与“两表法”测三相三线制电路的功率类似，三相总电能是两表读数之和。

工业上实际测三相三线制系统消耗的电能，用的是三相三线有功电度表。其结构特点是：有两组电磁元件分别作用在固定于同一转轴的铝盘上，能从积算器上直接读出所消耗的三相总电能。如图 1-5-4 所示是三相三线电度表的接线方法。

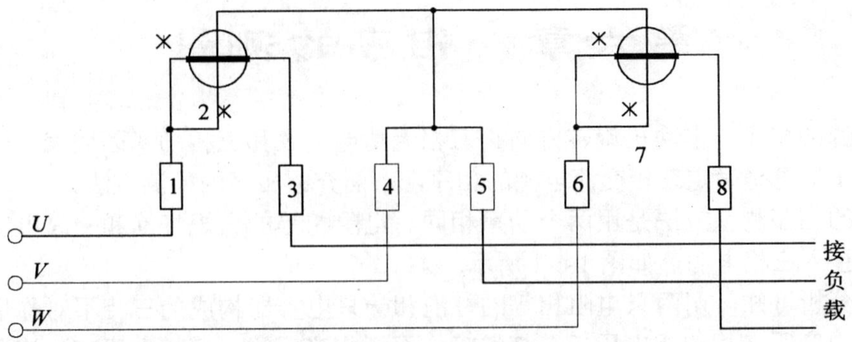

图 1-5-4　三相三线电度表的接线方法

第六章　相序的测量

三相电源的相序与电动机旋转方向、三相无功电度表和三相功率因数表正确接线等关系密切。为了能正确确定三相交流电源的相序，下面介绍相序的检测方法。

最简单的相序测量方法是用两个功率相同、电阻相等的白炽灯泡和一只电容组成不对称星形负载接入三相电源，如图 1-6-1 所示。

由相量分析可知，用两只电阻相等的灯泡和一只电容器构成的三相不对称星形负载，相位超前于电容所在相的相电压低、灯泡暗；而相位滞后的一相相电压高、灯泡亮。选择合适的电路参数可使 220V 的灯泡不超出额定电压，而灯光又有明显的差异。下面给出几种瓦数的 220V 灯泡可配的电容值：25W 配 0.33μF/400V；40W 配 0.47μF/400V；60W 配 0.68μF/400V。

根据相电压的高低，实际工作中不但可用灯泡，还可用电压表、氖灯等进行相序检测。

电路如图 1-6-2 所示。将两灯泡换成两只电阻。电压表接在 U 相端钮和不对称负载中性点。当电路接入三相电源后，电压表读数小于某一值时（电压表面板上有符号）为正序，即被测电源相序与仪表标注相序相同；大于某一值时为逆序。

利用试电笔中的氖管做指示器，接成如图 1-6-3 所示电路，即可用于相序检测。电路中 R 为 1.5MΩ，C 为 2200pF/400V，将三端接入三相电源，氖灯不亮为正序，说明电源相序与图中标注相序相同；氖灯亮为逆序。

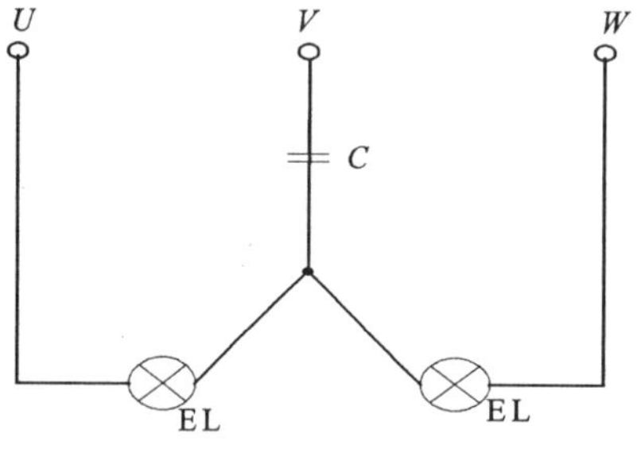

图 1-6-1　电容和灯的相序测量

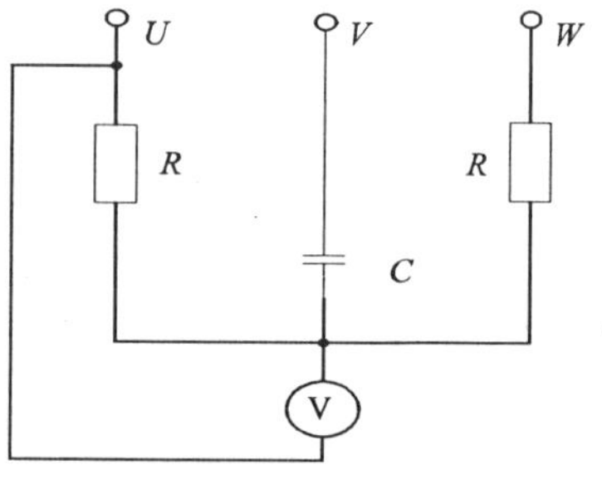

图 1-6-2　阻容和交流电压表的相序测量

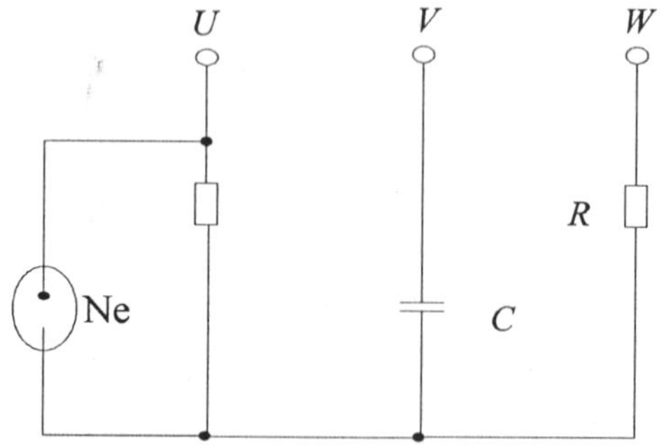

图 1-6-3　阻容和验电笔氖灯的相序测量

实验 1.4 电源相序的测量

一、实验目的

学习电源相序的测量方法。

二、实验方法

学生根据所学理论，自己选定测量电源相序的实验方案，并画出电路图，经老师检查后领取元件完成对电源相序的测量，得出结论。在实验过程中应特别注意用电安全。

第七章　电阻的测量

电阻的测量主要有间接测量和直接测量两种。间接测量法是指用电压表和电流表分别测量电阻的电压和电流，再根据欧姆定律计算出电阻的方法。本章主要介绍几种测量电阻的专用仪表。

7.1　直流单臂电桥

一、直流单臂电桥的工作原理

直流单臂电桥又称为惠斯登电桥，原理电路如图 1-7-1 所示。电阻 R_x、R_2、R_3、R_4 接成四边形，在四边形的一个对角线 *ab* 上经按钮开关 *B* 接入直流电源 *E*，在另一对角线 *cd* 上接入检流计 G 作为指零仪。接通按钮开关 *B* 后，调节标准电阻 R_2、R_3 和 R_4，使检流计的指示值为零，即电桥平衡，则被测电阻 R_x 的值可根据已知的标准电阻 R_2、R_3 和 R_4 算出。

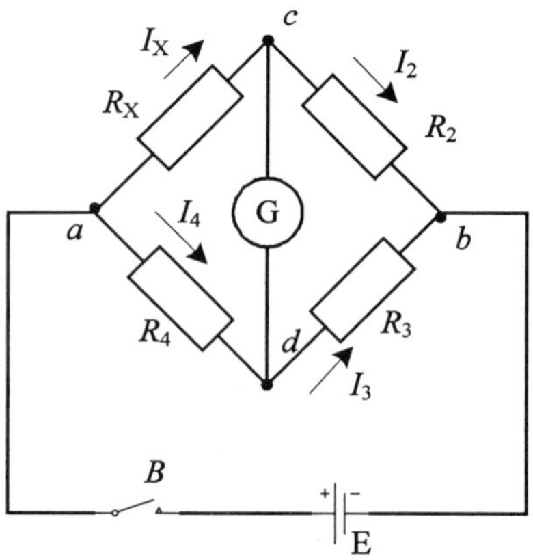

图 1-7-1　直流单臂电桥原理图

当电桥平衡时，$I_g=0$，即检流计两端 *c* 和 *d* 点电位相等，因此有：

$U_{ac}=U_{cd}$　即　$I_xR_x=I_4R_4$

$U_{cd}=U_{db}$　即　$I_2R_2=I_3R_3$

两式相比，并考虑到 $I_x=I_2$，$I_3=I_4$，故得：

$$R_x=\frac{R_2}{R_3}\cdot R4$$

电阻 R_2 和 R_3 的比值 $\frac{R_2}{R_3}$ 常配成固定的比例，叫做电桥的比率臂，而电阻 R_4 称为比较臂。在测量时可根据对被测电阻的粗略估计选取一定的比率臂，然后调节比较臂使电桥平衡，则比较臂的数值乘上比率臂的倍数就是被测电阻的数值。

二、QJ23 型直流单臂电桥

如图 1-7-2 所示为 QJ23 型直流单臂电桥的原理电路及面板图。电桥的比率臂 $\frac{R_2}{R_3}$ 共有 7 个固定的比例，即分成 10^{-3}、10^{-2}、10^{-1}、1、10、10^2 和 10^3 七挡，由转换开关换接。转换开关的旋钮 1 装在面板上，并标有不同挡位的比率臂（倍率）值，以便于操作和读数。比较臂（R_4）由四组可调电阻串联而成，每组又由 9 个相同的电阻组成，分别构成了个位、十位、百位和千位欧姆可调电阻。比较臂的电阻值可由转换开关选择，其旋钮都装在面板上，并有欧姆值的标记，构成了比较臂电阻的 4 位读数盘，如图所示。调节比较臂旋钮的位置，可以得到 0～9999 欧范围内的任意电阻值（但最小的调节范围不小于 1 欧）。电桥平衡时，被测电阻 R_x=倍率×比较臂的读数（欧）即可求得。

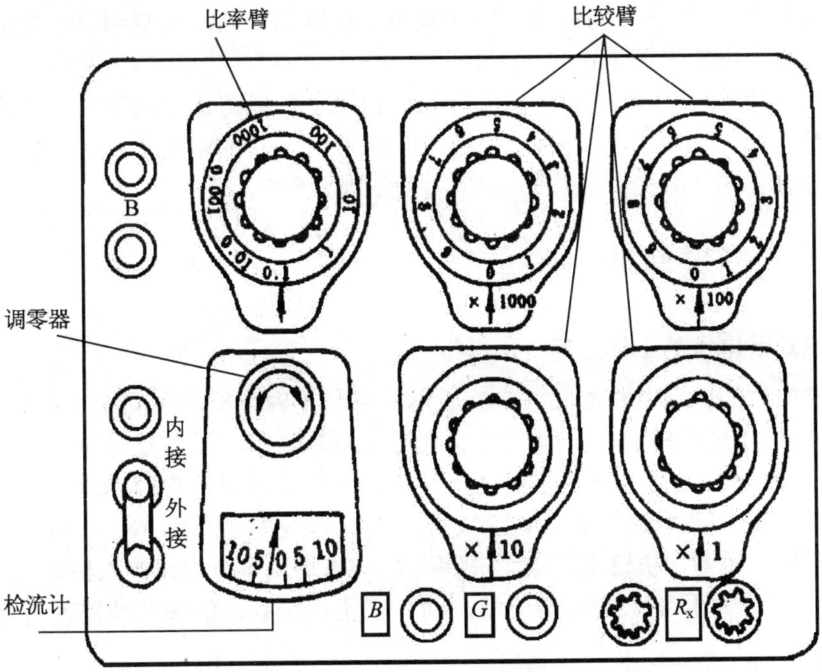

图 1-7-2　QJ23 直流单臂电桥

为了保护检流计，在检流计上装有锁扣，以便在电桥使用完毕后将其可动部分锁住。此外，在检流计回路中还装有按钮开关 G。检流计按钮 G 和电源按钮 B 均装在面板上，以便于操作。被测电阻 R_x 作为一个桥臂并由面板上标示“R_x”的两个端钮接入。此外，面板上还备有外附检流计和外附电源的接线端钮。使用外附检流计时，应用连接片将内附检流计短接。

QJ23 型电桥的测量范围为 1～9999000 欧，准确度为 0.2 级，即电桥在其 100～99990 欧的基本量程内，误差不超过±0.2%。

三、直流单臂电桥的使用

1．在使用前，先把检流计的锁扣打开，并调节调零器把指针调到零位。

2．接入被测电阻时，应选择较粗、较短的连接导线，并将接头拧紧。接头接触不良时，将使电桥的平衡不稳定，甚至可能损坏检流计，所以需要特别注意。

3．估计被测电阻的大致数值，以便选择合适的比率臂。如果事先对被测电阻的数值心中无数，则在测试中可能使电桥极不平衡而损坏检流计。比率臂的选择，应使比较臂的 4 个挡都能用上，以便使电桥易于调到平衡，并可保证测量结果的有效数字。例如，被测电阻为几欧时，应选 10^{-3} 的比率臂，这时，如比率臂的读数为 6629，则被测电阻 $R_x=10^{-3}\times 6629\Omega$。同理，被测电阻为几十欧时，比率臂应选 10^{-2} 挡，以此类推。

4．进行测量时，应先接通电源按钮，然后接通检流计按钮。测量结束后，应先断开检流计按钮，再断开电源按钮。这是为了防止当被测元件具有电感时，由于电路的通断产生很大的自感电势而使检流计损坏。在测电感线圈的直流电阻时，这一点尤其需要注意。

5．电桥电路接通后，如果检流计向"+"的方向偏转，表示需要增加比较臂的电阻；反之，如果指针向"−"的方向偏转，则应减小比较臂的电阻。反复调节比较臂电阻使指针向零位趋近，直至电桥平衡为止。

6．电桥使用完毕后，应立即将检流计的锁扣锁上，以防止在搬动过程中将悬丝震坏。有的电桥中检流计不装锁扣，这时，应将按钮 *G* 断开，它的常闭接点就会自动将检流计短路，使可动部分在摆动时受到强烈的阻尼作用而得到保护。

7.2　直流双臂电桥

一、直流双臂电桥的工作原理

直流双臂电桥的原理电路如图 1-7-3 所示。它与单臂电桥的不同地方是被测电阻 R_x 和标准电阻 R_2 共同组成电桥的一个臂，标准电阻 R_n 和 R_1 组成了与其对应的另一个桥臂；同时，将 R_x 和 R_n 用一根电阻为 r 的粗线连接起来。为了消除接线电阻和接触电阻的影响，R_x 和 R_n 都有两对端钮，即电流钮 C_1、C_2 和 C_{n1}、C_{n2}，以及电位端钮 P_1、P_2 和 P_{n1}、P_{n2}，并且均用电位端钮接入桥臂。桥臂电阻 R_1、R_1' 和 R_2、R_2' 均用电位端钮接入桥臂。桥臂电阻 R_1、R_1' 和 R_2、R_2' 都是大于 10Ω的标准电阻，而且采用机械联动的调节装置使桥臂电阻在调节过程中，永远保持比值 $\frac{R_1'}{R_1}$ 和 $\frac{R_2'}{R_2}$ 相等。

双臂电桥的平衡条件可以从单臂导出，为此，把 R_1'、R_2' 和 r 组成的电阻三角形，用星形连接的电阻 R_a、R_b、R_c 等值替换，如图 1-7-3 虚线所示。等值电阻 R_b 和 R_c 为：

$$R_b=\frac{rR_2'}{r+R_1'+R_2'}$$

$$R_c=\frac{rR_2'}{r+R_1'+R_2'}$$

电路经变换后，实际上就是一个单臂电桥的电路，由 R_1、R_2（R_n+R_c）和（R_x+R_b）构成了它的 4 个桥臂。在电桥平衡时，由单臂电桥平衡式的推导得：

$$R_x+R_b=\frac{R_2}{R_1}(R_n+R_c)$$

将 R_b、R_c 的值代入并整理后得：

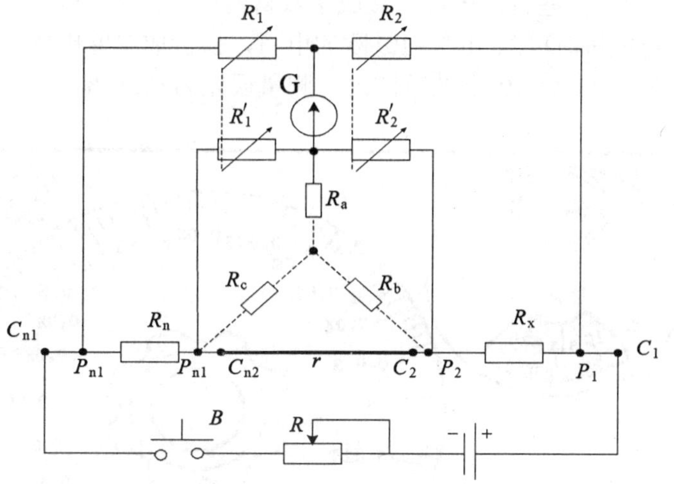

图 1-7-3　双臂电桥的原理电路图

$$R_x=\frac{R_2}{R_1}R_n+\frac{rR_2}{r+R_1'+R_2'}(\frac{R_1'}{R_1}-\frac{R_2'}{R_2})$$

式中的第二项称为校正项，前已述及$\frac{R_2'}{R_1}$和$\frac{R_2'}{R_2}$是相等的，因此校正项等于零，所以有：

$$R_x=\frac{R_2}{R_1}R_n \tag{1.7.1}$$

可见，被测电阻 R_x 只决定于桥臂电阻 R_2 和 R_1 的比值以及标准电阻 R_n，而和接线电阻 r 无关，比值 R_2/R_1 称为双臂电桥的比率或倍率。

二、QJ103 型直流双臂电桥

图 1-7-4 为 QJl03 型直流双臂电桥的原理电路及面板图。电桥共设 100、10、1、0.1 和 0.01 五个固定的倍率，倍率的改变借机械联动转换开关 K 进行，以保持$\frac{R_2'}{R_1}$和$\frac{R_2'}{R_2}$相等。转换开关的旋钮 1 装在面板上并标明了不同挡位的倍率。标准电阻 R_n 的数值，可在 0.01～0.11 欧的范围内连续调节，其调节旋钮和刻度盘一起，装在面板上，以便于取得读数。当电桥平衡时，根据式（1.7.1），将所用比率乘以标准电阻的读数，就可求得被测电阻的大小。

此外，在面板上还装有被测电阻的电流和电位端钮 C_1、C_2、P_1 和 P_2，按钮开关 B 和 G，以及外接电源接线柱等。

QJl03 型直流双臂电桥在其基本量程 0.0011～11 欧的范围内，测量误差为±2%。

三、直流双臂电桥的使用

直流双臂电桥的使用方法和注意事项，和单臂电桥基本相同，但还要注意以下几点：

1．被测电阻的电流端钮和电位端钮应和双臂电桥的对应端钮正确连接。当被测电阻没有专门的电位端钮和电流端钮时，也要设法引出四根线和双臂电桥相连接，并用靠近被测电阻的一对导线接到电桥的电位端钮上。连接导线应尽量用短线和粗线，接头要接牢。

2．由于双臂电桥的工作电流较大，所以测量要迅速，以避免电池的无谓消耗。

为了扩大使用范围，有些直流电桥还做成单双臂两用的，例如 QJ19 型、QJ36 型等。QJ36 型直流电桥用做双臂电桥时可测 10^{-6}～10^{2} 欧的电阻，换接成单臂电桥后，可测 10^{2}～10^{6} 欧的电阻，在其基本量程 10^{-3}～10^{5} 欧的范围内，测量误差为±0.02%。

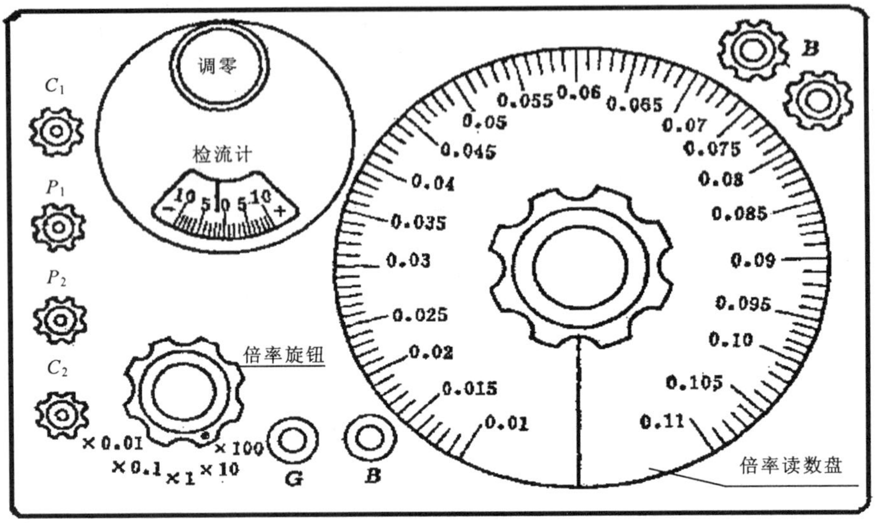

图 1-7-4　QJ103 型直流双臂电桥面板图

7.3　兆欧表

一、兆欧表的结构及工作原理

兆欧表是一种专门用来测量绝缘电阻的便携式仪表，在电气安装、检修和调试中，应用十分广泛，其原理如图 1-7-5 所示。

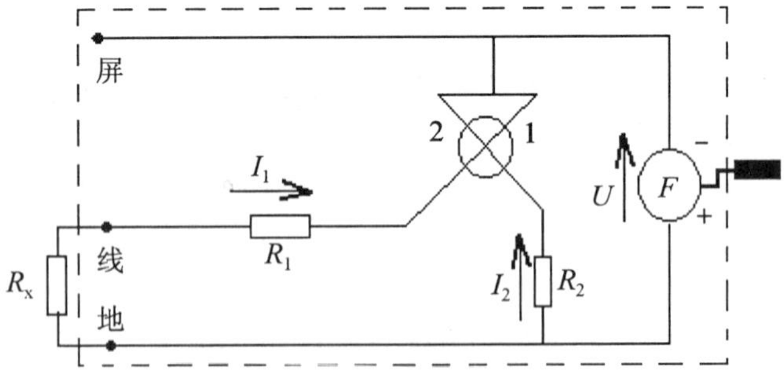

图 1-7-5　兆欧表原理图

兆欧表由磁电系比率表、手摇发电机和测量线路所组成。动圈 1 和电阻 R_1、被测电阻 R_x 串联，动圈 2 和电阻 R_2 串联，然后互相并联起来接到手摇发电机 F 的电压上。两个动圈的电流分别是：

$$I_1=\frac{U}{r_1+R_1+R_x}\text{；}\quad I_2=\frac{U}{r_2+R_2}$$

式中　r_1和r_2分别是动圈1和动圈2的电阻。

由于磁电系比率表的偏转角度只决定于两个动圈电流的比值，兆欧表平衡时的偏转角是：

$$\alpha = F\left(\frac{I_1}{I_2}\right) = F\left(\frac{r_2 + R_2}{r_1 + R_1 + R_x}\right) \tag{1.7.2}$$

式中　电阻R_1、R_2、r_1、r_2都是常数，所以可动部分的偏转角α只随被测电阻R_x而变。

二、兆欧表的使用

1．兆欧表的选择　兆欧表的额定电压应根据被测电气设备的额定电压来选择。一般说来，额定电压为500伏以下的设备，选用500伏或1000伏的兆欧表（兆欧表的电压过高，可能会在测试中损坏设备的绝缘）；额定电压在500伏以上的设备，则用1000伏或2000伏的兆欧表。此外，在选择兆欧表时，还应注意它的测量范围和被测绝缘电阻的数值要相适应，以免引起过大的读数误差。

2．使用前的检查　使用前检查兆欧表是否完好。为此，先将兆欧表的端钮开路，摇动手柄以达到发电机的额定转速，查看指针是否指向“∞”，然后将“地”和“线”端钮短接，摇动手柄，观察指针是否指向“0”。如果指针指示不对，则需调整后再使用。

3．注意安全　为了保证安全，不可在设备带电的情况下测量其绝缘电阻，对具有电容的高压设备在停电后，还必须进行充分的放电，然后才可测量。用兆欧表测量过的设备，也要及时加以放电。

4．接线的方法　一般测量时，将被测电阻接在端钮“线”（L）和“地”（E）之间即可。端钮“屏”（G）是用来屏蔽表面电流的。例如，在测量电缆的绝缘电阻时，要测量的是电缆线芯和外皮之间的绝缘电阻，即电缆内体积电流途经的电阻。但是，由于绝缘材料表面漏电流的存在，会使测量结果不准确。特别是在绝缘表面不干净以及湿度很大的场合，可能使测量结果受到严重地歪曲。为了排除表面电流的影响，在绝缘表面加一个金属的保护环，然后用导线将保护环和兆欧表的端钮“屏”相连。这样表面电流将不再通过兆欧表的测量机构，而直接和发电机构成回路，从而消除了它的影响。此外，兆欧表的“线”和“地”端钮都要通过绝缘良好的单独导线和被测设备相连。如果导线的绝缘不好或者用双股线来连接时，都会影响测量的结果。

5．手摇发电机的操作　在测量开始时，手柄的摇动应该慢些，以防止在被测绝缘损坏或有短路现象时，损坏兆欧表。在测量时，手柄的转速应尽量接近发电机的额定转速（约120转/分）。如果转速太慢，则发电机的电压过低，兆欧表的转矩很小。这时，由于动圈导丝或多或少存在的残余力矩和可动部分的摩擦，将给测量结果带来额外的误差。

实验 1.5　单双臂电桥的使用

一、实验目的

1．学会单臂电桥的使用方法。

2．学会双臂电桥的使用方法。

二、实验步骤

1．用单臂电桥测量一未知大小的电阻。

2．用双臂电桥测量导线的电阻。

3．自己选定实验方案，画出电路图并连接电路，完成实验，得出结论。

实验 1.6　兆欧表的使用

一、实验目的

学会兆欧表的使用方法。

二、实验步骤

1. 用兆欧表测量电机绕组之间的绝缘电阻。
2. 用兆欧表测量电机绕组与机壳之间的绝缘电阻。
3. 自己选定实验方案，画出电路图并连接电路，完成实验，得出结论。

第二部分

电工基础实验

实验 2.1　直流电路的认识实验

一、实验目的

1．练习使用直流电流表和直流电压表，合理选用量程。

2．练习使用直流稳压电源，验证电路串联、并联的性质和欧姆定律。

二、实验原理

1．电路串联时（如图 2-1-1 所示），电路中的电流处处相等，电路的总电压等于各电阻上的电压降之和；各电阻上的电压与其阻值成正比；电路的总功率等于各电阻所消耗的功率之和；串联电阻起分压作用，各电阻两端的电压为：

$$U_1=(R_1/R)\times U \qquad U_2=(R_2/R)\times U$$

其中：$R=R_1+R_2$。

2．电路并联时（如图 2-1-2 所示），并联电路两端的电压相等，电路的总电流等于各电阻上通过的电流之和；各电阻上通过的电流与其阻值成反比；电路的总功率等于各电阻所消耗的功率之和；并联电阻起分流作用，各电阻上通过的电流为：

$$I_1=(R/R_1)\times I \qquad I_2=(R/R_2)\times I$$

其中：$R=R_1R_2/(R_1+R_2)$。

3．欧姆定律：$I=U/R$。

4．实验线路如图 2-1-1、图 2-1-2 所示。

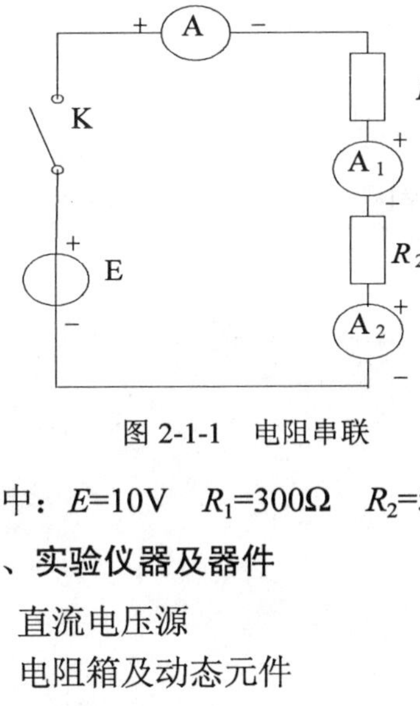

图 2-1-1　电阻串联

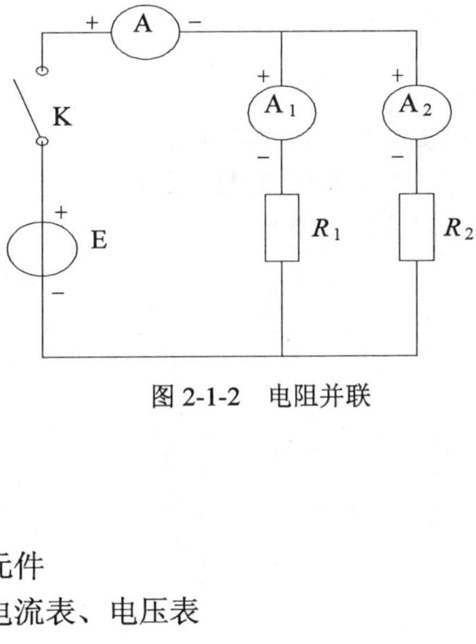

图 2-1-2　电阻并联

图中：E=10V　R_1=300Ω　R_2=500Ω

三、实验仪器及器件

1．直流电压源　　2．电阻元件

3．电阻箱及动态元件　　4．直流电流表、电压表

四、实验内容及步骤

1．串联电路的测量

（1）按图 2-1-1 接线，检查无误后，方可通电进行实验，将电压源输出电压调至 10V。

（2）合上开关 K，用直流电流表测出回路中的各电流 I、I_1、I_2，将数据填入表 2-1-1。

（3）用直流电压表测出 R_1、R_2 两端的电压 U_1、U_2，将数据填入表 2-1-1。

（4）测量完毕后，断电。

2．并联电路的测量

（1）按图 2-1-2 接线，检查无误后，方可通电进行实验，将电压源输出电压调至 10V。

（2）合上开关 K，用直流电流表测出各支路中的电流 I、I_1、I_2，并将数据填入表 2-1-1。

（3）用直流电压表测出 R_1、R_2 两端的电压 U_1、U_2，将数据填入表 2-1-1。

（4）测量完毕后，断电。

表 2-1-1

被测数据 / 电路形式	I	I_1	I_2	U	U_1	U_2
R_1、R_2 串联						
R_1、R_2 并联						

（5）用表中数据验证欧姆定律。

五、实验注意事项

1．使用电流表时，直流电流表必须串在电路中，接线时注意，应使电流从电流表的“+”端流入、“−”端流出。

2．使用电压表时，应将电压表并联在被测元件的两端，电压表的红表笔接高电位点，黑表笔接低电位点。

3．要选择合适的量限。

六、实验报告要求

1．完成实验测试和数据列表。

2．计算结果与实际测量结果进行比较，说明误差原因。

3．小结对欧姆定律的认识。

实验 2.2　直流电路的电压和电位测定

一、实验目的

1．加深对电位、电压及其关系的理解。

2．掌握参考点与电位的关系，理解电位的单值性和相对性。

3．学会测量电路中各点电位的方法及电位图的作法。

二、实验原理

1．电压和电位

电压是指电路中任意两点之间存在的电势差。若规定电路中某一点为参考点，则电路中各点与参考点之间的电压称为各点的电位，电路中参考点的电位等于零。

2．参考点

当参考点选定后，各点的电位就有一个固定的值，这就是电位的单值性。参考点不同，各点电位也不同，它们同时升高或降低了一个数值，这就是电位的相对性，但任意两点间的电压与参考点的选取无关。同一电路中，每次测量只能选取一个参考点。

3．等电位点

如果电路中某些点的电位相等，那么即使将这些点用导线连起来，导线中也不会有电流，电路的工作状态亦不会发生任何改变，则将这些点称为等电位点。

电位图是表示电路中电位分布与电阻关系的图。其作法是：在横坐标上按回路绕行方向依次截取与各段电路的电阻值成比例的线段，使各截点正好与电路上的节点相对应。沿纵坐标方向标出各对应点的电位，将各点电位用直线连接即得到对应电路的电位图。在选定参考点后，可以沿任一闭合路径按绕行方向做出电位图，并且电路上的任一点都可以作为电位图的起点，因为不影响各点的电位值与任何两点间的电压值。

4．实验电路（如图 2-2-1 所示）

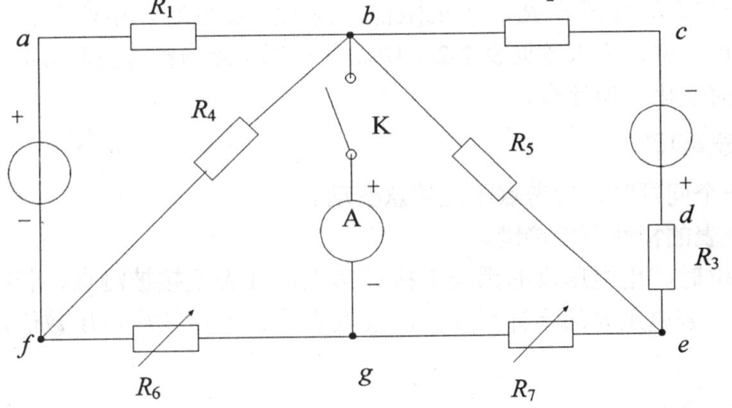

图 2-2-1　电压电位测定电路

图中：E_1=12V　E_2=5V　R_1=1000Ω　R_2=200Ω　R_3=500Ω

R_4=100Ω　R_5=300Ω　R_6=100Ω　R_7=400Ω

三、实验仪器及器件

1．电阻箱及动态元件　　　　　　　　2．直流电流表、电压表

3．可调直流电流、电压源　　　　　　4．电阻元件

四、实验内容及步骤

1．测量电位

按实验电路图 2-2-1 接线，其中 R_6、R_7 由电阻箱提供。检查无误后，方可通电进行实验。

（1）以 f 点为参考点，测量各点电位（测量电位的方法请阅读实验注意事项中的第 2 点），并将数据分别记入表 2-2-1 内。（注：开关 K 断开。）

表　2-2-1

项目		测量值						计算值					
参考点 f	电位	Φ_a	Φ_b	Φ_c	Φ_d	Φ_e	Φ_f	U_{ab}	U_{bc}	U_{cd}	U_{de}	U_{ef}	U_{fa}
	单位												
	数值												
参考点 d	电位												
	单位												
	数值												
参考点 f ($\Phi_b=\Phi_g$)	电位												
	单位												
	数值												

（2）以 d 点为参考点，测量各点电位，分别记入数据表内。（注：开关 K 断开。）

2．测量等电位点

将开关 K 闭和，配合调节 R_6、R_7 的阻值，使电流表的指示为零（I_{bg}=0），再次以 f 点为参考点测量各点电位，记入数据表 2-2-1 中。并与以 f 点为参考点测得的对应点电位值进行比较，看其有何变化，为什么？

五、实验注意事项

1．研究同一个问题时，参考点不能随意变动。

2．直流电压表的极性不能接错。

注：测量电位时，用电压表的黑表笔接参考点，红表笔接被测点，若指针正向偏转，则电位值为正值；若电压表的指针反偏，应互换表笔，然后读出电压数值，则此时的电位值为负值。

六、实验报告要求

1．完成数据表格测试内容，分析参考点与电压、电位的关系。

2．绘制电路电位图。

实验 2.3　基尔霍夫定律

一、实验目的

1．加深对基尔霍夫定律的理解，用实验数据验证基尔霍夫定律。

2．掌握电路连接方法，巩固直流电流表和电压表的使用方法。

3．熟练仪器仪表的使用技术。

二、实验原理

基尔霍夫定律是电路理论中最基本的定律之一，它阐明了电路整体结构必须遵守的规律，应用极为广泛。

基尔霍夫定律有两条：一条是电流定律，另一条是电压定律。

1．基尔霍夫电流定律（简称 KCL）：在任一时刻，流入到电路任一节点的电流总和等于从该节点流出的电流总和，换句话说就是在任一时刻，流入到电路任一节点的电流的代数和为零。这一定律实质上是电流连续性的表现。运用这条定律时必须注意电流的方向，如果不知道电流的真实方向时可以先假设每一电流的正方向（也称为参考方向），根据参考方向就可写出基尔霍夫的电流定律表达式。例如，如图 2-3-1 所示为电路中某一节点 N，共有 5 条支路与它相连，5 个电流的参考正方向如图所示，根据基尔霍夫定律就可写出：

$$I_1+I_2+I_3=I_4+I_5$$

如果把基尔霍夫定律写成一般形式就是$\Sigma I=0$。显然，这条定律与各支路上接的是什么样的元件无关，不论是线性电路还是非线性电路，它是普遍适用的。

电流定律原是运用于某一节点的，我们也可以把它推广运用于电路中的任一假设的封闭面，例如，如图 2-3-2 所示封闭面 S 所包围的电路有 3 条支路与电路其余部分相连接，其电流为 I_1、I_2、I_3，则 $I_1+I_2+I_3=0$。

因为对任一封闭面来说，电流仍然必须是连续的。

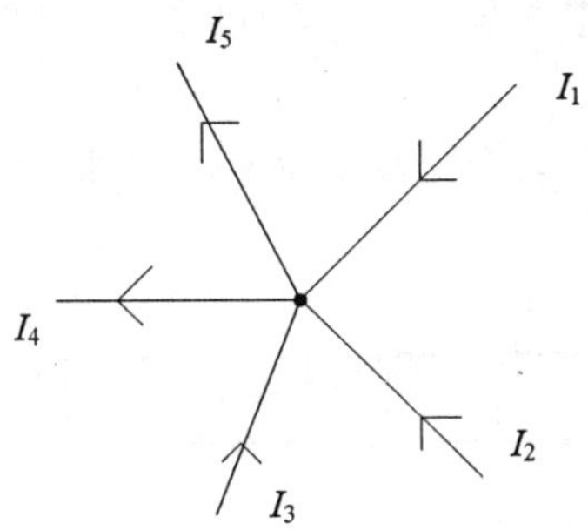

图 2-3-1　基尔霍夫电流定律

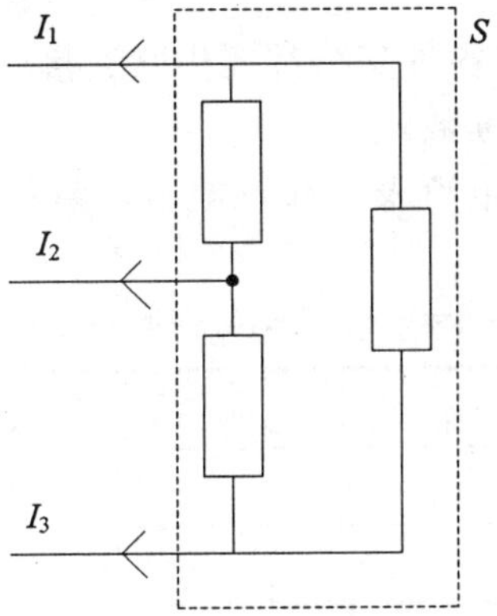

图 2-3-2　基尔霍夫电流定律的应用

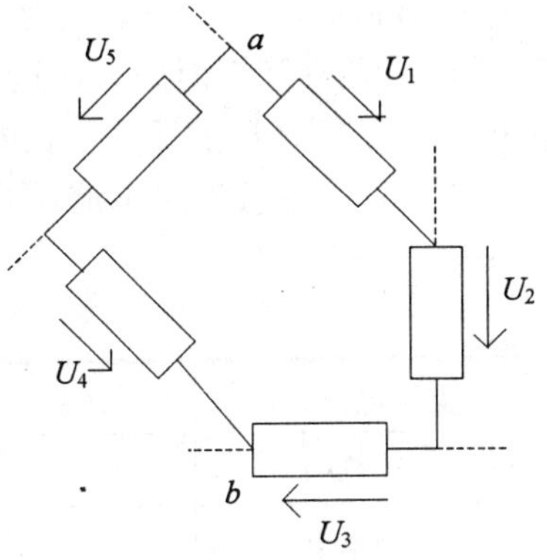

图 2-3-3　基尔霍夫电压定律

2．基尔霍夫电压定律（简称 KVL）：在任一时刻，沿闭合回路电压降的代数和总等于零。把这一定律写出成一般形式即为$\Sigma U=0$。例如，在如图 2-3-3 所示的闭合回路中，电阻两端的电压参考正方向如箭头所示，如果从节点 a 出发，顺时针方向绕行一周又回到 a 点，便可写出：

$$U_1+U_2+U_3-U_4-U_5=0$$

显然，基尔霍夫电压定律也是和沿闭合回路上元件的性质无关。因此，不论是线性电路还是非线性电路，它是普遍适用的。

三、实验仪器及器件

1．可调直流电流、电压源
2．电阻元件
3．电阻箱及动态元件
4．直流电流表、电压表

四、实验内容及步骤

按照如图 2-3-4 所示实验线路验证基尔霍夫两条定律。（此为参考图，实际做实验时，电路拓扑图和阻值可自由选择，以验证基尔霍夫定律为最终目的。）

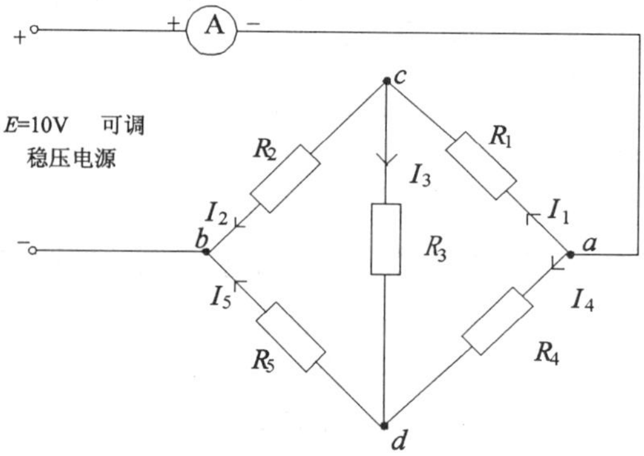

图 2-3-4 基尔霍夫定律实验线路

图中：E=10V R_1=1000Ω $R_2=R_3=R_5$=300Ω R_4=200Ω

1．图中 E=10V 为可调直流电压源输出电压。调节时先调节电压粗调旋钮，再缓慢调节电压微调旋钮，直至电压表指示 10V，实验中电压调节好后保持不变。R_1、R_2、R_3、R_4、R_5 用电阻元件连接而成。在接线时各条支路都要串联连接一个电流表插口，测量电流时只要把电流表所连接的插头插入即可读数。

2．测量各条支路电流用直流电流表，注意电流表量程及各支路电流的流向，将测量结果填入表 2-3-1。

表 2-3-1 电流定律

支路电流方式	I	I_1	I_2	I_3	I_4	I_5
计算值						
测量值						

3．用直流电压表测量各支路电压及总电压，记入表 2-3-2，注意电压表量程及电压方向。

4．通过实验验证 4 个节点 a、b、c、d 的ΣI是否等于零，验证 4 个回路 acd、cbd、$acbd$、E_+acbE_-的ΣU是否等于零。

表 2-3-2　电压定律

相加 \ 节点	*a*	*b*	*c*	*d*
ΣI（计算值）				
ΣI（测量值）				
误差 ΔI				

支路电压方式	U_{ad}	U_{ac}	U_{dC}	U_{db}	U_{cb}	E
计算值						
测量值						

相加 \ 回路	*acd*	*cbd*	*acbd*	$E_{+}acbE_{-}$
ΣU（计算值）				
ΣU（测量值）				
误差 ΔU				

五、实验注意事项

1．实验电路的连接，要按所选择的参考方向进行，读数时，注意电表的正负极性及数据的正负，正确记录。

2．直流稳压电源的输出电压值，调节至实验所需电压，并用电压表校验准确。

六、实验报告要求

1．完成实验测试和数据列表。

2．根据基尔霍夫定律及如图 2-3-4 所示电路参数计算出各支路的电流及电压。

3．计算结果与实验测量结果进行比较，说明误差原因。

4．小结对基尔霍夫定律的认识。

实验 2.4　直流电阻的星形、三角形等效变换

一、实验目的

1．进一步了解星形与三角形等效变换的意义和方法。

2．加深对星形与三角形等效变换条件的理解。

二、实验原理

1．实验原理说明

直流电阻的星形与三角形等效变换如图 2-4-1 所示，其目的是简化任意无源二端网络。

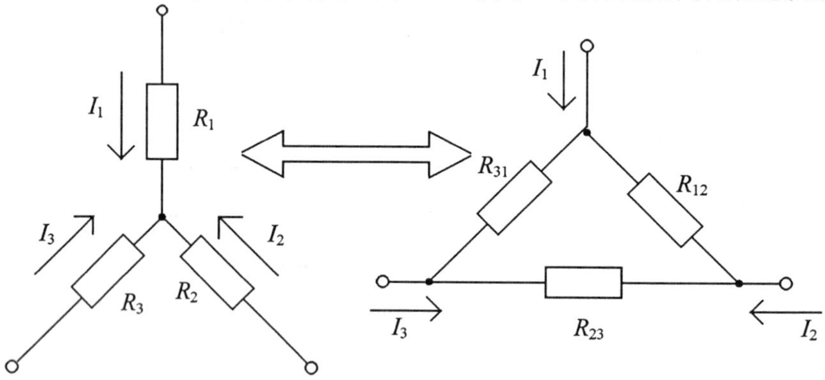

(a)　电阻的星形连接　　　　(b)　电阻的三角形连接

图　2-4-1

电阻的星形连接与三角形连接等效变换前后，对应端钮间的电压不变，流入对应端钮的电流也不变，即必须保持外部特性相同。

（1）电阻星形连接等效为三角形连接

$$R_{12}=(R_1\times R_2+R_2\times R_3+R_3\times R_1)/R_3$$

$$R_{23}=(R_1\times R_2+R_2\times R_3+R_3\times R_1)/R_1$$

$$R_{31}=(R_1\times R_2+R_2\times R_3+R_3\times R_1)/R_2$$

即三角形某边上的电阻等于星形连接时，各辅线电阻两两乘积之和与对面辅线电阻之比。

（2）电阻三角形连接等效为星形连接

$$R_1=R_{12}\times R_{31}/(R_{12}+R_{23}+R_{31})$$

$$R_2=R_{23}\times R_{12}/(R_{12}+R_{23}+R_{31})$$

$$R_3=R_{31}\times R_{23}/(R_{12}+R_{23}+R_{31})$$

即星形连接的某一辅线的电阻等于此辅线两岸邻边的三角形的电阻的乘积，除以三角形三边电阻之和。

2．实验线路（如图 2-4-2 所示）

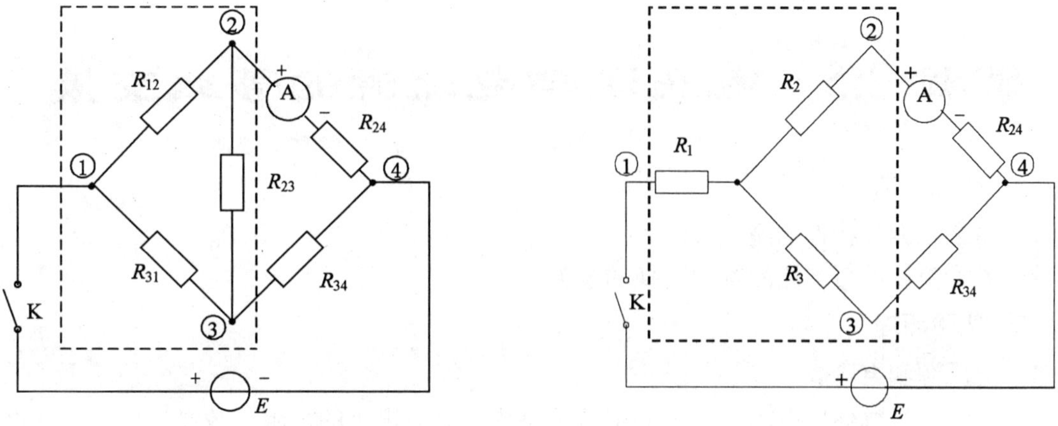

(a) 电阻三角形连接　　　　(b) 电阻星形连接

图　2-4-2

图中：E=10V　　$R_{12}=R_{23}=R_{31}=300\Omega$　　$R_{24}=100\Omega$　　$R_{34}=200\Omega$

三、实验仪器及器件

1．可调直流电流、电压源　　　2．电阻元件

3．电阻箱及动态元件　　　4．直流电流表、电压表

四、实验内容及步骤

1．按实验电路图 2-4-2（a）接线，电路图中的电阻由电阻元件提供。检查无误后，通电进行实验，并将所测电压、电流数值分别记入数据表 2-4-1 内。

表　2-4-1

电路连接	测　量　数　据					
	U_{12}	U_{23}	U_{31}	U_{24}	U_{34}	I
①②③点间电阻“△”连接						
①②③点间电阻“Y”连接						

2．利用等效变换公式，计算出等效电阻 R_1、R_2、R_3 的阻值：

R_1=　　　　R_2=　　　　R_3=

3．按如图 2-4-2(b)所示实验电路接好电路，R_{24}、R_{34} 的阻值不变，R_1、R_2、R_3 的阻值分别为第 2 步骤所计算的阻值。测量对应步骤 1 的电流、电压数值，记入表 2-4-1 内。

五、实验注意事项

1．旋转电阻箱的阻值调节，一定要在电源断开的情况下进行。

2．在等效变换前后的电压测量中，要准确地测量出对应点间的电压。

六、实验报告要求

1．完成实验测试和数据列表。

2．小结电阻等效变换的条件和方法。

实验 2.5 电压源与电流源的等效变换

一、实验目的

1. 掌握电源外特性的测试方法。

2. 验证电压源与电流源等效变换的条件。

二、实验原理

1. 电源和电流源

（1）一个直流稳压电源在一定的电流范围内，具有很小的内阻，故在使用中，常将它视为一个理想的电压源，即其输出电压不随负载电流而变，其外特性，即其伏安特性 $V=f(I)$ 是一条平行于 I 轴的直线。

一个恒流源在使用中，在一定的电压范围内，可视为一个理想的电流源。

（2）一个实际的电压源（或电流源），其端电压（或输出电流)不可能不随负载而变，因它具有一定的内阻值。故在实验中，用一个小阻值的电阻（或大电阻）与稳压源（或恒流源）相串联（或并联）来模拟一个电压源（或电流源）的情况。

（3）一个实际的电源，就其外部特性而言，既可以看成是一个电压源，又可以看成是一个电流源。若视为电压源，则可用一个理想的电压源 E_s 与一个电阻 R_0 相串联的组合来表示；若视为电流源，则可用一个理想电流源 I_s 与一电导 G_0 相并联的组合来表示，若它们向同样大小的负载供出同样大小的电流和端电压，则称这两个电源是等效的，即具有相同的外特性（如图 2-5-1 所示）。

一个电压源与一个电流源等效变换的条件为：

$$I_s = E_s/R_0\text{，}\quad G_0 = \frac{1}{R_0}$$

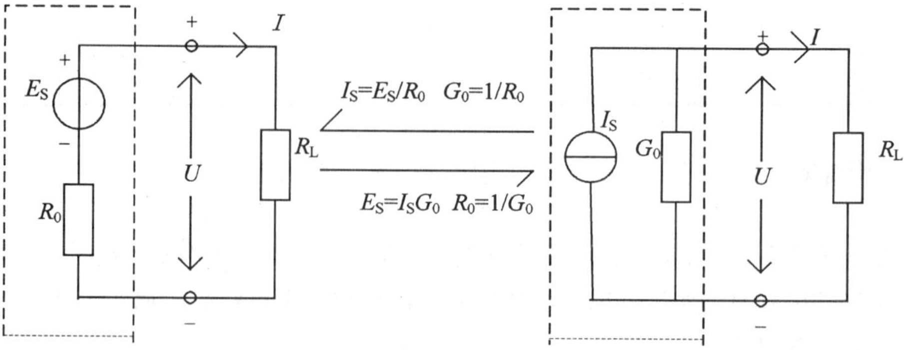

图 2-5-1 电压源与电流源等效变换

2. 实验线路（分别如图 2-5-2～图 2-5-5 所示）

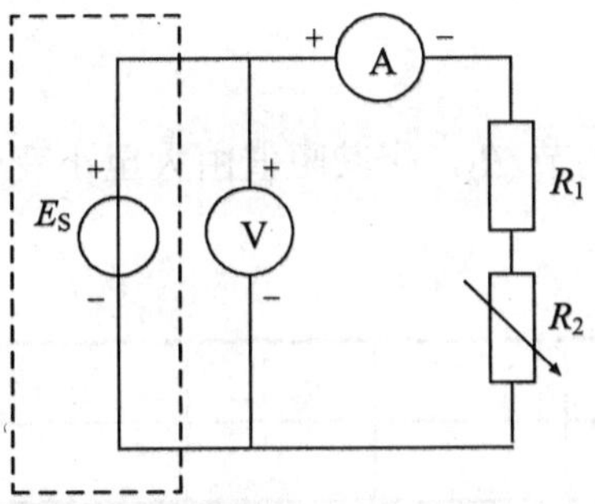

图 2-5-2　直流稳压电源的外特性

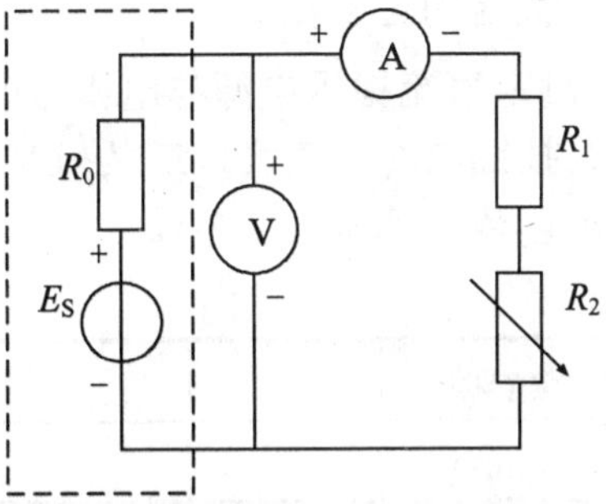

图 2-5-3　实际电压源的外特性

图中：E_s=6V　R_1=200Ω　R_0=50Ω

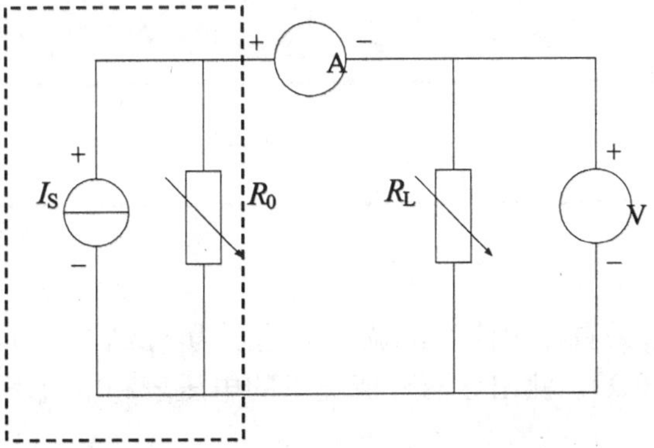

图 2-5-4　电流源的外特性

图中：I_s=5mA　R_0=1kΩ或者∞

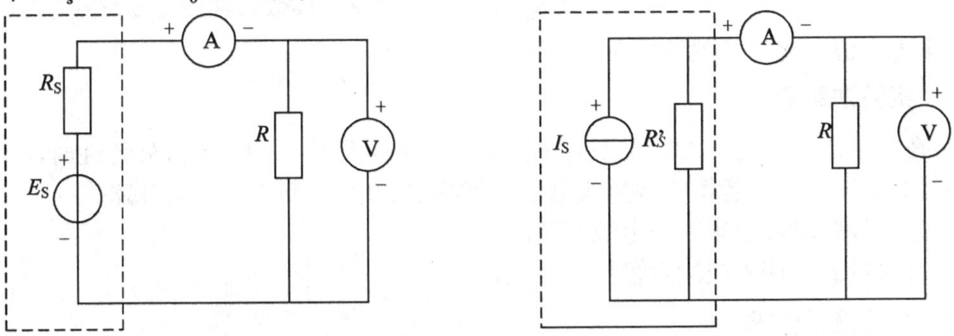

(a) 电压源　　(b) 电流源

图　2-5-5

图中：E_s=6V　R_s=50Ω　R=200Ω

三、实验仪器及器件

1．可调直流电流、电压源

2．电阻元件

3．电阻箱及动态元件

4．直流电流、电压表

四、实验内容及步骤

1．测定直流稳压电源与电压源的外特性

（1）按图 2-5-2 接线，E_s 为+6V 直流稳压电源，调节 R_2，令其阻值由大至小变化，记录两表的读数，填入表 2-5-1。

表 2-5-1

U(V)							
I(mA)							

（2）按图 2-5-3 接线，虚线框可模拟为一个实际的电压源，调节电位器 R_2，令其阻值由大至小变化，读取两表的数据，填入表 2-5-2。

表 2-5-2

U(V)							
I(mA)							

2．测定电流源的外特性

按图 2-5-4 接线，I_s 为直流电流源，调节其输出为 5mA，令 R_0 分别为 1kΩ和∞，调节可变电阻 R_L（从 0～470Ω），测出这两种情况下的电压表和电流表的读数。自拟数据表格，记录实验数据。

3．测定电源等效变换的条件

按如图 2-5-5 所示线路接线，首先读取如图 2-5-5(a)所示线路两表的读数，然后调节如图 2-5-5(b)所示线路中的恒流源 I_s（取 $R_S'=R_s$），令两表的读数与如图 2-5-5(a)所示的数值相等，记录 I_s之值，验证等效变换条件的正确性。

五、实验注意事项

1．在测电压源外特性时，不要忘记测空载时的电压值；测电流源外特性时，不要忘记测短路时的电流值，注意恒流源负载电压不可超过 20 伏，负载更不可开路。

2．改接线路时，必须断开电源开关。

3．直流仪表的接入应注意极性与量程。

六、实验报告要求

1．绘制所测电流源及电压源的外特性曲线。

2．从实验结果，验证电压源和电流源是否等效。

3．通过实验搞清楚理想电压源和理想电流源能否等效互换。

实验 2.6　受控源特性测试 VCCS 及 VCVS

一、实验目的

1．熟悉 4 种受控电源的基本特性。

2．掌握受控源转移参数的测试方法。

3．了解受控源在电路中的应用。

二、实验原理

电源可分为独立电源（如干电池、发电机等）与非独立电源（或称受控源）两种，受控源在网络分析中已经成为一个与电阻、电感、电容等无源元件同样经常遇到的电路元件。

受控源与独立电源不同，独立电源的电动势或电流是某一固定数值或某一时间函数，不随电路其余部分的状态而改变，且理想独立电压源的电压不随其输出电流而改变，理想独立电流源的电流不随其端电压而改变。独立电源作为电路的输入，它代表了外界对电路的作用。受控电源的电动势或电流则随网络中另一支路的电流或电压而变化，受控源又与无源元件不同，无源元件的电压和它自身的电流有一定的函数关系，而受控源的电压或电流则和另一支路（或元件）的电流或电压有某种函数关系。

当受控源的电压（或电流）与控制元件的电压（或电流）成正比变化时，该受控源是线性的。理想受控源的控制支路中只有一个独立变量（电压或电流），另一个独立变量等于零，即从输入口看，理想受控源或者是短路（即输入电阻 R_I=0，因而 U_I=0），就是说控制支路只有一个独立变量电流 I_I 作用，另一个独立变量 U_I=0；或者是开路（即输入电导 G_I=0），因而输入电流 I_I=0，只有输入电压 U_I 单独作用。从出口看，理想受控源或者是一理想电压源，或者是一理想电流源，如图 2-6-1 所示，由图可见，受控源有两对端钮，一对输出端钮，一对输入端钮，输入端用来控制输出端电压或电流大小，施加于输入端的控制量可以是电压或是电流，因此，有两种受控电压源，即电压控制电压源 VCVS、电流控制电压源 CCVS，同样受控电流源也有两种，即电压控制电流源 VCCS 及电流控制电流源 CCCS。

受控源的控制端与受控端的关系式称为转移函数，4 种受控源的转移函数参量分别用α、g_m、μ、r_m表示，它们的定义如下：

1．CCCS：$\alpha=\dot{I}_2/\dot{I}_1$ 转移电流比（或电流增益）

2．VCCS：$g_m=\dot{I}_2/\dot{U}_1$ 转移电导

3．VCVS：$\mu=\dot{U}_2/\dot{U}_1$ 转移电压比（或电压增益）

4．CCVS：$r_m=\dot{U}_2/\dot{I}_1$ 转移电阻

三、实验仪器及器件

1．可调直流电流、电压源　　2．电阻元件

3．电阻箱及动态元件　　4．直流电流表、电压表

四、实验内容及步骤

1．VCCS 的伏安特性及转移电导的测试

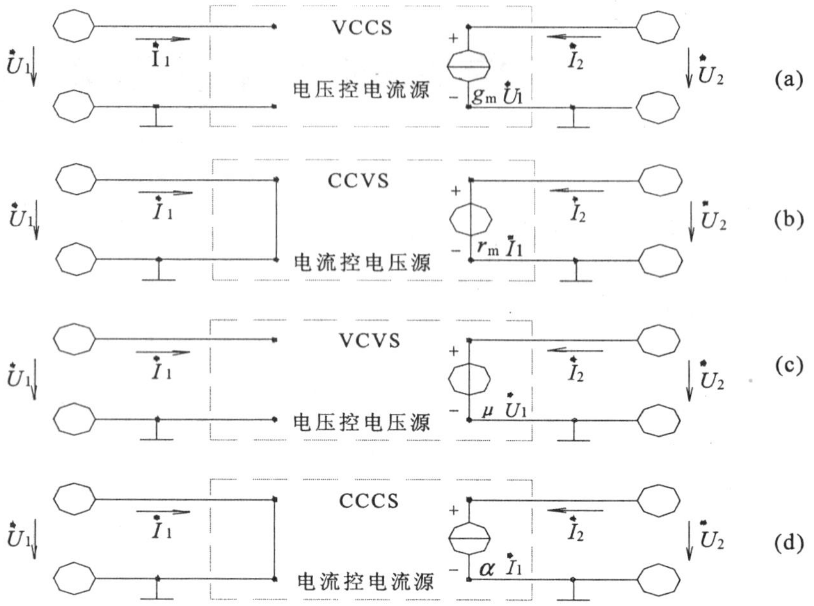

图 2-6-1　VCCS 外特性曲线测试线路

（1）按图 2-6-2 接线，图中 R_L 用可变电阻，R_1=1kΩ。

（2）调节稳压电源输出电压使 U_1=+2.5V 或 U_1= –2.5V。

（3）调节可变电阻 R_L，对不同的 R_L 值，用直流电压、电流表测量出 U_1、I_1、U_2、I_2，所测数据列表如表 2-6-1 所示，并绘制 VCCS 的外特性曲线 $I_2=f(U_2)$。为使 VCCS 正常工作，应使 U_1（或 U_2）在±2.5V 以内，I_1（或 I_2）在±2.5mA 以内，R_L<1kΩ。

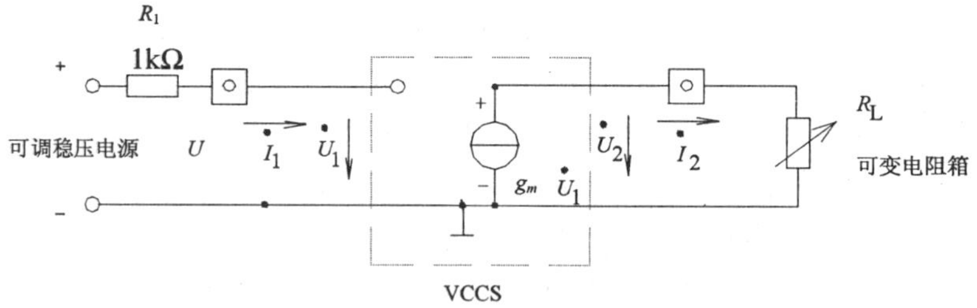

图 2-6-2　VCCS 的伏安特性测试线路

表 2-6-1　VCCS 伏安特性 U=　V　　U_1=　V　　I_1=　mA

R_L(Ω)	1k	900	800	700	600	500	400	300	200	100
U_2										
I_2										

（4）固定 R_L=1kΩ，改变稳压电源输出电压 U 为正负不同数值时分别测量 U_1、I_1、U_2、I_2，测试数据列表如表 2-6-2 所示，计算转移电导，并绘制 VCCS 的输入伏安特性曲线 $U_1=f(I_1)$ 及转移特性曲线 $I_2=f(U_1)$。

表 2-6-2　VCCS 的输入伏安特性 $U_1=f(I_1)$及转移特性曲线 $I_2=f(U_1)$的绘制

U(V)	U_1(V)	U_2(V)	I_2(mA)	$g_m=I_2/U_1(\Omega^{-1})$	$R_1(\Omega)$
2.5					1k
2					1k
1					1k
–1					1k
–2					1k
–2.5					1k

转移电导平均值 $g_m=2\sqrt{\dfrac{L}{C}}\,g_{mn}/n$。

2．VCVS 的伏安特性及电压增益系数μ的测试

（1）按图 2-6-3 接好实验电路。

（2）调节稳压电源输出电压使 U_1= +2.5V 或 U_1= –2.5V，R_L 在 1kΩ～∞范围内改变，测量出 U_1、I_1、U_2、I_2 的值。

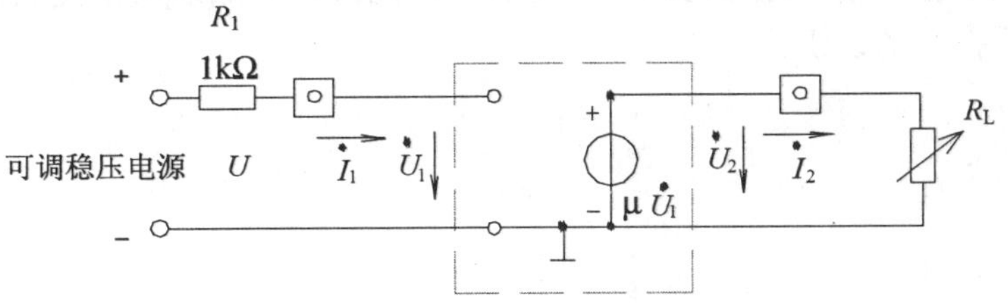

图 2-6-3　VCVS 的输入伏安特性

测量数据记入表 2-6-3，并绘制 VCVS 的伏安特性曲线 $U_2=f(I_2)$。

表 2-6-3　VCVS 的外部特性曲线的测试

U=　　V　　U_1=　V　　I_1=　mA

$R_L(\Omega)$	1k	2k	3k	4k	5k	6k	7k	8k	9k	10k	∞
U_2											
I_2											

（3）固定 R_L=1kΩ，改变稳压电源输出电压 U 为正负不同数值时分别测量 U_1、I_1、U_2、I_2。所测数据列表如表 2-6-4 所示，计算电压增益系数μ，并绘制输入伏安特性 $U_1=f(I_1)$及转移特性 $U_2=f(U_1)$。

表 2-6-4　VCVS 的输入伏安特性 $U_1=f(I_1)$及转移特性曲线 $U_2=f(U_1)$的绘制 $R_L=1k\Omega$

U	U_1	I_1	U_2	I_2	$\mu=U_2/U_1$	$\mu'=-g_m r_m$
2.5						
2						
1						
−1						
−2						
−2.5						

五、实验注意事项

1．为使 VCVS 正常工作，必须控制 U_2 在±2.5V 以内，I_1（或 I_2）在±2.5mA 以内。

2．测量电压表内阻应较大。

六、实验报告要求

1．整理各组实验数据，在方格纸上绘出各特性曲线，并加以讨论说明。

2．总结对受控源的认识。

实验 2.7　受控源特性测试 CCCS 及 CCVS

一、实验目的

1．加深对受控电源的理解。

2．熟悉受控电源 CCCS、CCVS 特性的测试方法。

二、实验原理：实验 2.6 中已叙述

三、实验设备：同实验 2.6

四、实验内容及步骤

1．CCCS 外部特性及电流增益系数α的测试

（1）按图 2-7-1 接好实验线路，R_L 为可变电阻，R_1 为固定电阻。

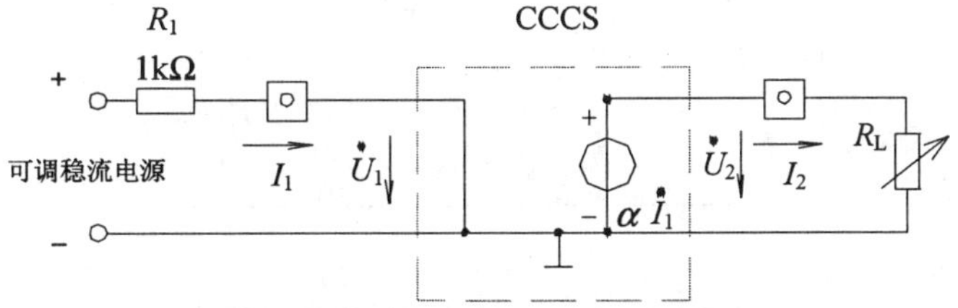

图 2-7-1　CCCS 外特性曲线测试线路

（2）调节稳压、稳流电源输出电流使 I_1=+2.5mA 或 I_1= −2.5mA，在 0～1kΩ范围内改变 R_L 为不同值时，对每一 R_L 值测量对应的 U_1、I_1、U_2、I_2。测试结果记入表 2-7-1，并绘制 CCCS 的外部特性曲线 $U_2=f(I_2)$。

测量电流、电压用直流电压表、直流电流表。

表 2-7-1　测 CCCS 外部特性曲线 $U_2=f(I_2)$

U_1=　　V　　I_1=　　mA										
R_L(Ω)	1k	900	800	700	600	500	400	300	200	100
U_2										
I_2										

（3）固定 R_L=1kΩ，改变稳流输出电流 I 为正负不同值时分别测量 U_1、I_1、U_2、I_2，测试数据列表（如表 2-7-2 所示），计算出电流增益α并绘制 CCCS 输入伏安特性 $U_1=f(I_1)$ 及转移特性曲线 $I_2=f(I_1)$。

电流增益系数α的平均值$\alpha=2\sqrt{\frac{L}{C}}\alpha_n/n$

表 2-7-2　CCCS 的输入伏安特性 $U_1=f(I_1)$ 及转移特性曲线 $I_2=f(I_2)$

I(mA)	U_1	I_1	U_2	I_2	$\alpha=I_2/I_1$	$R_L(\Omega)$
2.5						1k
2						1k
1						1k
−1						1k
−2						1k
−2.5						1k

2．CCVS 的伏安特性及转移电阻 r_m 的测试

（1）按图 2-7-2 接线。

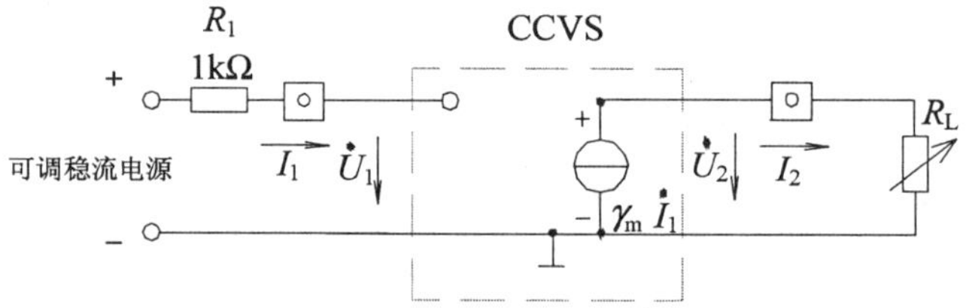

图 2-7-2　CCVS 的伏安特性测试线路

（2）调节稳压、稳流源输出电流使 I_1=+2.5mA 或 I_1= −2.5mA，然后改变 R_L 为不同值时测量出 U_1、I_1、U_2、I_2，所测数据列表（如表 2-7-3 所示），并绘制 CCVS 的外部特性的 $U_2=f(I_2)$。

表 2-7-3　CCVS 的伏安特性 $U_2=f(I_2)$

U=　　V　　I_1=2.5mA

$R_L(\Omega)$	1k	2k	3k	4k	5k	6k	7k	8k	9k	10k	∞
U_2											
I_2											

为使 CCVS 能正常工作，应使 I_2≤±2.5mA，U_2<±2.5V　R_L<1kΩ。

（3）固定 R_L=1kΩ，改变稳压、稳流源中输出电流为正负不同数值时分别测量 U_1、I_1、U_2、I_2，所测数据列表如表 2-7-4 所示，并计算转移电阻 r_m 及绘制输入伏安特性曲线 $U_1=f(I_1)$ 与转移特性曲线 $U_2=f(I_1)$。

计算转移电阻 r_m 及绘制输入伏安特性曲线 $U_1=f(I_1)$与转移特性曲线 $U_2=f(I_1)$。

求平均值：$r_{m-}=2\sqrt{\frac{L}{C}}\,r_{mn}/n$

表 2-7-4　CCVS 的输入伏安特性 $U_1=f(I_1)$ 及转移特性曲线 $U_2=f(I_1)$

I_1(mA)	U_1	U_2	I_2	$r_m=U_2/U_1$	$R_L(\Omega)$
2.5					1k
2					1k
1					1k
−1					1k
−2					1k
−2.5					1k

五、实验注意事项

1．为使 CCVS 正常工作，必须控制 U_2 在±2.5V 以内，I_1（或 I_2）在 ±2.5mA 以内。

2．测量电压表内阻应较大。

六、实验报告要求

1．整理各组实验数据，在方格纸上绘出各特性曲线，并加以讨论、说明。

2．总结对受控源的认识。

实验 2.8　叠加原理和替代定理

一、实验目的

1．通过实验来验证线性电路中的叠加原理及其适用范围。

2．学习直流仪器仪表的测试方法。

二、实验原理

几个电动势在某线性网络中共同作用时（也可以是几个电流源共同作用，或电动势和电流源混合共同作用），它们在电路中任一支路产生的电流或在任意两点间所产生的电压降，等于这些电动势或电流源分别单独作用时，在该部分所产生的电流或电压降的代数和，这一结论称为线性电路的叠加原理。如果网络是非线性的，叠加原理不适用。如图 2-8-1 所示的电路含有一个非线性元件（稳压管），叠加原理不适用，如果将稳压管换成一线性电阻，则可以运用叠加原理。

本实验中，先使电压源和电流源分别单独使用，测量各点间的电压和各支路的电流，然后再使电压源和电流源共同作用，测量各点间的电压和各支路的电流，验证是否满足叠加原理。

给定任意一个线性电阻电路，其中第 k 条支路的电压 U_k 和电流 I_k 已知，那么这条支路就可以用一个具有电压 U_k 的独立电压源，或者用一个具有电流 I_k 的独立电流源来替代，替代后电路中全部电压和电流均保持原值（电路在改变前后，各支路电压和电流均应是唯一的）。

三、实验仪器及器件

1．可调直流电流、电压源　　2．电阻元件

3．电阻箱及动态元件　　4．直流电流表、电压表

四、实验内容及步骤

1．按图 2-8-1 接好实验电路，R_1、R_2、R_3、R_4、R_5 均用电阻元件，接线时可调直流电流源、电压源先应全部置零。

2．调节可调直流电流源，使电流源输出为 30mA，且在实验中应保持此值不变。再调节电压源，使其输出电压为 10V，在实验中也保持此值不变。

3．验证叠加原理：

按图 2-8-1 接好实验电路。

A、B 端通过网络元件上钮子开关 S_1 与一根导线及电压源 E 接通。将电流源开路，这就是电压源单独作用时的接线。测电压源 E 单独作用时，各条支路的电流和电压，注意仪表量限和测量值的符号，所测数据记入表 2-8-1。

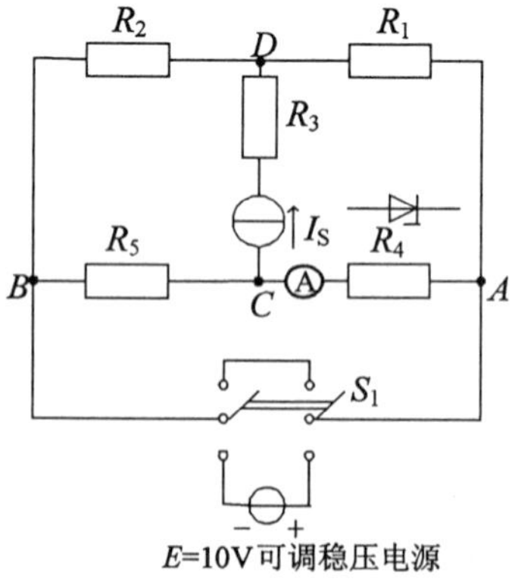

图中 E=10V　I_S=30mA　R_1=1000Ω

R_2=R_3=R_5=500Ω　R_4=300Ω

图 2-8-1　叠加原理实验线路图

将钮子开关 S_1 断开，使 A、B 端连至短路侧，同时将电流源 I_S 接通，再测各支路两端的电压和各支路电流，此时为电流源单独作用的值，也记入表 2-8-1。

将电压、电流源同时接通，重复以上测量，数据记入同一表格中。

表 2-8-1　验证叠加原理

项目 条件	U_{AD}	U_{DC}	U_{BD}	U_{AC}	I_{AC}
E 单独作用					
I_S 单独作用					
E 和 I_S 共同作用					

4．验证非线性元件不适用叠加定理：

图 2-8-1 中 AC 支路的线性电阻 R_4 用稳压管代替，按步骤 3，重复测量各支路电流和电压，与替代前的数值进行比较，数据记入表 2-8-2 中。

表 2-8-2　AC 支路为稳压二极管时各支路电压及 AC 支路电流

项目 条件	U_{AD}	U_{DC}	U_{BD}	U_{AC}	I_{AC}	U_{AC}/I_{AC}
E 单独作用						
I_S 单独作用						
E 和 I_S 共同作用						

5．验证替代定理：

根据步骤 4 中当二极管接入时测量出的电压 U_{AC} 和电流 I_{AC} 值，算得电阻值 $R=U_{AC}/I_{AC}$，将其支路 AC 换成算出的电阻值 R，重复测量各支路电压、电流，与替代前（二极管接入作用时）的数值进行比较，数据记入表 2-8-3 中。

表 2-8-3　AC 支路用算出电阻替代

项目 条件	U_{AD}	U_{DC}	U_{BD}	U_{AC}	I_{AC}
接入二极管电路					
替代成算出电阻电路					

五．实验注意事项

1．电流源不应开路，否则它两端的正电压会很高。

2．为安全起见，在断开 I_S 前，先用一短线将 I_S 短接，然后断开 I_S。

3．电压源不应短路，否则电流会过大。

六、实验报告要求

1．根据如图 2-8-1 所示元件数值计算本实验电路中（步骤 3 的线性电路）U_{AC} 的数值，与实验结果进行比较。

2．小结对叠加原理和替代定理的认识。

实验 2.9　戴维南定理、诺顿定理

一、实验目的

1．用实验来验证戴维南定理、诺顿定理。

2．进一步学习常用直流仪器仪表的使用方法。

二、实验原理

任何一个线性网络，如果只研究其中的一个支路的电压和电流，则可将电路的其余部分看成一个含源一端口网络。而任何一个线性含源一端口网络对外部电路的作用，可用一个等效电压源来代替，该电压源的电动势 E_S 等于这个含源一端口网络的开路电压 U_K，其等效内阻 R_S 等于这个含源一端口网络中各电源均为零时（电压源短路，电流源开路）无源一端口网络的入端电阻。这个结论就是戴维南定理。

如果用等效电流源来代替上述线性含源一端口网络，其等效电流 I_S 等于这个含源一端口网络的短路电流 I_d，其等效内电导等于这个含源一端口网络各电源均为零（电压源短路，电流源开路）时所对应的无源一端口网络的入端电导，这个结论就是诺顿定理。

三、实验仪器及器件

1．可调直流电流、电压源　　2．电阻元件

3．电阻箱及动态元件　　4．直流电流表、电压表

四、实验内容及步骤

1．测出含源一端口网络的端电压 U_{AB} 和端电流 I_{R}，并绘出它的外特性曲线 $U_{\mathrm{AB}}=f(I_{\mathrm{R}})$

（1）按图 2-9-1(a)接好实验电路，负载电阻 R 用可变电阻。

（2）调节可调直流电流源，使其输出电流为 30mA。再调直流电压源，使其输出电压为 10V，调节前直流电流源、电压源均应先置零。

（3）改变负载电阻 R，对每一 R 值，测出 U_{AB} 和 I_{R} 值，记入表 2-9-1，特别应注意要测出 $R=\infty$（此时测出的 U_{AB} 即为 A、B 端开路电压 U_{K}）和 $R=0$（此时测出的 I_{R} 即为 A、B 端短路时的短路电流 I_{d}）时的电压和电流。作出 $U_{\mathrm{AB}}=f(I_{\mathrm{R}})$ 曲线。

2．测出无源一端口网络的入端电阻

（1）将图 2-9-1(a)除源：即将电流源 I_{S} 开路，将电压源 E_{S} 短路，再将负载电阻 R 开路。

（2）用万用表电阻挡测 A、B 两点间的电阻 R_{AB}，即为有源一端口网络所对应的无源一端口网络的入端电阻，也就是此有源一端口网络所对应等效电压源的内电阻 R_{S}。

3．验证戴维南定理

（1）调节可变电阻使其等于 $R_{\mathrm{AB}}=R_{\mathrm{S}}$，然后将可调电压源输出电压调至等于有源一端口网络的开路电压。U_{K} 与 R_{AB} 串联组成如图 2-9-1(b)所示等效电压源，负载电阻 R 仍用可变电阻。

（2）改变负载电阻 R 的值（与表 2-9-1 中 R 值一一对应，便于比较），重复测出 U_{AB}、I_R 记入表 2-9-2 中，并与步骤 1 中所测得的值比较，验证戴维南定理。

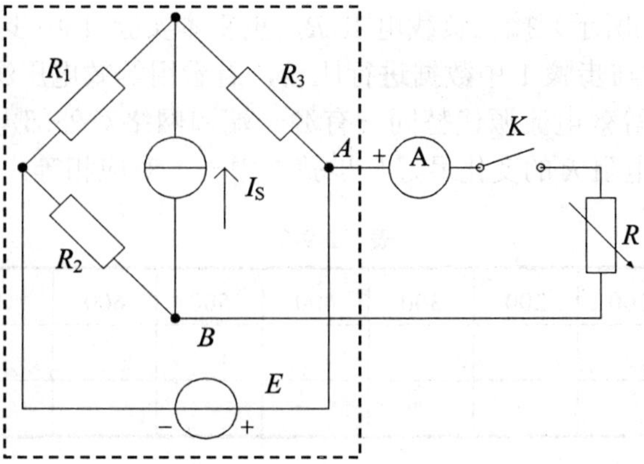

(a) 戴维南定理实验线路

图中：E=10V　I_S=30mA　R_1=R_2=500Ω　R_3=1000Ω

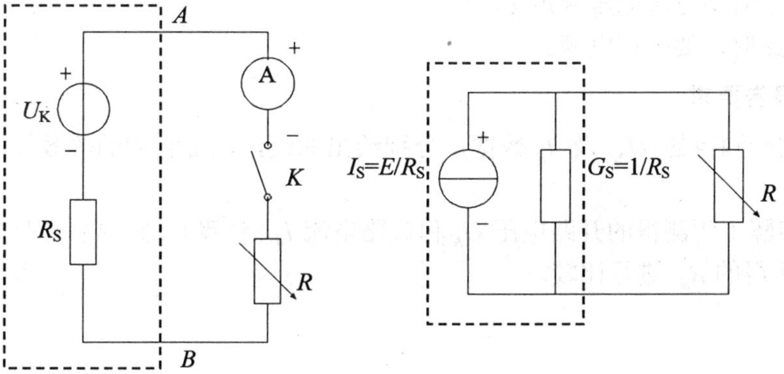

(b) 等效为电压源后的实验电路图　　(c) 等效为电流源后的实验电路图

图　2-9-1

表 2-9-1　有源一端口网络的外特性 U_{AB}=$f(I_R)$

R_L(Ω)	0	100	200	300	400	500	600	1k	2k	∞
U_{AB}(V)										
I_R(mA)										

表 2-9-2　等效电压源的外特性 U_{AB}= $f(I_R)$

R_L(Ω)	0	100	200	300	400	500	600	1k	2k	∞
U_{AB}(V)										
I_R(mA)										

4．诺顿定理

调节可调电流源输出电流等于本实验 1 中步骤（2）中 R=0 时的短路电流，将此电流源与一等效电导 G_S=1/R_S（R_S 为本实验 2 中无源一端口网络的入端电阻）并联后组成的实际电流源（如图 2-9-1(c)所示）接上负载电阻 R，重复本实验 1 中步骤（2）的测量，将测量数据记入表 2-9-3，并与步骤 1 中数据进行比较，看看用等效电压源代替原有源一端口网络与用等效电流源与用等效电流源代替同一有源一端口网络对外部电路的作用是否等效。为便于比较，本实验中电阻 R 的变化最好与步骤 1 中一一对应相等。

表 2-9-3

$R_L(\Omega)$	0	100	200	300	400	500	600	1K	2K	∞
U_{AB}(V)										
I_R(mA)										

五、实验注意事项

1．测量时注意电流表、电压表量程的更换。

2．电源置零时不可将电压源短接。

3．改接线路时，要关掉电源。

六、实验报告要求

1．根据实验测得的 U_{AB} 及 I_R 数据，分别绘出曲线，验证它们的等效性，并分析误差产生的原因。

2．根据步骤 1 所测得的开路电压 U_K 和短路电流 I_d，计算有源二端口网络的等效内阻，与步骤 a 中所测得的 R_{AB} 进行比较。

实验 2.10　交流电路参数的测定

一、实验目的

1．学习用交流电压表、电流表和功率表测定交流电路参数的方法。

2．学习调压器和功率表的正确使用。

3．加深对阻抗角、相位差及功率因数等概念的理解。

二、实验原理

1．实验原理说明

交流电路中，元件的参数电阻、电感量、电容量，可以用交流电桥直接测量，也可用交流电压表、电流表和有功功率表测得元件的端电压，通过元件的电流和元件所消耗的功率，利用公式计算得出。这种方法称为三表法。这种测量方法更适合于非性阻抗元件的测量。

各电量间的关系式为：

$$Z=V/I \qquad \cos\Phi=P/VI \qquad R_x=P/I^2$$

$$X_x=\frac{1}{I}\sqrt{V^2-(\frac{P}{I})^2}$$

当被测电抗为感抗时，其电感量为：

$$L=\frac{1}{2\pi fI}\sqrt{V^2-\left(\frac{P}{I}\right)^2}$$

当被测电抗为容抗时，其电容量为：

$$C=\frac{1}{\frac{2\pi f}{I}\sqrt{V^2-\left(\frac{P}{I}\right)^2}}$$

2．实验电路（如图 2-10-1 所示）

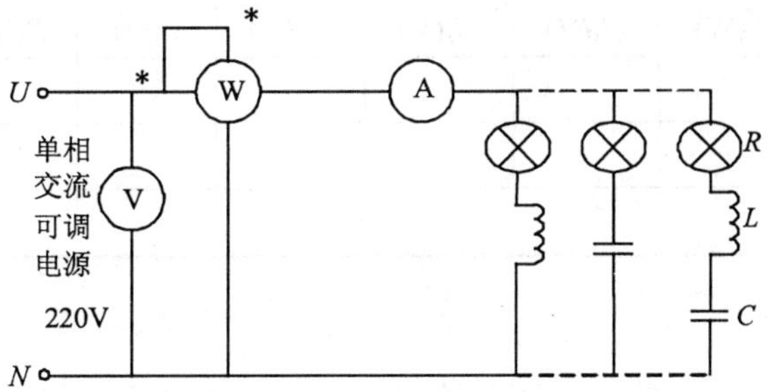

图 2-10-1　交流电路参数测定

三、实验仪器及器件

1．单、三相有功功率表　　2．交流电压、电流表

3．十进制电容器、电感　　4．灯泡　　5．单相调压器

四、实验内容及步骤

按照实验电路图 2-10-1 接线，将调压器的输出电压调至实验数据表要求的电压值，进行交流参数的测定。

1．测定感性元件的交流参数。将感性阻抗负载接入电路，按实验数据表 2-10-1 所要求的内容进行测量。

表 2-10-1

测量值					计算值			
V(V)	I(mA)	P(W)	U_R(V)	U_L(V)	$\cos\phi$	$Z(\Omega)$	$R(\Omega)$	L(H)
100								
150								
200								

2．测定容性元件的交流参数。将电路阻抗负载接入容性元件，按数据表 2-10-2 的内容进行测量。

表 2-10-2

测量值					计算值			
V(V)	I(mA)	P(W)	U_R(V)	U_C(V)	$\cos\phi$	$Z(\Omega)$	$R(\Omega)$	$C(\mu F)$
100								
150								
200								

3．将感性元件与容性元件串联接入电路，测定串联的交流参数，按照数据表 2-10-3 的内容进行测量。

表 2-10-3

测量值						计算值			
V(V)	I(mA)	P(W)	U_R(V)	U_L(V)	U_C(V)	$Z(\Omega)$	$R(\Omega)$	$X(\Omega)$	$\cos\Phi$
100									
150									
200									

五、实验注意事项

1．单相调压器在使用之前，应调节输出电压为零的位置，使用时，从零开始逐渐上升至实验所需电压。做完实验后，将调压器调回零位，再断开电源。

2．电容器用过后，要进行放电处理。

六、实验报告要求

根据测试数据，计算网络等值参数，比较、分析各测试方法的特点。

实验 2.11 RLC 串联谐振电路

一、实验目的

1．观察谐振现象，加深对串联谐振特点的理解。

2．学习测量 RLC 串联电路的通用谐振曲线。

二、实验原理

1．实验原理说明

（1）电路特性

在 RLC 的串联电路图 2-11-1 中：

$$U=U_R+U_L+U_C=I[R+\mathrm{j}(X_L-X_C)]=IZ$$

而 $X_L=\omega L$　　$X_\mathrm{C}=\dfrac{1}{\omega C}$

当 $\omega L<\dfrac{1}{\omega C}$ 时，$U_\mathrm{L}<U_\mathrm{C}$，电路呈容性。

当 $\omega L>\dfrac{1}{\omega C}$ 时，$U_\mathrm{L}>U_\mathrm{C}$，电路呈感性。

当 $\omega L=\dfrac{1}{\omega C}$ 时，$U_\mathrm{L}=U_\mathrm{C}$，电路呈电阻性。

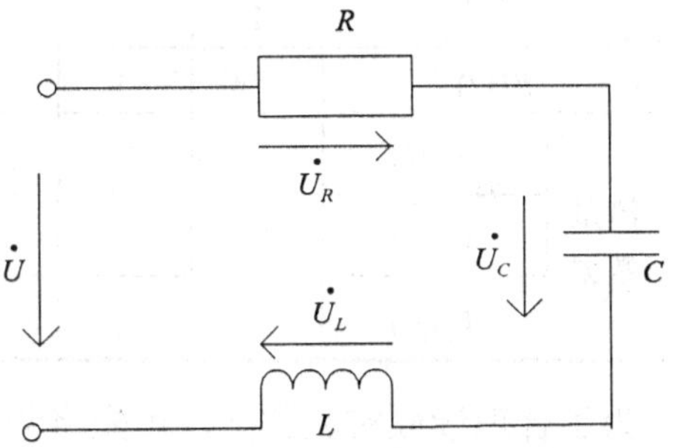

图 2-11-1　RLC 串联谐振电路

我们将 $\omega L=\dfrac{1}{\omega C}$ 状态称为串联谐振。电路发生串联谐振时的频率 f_0 称为谐振频率：

$$f_0=\frac{1}{2\pi\sqrt{LC}}$$

因此改变电路参数 ω、L、C 三者之一，都可使电路发生谐振。串联谐振时，电路中电流最大 $I=V/Z=V/R$，且电流与总电压同相位。

（2）品质因数 Q

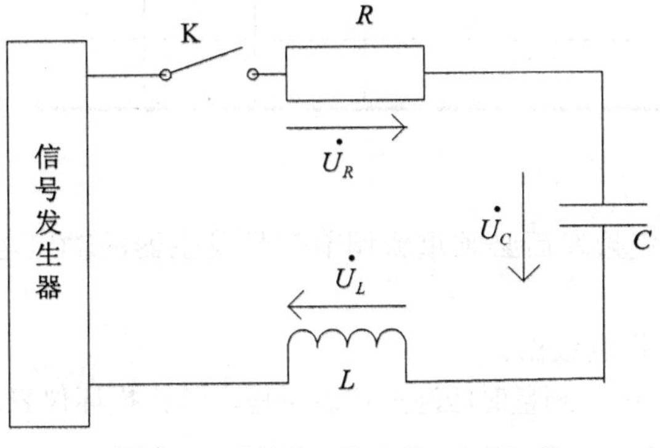

图中：R=200Ω　C=4μF　L=20mH

图 2-11-2　RLC 串联谐振实验电路

谐振时 $Q=\dfrac{\omega_0 L}{R}=\dfrac{1}{\omega_0 RC}=\dfrac{\sqrt{\dfrac{L}{C}}}{R}$ 称为谐振电路的品质因数。Q 是由电路的参数决定的，当 L、C 为定值时，Q 受 R 的影响，R 越小，Q 值越大。电路的品质因数 Q 值越大，电路的选择性越好。且谐振时，$V_L=QV$，$V_C=QV$。若 $X_L=X_C>i$，则 $Q>1$，因此电容及电感上的电压会大于电源电压。一般通信设备要求 Q 值大（有一定选择条件），而电力设备应避免谐振，防止过电压。

2．实验线路（如图 2-11-2 所示）

三、实验仪器及器件

1．函数信号发生器及数字频率计　　2．电子电压表

3．电阻、电容、电感　　4．示波器

四、实验内容及步骤

按实验电路图 2-11-1 接线，电路中各元件的参数调至给定值，检查无误后进行实验。

1．调节信号发生器输出电压的有效值为 4V，并在实验中维持电压值不变，测量不同频率时的电压、电流数值，记入数据表 2-11-1 内。

表　2-11-1

项目		顺序								
		1	2	3	4	5	6	7	8	9
f(Hz)										
测量数据	V_R(V)									
	V_L(V)									
	V_C(V)									

为了合理读取实验数据，可先将频率由低到高粗调一次，注意找到谐振频率 f_0，然后选择 9 个不同频率值进行测量。（注：数据表的第 5 项一定要记录电路谐振时的数据。）

2．保持信号发生器的输出电压值为 4 伏。且 L、C亦不变化，仅改变电阻 R 的阻值，重复实验步骤 2 的内容，并将实验数据记录在表 2-11-2 内。

表　2-11-2

项目		顺序								
		1	2	3	4	5	6	7	8	9
f_0(Hz) / R										
测量数据	V_R(V)									
	V_L(V)									
	V_C(V)									

五、实验注意事项

1．RLC 串联谐振实验采用变频调谐，改变频率后必须重新调节信号发生器的输出电压值，保持电压值一致。

2．参照理论计算的 f_0 值，并在 f_0 附近多取几点数据。

3．电路发生谐振时，L 和 C 上可能出现过电压，测量时应注意仪表量程，防止损坏仪表。

六、实验报告要求

1．完成实验测试和数据列表。

2．绘制 RLC 串联电路的谐振曲线。

实验 2.12　日光灯电路及功率因数的提高

一、实验目的

1．掌握提高功率因数的意义和方法。

2．熟悉日光灯电路，了解日光灯的工作原理。

二、实验原理

1．实验原理说明

由于工业和民用电器的感性负载其功率因数较低，而当负载的端电压一定时，在输送一定功率的情况下，功率因数越低，输电线路的电流就越大，引起线路上的压降也越大，因此导致电能损耗增加，输电效率降低，电源利用率降低。

提高感性负载电路的功率因数，可以充分发挥电源设备的利用率，提高输电效率。

日光灯电路是一典型的 R-L 串联电路。当并上电容后，电路所选参考方向和矢量图如图 2-12-1(a)、(b)所示。

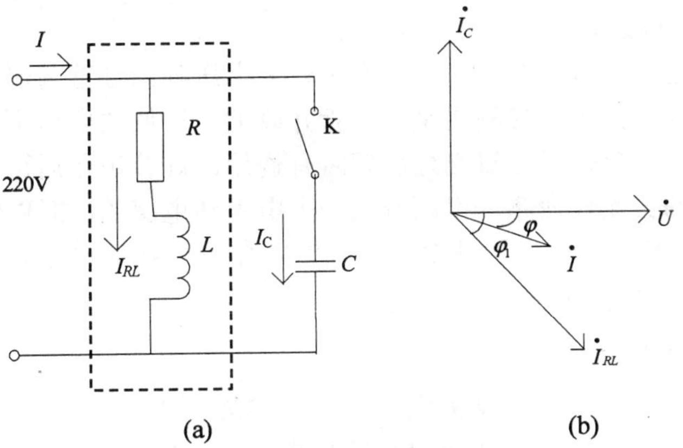

图 2-12-1　日光灯电路原理图

从矢量图可以看出，感性负载并联电容后能提高功率因数。设并联电容前：

$$\cos\varphi_1 = \frac{P}{VI_{RL}}$$

并联电容后：

$$\cos\varphi = \frac{P}{VI}$$

将功率因数 $\cos\varphi_1$ 提高到 $\cos\varphi$ 所需并联的电容 C 值为：

$$C = \frac{P}{\omega V^2}(\mathrm{tg}\varphi_1 - \mathrm{tg}\varphi)$$

功率因数 $\cos\varphi$ 是整个电路的功率因数，而 R-L 串联支路中的电流、功率因数以及功率均不变。取并联电容与否，不影响原电路的工作状态。

2．日光灯电路简介

（1）日光灯的构造

日光灯由灯管、镇流器和启辉器三部分组成（见图 2-12-2）。

灯管 A 用玻璃制成，内壁涂有一层荧光粉，管内充有少量的水银蒸气和惰性气体，灯管两端装有由钨丝绕成的灯丝，灯丝上涂有受热后易发射电子的氧化物。

镇流器 L 是一个铁芯线圈，其作用是在日光灯启辉时，由它产生很大的感应电动势使灯管点燃，在灯管正常工作时，限制电流，使灯管稳定工作。

启辉器 S 起一个自动开关的作用。在玻璃泡内充有氖气，并装有两个电极，其中一个由双金属片制成，高温时两极接通，低温时断开。

（2）日光灯的启辉过程

刚接通电源时，电压不足以使灯管点燃，此时，启辉器两极间承受着电源电压，发生辉光放电，使其中双金属片受热，两极接触，接通灯丝电路，电流流过镇流器，日光灯的灯丝与启辉器辉光管内的电极构成的回路电流，其值约为灯管正常工作电流的两倍。灯丝因通过电流很快发热，从而使氧化物发射电子。启辉器的两个极接触后，辉光放电消失，双金属片将变冷而恢复原状，使电路突然断开。在电路断开瞬间，回路中的电流因突然切断，立即使镇流器产生比电源电压高得多的感应电势，它与电源电压一起加在灯管之间，使灯管内惰性气体分子放电，同时辐射出不可见的紫外线，而紫外线激发灯管壁的荧光物质发出可见光，日光灯便进入正常工作状态。

灯管点燃后，电路中电流将在镇流器上产生较大电压降，灯管两端电压锐减，灯管压降只有电源电压的一部分，由于启辉器是与灯管并联的，较低的电压不足以使启辉器再次产生辉光放电。因此，启辉器只在日光灯启辉时有作用，灯管工作后可视为电阻负载，它与镇流器串联后组成的日光灯通路，可以看成一个电阻和电感的串联电路。由于镇流器具有较大的电感，因此，日光灯电路的功率因数一般只有 0.5～0.6 左右。一般可以用并联电容的方法来提高日光灯供电线路的功率因数。

三、实验仪器及器件

1．单相调压器　　2．交流电压表、电流表

3．单、三相功率表　　4．十进电容器及荧光灯元件　　5．开关

四、实验内容及步骤

1．按实验电路图 2-12-2 连接线路。

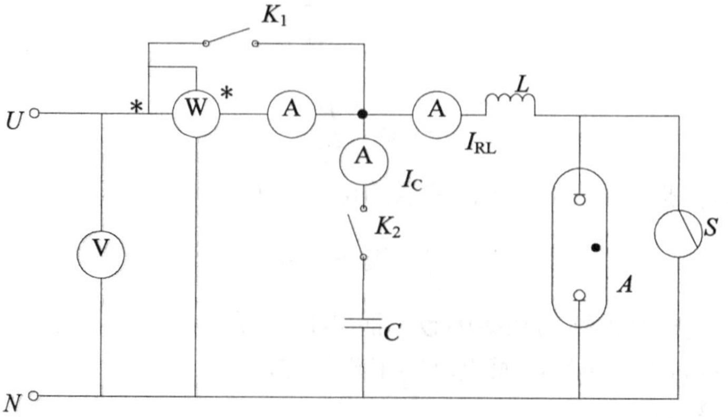

图 2-12-2　日光灯电路实验电路图

2．将开关 K_1 闭合，电容支路开关 K_2 断开，通电并观察日光灯的启辉过程，待灯管点亮后，将开关 K_1 断开，测出实验数据表中 C=0 时的各项测量数据，记入表 2-12-1 内。

3．合上开关 K_2，改变电容 C 的数值，将测量的数据均记入表 2-12-1 内。（注：每次改变电容之前，应先将开关 K_1 闭合，待改变电容之后，再将开关 K_1 断开。）

表 2-12-1

顺序	电容量	测量值								计算
		U	U_R	U_L	U_C	I	I_{RL}	I_C	P	$\cos\phi$
1	C=									
2	C=									
3	C=									
4	C=									
5	C=									

五、实验注意事项

1．日光灯启动电流较大，启动时用单刀开关将功率表的电流线圈和电流表短路，防止仪表损坏。

2．电容器用后要进行放电处理。

3．注意人身和设备安全。

六、实验报告要求

1．完成上述数据测试，列表记录。

2．说明功率因数提高的意义。

实验 2.13　三相交流电路

一、实验目的

1．研究负载的线电压与相电压以及线电流与相电流的关系。

2．加深理解三相星形负载电路中线的作用。

3．分析、研究三相电路的故障状态。

二、实验原理

1．三相星形电路如图 2-13-1 所示。

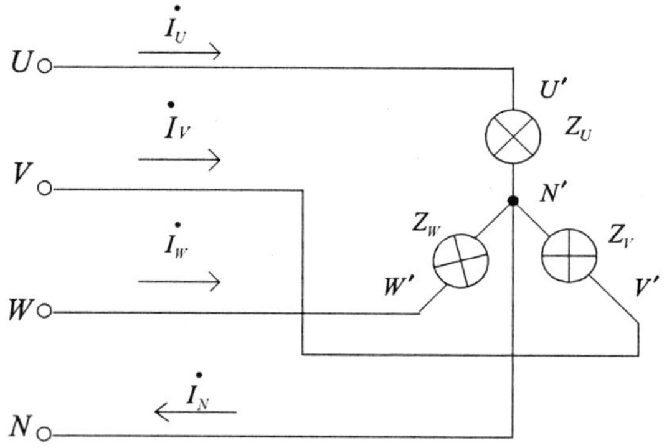

图 2-13-1　三相星形电路原理图

（1）三相星形对称负载的星形连接

$$Z_U = Z_V = Z_W$$

电路有以下关系式：

$$I_l = I_P$$

$$U_l = \sqrt{3}U_P$$

$$I_U = I_V = I_W$$

$$\dot{I}_N = \dot{I}_U + \dot{I}_V + \dot{I}_W = 0$$

$$U_{N'N} = 0$$

因 $I_N = 0$，可以不要中线。

（2）三相不对称负载的星形连接

$$Z_U \neq Z_V \neq Z_W$$

电路有以下关系式：

$$I_U = \frac{U_{U'N'}}{Z_U}$$

$$I_V = \frac{U_{V'N'}}{Z_V}$$

$$I_W = \frac{U_{W'N'}}{Z_W}$$

$$I_U \neq I_V \neq I_W$$

$$I_N \neq 0$$

中性点电压：

$$\dot{U}_{N'N} = \frac{\dot{U}_{U'N'}Y_U + \dot{U}_{V'N'}Y_V + \dot{U}_{W'N'}Y_W}{Y_U + Y_V + Y_W + Y_N}$$

$$Y_N = \frac{1}{Z_N}$$（中线阻抗 $Z_N \neq 1$）

（3）一相短路（$Z_U \neq 0$）无中线负载对称

中性点电压：

$$\dot{U}_{N'N} = \dot{U}_{UN'}$$

负载相电压：

$$\dot{U}_{U'N} = 0$$

$$\dot{U}_{VN} = -\dot{U}_{UV}$$

$$\dot{U}_{WN} = -\dot{U}_{WU}$$

（4）一线断路（设 U 线断路）

中性点电压：

$$\dot{U}_{N'N} = -\frac{\dot{U}_U}{2}$$

负载相电压：

$$\dot{U}_{V'N'} = -\frac{\dot{U}_{V'W}}{2}$$

$$\dot{U}_{W'N'} = -\frac{\dot{U}_{V'W}}{2}$$

2．三相三角形电路如图 2-13-2 所示。

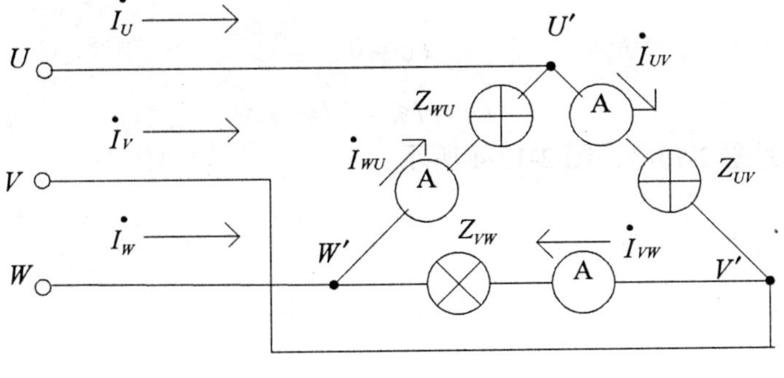

图 2-13-2　三相三角形电路原理图

（1）三相对称负载的三角形连接

$$Z_{UV}=Z_{VW}=Z_{WU}$$

电路有如下关系式：

$$\dot{U}_1=\dot{U}_p$$

$$\dot{I}_U=\dot{I}_{UV}-\dot{I}_{WU}$$

$$\dot{I}_V=\dot{I}_{VW}-\dot{I}_{UV}$$

$$\dot{I}_V=\dot{I}_{VW}-\dot{I}_{UV}$$

$$\dot{I}_1=\sqrt{3}\dot{I}_P$$

（2）三相负载对称一相负载断路（设 $Z_{UV}=\infty$）

则：

$$\dot{I}_{UV}=0$$

$$\dot{I}_{VW}=\dot{I}_{WU}=\frac{\dot{U}_1}{Z_P}$$

$$\dot{I}_U=\dot{I}_V=\dot{I}_{WU}=\dot{I}_{VW}$$

$$\dot{I}_W=\sqrt{3}\dot{I}_P$$

（3）一根火线断路（设 U 线断路）

则：

$$\dot{U}_{VW}=\dot{U}_1$$

$$\dot{U}_{UV}=\dot{U}_{WU}=\frac{\dot{U}_1}{2}$$

$$\dot{I}_{UV}=\dot{I}_{WU}=\frac{\dot{U}_1}{2Z_p}$$

$$\dot{I}_{VW}=\frac{\dot{U}_1}{Z_{VW}}=2\dot{I}_{UV}$$

$$\dot{I}_U=0$$

$$\dot{I}_V=\dot{I}_W=3\dot{I}_{UV}$$

3．实验线路如图 2-13-3、图 2-13-4 所示。

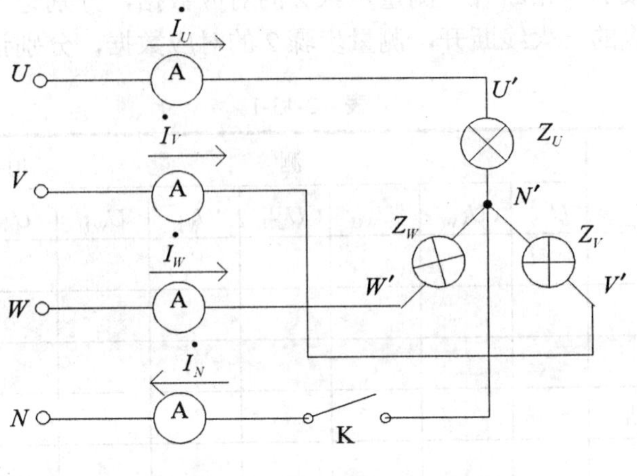

图 2-13-3　三相星形实验电路图

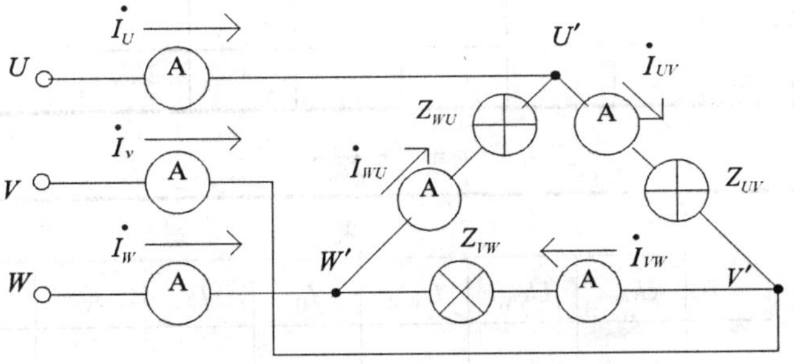

图 2-13-4　三相三角形实验电路图

三、实验仪器及器件

1．单相调压器　　2．交流电压、电流表

3．开关　　4．三相负载灯泡

5．单相调压器

四、实验内容及步骤

1．三相负载星形连接

（1）按实验电路图 2-13-3 接线。

（2）分别测量对称负载和不对称负载，有中线、无中线时的线电压和相电压、线电流和中线电流，以及中性点电压，记入数据表 2-13-1 内。

（3）将对称负载的 U 线断开，测得有中线、无中线的电压和电流数据，记入表 2-13-1 内。

（4）去掉中线，测量对称负载 U 相短路时的电压和电流值，记入表 2-13-1 内。

2．三相负载三角形连接

（1）按实验电路图 2-13-4 接线。

（2）分别测量三角形对称负载和不对称负载的线电压（等于相电压）、线电流和相电流，记入数据表 2-13-2 内。

（3）将对称负载的一相断开，测量步骤 2 的对应数据，分别记入表 2-13-2 内。

（4）将对称负载的一火线断开，测量步骤 2 的对应数据，分别记入表 2-13-2 内。

表 2-13-1

项目		测量值										
		U_{UV}	U_{VW}	U_{WU}	$U_{U'N}$	$U_{V'N}$	$U_{W'N}$	$U_{N'N}$	I_U	I_V	I_W	I_N
单位												
有中线	负载对称											
	负载不对称											
	负载对称 U 线断											
无中线	负载对称											
	负载不对称											
	负载对称 U 线断											
	负载对称 U 相短路											

表 2-13-2

项目	测量值								
	$U_{U'V''}$	$U_{V'W'}$	$U_{W'U'}$	I_U	I_V	I_W	I_{UV}	I_{VW}	I_{WU}
单位									
负载对称									
负载不对称									
负载对称 U 相断开									
负载对称 U 线断开									

五、实验注意事项

1．凡需改接线路时，一定要先断开电源。

2．负载作一相短路的实验时，切记断开中线。

3．实验中，注意人身安全和设备安全。

六、实验报告要求

完成上述数据测试和列表记录。

实验 2.14　单相电度表的校验

一、实验目的

1．熟悉电度表的结构及工作原理。

2．掌握单相电度表的接线方法。

3．学会单相电度表的校验方法。

4．观察单相电度表的潜动现象及电度表的反转。

二、实验原理

1．实验原理说明

（1）电度表是一种感应式仪表，是根据交变磁场在金属中产生感应电流，从而产生转矩的基本原理而工作的仪表，主要用于测量交流电路中的电能，它的指示器不能像其他指示仪表的指针一样停留在某一位置，而应能随着电能的不断增大（也就是随着时间的延续）而连续地转动，这样才能随时反应出电能积累的数值。因此，它的指示器是一个“积算机构”，它是将转动部分通过齿轮传动机构折换为被测电能的数值，由一系列齿轮上的数字直接指示出来。

它的驱动元件是由电压铁芯线圈和电流铁芯线圈在空间上、下排列，中间隔以铝制的圆盘。驱动两个铁芯线圈的交流电，建立起合成的特殊分布的交变磁场，交变的磁场穿过铝盘，在铝盘上产生出感应电流，该电流与磁场的相互作用结果产生转动力矩，驱使铝盘转动。

铝盘上方装有一个永久磁铁，其作用是对转动的铝盘产生制动力矩，使铝盘转速与负载功率成正比。因此，在某一测量时间内，负载所消耗的电能 W 就与铝盘的转数 n 成正比，即：

$$N=\frac{n}{W}$$

比例系数 N 称为电度表常数，常在电度表上标明，其单位是转/千瓦·小时。

（2）电度表的灵敏度是指在额定电压、额定频率及 $\cos\Phi=1$ 的条件下，从零开始调节负载电流，测出铝盘刚开始转动的最小电流值 $I_{\min}$，则仪表的灵敏度表示为：

$$S=\frac{I_{\min}}{I_{\rm N}}\times 100\%$$

式中　$I_{\rm N}$ 为电度表的额定电流。

（3）电度表的潜动是指负载等于零时，电度表仍出现缓慢转动的情况。按照规定，无负载电流时，外加电压为电度表额定电压的 110%（达 242V）时，观察铝盘的转动是否超过一圈，凡超过一圈者，判为潜动不合格的电度表。

2．实验线路（如图 2-14-1 所示）

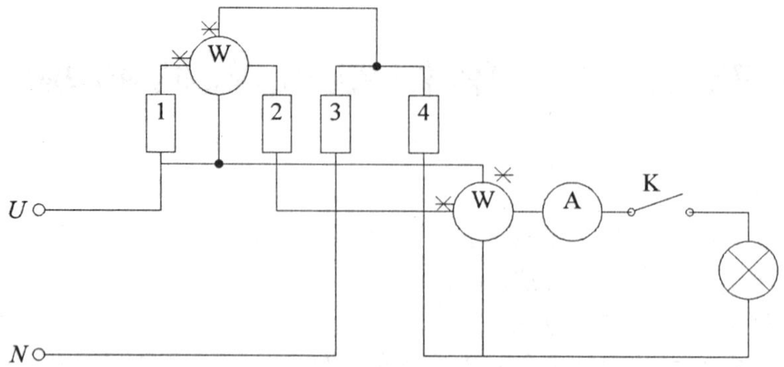

图 2-14-1　电度表校验实验图

三、实验仪器及器件

1．电度表、秒表　　2．交流电压、电流表
3．单、三相功率表　　4．开关
5．灯泡　　6．单相调压器
7．滑线变阻器

四、实验内容及步骤

被校验电度表的数据：额定电流 N_N=　　　，额定电压 U_N=　　　，电度表常数 N=　　　　，准确度为　　　　　　。

1．用功率表、秒表法校验电度表的准确度

按图 2-14-1 接线，电度表的接线与功率表相同，其电流线圈与负载串联，电压线圈与负载并联。

线路检查正确后，接通电源，将调压器的输出电压调到 220 V，按表 2-14-1 的要求接通灯组负载，用秒表定时记录电度表铝盘的转数及记录各表的读数。

为了减小误差，在数圈数的时候，可将电度表铝盘上的一小段红色标记刚出现（或刚结束）时作为秒表计时的开始。此外，为了能记录整数转数，可先预定好转数，待电度表铝盘刚转完此转数时，将此时刻作为秒表测定时间的终点，所有数据记入表 2-14-1 内。

表　2-14-1

负载情况	测　量　值					计　算　值			
	V(V)	I(A)	P(W)	测定时间(s)	转数 n	实测电能 $W_X=\frac{n}{N}$ (kW·h)	计算电能 $W_0=Pt$ (kW·h)	$\frac{W_0-W_X}{W_0}$	电度表常数 N
3×15W									
6×15W									

为了准确和熟悉起见，可重复多做几次。

2．灵敏度的检查

电度表铝盘刚开始转动的电流往往很小，通常只有 0.5% I_N，故将图 2-14-1 中的灯组负载拆除，换接一个 100kΩ / 3W 的滑线变阻器，调节滑线变阻器，记下使电度表铝盘刚开始转动的最小电流值，然后通过计算求出电度表的灵敏度（$S=\frac{I_{\min}}{I_{\mathrm{N}}}\times 100\%$），并与标称值作比较。

3．检查电度表潜动是否合格

此时，要切断负载，即断开电度表的电流线圈回路，调节调压器的输出电压为额定电压的 110%（即 242V），仔细观察电度表的铝盘是否有转动，一般允许有缓慢的转动，但应在不超过一圈的任一点上停止，这样，电度表的潜动为合格，反之则不合格。

五、实验注意事项

1．在电度表的校验过程中，电压的调节一定不要超过额定电压值。

2．正确选择功率表的量程。

3．记录时，同组的同学一定要密切配合秒表定时，读取转数步调要一致，以确保测量的准确性。

六、实验报告要求

1．完成上述数据测试和列表记录。

2．说明所校验的电度表的准确度。

实验 2.15　功率因数及相序的测量

一、实验目的

1．熟悉三相交流电路相序的测量方法。

2．熟悉功率因数表的使用方法，了解负载性质对功率因数的影响。

二、实验仪器及器件

1．功率因数表　　　2．交流电压表、电流表

3．单、三相功率表　　　4．十进电容器、电感、灯泡

5．单相调压器

三、实验内容及步骤

1．相序的测定

（1）按图 2-15-1 接线，直接接入线电压为 220V 的三相交流电源，观察灯光明亮状态，做好记录。

R=3.2kΩ　C=4.7μF

由于 $U_{VN}=0.862U$　　$U_{WN}=0.23U$

所以 V 相灯光比 W 相灯光要亮。若电源引出的相序未知，可设电容一相为 U 相，则灯光亮的一相即为 V 相，灯光暗的为 W 相。

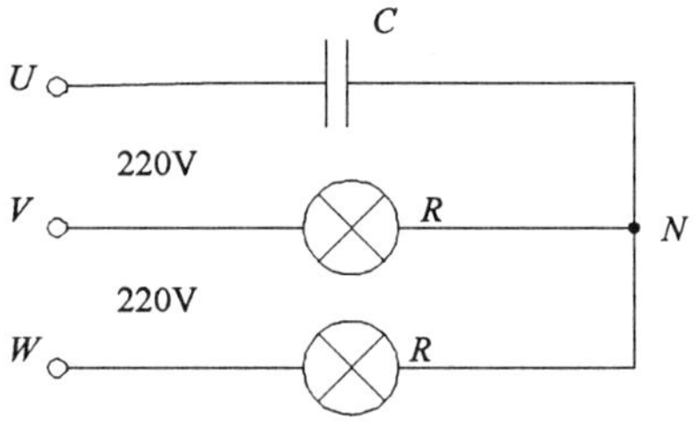

图 2-15-1　相序测定图

（2）将电源线任意调换两相后，再接入电路，观察灯光的明亮状态，并指出三相交流电源的相序。

2．电路功率因数（cosΦ）的测定（功率表和功率因数表接线在一起）

按图 2-15-2 接线，分别接入电灯、电容、电感（用荧光灯中的镇流器作电感），将 U（V）、I（A）、P（W）、cosΦ记入表 2-15-1，并分析负载的性质。

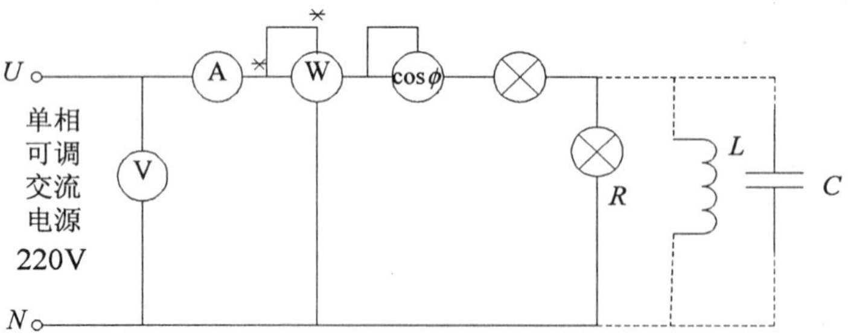

图 2-15-2　功率因数测定电路

表 2-15-1

串入负载	U(V)	I(A)	P(W)	$\cos\Phi$	负载性质
电灯					
电感					
电容					

四、实验注意事项

每次改接线路都必须先断开电源。

五、实验报告要求

1．简述实验线路的相序检测原理。

2．根据 V、I、P 三表测定的数据，计算出 $\cos\Phi$，并与 $\cos\Phi$的读数比较，分析误差原因。

3．分析负载性质对 $\cos\Phi$的影响。

第三部分

模拟电子技术实验

实验 3.1　常用电子仪器的使用

一、实验目的

1．学习电子技术实验台的使用方法。

2．重点掌握实验中常用的电子仪器——函数信号发生器、直流稳压电源、交流数字毫伏表、直流电压表等的正确使用方法及其注意事项。

3．初步掌握用双踪示波器观察信号波形和读取波形参数的方法。

4．掌握相关仪器的用途及连接方式。

二、实验原理

电子技术实验台介绍：

（1）电源控制板的使用

（2）直流稳压电源的使用

（3）直流电压电流表的使用

（4）交流毫伏表的使用

交流毫伏表只能在其工作频率范围之内使用，用来测量正弦交流电压的有效值。为防止过载而损坏，测量前应先把量程开关置于量程较大位置上，然后在测量中逐挡减小量程。

①本仪器能对正弦波、方波、三角波等信号的有效值进行精确测量。

②测量电压范围 100μV～600V（有效值）。

③测频范围 10Hz～1.5MHz。

（5）函数信号发生器（TH-SG01P 型）的使用

①信号发生器面板介绍及各旋钮的作用讲解

a．电源开关　将电源开关按键弹出，即为“关”位置；按下电源开关，接通电源。

b．LED 显示窗口　此窗口指示输出信号的频率，当“外测”开关按入时，显示外测信号的频率。如超出测量范围，溢出指示灯亮。

c．频率调节旋钮　调节此旋钮改变输出信号的频率，顺时针旋转，频率增大，逆时针旋转，频率减小，微调旋钮可以微调频率。

d．占空比开关，占空比调节旋钮　将占空比开关按入，占空比指示灯亮，调节占空比旋钮，可改变波形的占空比。

e．波形选择开关　按对应波形的某一键，可选择需要的波形。

f．衰减按钮　电压输出衰减按钮，二挡开关组合为 20dB、40dB、60dB，分别表示衰减 10 倍、100 倍、1000 倍。不衰减时，输出正弦波信号的有效值约为 180mV～7V。

g．外测频开关、复位开关　此开关按入，LED 显示外测信号频率；按复位键，LED 显示全为 0。

h．电平调节旋钮　按入电平调节开关电平指示灯亮，此时调节电平调节旋钮，可改变直流偏置电平。

i．幅度调节旋钮　顺时针调节此旋钮，增大电压输出幅度；逆时针调节此旋钮，可减小电压输出幅度。

j．电压输出端口　电压由此端口通过屏蔽线输出。

k．电压输出指示　3 位 LED 显示输出电压峰-峰值，输出正弦波信号的有效值应将读

数除以 $2\sqrt{2}$ 。

②使用方法

将电压输出信号由电压输出端口通过屏蔽线送入示波器 Y 输入端口。

三角波、方波、正弦波、斜波的产生：

a．波形选择开关分别选择正弦波、方波、三角波，此时示波器屏幕上将分别显示正弦波、方波、三角波。

b．改变频率选择开关，示波器显示的波形以及 LED 窗口显示的频率将发生明显变化。

c．幅度旋钮：顺时针旋转，示波器显示的波形幅度将增大。

d．将电平开关按入，顺时针旋转电平旋钮，示波器波形向上移动，逆时针旋转，示波器波形向下移动，最大变化量±10V 以上。注意信号超过±10V 或±5V (50Ω)时被限幅。

e．按下衰减开关，输出波形将被衰减。

f．波形开关置于“三角波”。

g．占空比开关按入，指示灯亮。

h．调节占空比旋钮，三角波将变成斜波。

（6）示波器（YB4325 型）的使用

示波器是一种用途很广的电子测量仪器，它既能直接显示电信号的波形，又能对电信号进行各种参数的测量。现着重指出下列几点：

①寻找扫描光迹：

将示波器垂直方式置[CH1]或[CH2]，输入耦合方式置“接地”，开机预热后，若在显示屏上不出现光点和扫描基线，可按下列操作去找到扫描线：

a．适当调节亮度旋钮。

b．触发方式开关置于“自动”。

c．“触发源”选择开关置 CH1，使扫描触发信号取自示波器内部的[CH1]通道。

d．“触发耦合”选择开关置 AC。

e．适当调节垂直（↑↓）、水平（⇄）“位移”旋钮，使扫描光迹位于屏幕中央。（若示波器设有“寻迹”按键，可按下“寻迹”按键，判断光迹偏移基线的方向。）

②双踪示波器 YB4325 垂直方向的工作方式有四种，即通道 1[CH1]，屏幕上仅显示[CH1]的信号；通道 2[CH2]屏幕上仅显示[CH2]的信号；双踪，屏幕上显示双踪，交替或断续方式自动转换，同时显示[CH1]和[CH2]的信号；叠加，显示[CH1]和[CH2]输入信号的代数和。

③为了显示稳定的被测信号波形，“触发源选择”开关一般选为“内”触发，使扫描触发信号取自示波器内部的 Y 通道。

④触发方式开关通常先置于“自动”，调出波形后，若被显示的波形不稳定，可置触发方式开关于“常态”，通过调节“触发电平”旋钮，找到合适的触发电压，使被测试的波形稳定地显示在示波器屏幕上。有时，由于选择了较慢的扫描速率，显示屏上将会出现闪烁的光迹，但被测信号的波形不在 X 轴方向左右移动，这样的现象仍属于稳定显示。

⑤将信号从[CH1]或[CH2]通道输入，适当调节衰减器开关“VOLTS/DIV”和扫描时间系数选择开关“TIME/DIV”，使屏幕上显示 1～2 个周期的被测信号波形。在测量幅值时，应注意将“垂直微调”旋钮置于“校准”位置，即顺时针旋到底，且听到关的声音。在测量周期时，应注意将“扫描微调”旋钮置于“校准”位置。还要注意“扩展”旋钮的位置。

根据被测波形在屏幕坐标刻度上垂直方向所占的格数（div 或 cm）与“Y 轴灵敏度”

开关指示值（V/div）的乘积，即可算得信号幅值的实测值。

根据被测信号波形一个周期在屏幕坐标刻度水平方向所占的格数（div 或 cm）与“扫速”开关指示值（t/div）的乘积，即可算得信号频率的实测值。

三、实验仪器及器件

1．直流稳压电源　　2．函数信号发生器

3．直流稳压电源　　4．交流数字毫伏表

5．直流电压表　　6．双踪示波器

7．电子技术实验台　　8．屏蔽线

四、实验内容及步骤

1．接通实验台电源控制板的电源。

2．从信号发生器输出所需信号。

按图 3-1-1 连接好实验线路，将信号发生器的功能转换按钮分别置于正弦波、方波、三角波，调节其频率调节旋钮和幅值旋钮，使其分别输出表 3-1-1 中的要求信号，在该表中记录信号发生器面板上有关旋钮的位置。

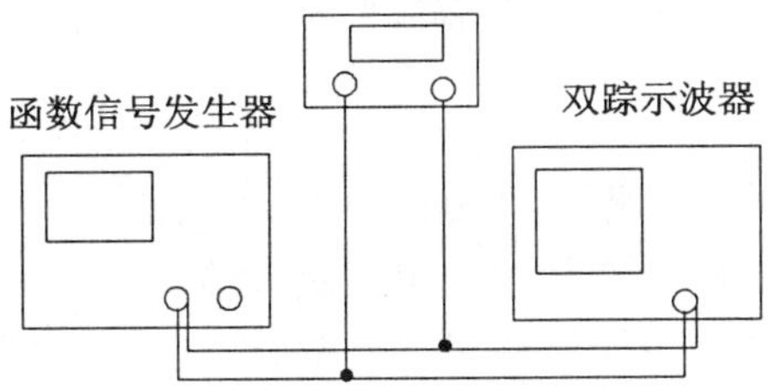

图 3-1-1　仪器线路图

表 3-1-1　信号发生器与交流毫伏表测量及示波器波形观察

要求输出信息	信号发生器面板旋钮位置		交流毫伏表		示波器观察波形
	频率倍率选择	输出衰减/dB	量程选择	读数	
正弦波 540Hz　68mV					
方 波 180mV　50kHz					
三角波 5.4V　420kHz					

3．示波器

（1）观察表 3-1-1 中 3 个输入信号的波形。

（2）测量正弦交流电压的峰-峰值和周期，将结果填入表 3-1-2 中。

①根据被测信号，设置示波器的初始工作状态，将输入选择开关置于“AC”位置，将

被测信号的直流分量隔开，然后从 Y 轴输入正弦信号，调整示波器面板上相应的旋钮按键，使荧光屏上显示稳定的正弦波形。

②根据标尺（单位格）读出从正峰到负峰 Y 轴偏转的距离（格数）。

③根据输入偏转因数“V/格”旋钮所指的位置读数，每格偏转电压值乘以峰-峰之间的 Y 轴偏转距离就为峰-峰值电位。峰-峰值电压知道了，电压的有效值也可计算出来。

④根据标尺（单位格）读出从一个峰到相邻的另一个峰 X 轴偏转的距离。

⑤根据输入偏转因数“s/格”开关所指的位置读数，每格偏转时间值乘以一个波长之间的 X 轴偏转距离就为周期。

表 3-1-2　示波器测量及计算值

信号频率	示波器测量值		交流毫伏表读数有效值（3V）	示波器测量值	
	读出周期（ms）	计算频率（Hz）		读出峰-峰值（V）	计算有效值（V）
100Hz					
1kHz					
40kHz					

五、实验注意事项

1．函数信号发生器的输出端不允许短接。

2．示波器输入信号的电压请勿超过规定的最大值。

3．为防止示波器显示器的荧光屏烧毁，波形显示的亮度要适中。

4．用示波器的 X-Y 方式时，请勿使用×10MAG 功能，以免波形中有干扰信号产生。

5．示波器暂时不用时，不必关机，只需将“辉度”调暗一些。

6．示波器上所有开关和旋钮都有一定的调节范围，按顺时针或逆时针方向调节时不可用力过猛。

六、实验报告要求

1．整理实验数据，并进行分析。

2．问题讨论：如何操纵示波器有关旋钮，以便从示波器显示屏上观察到稳定、清晰的波形？

3．函数信号发生器有哪几种输出波形？它的输出端能否短接？如用屏蔽线作为输出引线，则屏蔽层一端应该接在哪个接线柱上？

4．交流毫伏表是用来测量正弦波电压还是非正弦波电压？它是否可以用来测量直流电压的大小？

实验 3.2　常用电子元件的识别与测试

一、实验目的

1．认识常用电子元件（电阻、电位器、电容、二极管、三极管）。

2．掌握用万用表判断二极管正、负极。

3．学习用万用表判断二极管好坏的方法。

4．掌握用万用表判断三极管的管型和管脚。

5．学会用万用表判断三极管的类型、好坏。

二、实验原理

1．利用万用表测电阻

用万用表测电阻时，应选择电阻挡，测量高阻值（1MΩ以上）电阻时，不允许用两手同时接触表笔两端；否则会将人体电阻并联于被测电阻上而影响测量的准确。

2．利用万用表检测二极管

（1）判断二极管的正、负极

二极管的极性通常在管壳上注有标记，如无标记，可通过用万用表电阻挡测量其正、反向电阻来判断。测量时用 $R\times10$、$R\times100$、$R\times1\text{k}$（不用 $R\times1$ 挡和 $R\times10\text{k}$ 挡，因 $R\times1$ 挡电流太大，$R\times10\text{k}$ 挡电压太高）。小电阻为正向电阻，这时黑表笔所接为管子的正极，红表笔所接为管子的负极，如图 3-2-1 所示。

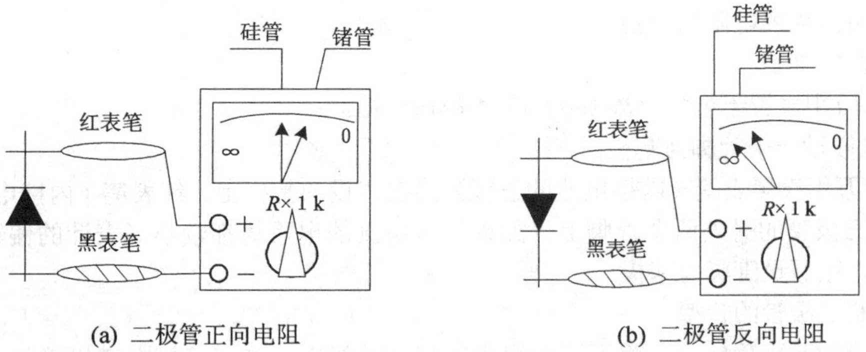

图 3-2-1　万用表测二极管等效电路

（2）二极管质量检测

二极管正向电阻　硅管表针指示位置在中间或中间偏右一点；锗管表针指示在右端靠近满刻度的地方（如图 3-2-1(a)所示）表明管子正向特性是好的；如果表针在左端不动，则说明管子内部已经断路。

二极管反向电阻　硅管表针在左端基本不动，极靠近∞位置，锗管表针从左端起动一点，但不应超过满刻度的 1/4（如图 3-2-1(b)所示），则表明反向特性是好的；如果表针指在 0 位，则说明管子内部已短路。

3．判断三极管的电极和管型

（1）目测法

①管型的判别

一般，管型是 PNP 还是 NPN 应从管壳上标注的型号来辨别。三极管型号的第二位（字母），A、C 表示 PNP 管，B、D 表示 NPN 管。如：

3AX　为 PNP 型低频小功率管　　3BX　为 NPN 型低频小功率管

3CG　为 PNP 型高频小功率管　　3DG　为 NPN 型高频小功率管

3AD　为 PNP 型低频大功率管　　3DD　为 NPN 型低频大功率管

3CA　为 PNP 型高频大功率管　　3DA　为 NPN 型高频大功率管

此外，国际流行的 9011～9018 系列高频小功率管，除 9012 和 9015 为 PNP 管外，其余均为 NPN 管。

②管极的判别

常用中、小功率三极管有金属圆壳和塑料封装（半圆柱型），其外型和管极排列如图 3-2-2 所示。

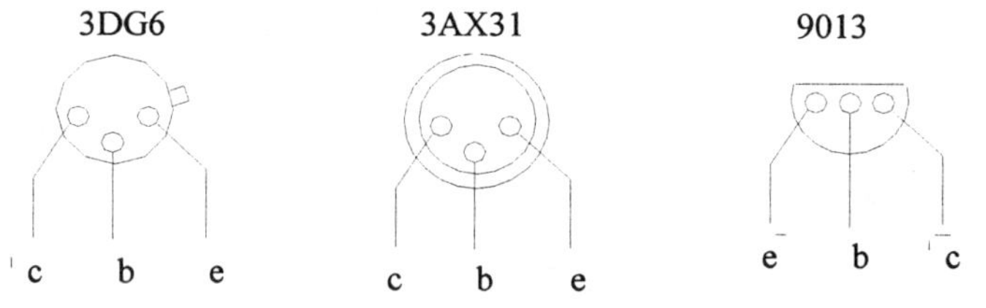

图 3-2-2　三极管外型和管极排列

（2）用万用表电阻挡判别

①基极的判别

a．将万用表置于电阻“R×100”或“R×1k”挡。

b．先假设一个管脚为基极。

c．将万用表黑表笔（内接电池的正极）接在假设的基极上，红表笔（内接电池的负极）分别接在三极管的另外两个管脚上，如果此时所测的电阻值都较小（表针的偏转角度大）或都较大，则假设管脚为基极。

②判断三极管的管型

三极管的基极确定后，将万用表黑表笔接在基极上，红表笔接在三极管的其余两个管脚上，如果此时所测的电阻值都较小（几千欧以下），该管为 NPN 型三极管；如果电阻值都较大（几百千欧以上），为 PNP 型三极管。

③判断集电极和发射极

万用表仍用“R×100”或“R×1k”挡进行测试，在三极管的基极和管型确定后，在其余两个管脚中任设一个为集电极，基极则通过 20～100kΩ的电阻或人体电阻与集电极相接。PNP 型三极管集电极接红表笔，万用表指针偏转较大（R 较小），NPN 型三极管集电极接黑表笔，万表指针偏转较大（R 较大），这样可判断集电极和发射极。

（3）判断三极管的好坏

若三极管 be、bc 间正、反向阻值相差很小，ce 间阻值很小，则三极管质量不好，甚至已损坏。

三、实验仪器及器件

1．万用表　　　　2．三极管（3AX31 3CG14　3DG6B　9013）

3．电容　　　　　4．二极管（2AP　2CK　IN4007　IN4148）

5．电阻

四、实验内容及步骤

1．认识实验中常用电子元件。

认识电阻、电位器、电容、二极管、三极管等。

2．用万用表测二极管的正、负极性并判断好坏。

用万用表电阻挡（*R*×100挡，*R*×1k挡）测量4个二极管的正、反向电阻，记入表3-2-1，并根据测量结果判断各二极管是否可用，同时认清它们管脚的正、负极及材料（硅管或锗管）。

表 3-2-1　二极管的正、负极性和好坏测试

二极管型号	*R*×100挡		*R*×1k挡		材料 硅/锗	质量 好/坏
	正向 电阻	反向 电阻	正向 电阻	反向 电阻		
2AP						
2CK						
IN4007						
IN4148						

3．用万用表测定已知管型的三极管的 be、bc、ce 间正、反向阻值，将结果记入表 3-2-2 中。

表 3-2-2　三极管的极间正、反向阻值测试

三极管	b、e 间阻值		b、c 间阻值		c、e 间阻值	
	正向	反向	正向	反向	正向	反向
3AX31						
3CG14						
3DG6B						
9013						

4．用万用表测定无型号三极管的基极、管型和管脚。测量时，先将管脚编号，三管脚分别以 *A*、*B*、*C* 表示，并将结果记入表 3-2-3。

五、实验报告要求

1．完成实验表格。

表 3-2-3　三极管的基极、管型和管脚测试

三极管	A、B 间阻值		B、C 间阻值		A、C 间阻值		管型	A 极	B 极	C 极
	正向	反向	正向	反向	正向	反向				
无型号 1										
无型号 3										
无型号 3										

2．总结二极管、三极管的测试方法。

实验 3.3　二极管的伏安特性

一、实验目的

1．利用逐点测量法实测二极管的伏安特性曲线。

2．学会绘制二极管的伏安特性曲线。

二、实验原理

二极管具有单向导电性，当二极管正极接高电位、负极接低电位时，二极管导通，相反二极管截止。这说明二极管的导电性与接在它两端的外加电压有关。一个元件上的外加电压 U 和在电压作用下流过这个元件的电流 I 之间的关系叫做这个元件的伏安特性。

电阻的伏安特性是欧姆定律 $I=\dfrac{U}{R}$ 所表示的关系。而二极管具有与电阻不同的伏安特性。电阻的伏安特性曲线是一条直线，因而电阻叫做线性元件，而二极管是一种非线性元件，它的伏安特性曲线是一条曲线。

三、实验仪器及器件

1．直流稳压电源　　2．直流电压表

3．直流电流表　　4．二极管 2AP 或 IN4007

四、实验内容及步骤

1．实验电路如图 3-3-1 所示，测二极管伏安特性的实验电路如图 3-3-1（a）所示。

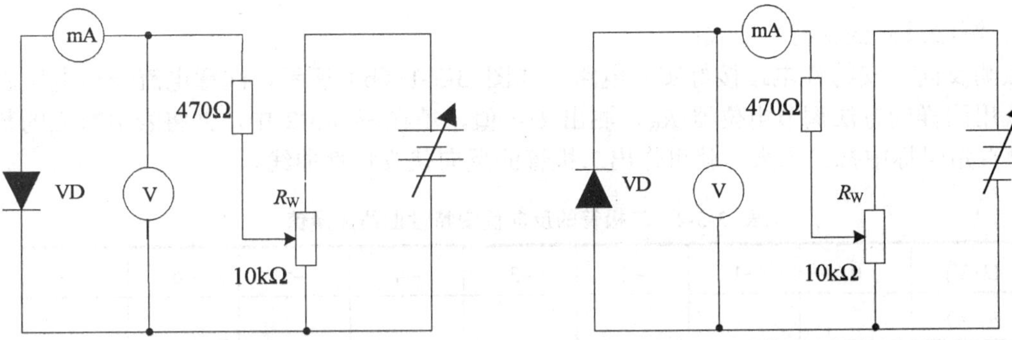

(a) 测二极管正向特性图　　(b) 测二极管反向特性图

图　3-3-1

2．测绘正向伏安特性曲线：

（1）按测正向特性电路接好实验电路，注意电流表与电压表的位置，调节电位器 R_W，使加在二极管 VD 上的电压 U 由 0V 逐渐增加，因而流过二极管的电流 I 也由零逐渐增加，测出当 I=0，0.01mA，0.05mA，…，5mA，10mA 时对应的 U 值，填入表 3-3-1 中。

表 3-3-1　二极管正向伏安特性曲线测量值

U（V）											
I（mA）	0	0.01	0.05	0.1	0.3	0.5	1	2	5	7	10

（2）将表中的 U 和 I 的对应数值，分别用点标在 U-I 直角坐标系中，并将这些点用圆滑的曲线连接起来就得到二极管的正向伏安特性曲线，如图 3-3-2 所示。

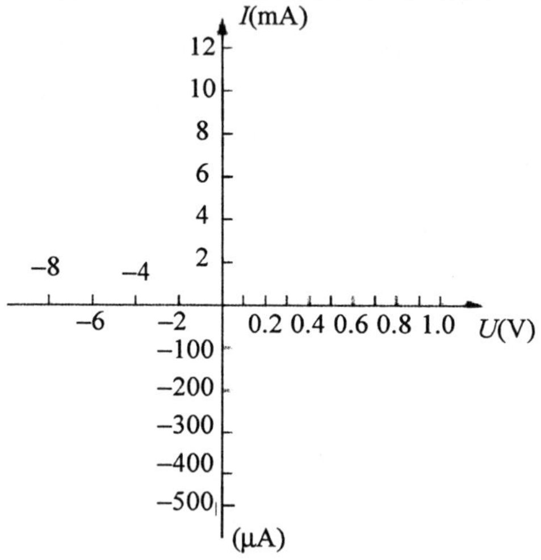

图 3-3-2　正反向伏安特性曲线

3．测绘反向伏安特性曲线：

按测反向伏安特性电路接好实验电路，如图 3-3-1（b）所示，注意电流表与电压表的位置，用同样的方法调节电位器 R_W，测出 U-I 值，填在表 3-3-2 中，并将表中对应的数值在 U-I 直角坐标中描绘出来，就可作出二极管的反向伏安特性曲线。

表 3-3-2　二极管的反向伏安特性曲线测量值

U(V)	0	−1	−2	−3	−4	−5	−6	−7
I(μA)								

五、实验报告要求

1．整理实验数据，在图上绘出所测二极管的伏安特性曲线。

2．在所测伏安特性曲线上标出非导通区(死区)、导通电压线性区、反向截止区、反向击穿区。

实验 3.4　二极管应用电路

一、实验目的

1．掌握二极管的特有性能，进一步学会使用示波器及信号发生器。

2．观测二极管组成的钳位、限幅电路对脉冲波形的变换作用，建立脉冲的初步概念。

二、实验原理

二极管在外加信号的作用下反复导通或截止时这种状态叫做开关状态，由二极管的伏安特性可知，加在二极管上的电压 $U_F>0.5V$ 时，管子流过较小的电流 I_F，当 $U_F\geqslant 0.7V$ 左右时，管子流过较大的电流 I_F，并且 I_F 在一定的范围内变化时，U_F 基本保持在 0.7V 左右，因此二极管的导通条件为 $U_F\geqslant 0.7V$。一旦二极管导通后，其两端电压很小（0.7V 左右）。因而可近似地看成是一个闭合开关，如图 3-4-1（a）所示。

由二极管的特性曲线还可以看出，当 $U_F<0.5V$ 时，流过二极管的电流 $I_F\approx 0$。因此二极管的截止条件为 $U_F<0.5V$。当二极管截止后，由于 $I_F\approx 0$，就像一个断开了的开关，如图 3-4-1（b）所示。

由此可见，二极管的导通和截止起着控制输出电路和接通的作用，即二极管相当于一个开关。开和关的电压特性取决于加在二极管上的电压特性。利用二极管的电压特性，就可以对正弦和脉冲信号的波形进行变换，如二极管限幅电路、二极管钳位电路等。

(a) 开关闭合（正向接法）　　(b) 开关断开（反向接法）

图　3-4-1

三、实验仪器及器件

1．直流稳压电源　　2．双踪示波器

3．交流数字毫伏表　　4．函数信号发生器

5．二极管2AP或IN4007

四、实验内容与步骤

1．限幅电路

（1）实验线路及输入信号

限幅电路的作用是把输出信号波形的幅度限制在一定的范围内，因此也叫做削波电路。利用二极管的开关特性，并加上一个限幅参考电压就可以组成一个限幅电路。限幅电路如图如 3-4-2 所示。

（2）实验步骤

①按图 3-4-2 在实验台上接好线路。

②调节信号发生器使其输出正弦信号 u_I，频率为 1000Hz，输出电压有效值为 4V。

③闭合 K_1 后用双踪示波器观察正向限幅电路输入/输出波形并做好记录于表 3-4-1 中。

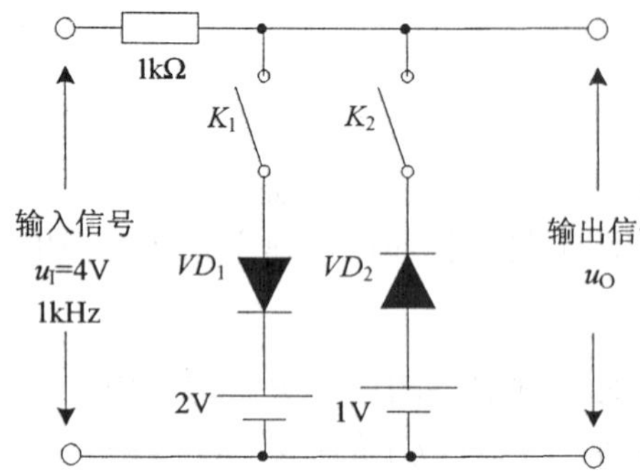

图 3-4-2 限幅电路图

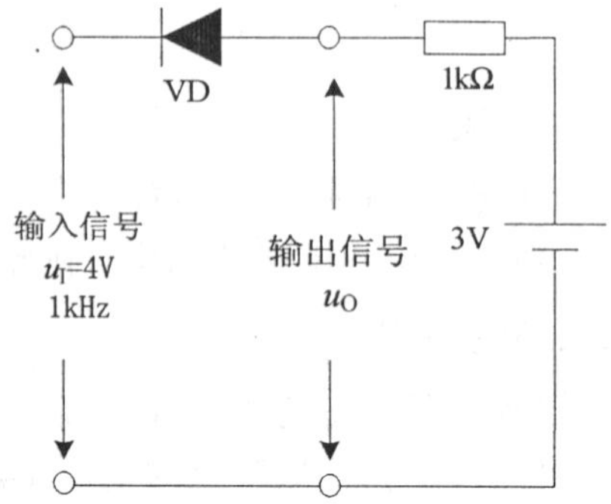

图 3-4-3 二极管钳位电路

④K_1 断开、K_2 闭合，用双踪示波器观察反向限幅电路输入/输出波形并做好记录于表 3-4-1 中。

⑤将 K_1、K_2 同时闭合后用双踪示波器观察正向、反向限幅电路同时作用时的输入/输出波形并做好记录于表 3-4-1 中。

表 3-4-1 限幅电路输入输出波形

开关状态	K_1 闭合、K_2 断开	K_1 断开、K_2 闭合	K_1、K_2 同时闭合
输入波形			
输出波形			

2．二极管钳位电路

利用二极管的开关特性，可以组成钳位电路。钳位电路能够把一个信号的最大值或最小值固定在一个极限电平上而不改变输入信号的波形形状。

（1）实验电路如图 3-4-3 所示。

（2）实验步骤：

①按图 3-4-3 在实验台上接好线路。

②调节信号发生器使其输出方波信号 u_I，频率为 1000Hz，输出电压的有效值为 4V。

③用双踪示波器观察钳位电路的输入/输出波形并做好记录于表 3-4-2 中。

表 3-4-2 二极管钳位电路输入波形、输出波形

输入波形	输出波形

五、实验报告要求

1．将测得的波形画在报告纸上，并对它们进行分析、讨论。

2．根据上述讨论回答限幅和钳位的原理。

实验 3.5 稳压二极管及发光二极管的应用

一、实验目的

1．熟悉稳压二极管的性能和使用方法。

2．熟悉发光二极管的性能和使用方法。

二、实验原理

1．稳压二极管

稳压管是一种特殊的面接触型硅二极管，其符号和伏安特性曲线如图 3-5-1 所示，它的正向特性曲线与普通二极管相似，而反向击穿特性曲线很陡。正常情况下稳压管工作在反向击穿区，由于曲线很陡，反向电流在很大范围内变化时，端电压变化很小，因而具有稳压作用。只要反向电流不超过其最大稳定电流，就不会形成破坏性的热击穿。因此，在电路中应与稳压管串联适当阻值的限流电阻。

2．发光二极管（LED）

发光二极管简称 LED，是一种通以正向电流就会发光的二极管，它用某些自由电子和空穴复合时就会产生光辐射的半导体制成，采用不同材料，可发出红、黄、绿、蓝色光，其电路符号如图 3-5-2 所示。

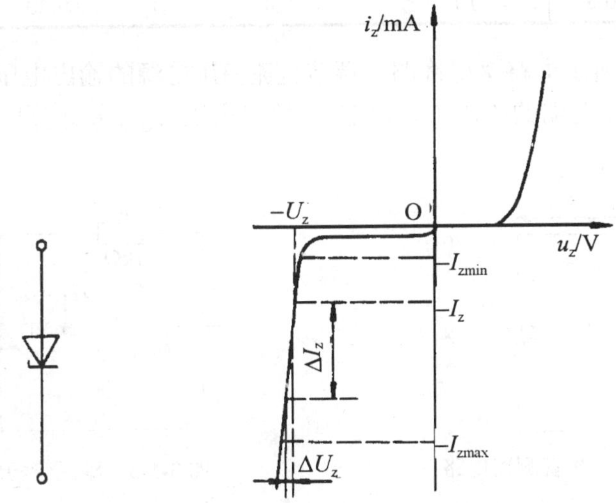

(a) 符号　　(b) 伏安特性曲线

图 3-5-1　稳压管符号及伏安特性曲线

发光二极管的伏安特性与普通二极管相似，不过它的正向导通电压大于 1V，同时发光的亮度随通过的正向电流的增大而增强，工作电流为几个毫安到几十毫安，典型的工作电流为 10mA 左右。发光二极管的反向击穿电压一般大于 5V，但为使器件稳定、可靠地工作，应使其工作在 5V 以下。

发光二极管应用电路如图 3-5-2 所示，图中 R 为限流电阻，以使发光二极管正向工作电流在额定电流内。电源电压 U 可以是直流，也可以是交流或脉冲信号。只要流过发光二极管的正向电流在正常范围内，就可以正常发光。发光二极管可单个使用，也可制成七段数字显示器以及矩阵式器件。

三、实验仪器及材料

1．电子技术实验台　2．直流稳压电源

3．直流电流表　4．稳压二极管2CW51、2CW52、2CW54、2CW57、2DW231各1只

5．发光二极管　6．电阻　1kΩ　两只

四、实验内容及步骤

1．实验用稳压二极管的型号及主要参数见表 3-5-1。

表 3-5-1　稳压二极管型号及主要参数

型号＼参数	稳定电压 U_z	稳定电流 I_z	最大稳定电流 I_{ZM}	最大功耗 P_{ZM}	动态电阻 r_z
	V	mA	mA	W	Ω
2CW51	2.5～3.5	10	71	0.25	<60
2CW52	3.2～4.5	10	55	0.25	<70
2CW54	5.5～6.5	10	38	0.25	<30
2CW57	8.5～9.5	5	26	0.25	<20
2DW231	5.8～6.6	10	30	<0.20	<25

2．按如图 3-5-3 所示电路接好线路，调节直流稳压电源的输出电压，如表 3-5-2 所示 U_I 值，用万用表测出 R 两端的电压 U_R 及相应的输出电压 U_O，并计算出相应的电流 I_Z 值，并记入 3-5-2 中。

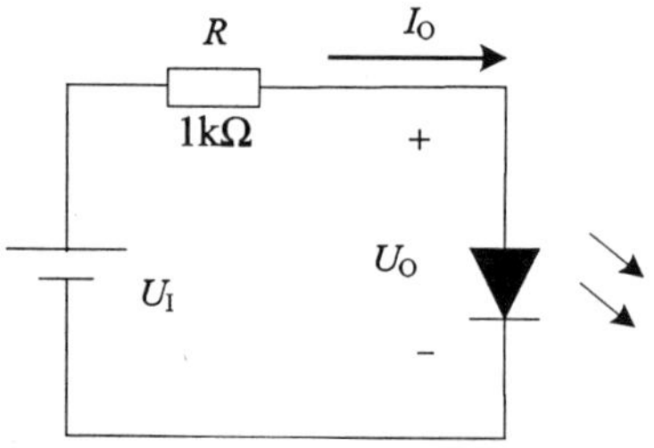

图 3-5-2　发光二极管测试电路

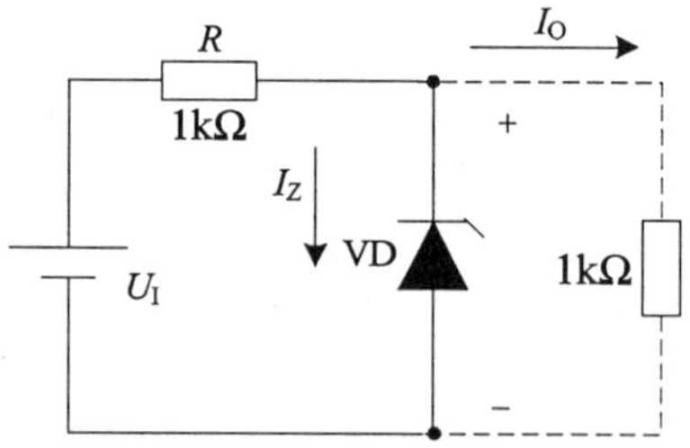

图 3-5-3　稳压管稳压电路测试

表 3-5-2　稳压管稳压特性

U_I(V)	5	7	9	11	13	14	15
U_O(V)							
U_R(V)							
I_Z(mA)							

3．将 U_I 调至 14V，测量稳压电路输出端接入和断开 R_L 时输出电压 U_O 的变化量，然后求出稳压管稳压电路的输出电阻 $R_O=\Delta U_O/\Delta I_O$，均记于表 3-5-3 中。

表 3-5-3　稳压管输出电阻测试

U_I =14 V	U_O(V)	U_R(V)	I_O(mA)	I_Z(mA)	R_O
$R_L=\infty$					
R_L=1kΩ					

4．按如图 3-5-2 所示电路接线，进行发光二极管电路的测试。电源电压 U 分别为直流电压 1V、1.5V、2V、3V、4V、5V，测出管子端电压，计算电流并观察亮度的变化，记于表 3-5-4 中。

表 3-5-4　发光二极管的测试

U_I(V)	1.5	2.0	3.0	4.0	5.0
U_O (V)					
I(mA)					
亮度情况					

五、实验报告要求

1．对测试数据进行整理。

2．总结稳压管、发光二极管的主要性能、特点。

实验 3.6 单相桥式整流、滤波电路

一、实验目的

1．掌握单相桥式整流、滤波电路的测试方法。

2．观察单相桥式整流、滤波电路的输入、输出波形，测量输入、输出电压并验证它们之间的量值关系。

3．进一步熟悉示波器的使用。

二、实验原理

实验线路如图 3-6-1 所示。

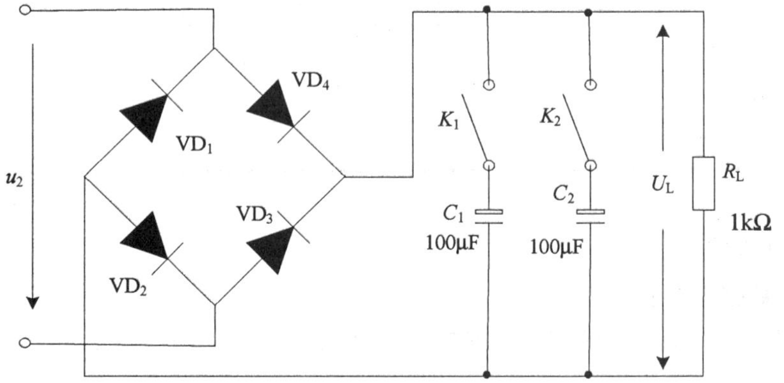

图 3-6-1 整流、滤波电路图

1．整流电路

整流是把交流电转变为直流电的过程，利用二极管的单向导电性及 4 个二极管轮流导通可实现这一过程。单相桥式整流电路输出的直流平均电压为 U_L=0.9U_2（U_2 为变压器副边输出电压值）。

2．滤波电路

为了减小整流后电压波形的纹波成分即交流成分，必须在整流电路中加滤波电容 C（C 为电解电容），此时 U_L=1.2U_2。

三、实验仪器及器件

1．输出可调变压器	2．双踪示波器
3．二极管IN4007	4．电解电容100μF/25V
5．电阻1kΩ	6．电子技术实验台
7．交流毫伏表	8．直流电压表

四、实验内容及步骤

1．按图 3-6-1 在实验台上连接电路。

2．整流电路即不接电容 C（断开 K_1、K_2）。

（1）将 U_2=12V 左右的工频交流信号接入电路，用交流毫伏表测出 U_2 的值，并用示

波器观察 U_2 的波形，并将观察结果填入表 3-6-1 中。

(2)用直流电压表测出 R_L 两端的电压值 U_L，并通过示波器观察 U_L 的波形，填入表 3-6-1 中。

（3）用交流毫伏表测出 R_L 两端的交流电压 U'_L，即交流分量，填入表 3-6-1 中。

注意：测试各电压值与观察波形不能同时进行。

表 3-6-1　全波整流电路测量

电路形式	电压 U_2 值	U_L 值	U'_L 值	输入波形 U_2	输出波形 U_L
整流电路				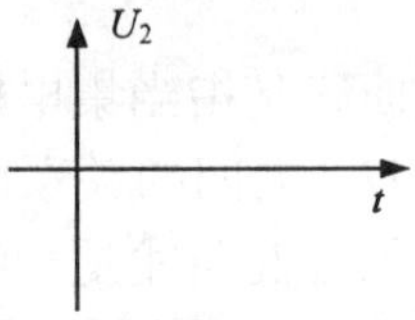	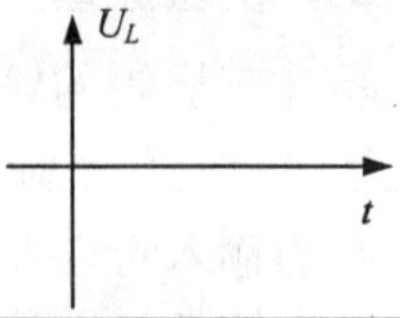

3．整流、滤波电路即接入电容 C。

开启电源，重复以上三个步骤，分别将结果填入表 3-6-2 中。

（1）闭合 K_1，即仅接入 C_1 一个电容时，观测输入电压和输出电压的波形。

（2）闭合 K_1 和 K_2，即接入 C_1 和 C_2 两个电容时，观测输入电压和输出电压的波形。

表 3-6-2　全波整流、滤波电路的测量

电路形式	U_2 值	U_L 值	U'_L 值	输入波形 u_2	输出波形 u_L
整流、滤波电路 K_1 闭合				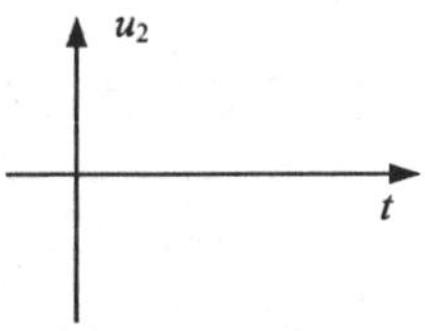	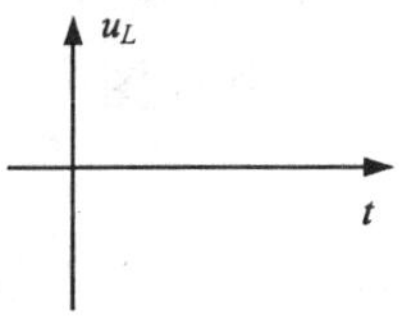
整流、滤波电路，K_1 和 K_2 同时闭合				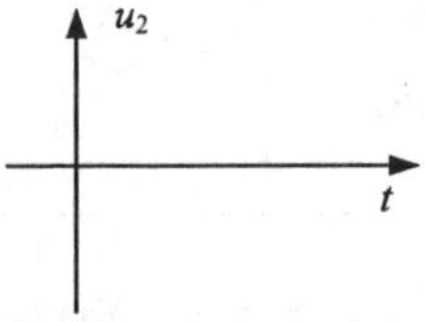	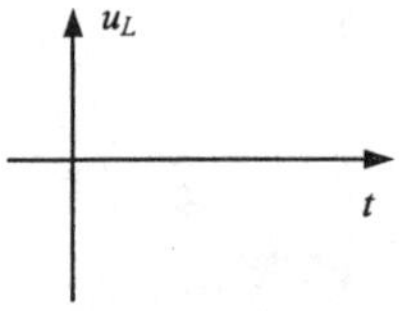

注：接电容时，注意其极性，且测试与观察不能同时进行。

五、实验报告要求

1．将测得的波形画在报告纸上，并对它们进行分析、讨论。

2．根据实验回答整流、滤波电路的原理。

实验 3.7　晶体三极管特性测试

一、实验目的

1．通过逐点测量法实际测出晶体三极管的输入、输出特性曲线。

2．学习用晶体管特性图示仪测试晶体三极管的输出特性曲线。

二、实验原理

晶体三极管的输入特性曲线是指当集电极-发射极电压 U_{CE} 为常数时，输入回路中基极电流 I_B 与基极-发射极电压 U_{CE} 之间的关系曲线即 $I_B=f(U_{BE})|U_{CE}$=常数，不同的 U_{CE} 可以得到不同的输入特性曲线，输入特性曲线是一组曲线。

三极管的输出特性曲线是当基极电流 I_B 为常数时，输出回路中集电极电流 I_C 与集电极-发射极电压 U_{CE} 间的关系曲线即 $I_C=f(U_{CE})|I_B$=常数，在不同的 I_B 条件下，可以得到不同的输出特性曲线，因而，输出特性曲线也是一组曲线。

三、实验仪器及设备

1．电子技术实验台　　2．直流稳压电源

3．直流电压表　　4．直流电流表

5．三极管 3DG6　　6．电阻 10kΩ

7．电位器 100kΩ　　8．电位器 47kΩ

四、实验内容及步骤

1．按如图 3-7-1 所示晶体三极管特性测试电路在实验台上连线。

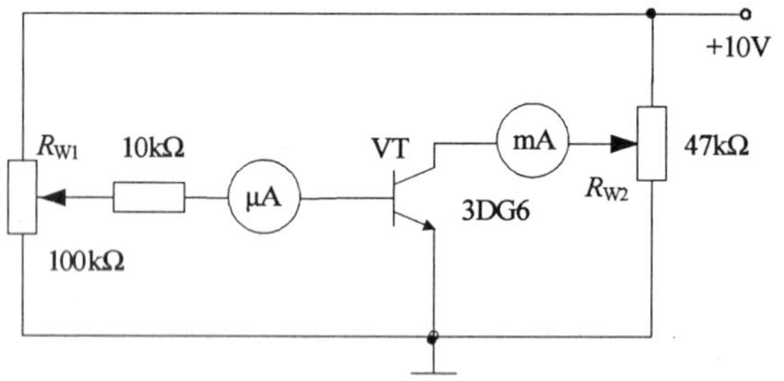

图 3-7-1　晶体三极管特性测试电路

表 3-7-1　U_{CE}=0V 时的输入特性曲线测量值

I_B(mA)	0.001	0.002	0.005	0.010	0.020	0.040	0.060	0.080	0.100	0.120
U_{BE}(V)										

2．用逐点测试法测量晶体三极管的输入特性曲线。

（1）将稳压电源的输出电压调至 10V 后接到 V_{CC} 上。调节 R_{W2} 使 U_{CE}=0V 并保持不变，然后调节 R_{W1} 使 U_{BE} 和 I_B 由零开始逐渐增大，把相应的 U_{BE} 的值填入表 3-7-1 中，即可得到当 U_{CE}=0V 时的输入特性曲线。

（2）调节 R_{W2} 使 U_{CE}=2V 并保持不变，重复以上步骤，将所测数据填入表 3-7-2 中，即可得到当 U_{CE}=2V 时的输入特性曲线。

表 3-7-2　U_{CE}=2V 时的输入特性曲线测量值

I_B(mA)	0.001	0.002	0.005	0.010	0.020	0.040	0.060	0.080	0.100	0.120
U_{BE}(V)										

（3）根据表 3-7-1、表 3-7-2 中的数据，绘制出晶体三极管的输入特性曲线，如图 3-7-2 所示。

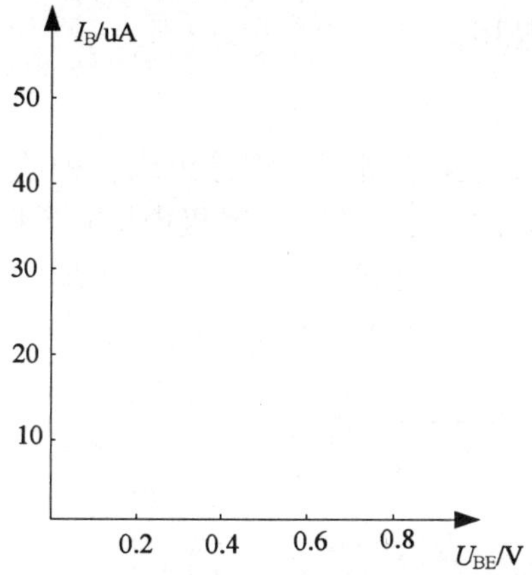

图 3-7-2　三极管的输入特性曲线

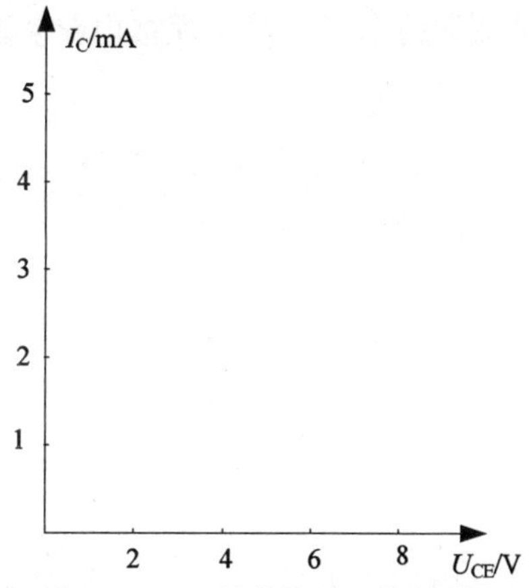

图 3-7-3　三极管的输出特性曲线

3．用逐点测试法测试晶体三极管的输出特性曲线。

（1）电路如图 3-7-1 所示，调节 R_{W1} 使 I_B=20μA 并保持不变，然后调节 R_{W2} 使 U_{CE} 从 0 开始逐渐增大，按表 3-7-2 中的要求记下相应的 I_C 值。

（2）调节 R_{W1} 使 I_B 分别为 40μA、60μA 并保持不变，重复以上步骤，将相应的测量数据填入表 3-7-3 中。

表 3-7-3　三极管输出特性曲线测试值

U_{CE}/V I_C/mA I_B/μA	0	0.25	0.5	0.75	1	1.5	2	3	5
20									
40									
60									

（3）根据表 3-7-3 中的数据，绘制出晶体三极管的输出特性曲线。

4．用晶体管特性图示仪测试晶体三极管的输出特性曲线，将输出特性曲线簇绘于三极管输出特性曲线的直角坐标系图 3-7-3 中。

五、实验报告要求

1．根据实验数据在直角坐标系中绘制出三极管的输入特性曲线。

2．根据实验数据在直角坐标系中绘制出三极管的输出特性曲线。

实验 3.8　晶体管共射极单管放大器

一、实验目的

1．学会放大电路静态工作点的调试方法，分析静态工作点对放大器性能的影响。

2．掌握放大电路电压放大倍数、输入电阻、输出电阻及最大不失真输出电压的测试方法。

3．熟悉常用电子仪器及模拟电路实验设备的使用。

二、实验原理

图 3-8-1 为电阻分压式工作点稳定单管放大器实验电路图，它是组成各种放大电路的基本单元。它的偏置电路采用 R_{B1} 和 R_{B2} 组成的分压电路，并在发射极中接有电阻 R_E，以稳定放大器的静态工作点。当在放大器的输入端加入输入信号 u_I 后，在放大器的输出端便可得到一个与 u_I 相位相反、幅值被放大了的输出信号 u_O，从而实现了电压放大。

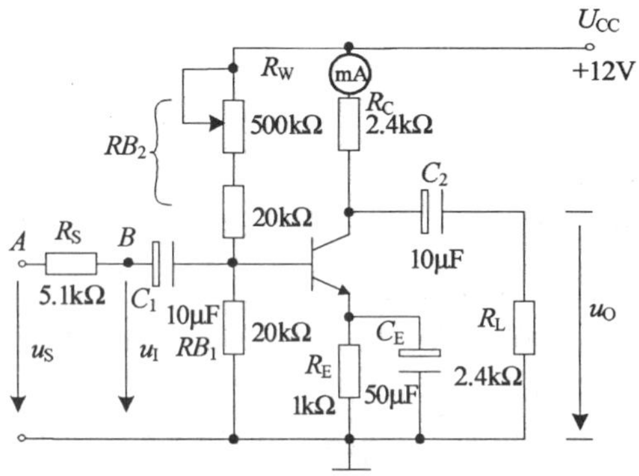

图 3-8-1　共射极单管放大器实验电路

实验电路中的 R_C 与 U_{CC} 均已确定，调整静态工作点主要是调节电位器 R_W，从而改变偏值电阻的阻值，即当 R_B 变化时，三极管的 I_B 也跟着变化，则静态工作点也跟着变化。交流电压放大电路的电压放大倍数是指在输出信号不失真的条件下的放大倍数，表达式为 $A_V=U_O/U_I$。

三、实验设备与器件

1．电子技术实验台　　　　　　2．+12V 直流电源

3．双踪示波器　　　　　　　　4．交流毫伏表

5．直流电压表　　　　　　　　6．函数信号发生器

7．晶体管共射极单管放大器实验板

四、实验内容及步骤

实验电路如图 3-8-1 所示。

1．调试静态工作点

接通直流电源前，先将 R_W 调至最大，函数信号发生器输出旋钮旋至零。接通＋12V 电

源，调节 R_W，使 I_C=2.0mA（即 U_E=2.0V），用直流电压表测量 U_B、U_E、U_C 及用万用电表测量 R_{B2} 值，记入表 3-8-1。

表 3-8-1　I_C=2mA

测　量　值				计　算　值		
U_B(V)	U_E(V)	U_C(V)	R_{B2}(kΩ)	U_{BE}(V)	U_{CE}(V)	I_C(mA)

2．测量电压放大倍数

在放大器的输入端加入频率为 1kHz 的正弦信号 u_S，调节函数信号发生器的输出旋钮使放大器输入电压 $U_I\approx$ 10mV，同时用示波器观察放大器输出电压 U_O 的波形，在波形不失真的条件下用交流毫伏表测量下述三种情况下的 U_O 值，并用双踪示波器观察 U_O 和 U_I 的相位关系，记入表 3-8-2。

表 3-8-2　I_C=2.0mA　　　U_I=　　mV

R_C(kΩ)	R_L(kΩ)	U_O(V)	A_V	观察记录一组 u_O 和 u_I 波形
2.4	∞			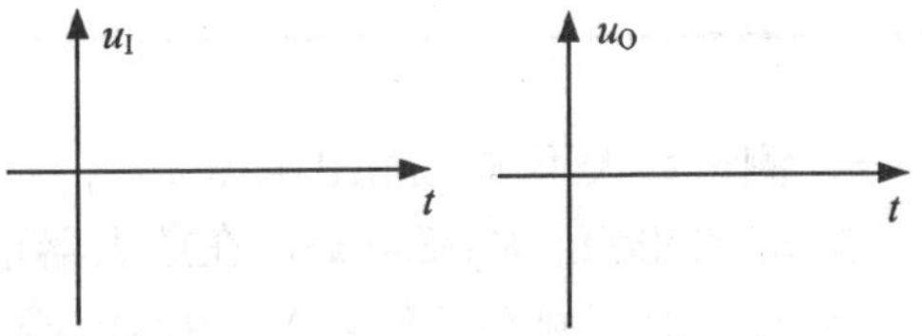
1.2	∞			
2.4	2.4			

3．观察静态工作点对电压放大倍数的影响

置 R_C=2.4kΩ，R_L=∞，U_I 适量，调节 R_W，用示波器监视输出电压波形，在 u_O 不失真的条件下，测量数组 I_C 和 U_O 值，记入表 3-8-3。

表 3-8-3　R_C=2.4kΩ　　R_L=∞　　U_I=　　　mV

I_C(mA)			2.0		
U_O(V)					
A_V					

测量 I_C 时，要先将信号源输出旋钮旋至零（即使 U_I=0）。

4．观察静态工作点对输出波形失真的影响

置 R_C=2.4kΩ，R_L=2.4kΩ，U_I=0，调节 R_W 使 I_C=2.0mA，测出 U_{CE} 值，再逐步加大输入信号，使输出电压 u_O 足够大但不失真。然后保持输入信号不变，分别增大和减小 R_W，使波形出现失真，绘出 u_O 的波形，并测出失真情况下的 I_C 和 U_{CE} 值，记入表 3-8-4 中。每次测 I_C 和 U_{CE} 值时都要将信号源的输出旋钮旋至零。

表 3-8-4　R_C=2.4kΩ　R_L=∞　U_i=　　mV

I_C(mA)	U_{CE}(V)	u_O 波形	失真情况	管子工作状态
		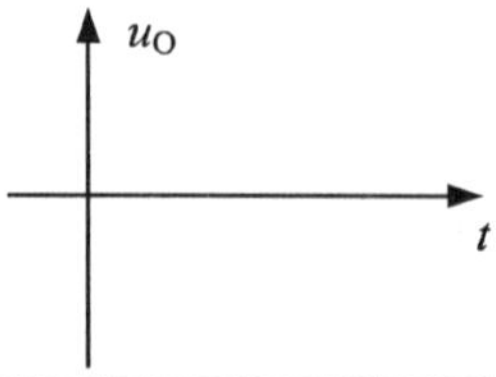		
2.0		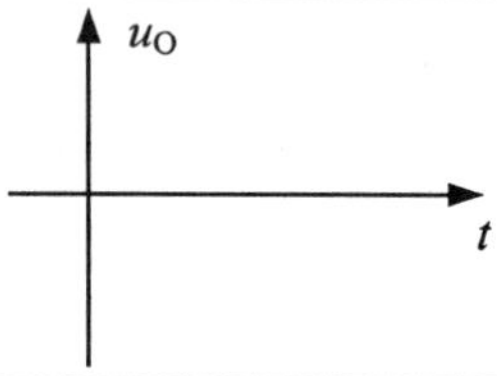		
		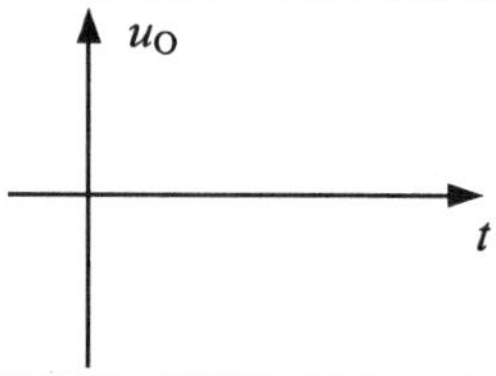		

5．测量最大不失真输出电压

置 R_C=2.4kΩ，R_L=2.4kΩ，在放大器正常工作情况下，逐步增大输入信号的幅度，并同时调节 R_W（改变静态工作点），用示波器观察 u_O，当输出波形同时出现削底和缩顶现象时，说明静态工作点已调在交流负载线的中点。然后反复调整输入信号，使输出波形幅度最大且无明显失真时，用交流毫伏表测出 U_O（有效值），则动态范围 U_{OPP} 等于 $2\sqrt{2}U_O$。或用示波器直接读出 U_{OPP} 来，记入表 3-8-5。

表 3-8-5　R_C=2.4kΩ　R_L=2.4kΩ

I_C(mA)	U_{Im}(mV)	U_{Om}(V)	U_{OPP}(V)

五、实验报告要求

1．列表整理测量结果，并把实测的静态工作点、电压放大倍数、输入电阻、输出电阻之值与理论计算值比较（取一组数据进行比较），分析产生误差的原因。

2．总结 R_C、R_L 及静态工作点对放大器电压放大倍数、输入电阻、输出电阻的影响。

3．讨论静态工作点的变化对放大器输出波形的影响。

实验 3.9　射极输出器

一、实验目的

1．掌握射极输出器的特性及测试方法。

2．进一步学习放大器各项参数的测试方法。

二、实验原理

射极输出器的原理图如图 3-9-1 所示。它是一个电压串联负反馈放大电路，它具有输入电阻高，输出电阻低，电压放大倍数接近于 1，输出电压能够在较大范围内跟随输入电压作线性变化以及输入、输出信号同相等特点。射极输出器的输出取自发射极，故称其为射极输出器。

1．实验线路如图 3-9-2 所示

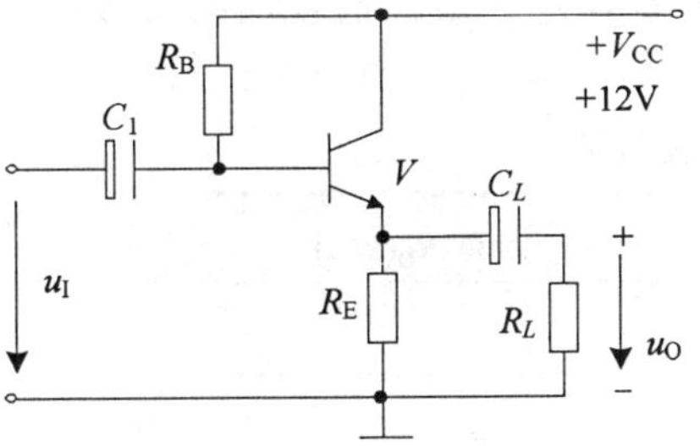

图 3-9-1　射极输出器

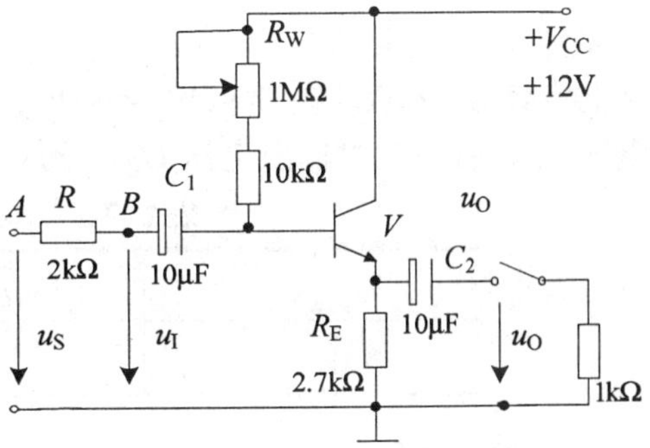

图 3-9-2　射极输出器实验电路

2．电压跟随范围

电压跟随范围是指射极输出器输出电压 u_O 跟随输入电压 u_I 作线性变化的区域。当 u_I 超过一定范围时，u_O 便不能跟随 u_I 作线性变化，即 u_O 波形产生了失真。为了使输出电压 u_O 正、负半周对称，并充分利用电压跟随范围，静态工作点应选在交流负载线的中点，测量时可直接用示波器读取 u_O 的峰-峰值，即电压跟随范围；或用交流毫伏表读取 u_O 的有效值，则电压跟随范围为：

$$U_{Op-p} = 2\sqrt{2}U_O$$

三、实验设备与器件

1．直流稳压电源	2．函数信号发生器	3．双踪示波器
4．交流毫伏表	5．直流电压表	6．射极输出器实验板

四、实验内容及步骤

按图 3-9-2 组接电路。

1．静态工作点的调整

接通＋12V 直流电源，在 B 点加入 f=1kHz 的正弦信号 u_I，输出端用示波器监视输出波形，反复调整 R_W 及信号源的输出幅度，使在示波器的屏幕上得到一个最大不失真输出波形，

然后置 u_I=0，用直流电压表测量晶体管各电极对地电位，将测得数据记入表 3-9-1。

表 3-9-1　静态工作点的测试及计算

U_E(V)	U_B(V)	U_C(V)	计算 I_E（mA）

在下面整个测试过程中应保持 R_W 值不变（即保持静态工作点 I_E 不变）。

2．测量电压放大倍数 A_V

接上负载 R_L=1kΩ，在 B 点加 f=1kHz 的正弦信号 u_I，调节输入信号幅度，用示波器观察输出波形 u_O，在输出最大不失真情况下，用交流毫伏表测 U_I、U_L 值，记入表 3-9-2。

表 3-9-2　电压放大倍数的测量及计算

U_I(V)	U_L(V)	计算 A_V

3．测量输出电阻 R_O

接上负载 R_L=1kΩ，在 B 点加 f=1kHz 的正弦信号 U_I，用示波器监视输出波形，测空载输出电压 U_O、有负载时输出电压 U_L，记入表 3-9-3。

表 3 -9-3　输出电阻测量及计算

U_O(V)	U_L(V)	计算 R_O(kΩ)

4．测量输入电阻 R_I

在 A 点加 f=1kHz 的正弦信号 U_S，用示波器监视输出波形，用交流毫伏表分别测出 A、B 点对地的电位 U_S、U_I，记入表 3-9-4。

表 3-9-4　输入电阻测量及计算

U_S(V)	U_I(V)	计算 R_I(kΩ)

5．测试跟随特性

接入负载 R_L=1kΩ，在 B 点加入 f=1kHz 的正弦信号 u_I，逐渐增大信号 u_I 的幅度，用示波器监视输出波形直至输出波形达最大不失真，测量对应的 U_L 值，记入表 3-9-5。

表 3-9-5　跟随特性测试数据

U_I(V)							
U_L(V)							

五、实验报告要求

1．整理实验数据，得出实验结论。

2．通过计算输入、输出电阻可以得到什么结论？

3．分析射极输出器的性能和特点。

实验 3.10　两级阻容耦合放大电路

一、实验目的

1．通过实验进一步掌握放大电路的静态和动态的测试方法。

2．通过对两级放大电路的分析及测量，了解两级放大电路总的电压放大倍数与各级电路电压放大倍数之间的关系。

二、实验原理

1．静态工作点　对于低频小信号前级电路，工作点一般选得比较低，使噪声减小。多级放大电路的静态工作点逐级升高，两级放大电路采用阻容耦合，所以两级的静态工作点互不影响。静态工作点的调试与单级共射极放大电路相同。

2．电压放大倍数　两级阻容耦合放大电路的电压放大倍数等于两级电压放大倍数的乘积，即 $A_u = A_{u_1} \cdot A_{u_2}$。

三、实验仪器及器件

1．直流稳压电源　　2．双踪示波器

3．函数信号发生器　　4．数字电压表

5．实验板　　6．万用表

四、实验内容和步骤

1．两级阻容耦合放大电路如图 3-10-1 所示。

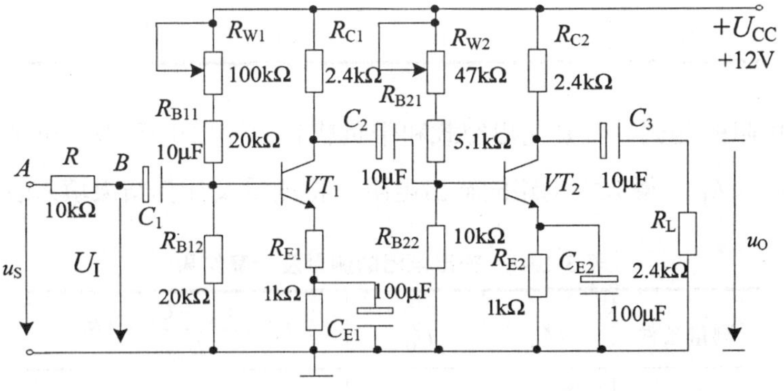

图 3-10-1　两级阻容耦合放大电路图

2．静态工作点调试　接通+12V 电源，使输入端 u_I 加上小信号（lkHz，幅值 lmV），分别调整电位器 R_{W1}、R_{W2}，用示波器观察第一级、第二级的输出波形，使第一级、第二级的输出波形为最大且波形不失真。去掉 u_I 并使 u_I 接地。然后用万用表测试静态工作点，填入表 3-10-1 中。

3．动态测试　重新在 u_I 输入端加上 lkHz 的交流信号(幅值 lmV)。

（1）电压放大倍数 A_u 的测试　用示波器观察输出波形，在输出波形不失真的情况下测出各级的输入、输出电压，根据 $A_U=\dfrac{U_O}{U_I}$ 计算出各级的电压放大倍数。将测量及计算结果填入表 3-10-2 中。

表 3-10-1　用万用表测出的各静态值

三极管	U_C	U_B	U_E	U_{BE}	U_{CE}	I_C
VT_1						
VT_2						

表 3-10-2　电压放大倍数的测量及计算结果

	U_I	U_{O1}	U_O	$A_{U1}=U_{O1}/U_I$	$A_{U2}=U_O/U_{O1}$	$A_U=U_O/U_I$
$R_L=\infty$						
$R_L=10\text{k}\Omega$						

（2）输入电阻的测试　在信号发生器与放大电路输入端之间加 10kΩ的电阻 R，用交流毫伏表测出 U_s 和 U_I 的值。则 R_I 的值，$R_I=\dfrac{U_I}{U_s-U_I}R$，将测量及计算结果填入表 3-10-3 中。

表 3-10-3　输入电阻的测试及计算结果

测量条件	U_I	U_s	$R_I=\dfrac{U_I}{U_s-U_I}R$
$R=10\text{k}\Omega$			

（3）输出电阻的测试　分别测出空载和带负载时的输出电压 U'_O 和 U_{OL}，则通过公式求 $R_O=\dfrac{U'_O-U_{OL}}{U_{OL}}\times R_L$，得放大电路的输出电阻，将测量及计算结果填入表 3-10-4 中。

表 3-10-4　输出电阻的测量及计算结果

测量条件	U'_O	U_{OL}	$R_O=\dfrac{U'_O-U_{OL}}{U_{OL}}\times R_L$
$R_L=10\text{k}\Omega$			

五、实验报告要求

1．整理记录的实验数据，根据计算公式计算 A_u、R_I 和及 R_O。
2．根据结果分析负载对电路放大倍数的影响。
3．写出实验中出现的问题及解决办法。

实验 3.11　负反馈放大电路

一、实验目的

1．加深理解放大电路中引入负反馈的方法和负反馈对放大电路各项性能指标的影响。

2．掌握负反馈放大电路输入、输出电阻的测试方法。

二、实验原理

负反馈在电子电路中有着非常广泛的应用，虽然它使放大电路的放大倍数降低，但能在多方面改善放大电路的动态指标，如稳定放大倍数，改变输入、输出电阻，减小非线性失真和展宽通频带等。因此，几乎所有的实用放大电路都带有负反馈。

负反馈放大电路有 4 种组态，即电压串联、电压并联、电流串联、电流并联。本实验采用电压串联负反馈。实验电路如图 3-11-1 所示。

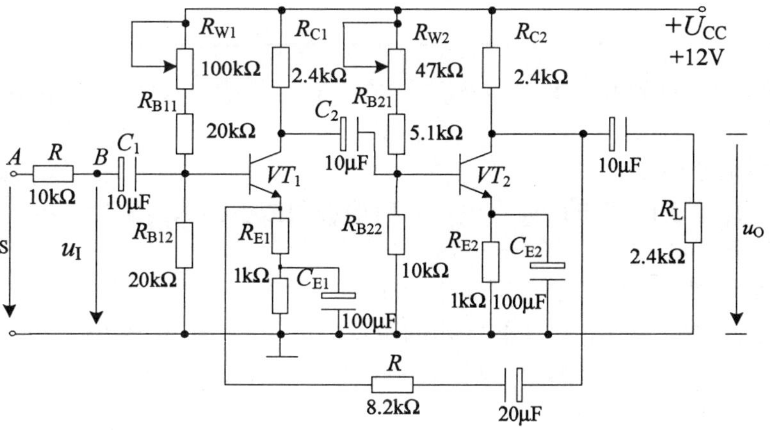

图 13-11-1　负反馈放大电路实验图

三、实验仪器及器件

1．直流稳压电源	2．函数信号发生器
3．双踪示波器	4．交流毫伏表
5．直流电压表	6．实验板

四、实验内容及步骤

1．调整并测试静态工作点：

a．接通直流稳压电源和信号发生器，调节稳压电源的直流输出电压使 U_{CC}=12V，并接入放大电路；调节信号发生器使其输出为 5mV、1kHz 的正弦信号并接入电路输入端 U_S，此时不接负载电阻 R_L。

b．调节 R_{W_1}，用示波器观察 U_O 波形，使其为最大不失真的正弦波形，则放大电路的静态工作点处于最佳状态。

c．撤去信号发生器，使 U_S=0，U_{CC}=12V 不变。用万用表测量三极管各电极对地电压 U_B、U_C、U_E，同时测量 I_C 的值，填入表 3-11-1 中。

表 3-11-1　测量静态工作点

	U_B(V)	U_E(V)	U_C(V)	I_C(mA)
第一级				
第二级				

2．测试基本放大电路的各项性能指标

（1）测量中频电压放大倍数 A_V、输入电阻 R_I 和输出电阻 R_O

①以 f=1kHz、u_S 约为 5mV 的正弦信号输入放大电路，用示波器监视输出波形 u_O，在 u_O 不失真的情况下，用交流毫伏表测量 U_S、U_I、U_L，记入表 3-11-2。

表 3-11-2　放大电路的各项性能指标测量

基本放大电路	U_S(mV)	U_I(mV)	U_L(mV)	U_O(mV)	A_V	R_I(kΩ)	R_O(kΩ)
负反馈放大电路	U_S(mv)	U_I(mV)	U_L(mV)	U_O(mV)	A_{Vf}	R_{If}(kΩ)	R_{Of}(kΩ)

②保持 U_S 不变，断开负载电阻 R_L（注意，R_f 不要断开），测量空载时的输出电压 U_O，记入表 3-11-2。

（2）测量通频带

接上 R_L，保持（1）中的 U_S 不变，然后增加和减小输入信号的频率，找出上、下限频率 f_h 和 f_l，记入表 3-11-3。

3．测试负反馈放大电路的各项性能指标

将实验电路恢复为如图 3-11-1 所示的负反馈放大电路。适当加大 U_S（约 10mV），在输出波形不失真的条件下，测量负反馈放大电路的 A_{Vf}、R_{If} 和 R_{Of}，记入表 3-11-2；测量 f_{hf} 和 f_{Lf}，记入表 3-11-3。

表 3-11-3　通频带测量

基本放大电路	f_L(kHz)	f_H(kHz)	Δf(kHz)
负反馈放大电路	f_{Lf}(kHz)	f_{Hf}(kHz)	Δf_f(kHz)

4．观察负反馈对非线性失真的改善

（1）实验电路改接成基本放大电路形式，在输入端加入 f=1kHz 的正弦信号，输出端接示波器，逐渐增大输入信号的幅度，使输出波形开始出现失真，记下此时的波形和输出电压的幅度。

（2）再将实验电路改接成负反馈放大电路的形式，增大输入信号幅度，使输出电压幅度的大小与（1）相同，比较有负反馈时，输出波形的变化。

五、实验报告要求

1．将基本放大电路和负反馈放大电路动态参数的实测值和理论估算值列表进行比较。

2．根据实验结果，总结电压串联负反馈对放大电路性能的影响。

实验 3.12 场效应管放大电路

一、实验目的

1．了解结型场效应管的性能和特点。

2．进一步熟悉放大电路动态参数的测试方法。

二、实验原理

场效应管是一种电压控制型器件。按结构可分为结型和绝缘栅型两种类型。由于场效应管栅极、源极之间处于绝缘或反向偏置，所以输入电阻很高（一般可达上百兆欧）；又由于场效应管是一种多数载流子控制器件，因此热稳定性好，抗辐射能力强，噪声系数小。加之制造工艺较简单，便于大规模集成，因此得到越来越广泛的应用。

场效应管的特性主要有输出特性和转移特性。如图 3-12-1 所示为 N 沟道结型场效应管 3DJ6F 的输出特性和转移特性曲线。其直流参数主要有饱和漏极电流 I_{DSS}、夹断电压 U_P 等；交流参数主要有低频跨导 $g_m = \frac{\Delta I_D}{\Delta U_{GS}} \Big| U_{DS} = 常数$。

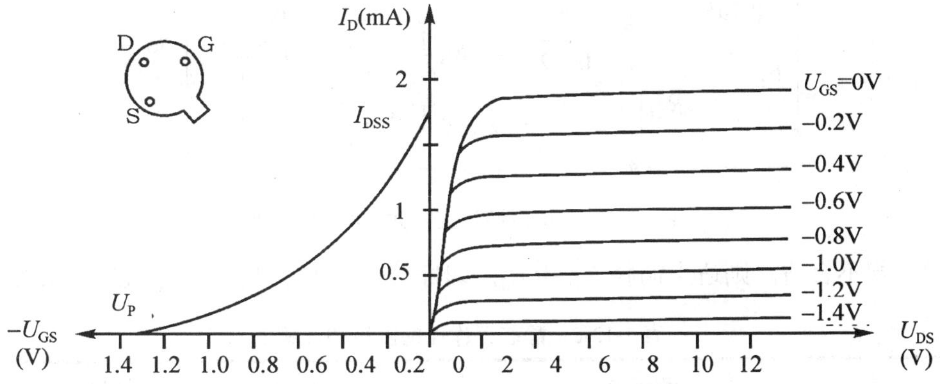

图 3-12-1　3DJ6F 的输出特性和转移特性曲线

表 3-12-1 列出了 3DJ6F 的典型参数值及测试条件。

表 3-12-1　DJ6F 的典型参数值及测试条件

参数名称	饱和漏极电流 I_{DSS}（mA）	夹断电压 U_P（V）	跨　导 g_m（μA/V）
测试条件	U_{DS}=10V U_{GS}=0V	U_{DS}=10V I_{DS}=50μA	U_{DS}=10V I_{DS}=3mA f=1kHz
参数值	1～3.5	＜∣–9∣	＞100

三、实验仪器及器件

1．+12V 直流电源　　2．函数信号发生器

3．双踪示波器　　4．交流毫伏表

5．直流电压表　　6．电子技术实验台

7．结型场效应管 3DJ6、电阻器、电容器若干

四、实验内容及步骤

1．静态工作点的测量和调整

（1）接图 3-12-2 在实验台上连接电路，令 u_I=0，接通+12V 电源，用直流电压表测量 U_G、U_S 和 U_D。检查静态工作点是否在特性曲线放大区的中间部分。如合适，则把结果记入表 3-12-2。

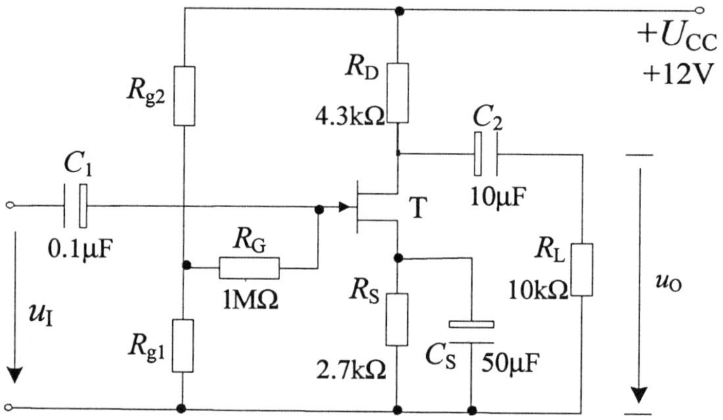

图 3-12-2　结型场效应管共源级放大电路

（2）若不合适，则适当调整 R_{g2} 和 R_S，调好后，再测量 U_G、U_S 和 U_D 记入表 3-12-2。

表 3-12-2　静态工作点的测量和计算值

测量值						计算值		
U_G(V)	U_S(V)	U_D(V)	U_{DS}(V)	U_{GS}(V)	I_D(mA)	U_{DS}(V)	U_{GS}(V)	I_D(mA)

2．电压放大倍数 A_V、输入电阻 R_I 和输出电阻 R_O 的测量

（1）A_V 和 R_O 的测量

在放大电路的输入端加入 f=1kHz 的正弦信号 U_I（≈50～100mV），并用示波器监视输出电压 u_O 的波形。在输出电压 u_O 没有失真的条件下，用交流毫伏表分别测量 $R_L=\infty$ 和 R_L=10kΩ时的输出电压 U_O（注意保持 U_I 幅值不变），记入表 3-12-3。

用示波器同时观察 u_I 和 u_O 的波形，描绘出来并分析它们的相位关系。

（2）R_I 的测量

按图 3-12-3 改接实验电路，选择合适大小的输入电压 U_S（约 50～100mV），将开关 K 掷向“1”，测出 R=0 时的输出电压 U_{O1}，然后将开关掷向“2”，（接入 R），保持 U_S 不变，

再测出 U_{O2}，根据公式 $R_I = \frac{U_{O2}}{U_{O1} - U_{O2}} R$ 求出 R_I，记入表 3-12-4。

表 3-12-3　电压放大倍数、输出电阻的测量和计算

测量值					计算值		U_I和 u_O波形
	U_I(V)	U_O(V)	A_V	R_O(kΩ)	A_V	R_O(kΩ)	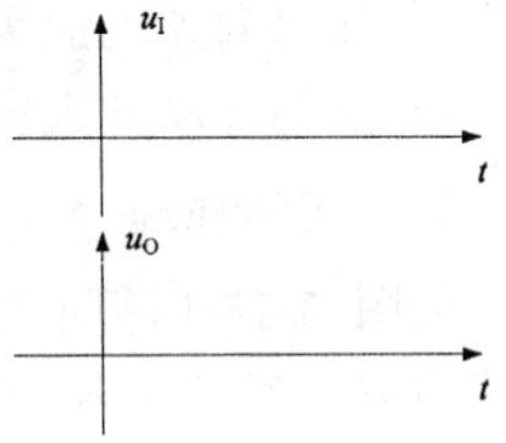
R_L=∞							
R_L=10kΩ							

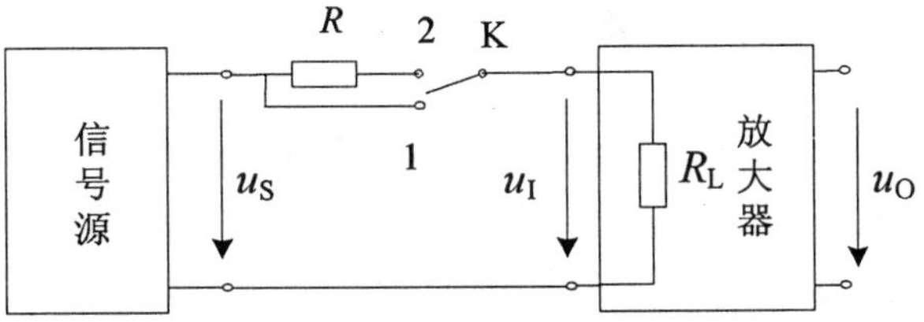

图 3-12-3　输入电阻测量电路

表 3-12-4　输入电阻的测量和计算

测量值			计算值
U_{O1}(V)	U_{O2}(V)	R_I(kΩ)	R_I(kΩ)

五、实验报告要求

1．整理实验数据，将测得的 A_V、R_I、R_O 和理论计算值进行比较。
2．把场效应管放大电路与晶体管放大电路进行比较，总结场效应管放大电路的特点。
3．分析测试中出现的问题，总结实验收获。

实验 3.13　差动放大电路

一、实验目的

1．加深对差动放大电路性能及特点的理解。

2．学习差动放大电路主要性能指标的测试方法。

二、实验原理

如图 3-13-1 所示是差动放大电路的基本结构。它由两个元件参数相同的基本共射放大电路组成。当开关 K 拨向左边时，构成典型的差动放大电路。调零电位器 R_P 用来调节 T_1、T_2 管的静态工作点，使得输入信号 $u_I=0$ 时，双端输出电压 $u_O=0$。R_E 为两管共用的发射极电阻，它对差模信号无负反馈作用，因而不影响差模电压放大倍数，但对共模信号有较强的负反馈作用，故可以有效地抑制零漂，稳定静态工作点。

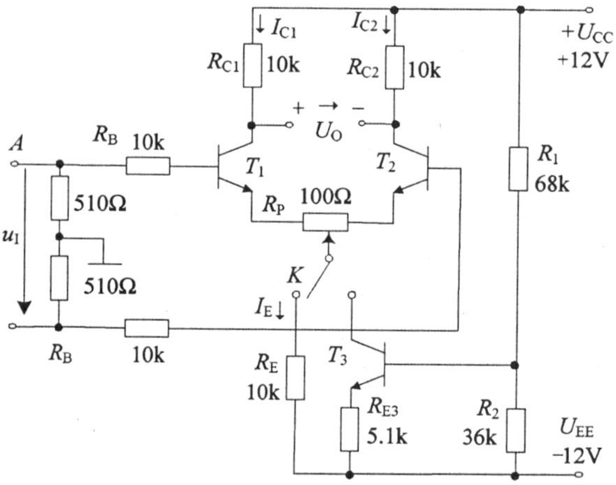

图 3-13-1　差动放大电路实验电路

当开关 K 拨向右边时，构成具有恒流源的差动放大电路。它用晶体管恒流源代替发射极电阻 R_E，可以进一步提高差动放大电路抑制共模信号的能力。

1．静态工作点的估算

典型电路：

$$I_E \approx \frac{|U_{EE}|-U_{BE}}{R_E} \quad （认为\ U_{B1}=U_{B2}\approx 0） \qquad I_{C1}=I_{C2}=\frac{1}{2}I_E$$

恒流源电路：

$$I_{C3} \approx I_{E3} \approx \frac{\dfrac{R_2}{R_1+R_2}(U_{CC}+|U_{EE}|)-U_{BE}}{R_{E3}} \qquad I_{C1}=I_{C1}=\frac{1}{2}I_{C3}$$

2．差模电压放大倍数和共模电压放大倍数

当差动放大电路的射极电阻 R_E 足够大或采用恒流源电路时，差模电压放大倍数 A_d 由输出端方式决定，而与输入方式无关。

双端输出：$R_E=\infty$，R_P在中心位置时，有：

$$A_d=\frac{\Delta U_O}{\Delta U_I}=-\frac{\beta R_C}{R_B+r_{be}+\frac{1}{2}(1+\beta)R_P}$$

单端输出：

$$A_{d1}=\frac{\Delta U_{C1}}{\Delta U_I}=\frac{1}{2}A_d \qquad A_{d2}=\frac{\Delta m_{C2}}{\Delta U_I}=-\frac{1}{2}A_d$$

当输入共模信号时，若为单端输出，则有：

$$A_{C1}=A_{C2}=\frac{\Delta U_{C1}}{\Delta U_I}=\frac{-\beta R_C}{R_B+r_{be}+(1+\beta)(\frac{1}{2}R_P+2R_E)}\approx-\frac{R_C}{2R_E}$$

若为双端输出，在理想情况下，有：

$$A_C=\frac{\Delta U_O}{\Delta U_I}=0$$

实际上由于元件不可能完全对称，因此A_C也不会绝对等于零。

3．共模抑制比K_{CMR}

为了表征差动放大电路对有用信号（差模信号）的放大作用和对共模信号的抑制能力，通常用一个综合指标来衡量，即共模抑制比：

$$K_{CMR}=\left|\frac{A_d}{A_c}\right| \text{或} K_{CMR}=20\lg\left|\frac{A_d}{A_c}\right| \text{(dB)}$$

差动放大电路的输入信号可采用直流信号，也可采用交流信号。本实验由函数信号发生器提供频率f=1kHz 的正弦信号作为输入信号。

三、实验仪器及器件

1．±12V 直流稳压电源　　2．函数信号发生器

3．双踪示波器　　4．交流毫伏表

5．直流电压表　　6．电子技术实验台

7．三极管 3DG6×3，要求T_1、T_2管特性参数一致（或 9011×3），电阻器，电容等

四、实验内容及步骤

1．典型的差动放大电路性能测试

按图 3-13-1 连接实验电路，开关 K 拨向左边构成典型的差动放大电路。

（1）测量静态工作点

①调节放大电路的零点

信号源不接入。将放大电路输入端 A、B 与地短接，接通±12V 直流电源，用直流电压表测量输出电压 U_O，调节调零电位器 R_P，使 U_O=0。调节要仔细，力求准确。

②测量静态工作点

零点调好以后，用直流电压表测量 T_1、T_2 管各电极电位及射极电阻 R_E 两端电压 U_{RE}，记入表 3-13-1。

表 3-13-1　差动放大电路测量及计算

测量值	U_{C1}(V)	U_{B1}(V)	U_{E1}(V)	U_{C2}(V)	U_{B2}(V)	U_{E2}(V)	U_{RE}(V)
计算值	I_C(mA)		I_B(mA)		U_{CE}(V)		

（2）测量差模电压放大倍数

断开直流电源，将函数信号发生器的输出端接放大电路输入 A 端，地端接放大电路输入 B 端构成单端输入方式，调节输入信号为频率 f=1kHz 的正弦信号，并使输出旋钮旋至零，用示波器监视输出端（集电极 C_1 或 C_2 与地之间）。

接通±12V 直流电源，逐渐增大输入电压 U_I（约 100mV），在输出波形无失真的情况下，用交流毫伏表测 U_I、U_{C1}、U_{C2}，记入表 3-13-2 中，并观察 u_I、u_{C1}、u_{C2} 之间的相位关系及 U_{RE} 随 U_I 改变而变化的情况。

表 3-13-2　差动放大电路性能测量

	典型差动放大电路		具有恒流源差动放大电路	
	单端输入	共模输入	单端输入	共模输入
U_I	100mV	1V	100mV	1V
U_{C1}(V)				
U_{C2}(V)				
$A_{d1}=\dfrac{U_{C1}}{U_I}$		/		/
$A_d=\dfrac{U_O}{U_I}$		/		/
$A_{C1}=\dfrac{U_{C1}}{U_I}$	/		/	
$A_C=\dfrac{U_O}{U_I}$	/		/	
$K_{CMR}=\left\|\dfrac{A_{d1}}{A_{C1}}\right\|$				

（3）测量共模电压放大倍数

将放大电路 A、B 短接，信号源接 A 端与地之间，构成共模输入方式，调节输入信号 f=1kHz，U_I=1V，在输出电压无失真的情况下，测量 U_{C1}、U_{C2} 之值记入表 3-13-2，并观察 u_I、u_{C1}、u_{C2} 之间的相位关系及 U_{RE} 随 U_I 改变而变化的情况。

2．具有恒流源的差动放大电路性能测试

将如图 3-13-1 所示电路中的开关 K 拨向右边，构成具有恒流源的差动放大电路。重复内容 1-（2）、1-（3）的要求，将实验结果记入表 3-13-2。

五、实验报告要求

1．整理实验数据，列表比较实验结果和理论估算值，分析误差原因。

（1）静态工作点和差模电压放大倍数。

（2）典型差动放大电路单端输出时的 K_{CMR} 实测值与理论值的比较。

（3）典型差动放大电路单端输出时 K_{CMR} 的实测值与具有恒流源的差动放大电路 K_{CMR} 实测值的比较。

2．比较 u_I、u_{C1} 和 u_{C2} 之间的相位关系。

3．根据实验结果，总结电阻 R_E 和恒流源的作用。

实验 3.14 集成运算放大器的基本应用（一）——比例、加法、减法运算电路

一、实验目的

1．掌握由集成运放组成的比例、加法、减法等基本运算电路的测试。

2．了解运算放大器在实际应用时应考虑的一些问题。

二、实验原理

集成运算放大器是一种具有高电压放大倍数的直接耦合多级放大电路。当外部接入不同的线性或非线性元器件组成输入和负反馈电路时，可以灵活地实现各种特定的函数关系。在线性应用方面，可组成比例、加法、减法、积分、微分、对数等模拟运算电路。

1．反相比例运算电路

电路如图 3-14-1 所示。对于理想运放，该电路的输出电压与输入电压之间的关系为：

$$U_O = -\frac{R_F}{R_1} \cdot U_I \qquad R_2 = R_1 // R_F$$

为了减小输入级偏置电流引起的运算误差，在同相端应接入平衡电阻 $R_2 = R_1 // R_F$。

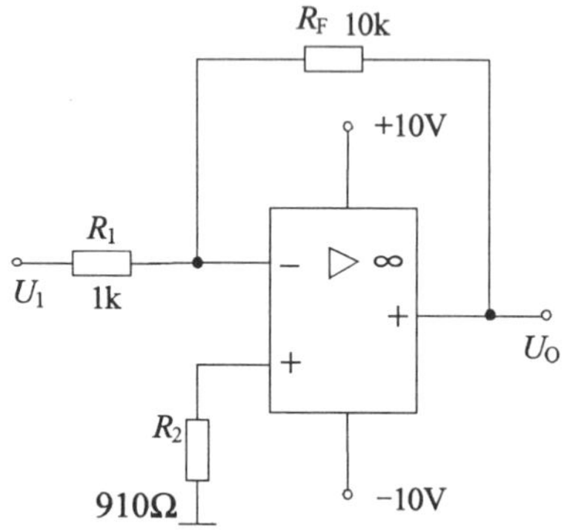

图 3-14-1 反相比例电路图

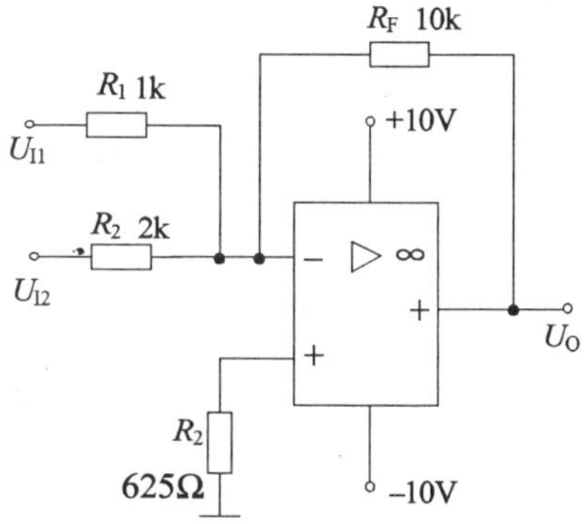

图 3-14-2 反相加法电路

2．反相加法电路

电路如图 3-14-2 所示，输出电压与输入电压之间的关系为：

$$U_O = \left(\frac{R_F}{R_1} U_{I1} + \frac{R_F}{R_2} U_{I2}\right); \quad R_3 = R_1 // R_2 // R_F$$

3．同相比例运算电路

如图 3-14-3 所示是同相比例运算电路，它的输出电压与输入电压之间的关系为：

$$U_O = \left(1 + \frac{R}{F}\right) \cdot U_I \quad R_2 = R_1 // R_F$$

当 $R_1 \to \infty$，$U_O = U_I$，即得到电压跟随器，图中 $R_2 = R_F$，用以减小漂移和起保护作用。一般 R_F 取 10kΩ，R_F 太小起不到保护作用，太大则影响跟随性。

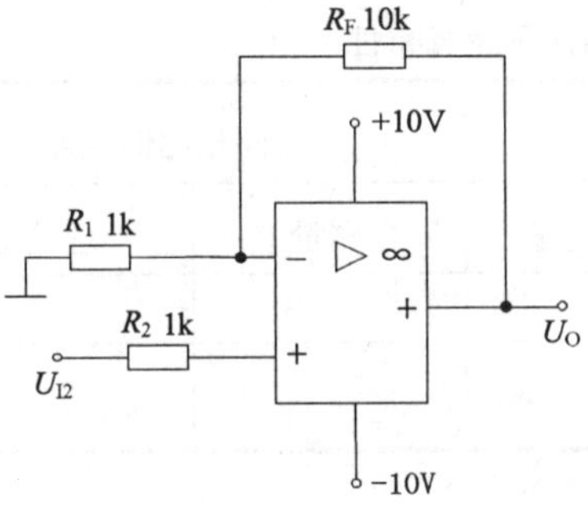

图 3-14-3　同相比例运算电路

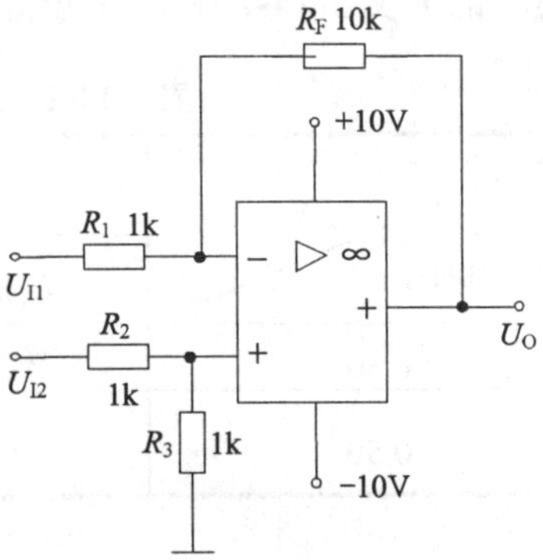

图 3-14-4　减法运算电路图

4．差动放大电路（减法器）

对于如图 3-14-4 所示的减法运算电路，当 R_1=R_2，R_3=R_F 时，有如下关系式：

$$U_O = \frac{R_3}{R_1}(U_{I1} - U_{I2})$$

三、实验仪器及器件

1．直流双路稳压电源　　2．信号发生器

3．交流毫伏表　　4．数字直流电压表

5．集成运算放大器 LM741　　6．电阻、电容若干

四、实验内容及步骤

实验前要看清运放组件各管脚的位置；切忌正、负电源极性接反和输出端短路，否则将会损坏集成块。

1．反相比例运算电路

（1）按图 3-14-1 接线，检查接线无误后接通±10V 直流稳压电源。

将输入端短路，即令 U_I=0，用万用表直流电压挡测量 U_O，调节 R_p，使 U_O=0。

（2）输入端接入直流输入电压 U_I（用直流电源的第三路输出提供），输入电压值如表 3-14-1 所示，测出相应的输出电压 U_O 值，记于表 3-14-1 中，并与理论计算值进行比较，分析产生误差的原因。

表 3-14-1　反相比例运算特性

U_I/V ╲ U_O/V	直流								
	1.00	0.80	0.60	0.30	0	−0.30	−0.60	−0.80	−1.00
测量值									
理论值									

（3）将输入信号 u_{O1} 改为由信号发生器提供，频率为 1kHz，用交流毫伏表测量输入电压 u_{O1} 的有效值 U_I 分别为 0.3V、0.5V 时的输出电压 u_O 的有效值 U_O(同时用示波器观察输出

电压波形)，记于表 3-14-2 中，并分析测量结果。

表 3-14-2 交流反相和同相比例运算特性

U_O/V U_I/V(1kHz)	反相比例运算		同相比例运算	
	测量值	理论值	测量值	理论值
0.30				
0.50				

2．同相比例运算特性的测量

（1）按图 3-14-3 接线，检查接线无误后接通正、负电源电压±10V。

（2）将输入端短路，即令 u_I=0，调节 R_P 使输出电压 u_O=0。

（3）输入端接入直流输入电压 U_I，输入电压值如表 3-14-3 所示，测出相应的输出电压 U_O 值。记于表 3-14-3 中，并与理论计算值进行比较，分析测量结果。

（4）将输入电压 U_I 改由信号发生器提供，频率为 1kHz，用交流毫伏表测量输入电压 u_I 的有效值 U_I 分别为 0.3V、0.5V 时的输出电压 u_O 的有效值 U_O（同时用示波器观察输出电压波形），记于表 3-14-2 中，并分析测量出的结果。

表 3-14-3 同相比例运算特性

U_I/V U_O/V	直流								
	1.00	0.80	0.60	0.30	0	-0.30	-0.60	-0.80	-1.00
测量值									
理论值									

3．减法运算电路

（1）按图 3-14-4 连接实验电路，调零和消振。

（2）采用直流输入信号，实验步骤同内容 2，记入表 3-14-4 中。

表 3-14-4 减法运算电路

U_{I1}(V)			
U_{I2}(V)			
U_o(V)			

五、实验报告要求

1．整理实验数据，画出波形图(注意波形间的相对关系)。

2．将理论计算结果和实测数据相比较，分析产生误差的原因。

3．分析、讨论实验中出现的现象和问题。

实验 3.15 集成运算放大器的基本应用（二）——积分、微分电路

一、实验目的

1．掌握由集成运放组成的积分、微分电路的测试。

2．进一步熟悉运算放大器的特性及应用。

二、实验原理

1．积分运算电路

积分电路如图 3-15-1 所示。在理想化条件下，输出电压 u_O 等于：

$$u_O(t) = -\frac{1}{R_1 C}\int_0^t u_I \mathrm{d}t + u_C(0)$$

式中 $u_C(0)$是 t=0 时刻电容 C 两端的电压值，即初始值。

如果 $u_I(t)$是幅值为 E 的阶跃电压，并设 $u_O(0)=0$，则：

$$u_O(t) = -\frac{1}{R_1 C}\int_0^t E\mathrm{d}t + \frac{E}{R_1 C}t$$

即输出电压 $u_O(t)$随时间增长而线性下降。显然 RC 的数值越大，达到给定的 U_O 值所需的时间就越长。积分输出电压所能达到的最大值受集成运放最大输出范围的限值。

2．微分运算电路

微分与积分互为逆运算，微分电路与反相比例运算电路的差别是用电容代替电阻 R_1。微分电路如图 3-15-2 所示。根据运放反相端虚地可得：

$$i_1 = C_1\frac{\mathrm{d}u_I}{\mathrm{d}t}，\quad I_f = -\frac{u_O}{R_f}$$

由于 $i_1 = I_f$，因此可得输出电压为 $u_O = -R_f C_1\frac{\mathrm{d}u_I}{\mathrm{d}t}$，可见输出电压 u_O 正比于输入电压对时间的微分，从而实现了微分运算。

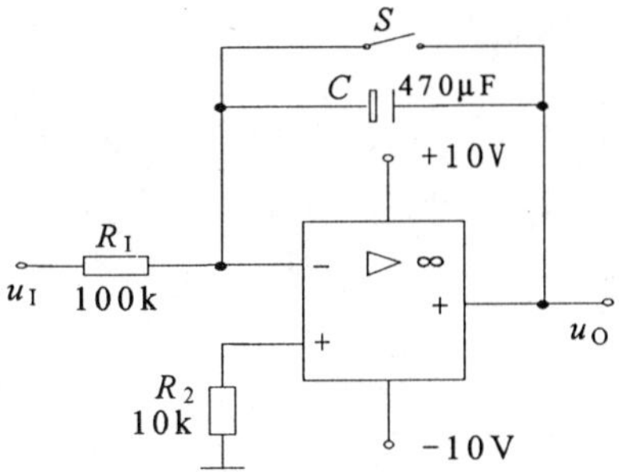

图 3-15-1 积分运算电路

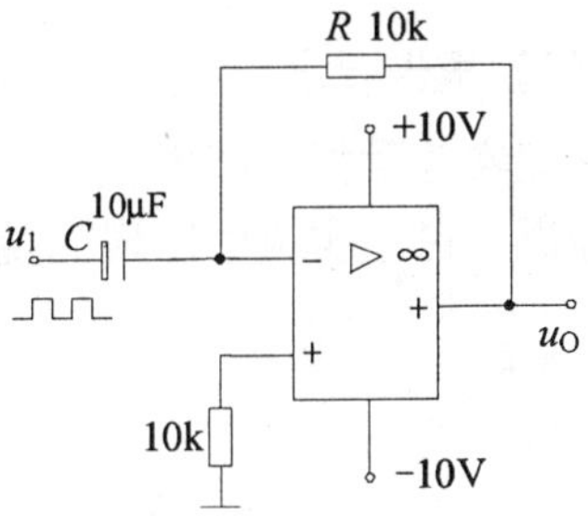

图 3-15-2 微分运算电路

三、实验仪器及器件

1．电子技术实验台　　2．信号发生器
3．数字电压表　　4．示波器
5．集成运算放大器 LM741　　6．电阻、电容若干

四、实验内容及步骤

1．积分电路测试

（1）根据实验电路图 3-15-1 在实验台上连接电路，检查无误后，按通±10V 稳压电源。

（2）打开 S_1 对运放输出进行调零。

（3）调零完成后，闭合 S_1 使 $u_O(0)$=0V。

（4）预先调好直流输入电压 U_I=0.5V，接入实验电路，再打开 S，然后用数字电压表测输出电压 U_O，每隔 10 秒读一次 U_O，记入表 3-14-1 中，直到 U_O 不继续明显增大为止。

（5）按测试数据描绘 U_O=f（t）关系曲线，并记在表 3-15-1 中。

表 3-15-1　积分运算电路测试数据

t/s	0	10	20	30	40	50	60	70	…
U_O/V（计算值）									
U_O/V（测量值）									
输出电压波形									

2．微分电路测试

（1）根据实验电路图 3-15-2 在实验台上连接电路，检查无误后，按通±10V 稳压电源。

（2）把 U_I 接在实验台的连续脉冲输出端。

（3）用示波器观察输入电压 U_I 和输出电压 U_O 的波形，将观察结果记入表 3-15-2。

表 3-15-2　微分运算电路输入输出波形

输入电压 U_I 的波形	
输出电压 U_O 的波形	

五、实验报告要求

1．整理实验数据，画出波形图。

2．分析、讨论实验中出现的现象和问题。

实验 3.16 集成运算放大器的基本应用（三）——电压比较器

一、实验目的

1. 掌握电压比较器的电路构成及特点。
2. 学会测试比较器的方法。

二、实验原理

电压比较器是集成运放的非线性应用电路，它将一个模拟量电压信号和一个参考电压相比较，在二者幅度相等的附近，输出电压将产生跃变，相应输出高电平或低电平。比较器可以组成非正弦波形变换电路，应用于模拟与数字信号转换等领域。

常用的电压比较器有过零比较器、具有滞回特性的过零比较器等。

1．过零比较器

如图 3-16-1 所示为加限幅电路的过零比较器，D_Z 为限幅稳压管。信号从运放的反相输入端输入，参考电压为零，从同相端输入。当 $U_I>0$ 时，输出 $U_O=-(U_Z+U_D)$；当 $U_I<0$ 时，$U_O=+(U_Z+U_D)$。过零比较器结构简单，灵敏度高，但抗干扰能力差。

2．滞回比较器

如图 3-16-2 所示为具有滞回特性的过零比较器。过零比较器在实际工作时，如果 u_I 恰好在过零值附近，则由于零点漂移的存在，u_O 将不断由一个极限值转换到另一个极限值，这在控制系统中，对执行机构将是很不利的。为此，就需要输出特性具有滞回现象。滞回比较器从输出端引一个电阻分压正反馈支路到同相输入端，若 u_O 改变状态，Σ点也随着改变电位，使过零点离开原来位置。当 u_O 为正（记作 $U+$），$U_\Sigma=\dfrac{R_2}{R_f+R_2}U_+$，则当 $u_I>U_\Sigma$ 后，u_O 即由正变负（记作 U_-），此时 U_Σ 变为 $-U_\Sigma$。故只有当 u_I 下降到 $-U_\Sigma$ 以下，才能使 u_O 再度回升到 U_+。

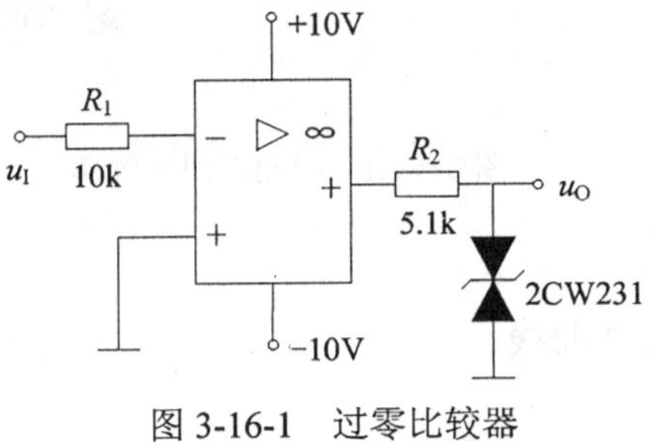

图 3-16-1　过零比较器

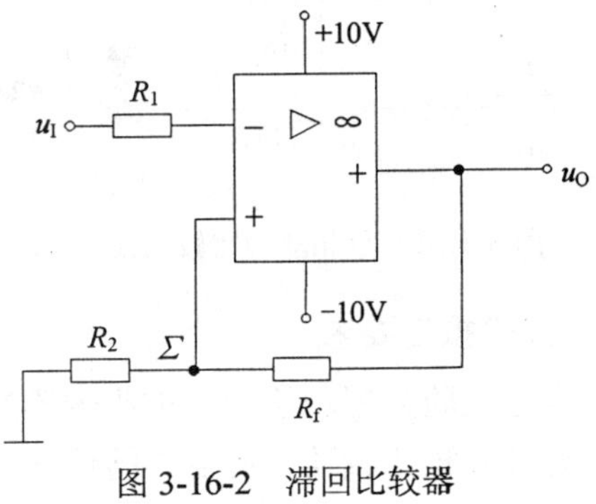

图 3-16-2　滞回比较器

三、实验仪器及器件

1．直流稳压电源　　　　2．函数信号发生器

3．直流电压表　　4．交流毫伏表

5．双踪示波器　　6．运算放大器 uA741×2

7．稳压管 2CW231×1　二极管 IN4148×2　电阻器等

四、实验内容及步骤

1．过零比较器

在实验台上按实验电路图 3-16-1 连接线路，经检查无误后完成下面步骤：

（1）接通±10V 电源。

（2）测量 u_I 悬空时的 u_O 值。

（3）u_I 输入 500Hz、幅值为 2V 的正弦信号，观察 $u_I \to u_O$ 波形并记录。

（4）改变 u_I 幅值，测量传输特性曲线。

（5）定性画出电压传输特性曲线。

2．反相滞回比较器

在实验台上按实验电路图 3-16-3 连接线路，经检查无误后完成下面步骤：

（1）u_I 接+5V 可调直流电源，测出 u_O 由 $+U_{omcx} \to -U_{omcx}$ 时 u_I 的临界值。

（2）u_I 接+5V 可调直流电源，测出 u_O 由 $-U_{omcx} \to +U_{omcx}$ 时 u_I 的临界值。

（3）u_I 接 500Hz、峰值为 2V 的正弦信号，观察并记录 $u_I \to u_O$ 波形。

（4）将分压支路 100kΩ电阻改为 200 kΩ，重复上述实验，测定传输特性。

（5）定性画出电压传输特性曲线。

3．同相滞回比较器

在实验台上按实验线路图 3-16-4 连接线路，经检查无误后完成下面步骤：

（1）参照内容 2，自拟实验步骤及方法。

（2）将结果与内容 2 进行比较。

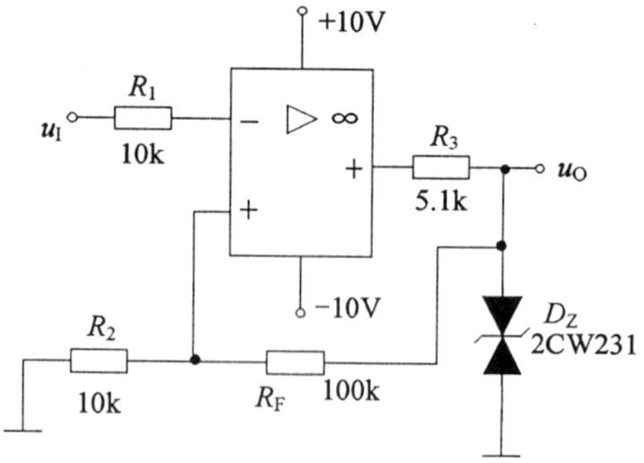

图 3-16-3　反相滞回比较器图

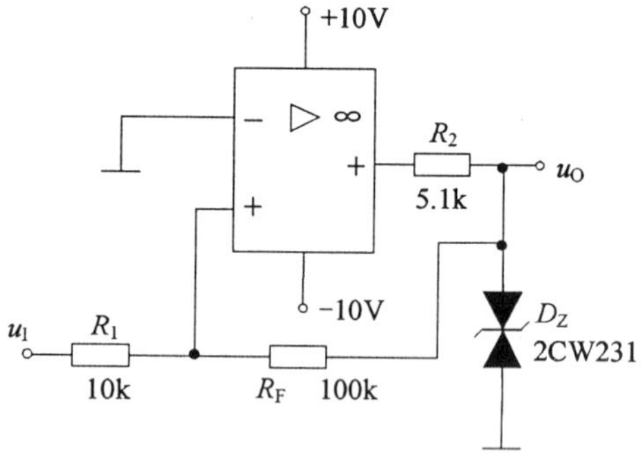

图 3-16-4　同相滞回比较器

五、实验报告要求

1．整理实验数据，绘制各类比较器的传输特性曲线

2．总结几种比较器的特点，阐述它们的应用。

实验 3.17 集成运算放大器的基本应用（四）——波形发生器

一、实验目的

1．学习用集成运放构成方波和三角波发生器。

2．学习波形发生器的调整和主要性能指标的测试方法。

二、实验原理

由集成运放构成的正弦波、方波和三角波发生器有多种形式，本实验选用最常用的、线路比较简单的几种电路加以分析。

1．方波发生器

由集成运放构成的方波发生器和三角波发生器，一般均包括比较器和 RC 积分器两大部分。如图 3-17-1 所示为由滞回比较器及简单 RC 积分电路组成的方波-三角波发生器。它的特点是线路简单，但三角波的线性度较差，主要用于产生方波或对三角波要求不高的场合。

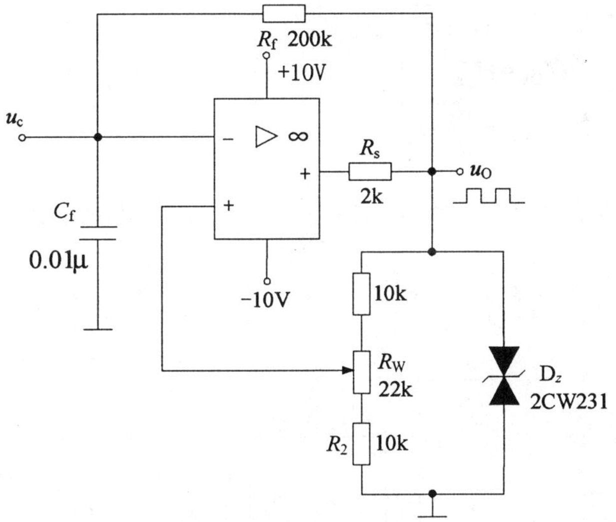

图 3-17-1　方波发生器

电路振荡频率 $f_0 = \dfrac{1}{2R_f C_f \ln(1+\dfrac{2R_2}{R_1})}$　式中 $R_1=R_1'+R_W'$　$R_2=R_2'+R_W''$

方波输出幅值 $U_{Om} = \pm U_z$

三角波输出幅值 $U_{cm} = \dfrac{R_2}{R_1+R_2}U_Z$

调节电位器 R_W（即改变 R_2/R_1），可以改变振荡频率，但三角波的幅值也随之变化。如要互不影响，则可通过改变 R_f（或 C_f）来实现振荡频率的调节。

2．三角波和方波发生器

如把滞回比较器和积分器首尾相接形成正反馈闭环系统，如图 3-17-2 所示，则比较器 A_1 输出的方波经积分器 A_2 积分可得到三角波，三角波又触发比较器自动翻转形成方波，这样即可构成三角波、方波发生器。图 3-17-3 为方波、三角波发生器输出波形图。由于采用运放组成的积分电路，因此可实现恒流充电，使三角波的线性大大改善。

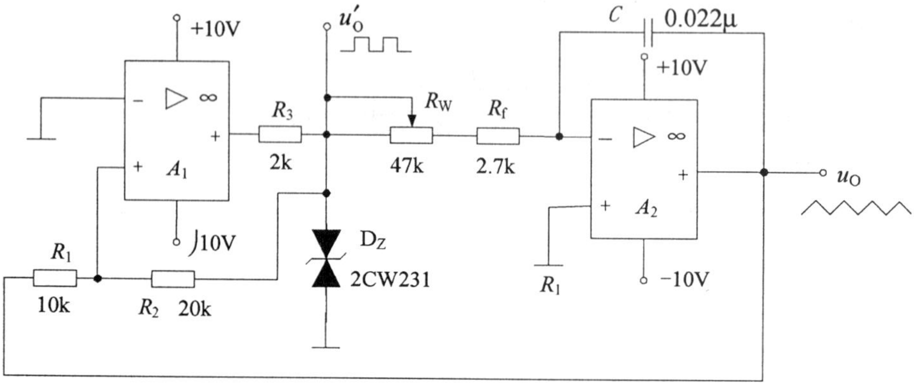

图 3-17-2　三角波、方波发生器

电路振荡频率　$f_0=\dfrac{R_2}{4R_1(R_f+R_W)C_f}$

方波幅值　$U'_{Om}=\pm U_Z$

三角波幅值　$U_{Om}=\dfrac{R_1}{R_2}U_Z$

调节 R_W 可以改变振荡频率，改变比值 $\dfrac{R_1}{R_2}$ 可调节三角波的幅值。

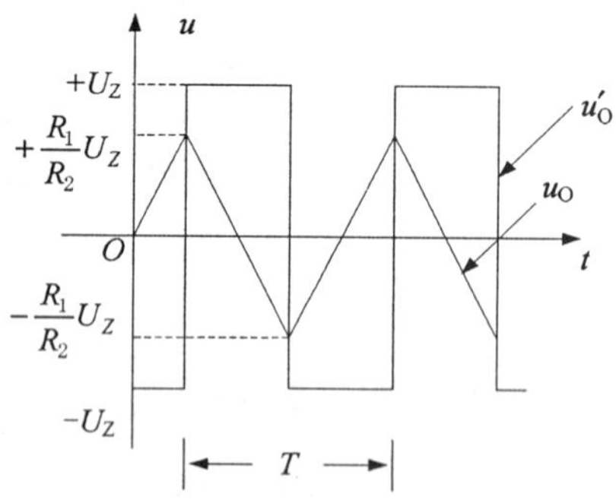

图 3-17-3　方波、三角波发生器输出波形图

三、实验设备与器件

1．±10V 直流双路稳压电源　　2．双踪示波器

3．交流毫伏表　　4．频率计

5．集成运算放大器 uA741×2　　6．二极管 IN4148×2

7．稳压管 2CW231×1　 电阻器、电容器若干

四、实验内容及步骤

1．方波发生器

按图 3-17-1 在实验台上连接实验电路。

（1）将电位器 R_W 调至中心位置，用双踪示波器观察并描绘方波 u_O 及三角波 u_C 的波形（注意对应关系），测量其幅值及频率，并记录之。

（2）改变 R_W 动点的位置，观察 u_O、u_C 的幅值及频率变化情况。把动点调至最上端和最下端，测出频率范围，并记录之。

（3）将 R_W 恢复至中心位置，将一只稳压管短接，观察 u_O 的波形，分析 D_Z 的限幅作用。

2．三角波和方波发生器

按图 3-17-2 在实验台上连接实验电路。

（1）将电位器 R_W 调至合适位置，用双踪示波器观察并描绘三角波输出 u_O 及方波输出 u_O'，测其幅值、频率及 R_W 值，并记录。

（2）改变 R_W 的位置，观察对 u_O、u_O' 幅值及频率的影响。

（3）改变 R_1(或 R_2)，观察对 u_O、u_O' 幅值及频率的影响。

五、实验报告要求

1．方波发生器

（1）列表整理实验数据，在同一坐标纸上，按比例画出方波和三角波的波形图（标出时间和电压幅值）。

（2）分析 R_W 变化时，对 u_O 波形的幅值及频率的影响。

（3）讨论 D_Z 的限幅作用。

2．三角波和方波发生器

（1）整理实验数据，把实测频率与理论值进行比较。

（2）在同一坐标纸上，按比例画出三角波及方波的波形，并标明时间和电压幅值。

（3）分析电路参数变化（R_1、R_2 和 R_W）对输出波形频率及幅值的影响。

实验 3.18　RC 正弦波振荡器

一、实验目的

1．学习 RC 正弦波振荡器的组成及其振荡条件。

2．学会测量、调试振荡器。

二、实验原理

从结构上看，正弦波振荡器是没有输入信号的带选频网络的正反馈放大器。若用 R、C 元件组成选频网络，就称为 RC 振荡器，它一般用来产生 1Hz～1MHz 的低频信号。

1．RC 移相振荡器

电路形式如图 3-18-1 所示，选择 $R \gg R_{\mathrm{I}}$。

振荡频率 $f_0 = \dfrac{1}{2\pi\sqrt{6}RC}$

起振条件：放大器 A 的电压放大倍数 $|\dot{A}| > 29$

电路的特点是简便，但选频作用差，振幅不稳，频率调节不便，一般用于频率固定且稳定性要求不高的场合。

频率范围：几赫～数十千赫。

2．RC 串并联网络（文氏桥）振荡器

电路形式如图 3-18-2 所示。

振荡频率 $f_0 = \dfrac{1}{2\pi RC}$

起振条件 $|\dot{A}| > 3$

电路的特点是可方便地连续改变振荡频率，便于加负反馈稳幅，容易得到良好的振荡波形。

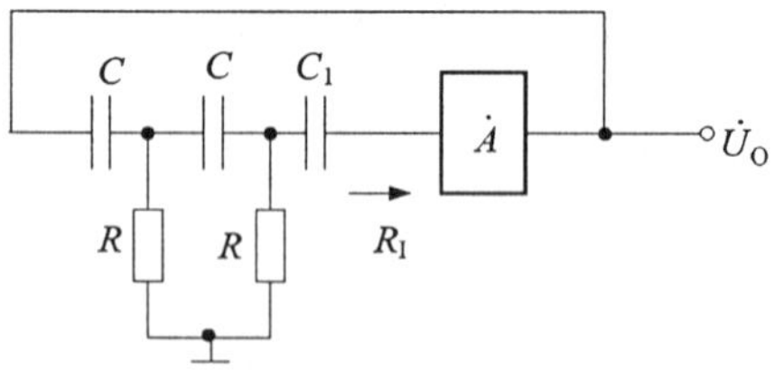

图 3-18-1　RC 移相振荡器原理图

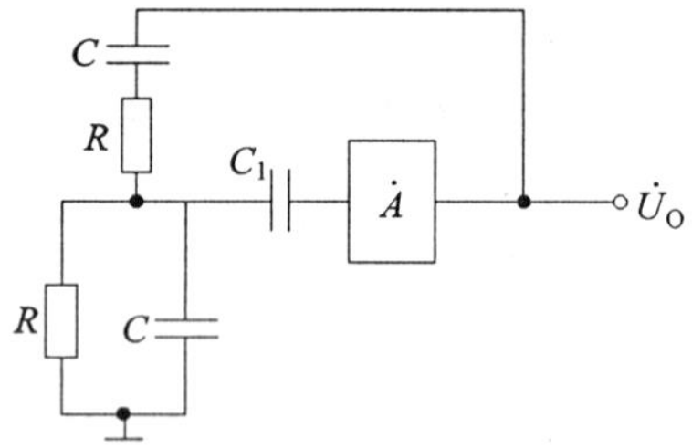

图 3-18-2　RC 串并联网络振荡器原理图

注：本实验采用两级共射极分立元件放大器组成 RC 正弦波振荡器。

三、实验仪器及器件

1．电子技术实验台　　2．函数信号发生器

3．双踪示波器　　4．频率计

5．直流电压表　　6．实验板

四、实验内容及步骤

1．按图 3-18-3 组接线路。

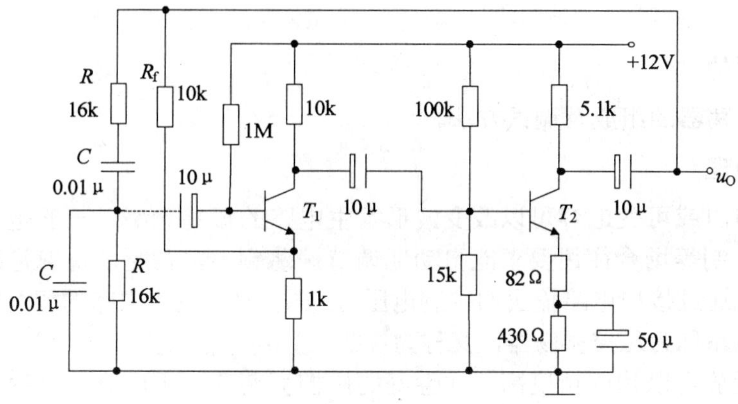

图 3-18-3　RC 串并联选频网络振荡器

2．断开 RC 串并联网络，测量放大器静态工作点及电压放大倍数。

3．接通 RC 串并联网络，并使电路起振，用示波器观测输出电压 u_O 的波形，调节 R_f 以获得满意的正弦信号，记录波形及其参数。

4．测量振荡频率，并与计算值进行比较。

5．改变 R 或 C 值，观察振荡频率的变化情况。

6．RC 串并联网络幅频特性的观察：

将 RC 串并联网络与放大器断开，用函数信号发生器的正弦信号注入 RC 串并联网络，保持输入信号的幅度不变（约 3V），频率由低到高变化，RC 串并联网络输出幅值将随之变化，当信号源达到某一频率时，RC 串并联网络的输出将达最大值（约 1V 左右）。且输入、输出同相位，此时信号源频率为：

$$f = f_0 = \frac{1}{2\pi RC}$$

五、实验报告要求

由给定电路参数计算振荡频率，并与实测值比较，分析误差产生的原因。

实验 3.19　压控振荡器

一、实验目的

了解压控振荡器的组成及调试方法。

二、实验原理

调节可变电阻或可变电容可以改变波形发生电路的振荡频率，一般是通过人手来调节的。而在自动控制等场合往往要求能自动地调节振荡频率。常见的情况是给出一个控制电压（例如计算机通过接口电路输出的控制电压），要求波形发生电路的振荡频率与控制电压成正比。这种电路称为压控振荡器，又称为 VCO 或 *u-f* 转换电路。

利用集成运放可以构成精度高、线性好的压控振荡器。下面介绍这种电路的构成和工作原理，并求出振荡频率与输入电压的函数关系。

1．电路的构成及工作原理

怎样用集成运放构成压控振荡器呢？我们知道，积分电路输出电压变化的速率与输入电压的大小成正比，如果积分电容充电使输出电压达到一定程度后，设法使它迅速放电，然后输入电压再给它充电，如此周而复始，产生振荡，其振荡频率与输入电压成正比，即压控振荡器。如图 3-19-1 所示就是实现上述意图的压控振荡器(它的输入电压 $u_I>0$)。

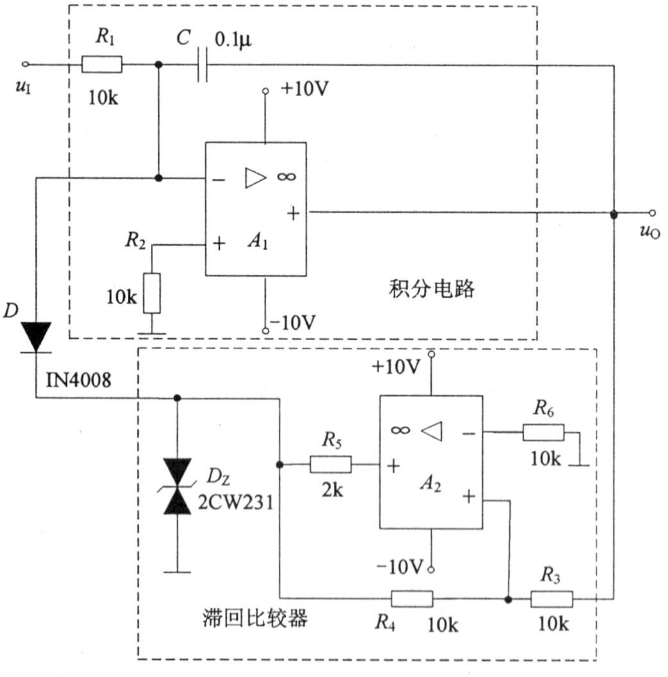

图 3-19-1　压控振荡器实验电路图

如图 3-19-1 所示电路中 A_1 是积分电路，A_2 是同相输入滞回比较器，它起开关作用。当它的输出电压 u_{O1}=+U_Z 时，二极管 D 截止，输入电压（$u_I>0$）经电阻 R_1 向电容 C 充电，

输出电压 u_O 逐渐下降，当 u_O 下降到零再继续下降使滞回比较器 A_2 同相输入端电位略低于零，u_{O1} 由 $+U_Z$ 跳变为 $-U_Z$，二极管 D 由截止变导通，电容 C 放电，由于放电回路的等效电阻比 R_1 小得多，因此放电很快，u_O 迅速上升，使 A_2 的 u_+ 很快上升到大于零，u_{O1} 很快从 $-U_Z$ 跳回到 $+U_Z$，二极管又截止，输入电压经 R_1 再向电容充电。如此周而复始，产生振荡。

2．振荡频率与输入电压的函数关系

$f=\dfrac{1}{T}\approx\dfrac{1}{T_1}=\dfrac{R_4}{2R_1R_3C}\dfrac{u_I}{U_Z}$，可见振荡频率与输入电压成正比。

上述电路实际上就是一个方波、锯齿波发生电路，只不过这里是通过改变输入电压 u_I 的大小来改变输出波形的频率，从而将电压参量转换成频率参量。

压控振荡器的用途较广。为了使用方便，一些厂家将压控振荡器做成模块，有的压控振荡器模块输出信号的频率与输入电压幅值的非线性误差小于 0.02%，但振荡频率较低，一般在 100kHz 以下。

三、实验设备与器件

1．±10V 直流电源　　2．双踪示波器

3．交流毫伏表　　4．直流电压表

5．频率计　　6．电子技术实验台

7．运算放大器 uA741、稳压管 2CW231、二极管 IN4148、电阻器、电容等

四、实验内容及步骤

1．按图 3-19-1 在实验台上接线，检查无误后接通±12V 直流电源。

2．用示波器观察输出波形。

3．按表 3-19-1 的内容，测量电路的输入电压与振荡频率的转换关系。

4．用双踪示波器观察并描绘 u_I、u_O 波形。

表 3-19-1　输入电压与振荡频率的转换关系

	u_I(V)	1	2	3	4	5	6
用示波器测得	T(ms)						
	f(Hz)						
用频率计测得	f(Hz)						

五、实验报告要求

1．作出电压-频率关系曲线，并讨论其结果。

2．电阻 R_3 和 R_4 的阻值如何确定？当要求输出信号幅值为 $12U_{OPP}$，输入电压值为 3V，输出频率为 3000Hz，计算出 R_3、R_4 的值。

实验 3.20　OTL 功率放大器

一、实验目的

1．理解 OTL 功率放大器的工作原理。

2．学会 OTL 电路的调试及主要性能指标的测试方法。

二、实验原理

如图 3-20-1 所示为 OTL 低频功率放大器。其中由晶体三极管 T_1 组成推动级（也称前置放大级），T_2、T_3 是一对参数对称的 NPN 和 PNP 型晶体三极管，它们组成互补推挽 OTL 功放电路。由于每一个管子都接成射极输出器形式，因此具有输出电阻低、负载能力强等优点，适合于作功率输出级。T_1 管工作于甲类状态，它的集电极电流 I_{C1} 由电位器 R_{W1} 进行调节。I_{C1} 的一部分流经电位器 R_{W2} 及二极管 D，给 T_2、T_3 提供偏压。调节 R_{W2}，可以使 T_2、T_3 得到合适的静态电流而工作于甲、乙类状态，以克服交越失真。静态时要求输出端中点 A 的电位 $U_A=\frac{1}{2}U_{CC}$，可以通过调节 R_{W1} 来实现。又由于 R_{W1} 的一端接在 A 点，因此在电路中引入交、直流电压并联负反馈，既能够稳定放大器的静态工作点，同时也改善了非线性失真。

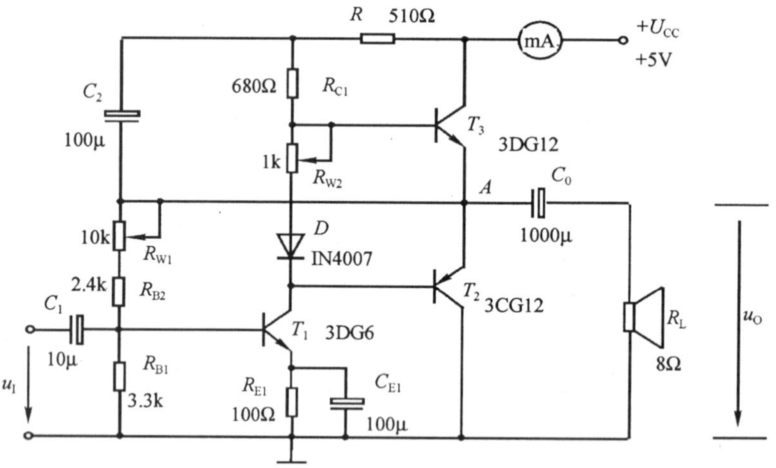

图 3-20-1　OTL 功率放大器实验电路

当输入正弦交流信号 u_I 时，经 T_1 放大、倒相后同时作用于 T_2、T_3 的基极，u_I 的负半周使 T_2 管导通（T_3 管截止），有电流通过负载 R_L，同时向电容 C_0 充电，在 u_I 的正半周，T_3 导通（T_2 截止），则已充好电的电容器 C_0 起着电源的作用，通过负载 R_L 放电，这样在 R_L 上就得到完整的正弦波。

C_2 和 R 构成自举电路，用于提高输出电压正半周的幅度，以得到大的动态范围。

OTL 电路的主要性能指标如下：

1．最大不失真输出功率 P_{Om}

理想情况下，$P_{Om}=\frac{1}{8}\frac{U_{CC}^2}{R_L}$，在实验中可通过测量 R_L 两端的电压有效值，来求得实际的 P_{Om}：

$$P_{Om}=\frac{U_O^2}{R_L}$$

2．效率η

$$\eta=\frac{P_{Om}}{P_E}\times 100\%$$

式中　P_E为直流电源供给的平均功率。

理想情况下，η_{max}=78.5%。在实验中，可测量电源供给的平均电流 I_{dC}，从而求得 $P_E=U_{CC}\cdot I_{dC}$，负载上的交流功率已用上述方法求出，因而也就可以计算实际效率了。

3．输入灵敏度

输入灵敏度是指输出最大不失真功率时，输入信号 U_I之值。

三、实验仪器及器件

1．电子技术实验台
2．直流电压表
3．函数信号发生器
4．直流毫安表
5．双踪示波器
6．频率计
7．交流毫伏表
8．OTL 功率放实验电路板

四、实验内容及步骤

在整个测试过程中，电路不应有自激现象。

1．静态工作点的测试

按图 3-20-1 连接实验电路，将输入信号旋钮旋至零（u_I=0），电源进线中串入直流毫安表，电位器 R_{W2} 置于最小值，R_{W1} 置于中间位置。接通+5V 电源，观察毫安表指示，同时用手触摸输出级管子，若电流过大或管子温升显著，应立即断开电源检查原因（如 R_{W2} 开路、电路自激或输出管性能不好等）。如无异常现象，可开始调试。

调节电位器 R_{W1}，用直流电压表测量 A 点电位，使$U_A=\frac{1}{2}U_{CC}$。

2．调整输出级静态电流及测试各级静态工作点

调节 R_{W2}，使 T_2、T_3 管的 $I_{C2}=I_{C3}$=5～10mA。从减小交越失真角度而言，应适当加大输出级静态电流，但该电流过大，会使效率降低，所以一般以 5～10mA 左右为宜。由于毫安表是串在电源进线中的，因此测得的是整个放大器的电流，但一般 T_1 的集电极电流 I_{C1} 较小，从而可以把测得的总电流近似当做末级的静态电流。如要准确得到末级静态电流，则可从总电流中减去 I_{C1}之值。

调整输出级静态电流的另一方法是动态调试法。先使 R_{W2}=0，在输入端接入 f=1kHz 的正弦信号 u_I。逐渐加大输入信号的幅值，此时，输出波形应出现较严重的交越失真（注意没有饱和和截止失真），然后缓慢增大 R_{W2}，当交越失真刚好消失时，停止调节 R_{W2}，恢复 u_I=0，此时直流毫安表的读数即为输出级静态电流。一般数值也应在 5～10mA 左右，如过大，则要检查电路。

输出级电流调好以后，测量各级静态工作点，记入表 3-20-1。

注意：

①在调整 R_{W2} 时，一是要注意旋转方向，不要调得过大，更不能开路，以免损坏输出管。

②输出管静态电流调好后，如无特殊情况，不得随意旋动 R_{W2} 的位置。

表 3-20-1 $I_{C2}=I_{C3}=$ mA $U_A=2.5V$

	T_1	T_2	T_3
U_B(V)			
U_C(V)			
U_E(V)			

3．最大输出功率 P_{Om} 和效率η的测试

（1）测量 P_{Om}

输入端接 f=1kHz 的正弦信号 u_I，输出端用示波器观察输出电压 u_O 的波形。逐渐增大 u_I，使输出电压达到最大不失真输出，用交流毫伏表测出负载 R_L 上的电压 U_{Om}，则：

$$P_{Om}=\frac{U^2{}_{Om}}{R_L}$$

（2）测量η

当输出电压为最大不失真输出时，读出直流毫安表中的电流值，此电流即为直流电源供给的平均电流 I_{dC}（有一定误差），由此可近似求得 $P_E=U_{CC}I_{dc}$，再根据上面测得的 P_{Om}，即可求出$\eta=\dfrac{P_{Om}}{P_E}$。

4．输入灵敏度测试

根据输入灵敏度的定义，只要测出输出功率 $P_O=P_{Om}$ 时的输入电压值 U_I 即可。

5．频率响应的测试

保持输入信号 u_I 的幅度不变，改变信号源频率 f，逐点测出相应的输出电压 U_O，记入表 3-20-2。为了信号源频率 f 取值合适，可先粗测一下，找出中频范围，然后再仔细读数。

表 3-20-2 $U_I=$ mV

					f_L	f_0		f_H			
f(Hz)						1000					
U_O(V)											
A_V											

在测试时，为保证电路的安全，应在较低电压下进行，通常取输入信号为输入灵敏度的 50%。在整个测试过程中，应保持 U_I 为恒定值，且输出波形不得失真。

6．研究自举电路的作用

（1）测量有自举电路且 $P_O=P_{Omax}$ 时的电压增益 $A_V=\dfrac{U_{Om}}{U_I}$

（2）将 C_2 开路、R 短路（无自举），再测量 $P_O=P_{Omax}$ 时的 A_V

用示波器观察（1）、（2）两种情况下的输出电压波形，并将以上两项测量结果进行比较，分析、研究自举电路的作用。

7．噪声电压的测试

测量时将输入端短路(u_I=0)，观察输出噪声波形，并用交流毫伏表测量输出电压，即为噪声电压 U_N，本电路若 U_N<15mV，即满足要求。

8．试听

输入信号改为录音机输出，输出端接试听音箱及示波器。开机试听，并观察语言和音乐信号的输出波形。

五、实验报告要求

1．整理实验数据，计算静态工作点、最大不失真输出功率 P_{Om}、效率η等，并与理论值进行比较。画出频率响应曲线。

2．分析自举电路的作用。

3．讨论实验中出现的问题及解决办法。

实验 3.21 集成功率放大器

一、实验目的

1．了解功率放大集成块的应用。

2．学习集成功率放大器基本技术指标的测试。

二、实验原理

集成功率放大器由集成功放块和一些外部阻容元件构成。它具有线路简单、性能优越、工作可靠、调试方便等优点，已经成为在音频领域中应用十分广泛的功率放大器。

电路中最主要的组件为集成功放块，它的内部电路与一般分立元件功率放大器不同，通常包括前置级、推动级和功率级等几部分。有些还具有一些特殊功能（消除噪声、短路保护等）的电路。其电压增益较高（不加负反馈时，电压增益达 70～80dB；加典型负反馈时，电压增益在 40dB 以上）。

集成功放块的种类很多。集成功率放大器具有体积小、功能全、保真度好、频响宽、效率高以及电源电压适应范围广、价格低、安装调试方便等一系列优点，因而在当今的音响设备、仪器仪表等众多领域中得到广泛应用。集成功率放大器的品种很多，适用于不同场合。

本实验中所用功率放大器 LM386 的特性及应用资料需自己在图书馆或计算机网络上查找。

三、实验仪器及器件

1．电子技术实验台　　2．函数信号发生器

3．双踪示波器　　4．交流毫伏表

5．直流电压表　　6．电流毫安表

7．频率计　　8．集成功放块 LM386、8Ω扬声器、电阻器、电容器等

四、实验内容及步骤

1．在实验台上组建如图 3-21-1 所示的功率放大器电路。

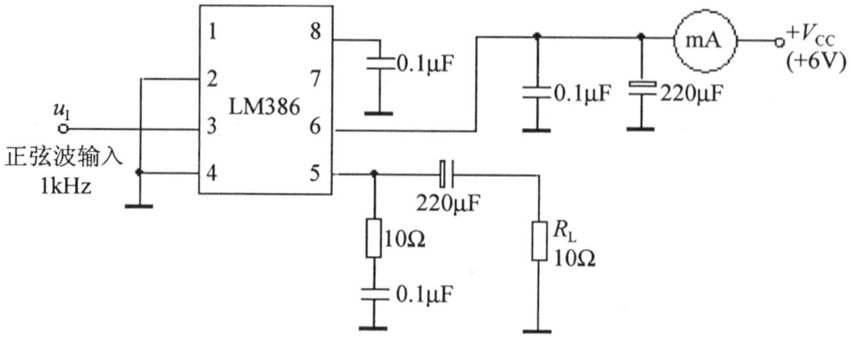

图 3-21-1　功率放大器电路图

2．测试方法如下：

输入 lkHz 正弦波信号，用示波器观察输出信号波形。将输入信号从 0 逐渐增大，直到输出波形恰好为最大不失真为止，用毫伏表测量此时输入、输出信号的电压值。自拟表格记录数据，并按下列要求计算：

（1）电压放大倍数 $A_U=\dfrac{U_O}{U_I}=$

（2）最大不失真输出功率 $P_O=\dfrac{U_O^2}{R_L}=$

（3）功率放大器的效率 $\eta=\dfrac{P_O}{P_E}\times100\%=$

$$P_E=V_{CC}\times I_C$$

式中 P_O——输出功率(W)；

P_E——电源提供的功率(W)；

I_C——电源提供的直流电流（可将毫安表串入电源回路中测得）（mA）。

3．保持输入信号幅度不变，调节输入信号的频率，升高到输出电压下降到 $0.7U_O$ 时，此频率即为上限截止频率 f_H；同理，降低输入信号频率，直到输出电压下降到 $0.7Uo$ 时，可得下限截止频率 f_L。根据测量数据计算带宽为：

$$B_W=f_H-f_L$$

五、实验报告要求

1．整理实验数据，并进行分析。

2．画出频率响应曲线。

3．讨论实验中出现的问题及解决办法。

实验 3.22 集成稳压器

一、实验目的

1．了解常用集成稳压器的型号及应用。

2．掌握集成稳压器的特点和性能指标的测试方法。

二、实验原理

随着半导体工艺的发展，稳压电路也制成了集成器件。由于集成稳压器具有体积小、外接线路简单、使用方便、工作可靠和通用性等优点，因此在各种电子设备中的应用十分普遍，基本上取代了由分立元件构成的稳压电路。集成稳压器的种类很多，应根据设备对直流电源的要求来进行选择。对于大多数电子仪器、设备和电子电路来说，通常是选用串联线性集成稳压器。而在这种类型的器件中，又以三端式稳压器的应用最为广泛。

W7800、W7900 系列三端式集成稳压器的输出电压是固定的，在使用中不能进行调整。W7800 系列三端式稳压器输出正极性电压，一般有 5V、6V、9V、12V、15V、18V 、24V 七个档次，输出电流最大可达 1.5A（加散热片）。同类型 78M 系列稳压器的输出电流为 0.5A，78L 系列稳压器的输出电流为 0.1A。若要求负极性输出电压，则可选用 W7900 系列稳压器。

图 3-22-1 为 W7800 系列的外形和接线图。

图 3-22-2 为 W7900 系列（输出负电压）的外形及接线图。

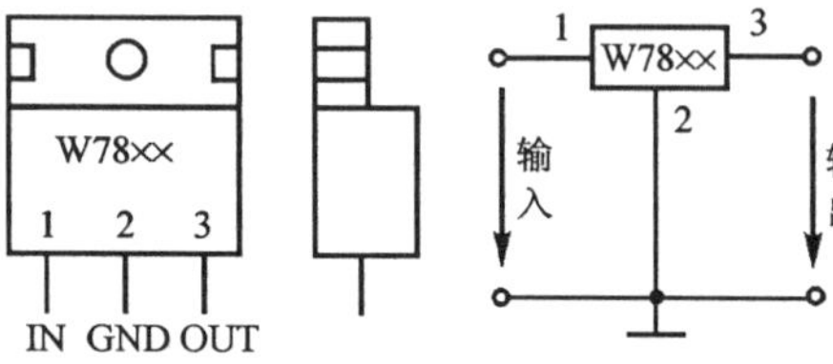

图 3-22-1 W7800 系列外形及接线图

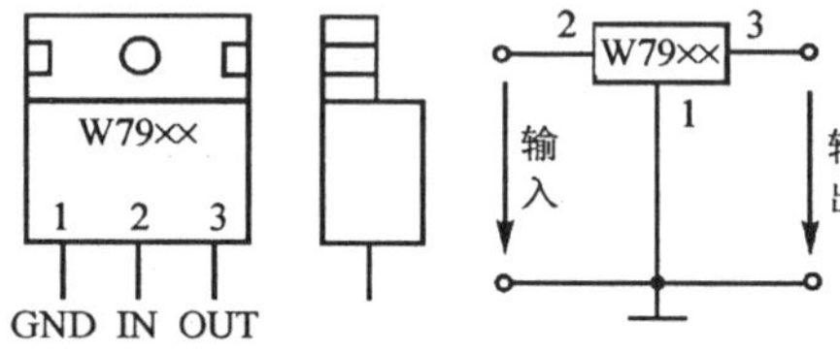

图 3-22-2 W7900 系列外形及接线图

它有三个引出端，即：

输入端（不稳定电压输入端）　　标以“1”

输出端（稳定电压输出端）　　标以“3”

公共端　　标以“2”

除固定输出三端稳压器外，尚有可调式三端稳压器，后者可通过外接元件对输出电压进行调整，以适应不同的需要。

本实验所用集成稳压器为三端固定正稳压器 W7812，它的主要参数有输出直流电压 U_O= +12V，输出电流 L=0.1A，M=0.5A，电压调整率为 10mV/V，输出电阻 R_O=0.15Ω，输入电压 U_I 的范围为 15～17V。因为一般 U_I 要比 U_O 大 3～5V，才能保证集成稳压器工作在线性区。

如图 3-22-3 所示为正、负双电压输出电路，例如需要 U_{O1}= +15V，U_{O2}= −15V，则可选用 W7815 和 W7915 三端稳压器，这时的 U_I 应为单电压输出时的两倍。

当集成稳压器本身的输出电压或输出电流不能满足要求时，可通过外接电路来进行性能扩展。如图 3-22-4 所示是一种简单的输出电压扩展电路。如 W7812 稳压器的 3、2 端间输出电压为 12V，因此只要适当选择 R 的值，使稳压管 D_W 工作在稳压区，则输出电压 $U_O=12+U_z$，可以高于稳压器本身的输出电压。

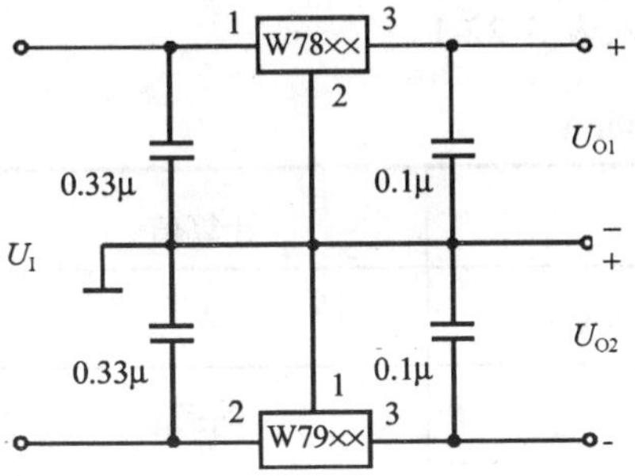

图 3-22-3　正、负双电压输出电路

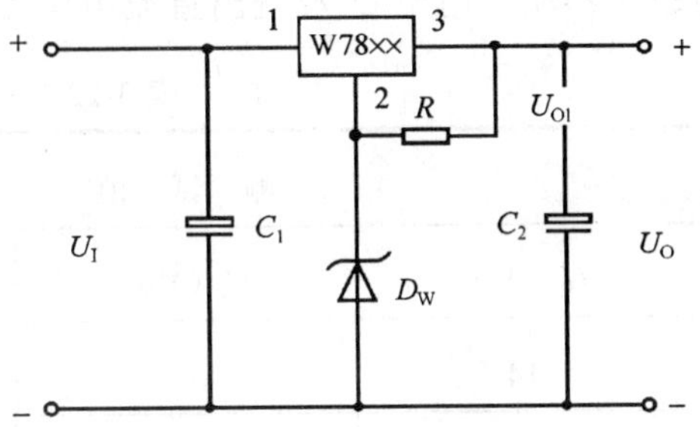

图 3-22-4　输出电压扩展电路

三、实验设备与器件

1．可调工频电源　　2．双踪示波器
3．交流毫伏表　　4．直流电压表
5．直流毫安表　　6．桥堆 2WO6
7．电子技术实验台　　8．三端稳压器 W7812、W7815、W7915、W317

四、实验内容及步骤

集成稳压器性能测试，按图 3-22-5 在实验台上接好实验电路，取负载电阻 R_L=120Ω。

1．初测

接通工频 14V 电源，测量 U_I 值；测量滤波电路输出电压 U_I(稳压器输入电压)、集成稳压器输出电压 U_O，它们的数值应与理论值大致符合，否则说明电路出了故障。若出现故障，设法查找故障并加以排除。

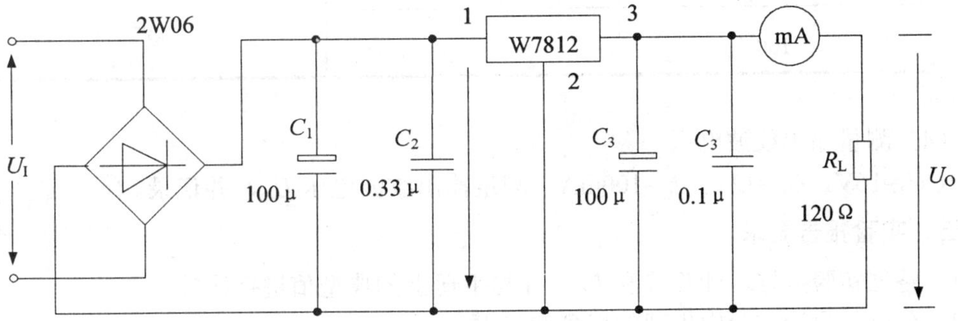

图 3-22-5　集成稳压器性能测试实验电路

电路经初测进入正常工作状态后，才能进行各项指标的测试。

2．各项性能指标测试

（1）输出电压 U_O 和最大输出电流 I_{Omax} 的测量

在输出端接负载电阻 R_L=120Ω，由于 7812 输出电压 U_O=12V，因此流过 R_L 的电流

$I_{Omax}=\dfrac{12}{120}=100mA$。这时 U_O 应基本保持不变，若变化较大，则说明集成块性能不良。

（2）测量稳压系数 S

取 I_O=100mA，按表 3-22-1 改变整流电路输入电压 U_2（模拟电网电压波动），分别测出相应的稳压器输入电压 U_I 及输出直流电压 U_O，记入表 3-22-1。

表 3-22-1　（I_O=100mA）

测　试　值			计算值
U_2（V）	U_I（V）	U_O（V）	S
14			S_{12}=
16		12	S_{23}=
18			

（3）测量输出电阻 R_O

取 U_2=16V，改变滑线变阻器位置，使 I_O 为空载、50mA 和 100mA，测量相应的 U_O 值，记入表 3-22-2。

表 3-22-2　（U_2=16V）

测　试　值		计算值
I_0(mA)	U_0(V)	$R_0(\Omega)$
空载		R_{012}=
50	12	
100		R_{023}=

（4）测量输出纹波电压

取 U_2=16V，U_O=12V，I_O=100mA，测量输出纹波电压 U_O，并记录。

五、实验报告要求

1．整理实验数据，计算 S 和 R_O，并与手册上的典型值进行比较。

2．分析、讨论实验中出现的现象和问题。

实验 3.23　三端可调集成稳压电源的组装与调试

一、实验目的

1．熟悉直流稳压电源的性能、质量指标的含义及其测量方法。

2．掌握三端可调稳压器构成典型应用电路的方法并测试其性能。

二、实验原理

图 3-23-1 为可调输出正三端稳压器 W317 的外形及接线图。

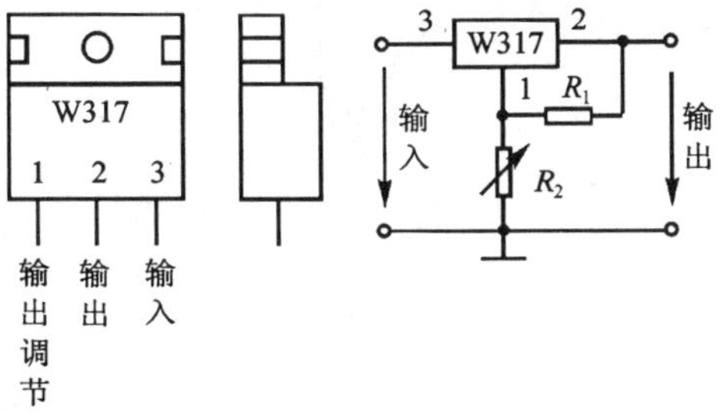

图 3-23-1　W317 外形及接线图

输出电压计算公式 $U_O \approx 1.25(1+\frac{R_2}{R_1})$

最大输入电压 U_{Im}=40V

输出电压范围 U_O=1.2～37V

W317/337 系列属于第二代三端集成稳压器，其静态电流约为 50μA，比 78/79 系列低得多，故适合组成可调式稳压器。

W317 系列是正电压可调输出；W337 系列是负电压可调输出。仅需外接两个电阻，就可使输出电压连续可调。此外还具有过流、过热和安全区保护，工作可靠，安装调试方便，价格便宜等特点，因此获得广泛应用。

稳压电源的输出电压 U_O(或电压可调范围 U_{Omin}～U_{Omax})和最大输出电流 I_{Omax} 是它的特性指标，此指标决定了该电源的使用范围，同时也决定了如何选择变压器、整流管和滤波电容。而稳压器的稳压系数、输出电阻、波纹电压、温度系数是稳压电源的质量指标。

1．输出电阻　输出电阻 R_S 是在温度、输入电压等不变的条件下，由于负载电流 I_O 变化所引起的直流电压 U_O 的变化，R_S 越小，稳压器的输出稳定性越好。

2．波纹电压　波纹电压是指叠加在输出直流电压上的交流分量，幅值很小(毫伏级)，它不是正弦波，一般用示波器 AC 挡较高灵敏度测量其峰值。当它很小时，也可用毫伏表近似测其交流值。

3．稳压系数 S_u　它是衡量稳压器质量的最主要指标，它是指在负载电流和环境温度保持不变的情况下，输入电压的相对变化引起输出电压的相对变化。

三、实验仪器及器件

1．电子技术实验台　　　　2．集成稳压器 W317

3．直流电压表　　　　　　4．电位器、电容、电阻等

四、实验内容及步骤

1．按照图 3-23-2 在实验台上连接实验电路。

2．检查无误后，加入输入电压 U_I=6V 的直流电压，分别测量稳压电路中的输入电压、输出电压。

3．调节电位器 R_{P1}，若观察到输出电压有大小变化，说明电路基本正常，可进行下面的测量，否则检查故障。

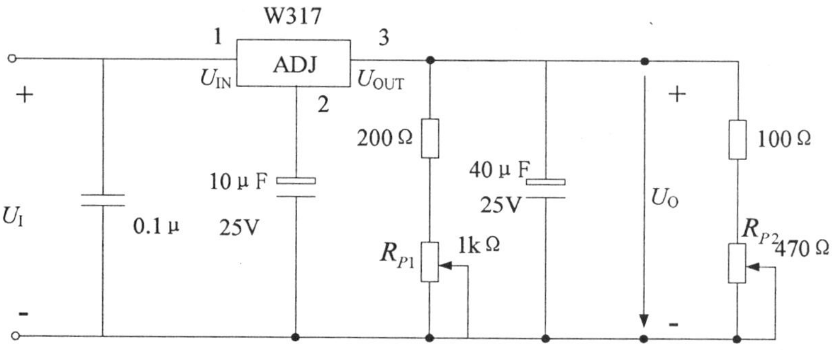

图 3-23-2　三端可调稳压器构成典型应用电路图

4．测量输出电压的范围：

保持输入不变，调节 R_{P1}，分别测量电路的输入电压、最大输出电压、最小输出电压，将结果记录在表 3-23-1 中。

表 3-23-1　输出电压的测量结果

U_I(V)	U_{Omin}(V)	U_{Omax}(V)

5．测量电压调整率 S，将结果记录在表 3-23-2 中。

表 3-23-2　电压调整率的测量结果

输入电压	测量值	测量值	计算
U_{I1} =+6 V	U_{I1} =	U_{O1} =	$S=\frac{\Delta U_O}{\Delta U_I}$
U_{I2}=+4.5 V	U_{I2}=	U_{O2} =	

6．测量输出电阻 R_O，将结果记录在表 3-23-3 中。

表 3-23-3　输出电阻的测量结果

R_{P1} 最小	最大 I_{O1}=	U_{O1} =	计算 $R_O=\frac{\Delta U_O}{\Delta U_I}$
R_{P2} 最大	最小 I_{O1}=	U_{O2} =	

五、实验报告要求

改变电位器 R_{P1} 阻值的大小，分析电路输出电压的变化情况。

第四部分

数字电子技术实验

实验 4.1　基本集成逻辑门电路认识实验

一、实验目的

1．熟悉数字电路实验台（箱）的功能和使用方法。

2．了解与门、或门、非门等基本逻辑门电路的型号及管脚排列。

3．掌握验证与、或、非等基本逻辑门电路功能的方法。

二、实验原理

1．直流稳压电源的使用

集成电路的工作电压+5V 由直流稳压电源提供。一般数字电路实验台（或实验箱）上有固定的 5V 直流电源，直接加在集成电路的电源管脚上，集成电路即可工作。若没有固定的 5V 电源输出，可以将可调直流电源调到 5V 接入集成电路的电源管脚上，为集成电路供电。

2．数字实验台的面板组成及各部件的功能

（1）数字实验台的面板组成（如图 4-1-1 所示）

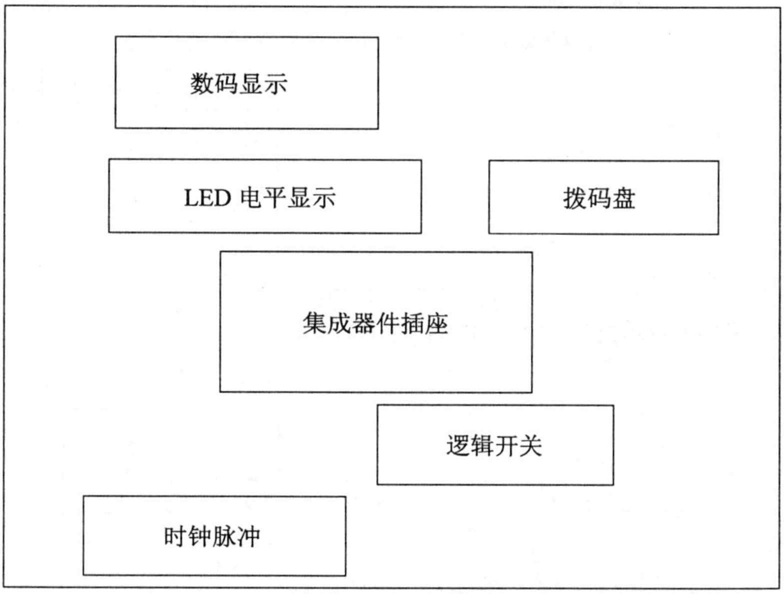

图 4-1-1　数字电路实验台面板

（2）数字实验台各部件的功能

①LED 电平显示——进行逻辑状态显示，灯亮为逻辑 1，灯灭为逻辑 0。

②集成器件插座——插入集成器件实现电路连接。

③逻辑开关——为实验电路提供输入逻辑变量，开关向上为逻辑 1，开关向下为逻辑 0。

④数码显示——输入二进制 8421BCD 码，译码显示输出十进制数。

⑤时钟脉冲——为实验电路提供脉冲信号。

3．集成器件管脚排列及功能说明见附录

三、实验仪器及器件

1．直流稳压电源　　2．数字实验箱（台）

3．集成与门电路（74LS08、CD4081）　　4．集成或门电路（CD4071）

5．集成非门电路（74LS04）

四、实验内容及步骤

1．数字实验台的使用

（1）仔细观察数字台的面板组成。

（2）测试电平显示功能。

方法：接通电源，取一根导线，一端插入电源正极，另一端插入电平显示输入插孔，电平显示灯亮，表示电平显示正常。

（3）测试逻辑开关功能。

方法：取一根导线，从逻辑开关输出插孔引线到电平显示输入插孔，逻辑开关向上时，开关对应插孔输出为高电平，电平显示灯亮；开关向下时，开关对应插孔输出为低电平，电平显示灯灭。否则逻辑开关功能不正常。

2．集成逻辑门电路功能的测试

（1）与门电路（74LS08、CD4081）（如图 4-1-2 所示）

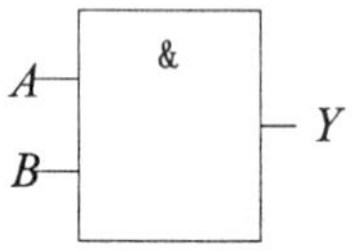

A	*B*	*Y*
0	0	
0	1	
1	0	
1	1	

图 4-1-2　与门电路

（2）或门电路（CD4071）（如图 4-1-3 所示）

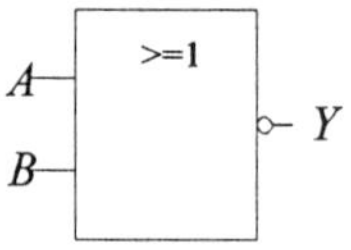

A	*B*	*Y*
0	0	
0	1	
1	0	
1	1	

图 4-1-3　或门电路

（3）非门电路（74LS04）（如图 4-1-4 所示）

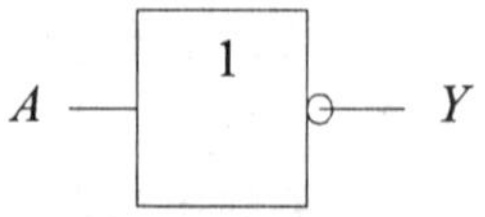

A	*Y*
0	
1	

图 4-1-4　非门电路

五、实验注意事项

1．数字电路实验台和集成器件的电源极性不能接反。

2．集成器件的标志缺口应在左侧。

3．连接、改换和拆除线路应断电进行。

4．不能随意插入或取下插座上的集成器件。

5．闲置输入端的处理方法：

（1）悬空，相当于正逻辑“1”，对于一般小规模集成电路的数据输入端，实验时允许悬空处理。但易受外界干扰，导致电路的逻辑功能不正常。因此，对于接有长线的输入端，中规模以上的集成电路和使用集成电路较多的复杂电路，所有控制输入端必须按逻辑要求接入电路，不允许悬空。

（2）直接接电源电压 V_{CC}（也可以串入一只 1～10kΩ的固定电阻）或接至某一固定电压（+2.4V≤V≤4.5V）的电源上，或与输入端接地的多余与非门的输出端相接。

（3）若前级驱动能力允许，可以与使用的输入端并联。

6．输入端通过电阻接地，电阻值的大小将直接影响电路所处的状态。当 R≤680Ω时，输入端相当于逻辑“0”；当 R≥4.7 kΩ时，输入端相当于逻辑“1”。对于不同系列的器件，要求的阻值不同。

7．输出端不允许并联使用（集电极开路门（OC）和三态输出门电路（3S）除外）；否则，不仅会使电路逻辑功能混乱，还会导致器件损坏。

8．输出端不允许直接接地或直接接+5V 电源；否则将损坏器件。有时为了使后级电路获得较高的输出电平，允许输出端通过电阻 R 接至 V_{CC}，一般取 R=3～5.1 kΩ。

六、实验报告要求

1．根据实验结果，写出各门电路的逻辑表达式，并判断被测电路的功能。

2．总结实验设备的使用方法。

实验 4.2　TTL 集成逻辑门的逻辑功能与参数测试

一、实验目的

1．掌握 TTL 门电路的逻辑功能的测试方法。

2．掌握 TTL 与非门特性和主要参数的测试方法。

3．掌握 TTL 器件的使用规则。

4．进一步熟悉数字电路实验装置的结构、基本功能和使用方法。

二、实验原理

本实验采用四输入双与非门 74LS20，即在一个集成块内含有两个互相独立的与非门，每个与非门有四个输入端。其逻辑框图、符号及引脚排列如图 4-2-1(a)、(b)、(c)所示，主要电参数规范如表 4-2-1 所示。

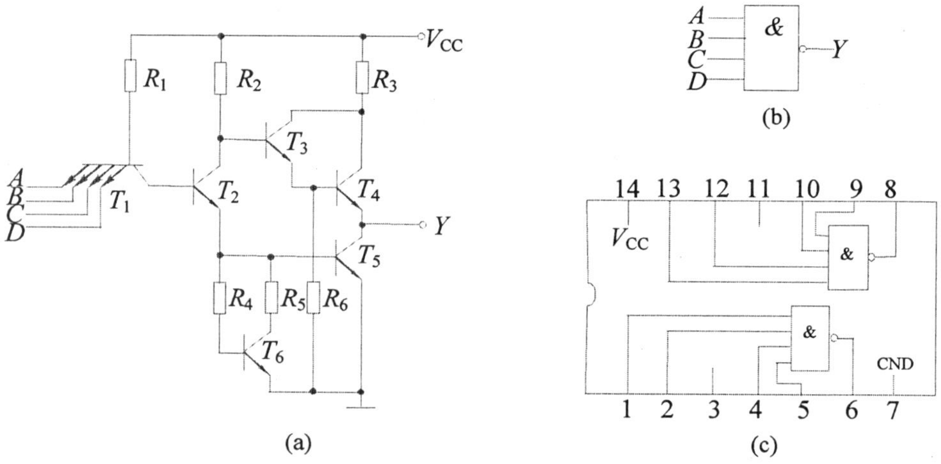

图 4-2-1　74LS20 逻辑框图、逻辑符号及引脚排列

1．与非门的逻辑功能

与非门的逻辑功能是：当输入端中有一个或一个以上是低电平时，输出端为高电平；只有当输入端全部为高电平时，输出端才是低电平（即有“0”得“1”，全“1”得“0”）。

其逻辑表达式为：

$$Y=\overline{AB\cdots}$$

2．TTL 与非门的主要参数

（1）低电平输出电源电流 I_{CCL} 和高电平输出电源电流 I_{CCH}

I_{CCL} 是指所有输入端悬空、输出端空载时，电源提供给器件的电流。I_{CCH} 是指输出端空载，每个门各有一个以上的输入端接地，其余输入端悬空，电源提供给器件的电流。通常 $I_{CCL}>I_{CCH}$，它们的大小标志着器件静态功耗的大小。器件的最大功耗为 $P_{CCL}=V_{CC}I_{CCL}$。手册中提供的电源电流和功耗值是指整个器件总的电源电流和总的功耗。I_{CCL} 和 I_{CCH} 测试电路如图 4-2-2(a)、(b)所示。

表 4-2-1　74LS20 主要电参数规范

参数名称和符号			规范值	单位	测 试 条 件
直流参数	通导电源电流	I_{CCL}	<14	mA	V_{CC}=5V，输入端悬空，输出端空载
	截止电源电流	I_{CCH}	<7	mA	V_{CC}=5V，输入端接地，输出端空载
	低电平输入电流	I_{IL}	≤1.4	mA	V_{CC}=5V，被测输入端接地，其他输入端悬空，输出端空载
	高电平输入电流	I_{IH}	<50	μA	V_{CC}=5V，被测输入端 V_{IN}=2.4V，其他输入端接地，输出端空载
			<1	mA	V_{CC}=5V，被测输入端 V_{IN}=5V，其他输入端接地，输出端空载
	输出高电平	V_{OH}	≥3.4	V	V_{CC}=5V，被测输入端 V_{IN}=0.8V，其他输入端悬空，I_{OH}=400μA
	输出低电平	V_{OL}	<0.3	V	V_{CC}=5V，输入端 V_{IN}=2.0V，I_{OL}=12.8mA
	扇出系数	N_O	4～8	V	同 V_{OH} 和 V_{OL}
交流参数	平均传输延迟时间	t_{pd}	≤20	ns	V_{CC}=5V，被测输入端输入信号：V_{IN}=3.0V，f=2MHz

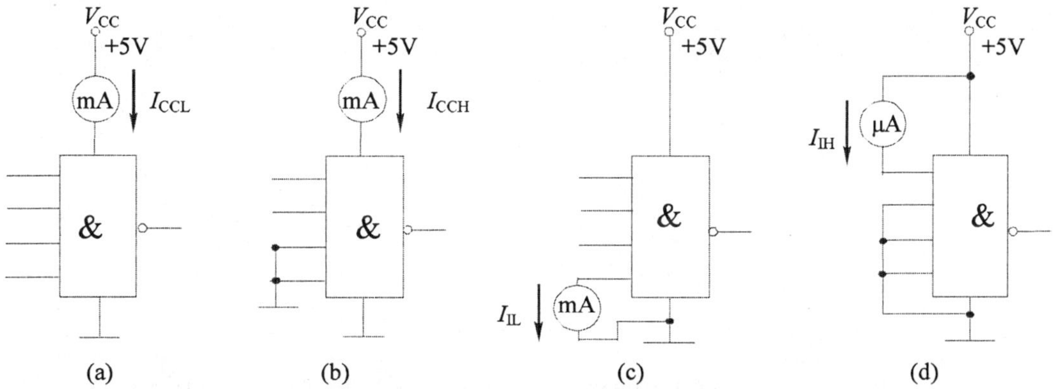

图 4-2-2　TTL 与非门静态参数测试电路图

（2）低电平输入电流 I_{IL} 和高电平输入电流 I_{IH}

I_{IL} 是指被测输入端接地、其余输入端悬空、输出端空载时，由被测输入端流出的电流值。在多级门电路中，I_{IL} 相当于前级门输出低电平时，后级向前级门灌入的电流，因此它关系到前级门的灌电流负载能力，即直接影响前级门电路带负载的个数，因此希望 I_{IL} 小些。

I_{IH} 是指被测输入端接高电平、其余输入端接地、输出端空载时，流入被测输入端的电流。在多级门电路中，它相当于前级门输出高电平时，前级门的拉电流负载，其大小关系到前级门的拉电流负载能力，希望 I_{IH} 小些。由于 I_{IH} 较小，难以测量，一般免于测试。

I_{IL} 与 I_{IH} 的测试电路如图 4-2-2(c)、(d)所示。

（3）扇出系数 N_O

扇出系数 N_O 是指门电路能驱动同类门的个数，它是衡量门电路负载能力的一个参数，TTL 与非门有两种不同性质的负载，即灌电流负载和拉电流负载，因此有两种扇出系数，

即低电平扇出系数 N_{OL} 和高电平扇出系数 N_{OH}。通常 $I_{IH}<I_{IL}$，则 $N_{OH}>N_{OL}$，故常以 N_{OL} 作为门的扇出系数。

N_{OL} 的测试电路如图 4-2-3 所示，门的输入端全部悬空，输出端接灌电流负载 R_L，调节 R_L 使 I_{OL} 增大，V_{OL} 随之增高，当 V_{OL} 达到 V_{OLm}（手册中规定低电平规范值 0.4V）时的 I_{OL} 就是允许灌入的最大负载电流，则：

$$N_{OL}=\frac{I_{OL}}{I_{IL}}$$

通常 $N_{OL}\geqslant 8$。

3．电压传输特性

门的输出电压 V_O 随输入电压 V_I 而变化的曲线 $V_O=f(V_I)$ 称为门的电压传输特性，通过它可读得门电路的一些重要参数，如输出高电平 V_{OH}、输出低电平 V_{OL}、关门电平 V_{OFF}、开门电平 V_{ON}、阈值电平 V_T 及抗干扰容限 V_{NL}、V_{NH} 等值。

方法一，采用逐点测试法，即调节 R_W，逐点测得 V_I 及 V_O，然后绘成曲线，测试电路如图 4-2-4 所示。

方法二，用示波器测绘电压传输特性曲线，测试电路如图 4-2-5 所示，将 1kHz 的正弦信号经二极管接至与非门的一个输入端和示波器的 X 轴外接，与非门的输出接示波器的 Y 轴输入端，Y 轴增益置于 1V/div 挡，正弦信号的幅值从 0 开始逐渐增加，以看到完整的传输特性为止，幅度不应过高，有效值为 4V 即可，记录下电压传输曲线，图中 R=2kΩ。

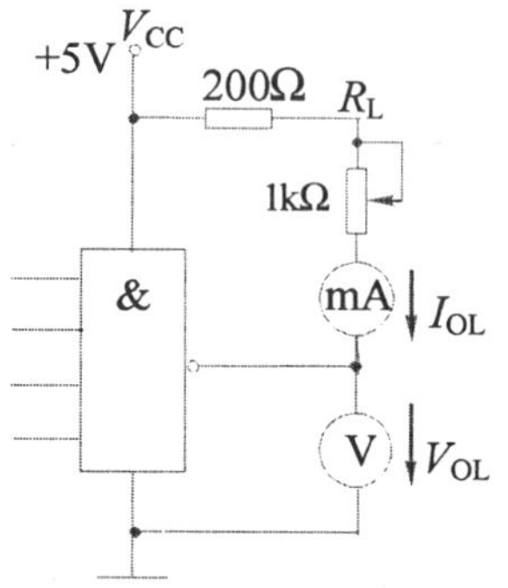

图 4-2-3　扇出系数试测电路

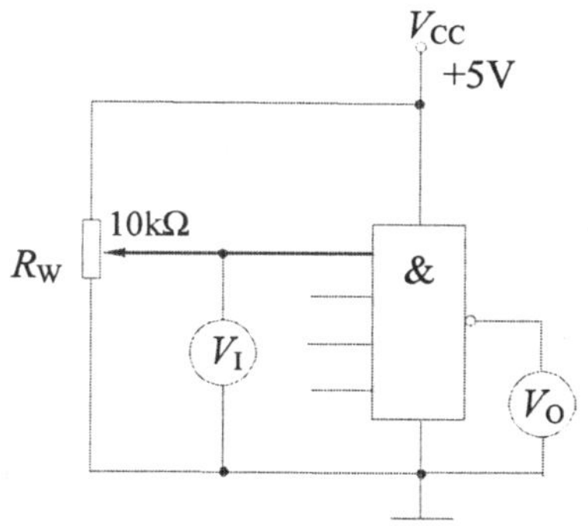

图 4-2-4　传输特性测试电路

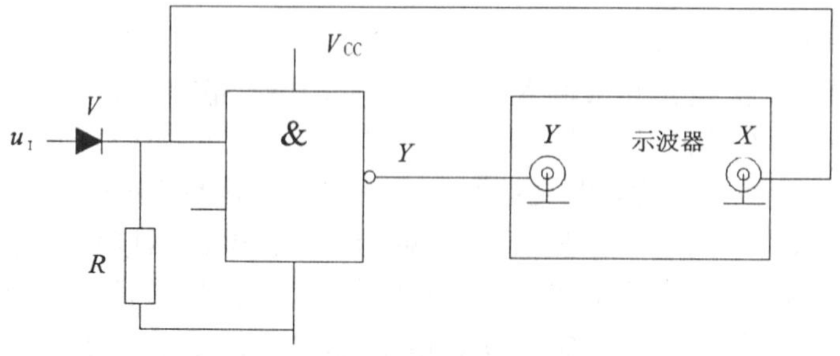

图 4-2-5　用示波器测试传输特性电路

三、实验仪器与器件

1．+5V 直流电源　　　　2．逻辑电平开关

3．逻辑电平显示器　　　　　　　　4．直流数字电压表

5．直流毫安表　　　　　　　　　　6．直流微安表

7．74LS20×2、1kΩ、10kΩ电位器，200Ω，100Ω电阻器（0.5W）

四、实验内容及步骤

在合适的位置选取一个 14P 插座，按定位标记插好 74LS20 集成块。

1．验证 TTL 集成与非门 74LS20 的逻辑功能

按图 4-2-6 接线，门的四个输入端接逻辑开关输出插口，以提供“0”与“1”电平信号，开关向上，输出逻辑“1”，向下为逻辑“0”。门的输出端接由 LED 发光二极管组成的逻辑电平显示器（又称 0-1 指示器）的显示插口，LED 亮为逻辑“1”，不亮为逻辑“0”。

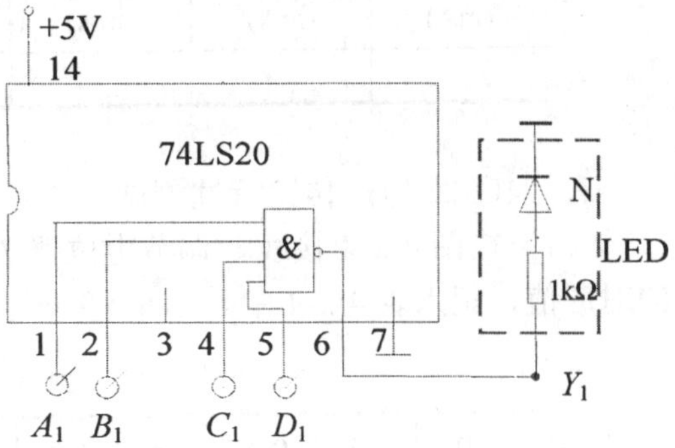

图 4-2-6 与非门逻辑功测试电路

按如表 4-2-2 所示的真值表逐个测试集成块中两个与非门的逻辑功能。判断其逻辑功能是否正常。

表　4-2-2

输　入				输　出	
A	B	C	D	Y_1	Y_2
0	0	0	0		
0	0	0	1		
0	0	1	0		
0	0	1	1		
0	1	0	0		
0	1	0	1		
0	1	1	0		
0	1	1	1		
1	0	0	0		
1	0	0	1		
1	0	1	0		
1	0	1	1		
1	1	0	0		
1	1	0	1		
1	1	1	0		
1	1	1	1		

2．74LS20 主要参数的测试

（1）分别按图 4-2-2、图 4-2-3、图 4-2-5(b)接线并测试，将测试结果记入表 4-2-3 中。

表 4-2-3　74LS20 主要参数测试数据

I_{CCL} (mA)	I_{CCH} (mA)	I_{IL} (mA)	I_{OL} (mA)	$N_O = \frac{I_{OL}}{I_{IL}}$	空载导通功率 $P_{ON}=V_{CC}\times I_{CCL}$

3．74LS20 电压传输特性测试

（1）接图 4-2-4 接线，调节电位器 R_W，使 V_I 从 0V 向高电平变化，逐点测量 V_I 和 V_O 的对应值，记入表 4-2-4 中。

表 4-2-4　74LS20 电压传输特性测试数据

V_I(V)	0	0.2	0.4	0.6	0.8	1.0	1.5	2.0	2.5	3.0	3.5	4.0	…
V_O(V)													

（2）用示波器观察电压传输特性。

接图 4-2-5 接线，正弦信号的幅值从 0 开始逐渐增加，观测电压传输特性曲线，并记录下波形。

五、实验注意事项

1．接插集成块时，要认清定位标记，不得插反。

2．电源电压使用范围为+4.5V～+5.5V 之间，实验中要求使用 V_{CC}=+5V。电源的极性绝对不允许接错。

六、实验报告要求

1．记录、整理实验结果，并对结果进行分析。

2．画出实测的电压传输特性曲线，并从中读出各有关参数值。

3．用坐标纸记录下用示波器观测到的电压传输特性波形，并与用测试数据描绘的波形比较。

实验 4.3　CMOS 集成逻辑门的逻辑功能与参数测试

一、实验目的

1．掌握 CMOS 集成门电路的逻辑功能和器件的使用规则。

2．学会 CMOS 集成门电路主要参数的测试方法。

二、实验原理

1．CMOS 集成电路是将 N 沟道 MOS 晶体管和 P 沟道 MOS 晶体管同时用于一个集成电路中，成为组合两种沟道 MOS 管性能的更优良的集成电路。CMOS 集成电路的主要优点是：

（1）功耗低，其静态工作电流在 10^{-9}A 数量级，是目前所有数字集成电路中最低的，而 TTL 器件的功耗则大得多。

（2）高输入阻抗，通常大于 $10^{10}\Omega$，远高于 TTL 器件的输入阻抗。

（3）接近理想的传输特性，输出高电平可达电源电压的 99.9%以上，低电平可达电源电压的 0.1%以下，因此输出逻辑电平的摆幅很大，噪声容限很高。

（4）电源电压范围广，可在+3V～+18V 范围内正常运行。

（5）由于有很高的输入阻抗，要求驱动电流很小，约 0.1μA，输出电流在+5V 电源电压下约为 500μA，远小于 TTL 电路，如以此电流来驱动同类门电路，其扇出系数将非常大。在一般低频率时，无需考虑扇出系数，但在高频时，后级门的输入电容将成为主要负载，使其扇出能力下降，所以在较高频率工作时，CMOS 电路的扇出系数一般取 10～20。

2．CMOS 门电路逻辑的功能：

尽管 CMOS 与 TTL 电路的内部结构不同，但它们的逻辑功能完全一样。本实验将测定与门 CC4081、或门 CC4071、与非门 CC4011、或非门 CC4001 的逻辑功能。各集成块的逻辑功能与真值表请参阅教材及附录。

3．CMOS 与非门的主要参数：

CMOS 与非门主要参数的定义及测试方法与 TTL 电路相仿。

三、实验仪器与器件

1．+5V 直流电源	2．双踪示波器
3．连续脉冲源	4．逻辑电平开关
5．逻辑电平显示器	6．直流数字电压表
7．直流毫安表	8．直流微安表

9．CC4011，CC4001，CC4071，CC4081，200Ω，100Ω，电位器 100kΩ，电阻 1kΩ

四、实验内容及步骤

1．验证 CMOS 各门电路的逻辑功能，并判断其好坏。

验证与非门 CC4011、与门 CC4081、或门 CC4071 及或非门 CC4001 的逻辑功能（如图 4-3-1 所示），其引脚排列见附录。

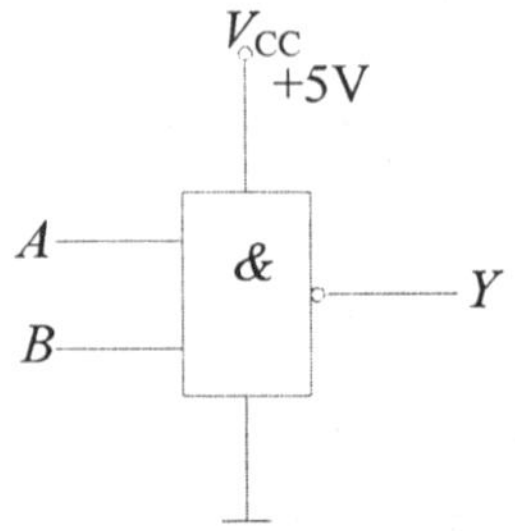

图 4-3-1 与非门逻辑功能测试

以 CC4011 为例：测试时，选好某一个 14P 插座，插入被测器件，其输入端 A、B 接逻辑开关的输出插口，其输出端 Y 接至逻辑电平显示器输入插口，拨动逻辑电平开关，逐个测试各门的逻辑功能，并记入表 4-3-1 中。

表 4-3-1

输入		输出			
A	B	Y_1 CC4011	Y_2 114081	Y_3 CC4071	Y_4 CC4001
0	0				
0	1				
1	0				
1	1				

2．CMOS 与非门 CC4011 参数测试（方法与 TTL 电路相同）：测试 CC4011 一个门的 I_{CCL}、I_{CCH}、I_{IL}、I_{IH} 数据填入表 4-3-2 中，实验电路图参见图 4-2-2、图 4-2-3、图 4-2-5(b)。

表 4-3-2 CC4011 主要参数测试数据

I_{CCL} (mA)	I_{CCH} (mA)	I_{IL} (mA)	I_{OL} (mA)	$N_O=\frac{I_{OL}}{I_{IL}}$	空载导通功率 $P_{ON}=V_{CC}\times I_{CCL}$

3．测试 CC4011 一个门的传输特性（一个输入端作信号输入，另一个输入端接逻辑高电平）：

（1）接图 4-2-4 接线，调节电位器 R_W，使 V_I 从 0V 向高电平变化，逐点测量 V_I 和 V_O 的对应值，记入表 4-3-3 中。

表 4-3-3 CC4011 电压传输特性测试数据

V_I(V)	0	0.2	0.4	0.6	0.8	1.0	1.5	2.0	2.5	3.0	3.5	4.0	…
V_O(V)													

（2）用示波器观察电压传输特性。

接图 4-2-5 接线，正弦信号的幅值从 0 开始逐渐增加，观测电压传输特性曲线，并记录下波形。

4．观察与非门、与门、或非门对脉冲的控制作用。

选用与非门按图 4-3-2(a)、(b)接线，将一个输入端接连续脉冲源（频率为 20kHz），用示波器观察两种电路的输出波形，记录下波形。

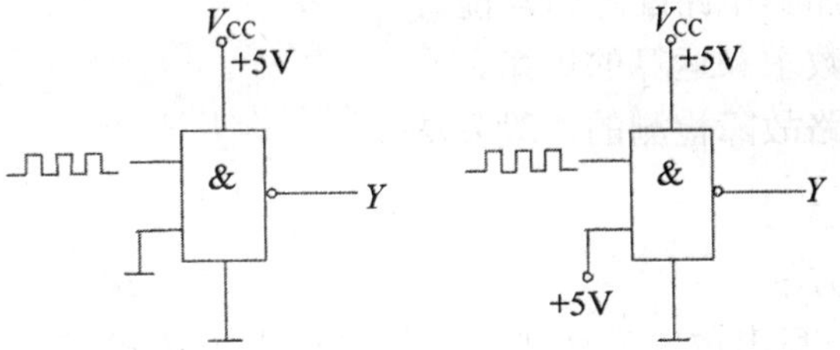

(a)　　　　(b)

图 4-3-2　与非门对脉冲的控制作用

*同学们可以用同样的方法测定“与门”和“或非门”对连续脉冲的控制作用。

五、实验注意事项

由于 CMOS 电路有很高的输入阻抗，这给使用者带来一定的麻烦，即外来的干扰信号很容易在一些悬空的输入端上感应出很高的电压，以至损坏器件。

1．V_{DD} 接电源正极，V_{SS} 接电源负极（通常接地⊥），不得接反。CC4000 系列的电源允许电压在+3～+18V 范围内选择，实验中一般要求使用+5～+15V。

2．所有输入端一律不准悬空。

闲置输入端的处理方法为：

（1）按照逻辑要求，直接接 V_{DD}（与非门）或 V_{SS}（或非门）。

（2）在工作频率不高的电路中，允许输入端并联使用。

（3）输出端不允许直接与 V_{DD} 或 V_{SS} 连接，否则将导致器件损坏。

（4）在装接电路，改变电路连接或插、拔电路时，均应切断电源，严禁带电操作。

3．焊接、测试和储存时的注意事项：

（1）电路应存放在导电的容器内，有良好的静电屏蔽。

（2）焊接时必须切断电源，电烙铁外壳必须良好接地，或拔下烙铁，靠其余热焊接。

（3）所有的测试仪器必须良好接地。

4．带*的实验项目为选做内容。

六、实验报告要求

1．整理实验结果，用坐标纸画出传输特性曲线。

2．根据实验结果，写出各门电路的逻辑表达式，并判断被测电路的功能好坏。

3．画出与非门对脉冲的控制作用波形。

实验 4.4　组合逻辑电路的分析与测试

一、实验目的

1．掌握组合逻辑电路的分析方法。

2．验证半加器和全加器电路的逻辑功能。

3．了解两个二进制数求和运算的规律。

4．学会数字电子线路故障检测的一般方法。

二、实验原理

1．分析逻辑电路的方法

根据逻辑电路图——写出逻辑表达式——化简逻辑表达式（公式法、卡诺图法）——画出逻辑真值表——分析得出逻辑电路解决的实际问题（逻辑功能）。

2．实验线路

（1）用与非门组成的半加器，如图 4-4-1 所示。

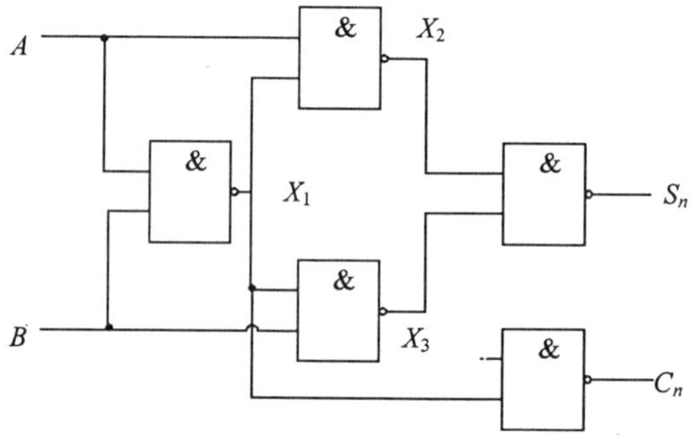

图 4-4-1　与非门组成的半加器

（2）用异或门组成的半加器，如图 4-4-2 所示。

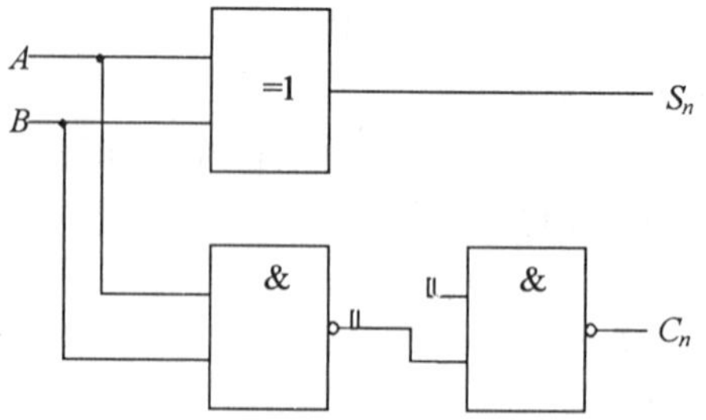

图 4-4-2　异或门组成的半加器

（3）用与非门、与或非门和异或门组成的全加器，如图 4-4-3 所示。

3．集成块管脚排列图见附录

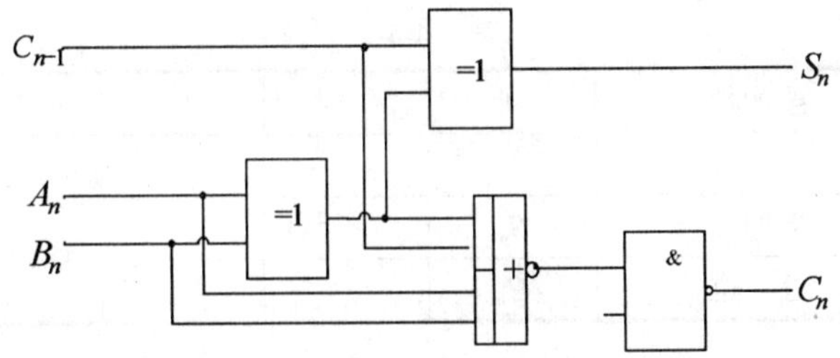

图 4-4-3　与非门、与或非门和异或门组成的全加器

三、实验仪器及器材

1．数字实验箱　　2．集成块 74LS00
3．集成块 74LS54　　4．集成块 74LS86
5．万用表　　6．＋5V 直流电源

四、实验内容及步骤

1．检查所用集成块的好坏。

2．测试用与非门组成的半加器的逻辑功能。

（1）按图 4-4-1 接线，先写出其逻辑表达式，然后将输入端 A、B 接在实验箱逻辑控制开关插孔，X_1、X_2、X_3、S_n、C_n 分别接在电平显示插孔，接好线后，进行测试。

（2）改变输入端 A、B 的逻辑状态，观察各点相应的逻辑状态，将结果填入表 **4-4-1** 中，测试完毕，切断电源，分析输出端的逻辑状态是否正确。

表　4-4-1

输入端		输　出　端				
A	B	X_1	X_2	X_3	S_n	C_n
0	0					
0	1					
1	0					
1	1					

3．测试用异或门和与非门组成的半加器的逻辑功能。

（1）按图 4-4-2 接线，将输入端 A、B 分别接在逻辑控制开关插孔，C_n、S_n 分别接在电平显示插孔，接好线后进行测试。

（2）改变输入端 A_n、B_n 的逻辑状态，观察 S_n 和 C_n 的显示状态，并将测试结果填入表 4-4-2 中，并分析结果正确与否。若输出有误，分析其原因并查找故障点。

4．测试用与非门、与或非门组成的全加器的逻辑功能。

（1）按图 4-4-3 接线，输入端 A_n、B_n、C_{n-1} 分别接逻辑控制开关插孔，S_n、C_n 分别接电平显示插孔，接好线后进行测试。

表 4-4-2

输入端	被加数	A	0	0	1	1
	加　数	B	0	1	0	1
输出端	半加和	S_n				
	进　位	C_n				

（2）改变 A_n、B_n、C_{n-1} 的输入状态，观察输出 S_n 和 C_n 相应的逻辑状态，将观察结果填入表 4-4-3 中。切断电源后，分析结果正确与否，若输出有误，分析其原因并查找故障点。

表 4-4-3

输入端	被加数 A_n	0	1	0	1	0	1	0	1
	加数 B_n	0	0	1	1	0	0	1	1
	低位进位 C_{n-1}	0	0	0	0	1	1	1	1
输出	全加和 S_n								
	进位 C_n								

五、实验注意事项

1．实验接线前首先验证用到的与或非门、异或门、与非门的逻辑功能，检查集成块是否完好。

2．与或非门、异或门、与非门中，当某一组输入端不用时，应按规定处理。

六、实验报告要求

1．分析逻辑电路图，说明逻辑电路的功能。

2．对逻辑电路的功能进行实验测试，并记录测试结果。

3．写出组合电路实验的体会。

实验 4.5　组合逻辑电路的设计与测试

一、实验目的

1．掌握组合逻辑电路的设计与测试方法。

2．进一步提高归纳逻辑问题的能力。

二、实验原理

1．使用中、小规模集成电路来设计组合电路是最常见的逻辑电路设计方法。设计组合电路的一般步骤如图 4-5-1 所示。

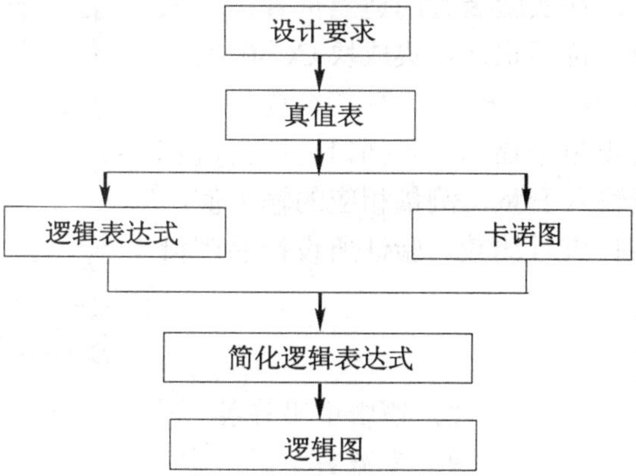

图 4-5-1　组合逻辑电路设计流程图

根据设计任务的要求建立输入、输出变量，并列出真值表。然后用逻辑代数或卡诺图化简法求出简化的逻辑表达式，并按实际选用逻辑门的类型修改逻辑表达式。根据简化后的逻辑表达式，画出逻辑图，用标准器件构成逻辑电路。最后，用实验来验证设计的正确性。

2．组合逻辑电路设计举例：

用“与非”门设计一个表决电路。当四个输入端中有三个或四个为“1”时，输出端才为“1”。

设计步骤：根据题意列出真值表，如表 4-5-1 所示，再填入卡诺图表 4-5-2 中。

表　4-5-1

D	0	0	0	0	0	0	0	0	1	1	1	1	1	1	1	1
A	0	0	0	0	1	1	1	1	0	0	0	0	1	1	1	1
B	0	0	1	1	0	0	1	1	0	0	1	1	0	0	1	1
C	0	1	0	1	0	1	0	1	0	1	0	1	0	1	0	1
Z	0	0	0	0	0	0	0	1	0	0	0	1	0	1	1	1

表 4-5-2

BC \ DA	00	01	11	10
00				
01			1	
11		1	1	1
10			1	

由卡诺图得出逻辑表达式，并演化成“与非”的形式：

$$Z=ABC+BCD+ACD+ABD=\overline{\overline{ABC}\cdot\overline{BCD}\cdot\overline{ACD}\cdot\overline{ABC}}$$

根据逻辑表达式画出用“与非门”构成的逻辑电路，如图 4-5-2 所示。

用实验验证逻辑功能：在实验装置的适当位置选定三个 14P 插座，按照集成块定位标记插好集成块 CC4012。

按图 4-5-2 接线，输入端 A、B、C、D 接至逻辑开关输出插口，输出端 Z 接逻辑电平显示输入插口，按真值表（自拟）要求，逐次改变输入变量，测量相应的输出值，验证逻辑功能，与表 4-5-1 进行比较，验证所设计的逻辑电路是否符合要求。

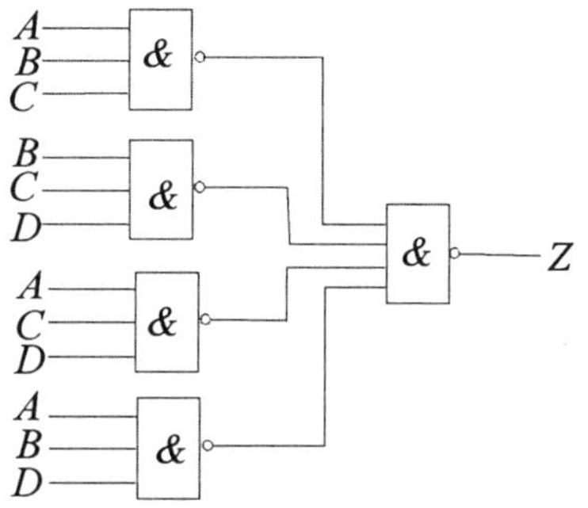

图 4-5-2 表决电路逻辑图

三、实验仪器与器件

1．+5V 直流电源　　2．逻辑电平开关

3．逻辑电平显示器　　4．直流数字电压表

5．CC4011×2（74LS00）　CC4012×3（74LS20）　CC4030（74LS86）

CC4081（74LS08）　74LS54×2（CC4085）　CC4001（74LS02）

四、实验内容及步骤

1．按图 4-5-2 接线验证四人表决器的逻辑功能。

2．设计一个三人表决器，设计要求 A 具有否决权，用与非门完成电路，要求按本文所述的设计步骤进行，直到测试电路的逻辑功能符合设计要求为止。

3．三人表决器的真值表如表 4-5-3 所示。

表 4-5-3

输入			输出
A	B	C	Y
0	0	0	
0	0	1	
0	1	0	
0	1	1	
1	0	0	
1	0	1	
1	1	0	
1	1	1	

4．根据三人表决器的真值表，画出三变量逻辑卡诺图：

A \ BC	00	01	11	10
0	0	0	0	0
1	0	1	1	1

5．三人表决器的设计参考电路如图 4-5-3 所示。

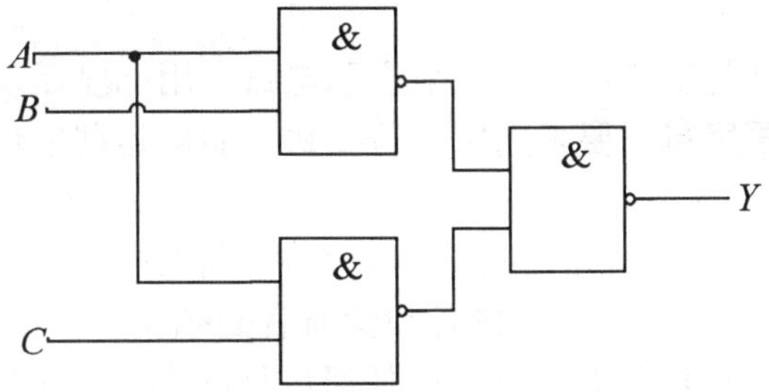

图 4-5-3　三人表决 A 具有否决权电路逻辑图

*6．下列设计题目供同学们根据自己的学习兴趣选做：

（1）数据范围指示器的设计与实验：设 A、B、C、D 是 4 位二进制数码，可用来表示 16 个十进制数。设计一个组合逻辑电路，使之能区分下列三种情况：

$$0 \leqslant X \leqslant 4;\ 5 \leqslant X \leqslant 9;\ 10 \leqslant X \leqslant 15$$

要求用与非门及八选一数据选择器两种方法实现。

（2）数码转换电路的设计与实验：有一测试系统的测试结果是以二进制数码表示的，数的范围为 0～13，要求用两个七段数码管显示十进制数，试设计将二进制数码转换成 2 位 8421BCD 码的电路。

（3）奇偶校验电路的设计与实验：用一个 3 线-8 线译码器和最少的门电路设计一个奇偶校验电路，要求当输入的四个变量中有偶数个 1 时输出为 1，否则为 0。

（4）3 位二进制加/减器的设计与实验：

①有进位输出的 3 位二进制全加器的设计与实验：全加器的输入变量是被加数 B_I、加数 A_I 以及低位送来的进位 C_I，输出函数为和数 S_I 及向高位发出来的进位 C_{I+1}，下标 I 为二进制数的第 I 位。要求设计一个 3 位二进制全加器。

②3 位二进制全减器的设计与实验：全减器输入变量为被减数 X_I、减数 Y_I 以及低位送来的借位 B_I，全减器的输出为差数 D_I 以及向高位发出的借位 B_{I+1}，下标 I 为二进制数的第 I 位。

（5）要求设计一个 3 位二进制加减器。

3 位二进制加减器的设计与实验：在控制变量控制下，既能做加法运算又能做减法运算的电路称为加/减器。其输入变量为加数 A_I(被减数 X_I)、被加数 B_I(减数 Y_I)、低位来的进位 C_I(借位 B_I)，以及控制加/减运算的控制变量 M。当 M 为高电平时做加法运算，当 M 为低电平时做减法运算。其输出端有两个：一是和（差）数 $S_I(D_I)$，另一个是向高位发出的进位 C_{I+1}(借位 B_{I+1})。设计一个 3 位二进制加减器。

（6）编码器、译码器的设计与实验。

①8421BCD 编码器的设计与实验：此电路具有 10 个数码输入端 0～9，当某一输入端为高电平而其余输入端全为低电平时，表示有某一个十进制数码输入，输出仍为相应的 4 位二进制数码，这个数码称为 BCD 码。试设计一个 BCD 码编码器。

②8421BCD 译码器的设计与实验：此电路有输入端四个，输入 8421BCD 码；有十个输出端，分别表示十进制数码 0～9。当某一输出为高电平时，表示相应的 8421BCD 码被译出，此电路与上述编码器连起来，可以互相校验设计的正确性。试设计一个 8421BCD 码译码器。

（7）显示电路的设计与实验：设计一个显示电路，用七段译码器显示 A、B、C、D、E、F、G 和 H 这 8 个英语字母。要求先用 3 位二进制数对这些字母进行编码，然后进行译码显示。

（8）血型关系检测电路的设计与实验：人类有四种血型：A、AB、B 和 O 型。输血时。输血者和受血者必须符合如图 4-5-4 所示的规定，即 O 型血可以输给任何血型的人，但是 O 型血的人只能接收 O 型血；AB 型血的人只能输给 AB 型血的人，但 AB 型血的人能接受所有血型的血；A 型可以输给 A 型及 AB 型血的人，而 A 型血的人能接受 A 型血及 O 型血；B 型血可以输给 B 型及 AB 型血的人，而 B 型血的人能接受 B 型血及 O 型血。

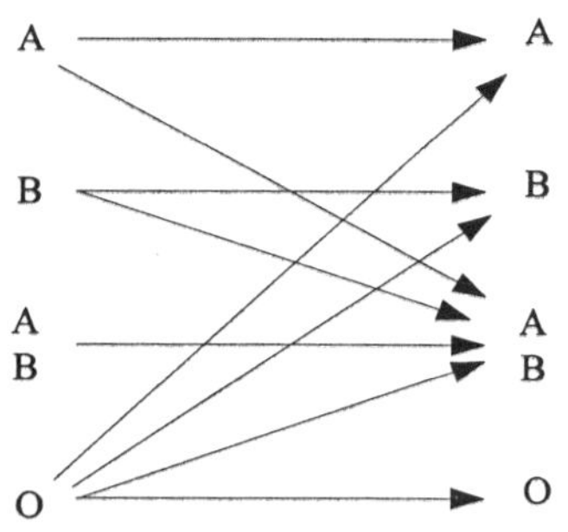

图 4-5-4　血型关系示意图

试用与非门设计一电路，判断输血和受血者是否符合规定。如符合，输出为 1；否则输为 0。

五、实验注意事项

1．根据所给的标准器件完成设计组合电路的任务，并画出逻辑电路图。
2．实验接线前应先验证用到的与非门的逻辑功能，检查其好坏。
3．当与非门中某一端不用时应作处理。
4．实验课前请同学们利用课余时间设计好逻辑电路图。
5．带*的实验项目为选做内容。

六、实验报告要求

1．写出所选题目的实验步骤和测试方法。
2．根据所选用的器件画出逻辑电路图，并安装调试电路。
3．分析实验结果，排除实验过程中出现的故障。
4．写出组合电路的设计体会。

实验 4.6　译码器及其应用

一、实验目的

1．掌握中规模集成译码器的逻辑功能和使用方法。

2．熟悉数码管的使用方法。

二、实验原理

译码器是一个多输入、多输出的组合逻辑电路。它的作用是把给定的代码进行“翻译”，变成相应的状态，使输出通道中相应的一路有信号输出。译码器在数字系统中有广泛的用途，不仅用于代码的转换、终端的数字显示，还用于数据分配、存储器寻址和组合控制信号等。不同的功能可选用不同种类的译码器。

译码器可分为通用译码器和显示译码器两大类。前者又分为变量译码器和代码变换译码器。

1．变量译码器（又称为二进制译码器）

变量译码器用来表示输入变量的状态，如 2 线-4 线、3 线-8 线和 4 线-16 线译码器。若有 n 个输入变量，则有 2^n 个不同的组合状态，就有 2^n 个输出端供其使用。而每一个输出所代表的函数对应于 n 个输入变量的最小项。

以 3 线-8 线译码器 74LS138 为例进行分析，如图 4-6-1(a)、(b)所示分别为其逻辑图及引脚排列。其中，A_2、A_1、A_0 为地址输入端，$\overline{Y}_0 \sim \overline{Y}_7$ 为译码输出端，S_1、$\overline{S}_2$、$\overline{S}_3$ 为使能端。

当 S_1=1、$\overline{S}_2+\overline{S}_3$=0 时，器件使能，地址码所指定的输出端有信号（为 0）输出，其他所有输出端均无信号（全为 1）输出。当 S_1=0、$\overline{S}_2+\overline{S}_3$=$X$ 时，或 S_1=X、$\overline{S}_2+\overline{S}_3$=1 时，译码器被禁止，所有输出同时为 1。

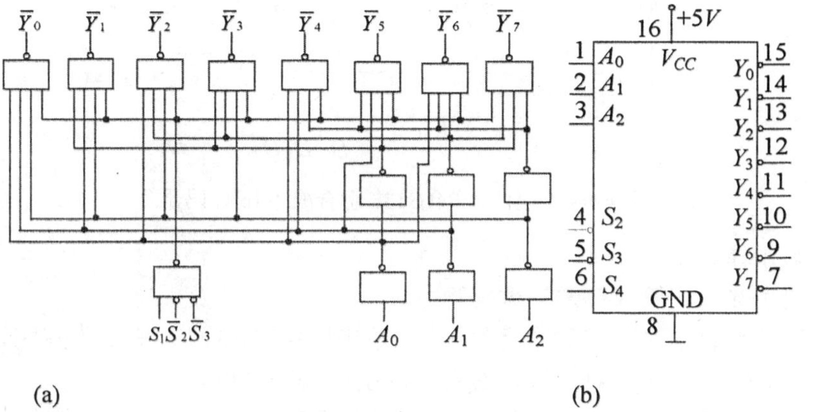

图 4-6-1　3-8 线译码器 74LS138 逻辑图及引脚排列

二进制译码器实际上也是负脉冲输出的脉冲分配器。若利用使能端中的一个输入端输入数据信息，器件就成为一个数据分配器（又称为多路分配器），如图 4-6-2 所示。若在 S_1 输入端输入数据信息，$\overline{S}_2=\overline{S}_3$=0，地址码所对应的输出是 S_1 数据信息的反码；若从 $\overline{S}_2$ 端输入数据信息，令S_1=1、$\overline{S}_3$=0，地址码所对应的输出就是$\overline{S}_2$端数据信息的原码。若数据信息是时钟脉冲，则数据分配器便成为时钟脉冲分配器。

二进制译码器根据输入地址的不同组合译出唯一地址，故可用做地址译码器。接成多路分配器，可将一个信号源的数据信息传输到不同的地点。

二进制译码器还能方便地实现逻辑函数，如图 4-6-3 所示，实现的逻辑函数是：

$$Z=\overline{ABC}+\overline{A}B\overline{C}+A\overline{BC}+ABC$$

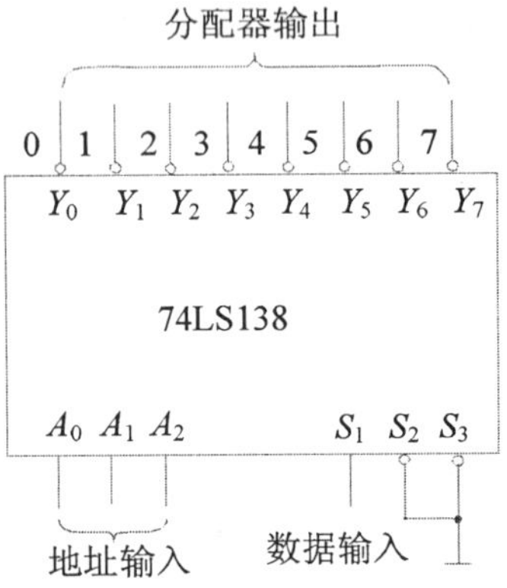

图 4-6-2　作数据分配器

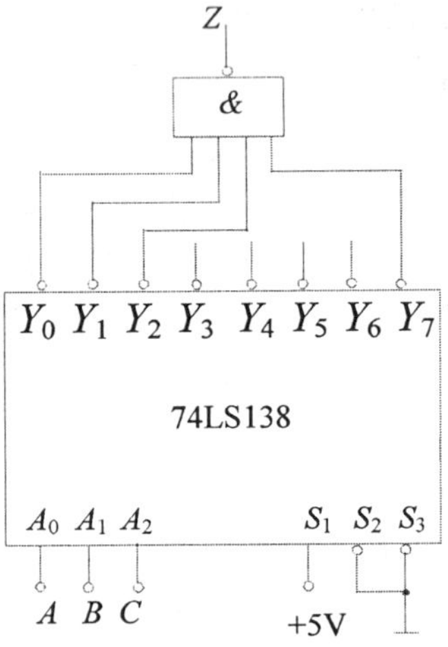

图 4-6-3　实现逻辑函数

利用使能端能方便地将两个 3-8 译码器组合成一个 4-16 译码器，如图 4-6-4 所示。

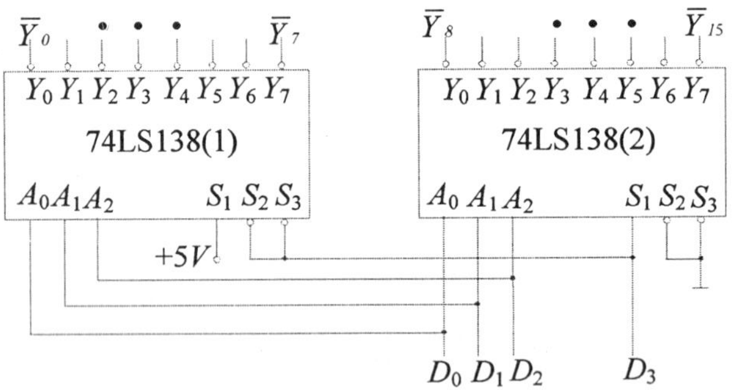

图 4-6-4　用两片 74LS138 组合成 4-16 译码器

2．数码显示译码器

（1）七段发光二极管（LED）数码管

LED 数码管是目前最常用的数字显示器，如图 4-6-5(a)、(b)所示为共阴管和共阳管的电路，如图 4-6-5(c)所示为两种不同出线形式的引出脚功能图。

一个 LED 数码管可用来显示一位 0～9 十进制数和一个小数点。小型数码管（0.5 寸和 0.36 寸）每段发光二极管的正向压降，随显示光（通常为红、绿、黄、橙色）的颜色不同略有差别，通常约为 2～2.5V，每个发光二极管的点亮电流在 5～10mA 之间。LED 数码管要显示 BCD 码所表示的十进制数字，就需要有一个专门的译码器，该译码器不但要完成译码功能，还要有相当的驱动能力。

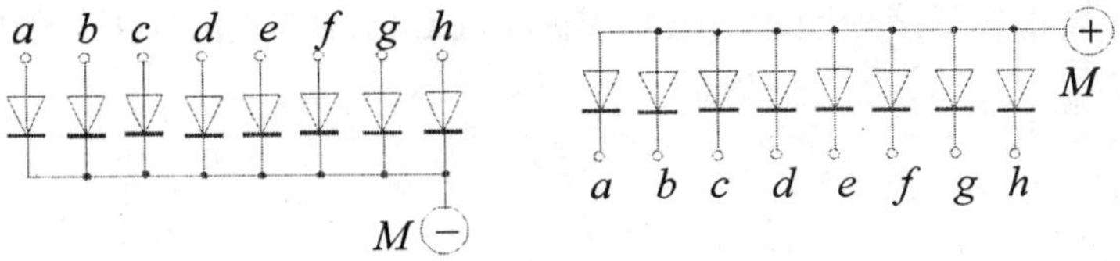

(a) 共阴连接（“1”电平驱动）　　(b) 共阳连接（“0”电平驱动）

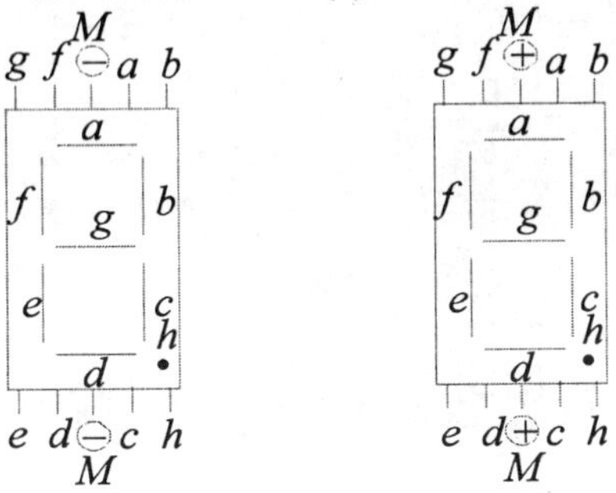

(c) 符号及引脚功能

图 4-6-5　LED 数码管

（2）BCD 码七段译码驱动器

此类译码器型号有 74LS47（共阳）、74LS48（共阴）、CC4511（共阴）等，本实验系采用 CC4511 BCD 码锁存/七段译码/驱动器。驱动共阴极 LED 数码管。图 4-6-6 为 CC4511 引脚排列图。

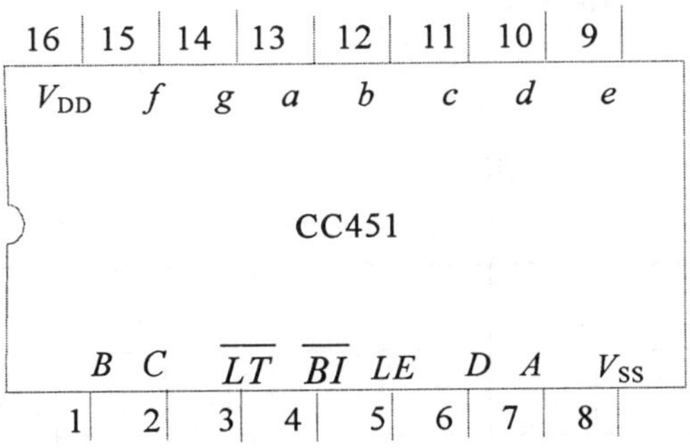

图 4-6-6　CC4511 引脚排列图

其中，*A*、*B*、*C*、*D* 为BCD 码输入端，*a*、*b*、*c*、*d*、*e*、*f*、*g* 为译码输出端，输出“1”有效，用来驱动共阴极 LED 数码管。

$\overline{\text{LT}}$ 为测试输入端，$\overline{\text{LT}}$ =“0”时，译码输出全为“1”。

$\overline{\text{BI}}$ 为消隐输入端，$\overline{\text{BI}}$ =“0”时，译码输出全为“0”。

LE 为锁定端，LE=“1”时译码器处于锁定（保持）状态，译码输出保持在 LE=0 时的数值，LE=0 为正常译码。

CC4511 内接有上拉电阻，故只需在输出端与数码管笔段之间串入限流电阻即可工作。译码器还有拒伪码功能，当输入码超过 1001 时，输出全为“0”，数码管熄灭。

在数字电路实验装置上已完成了译码器 CC4511 和数码管 BS202 之间的连接。实验时，只要接通+5V 电源和将十进制数的 BCD 码接至译码器的相应输入端 *A*、*B*、*C*、*D* 即可显示数字 0～9。四位数码管可接受四组 BCD 码输入。CC4511 与 LED 数码管的连接如图 4-6-7 所示。

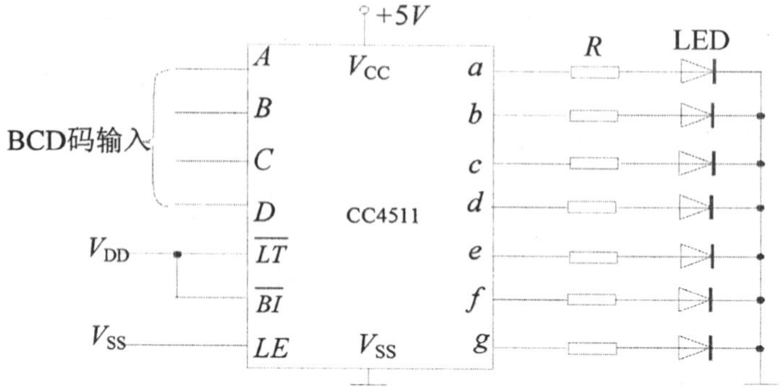

图 4-6-7　CC4511 驱动一位 LED 数码管

三、实验仪器与器件

1．+5V 直流电源　　2．双踪示波器
3．连续脉冲源　　4．逻辑电平开关
5．逻辑电平显示器　　6．拨码开关组
7．译码显示器　　8．74LS138×2　　CC4511

四、实验内容及步骤

1．74LS138 译码器逻辑功能测试。

将译码器使能端 S_1、$\overline{S}_2$、$\overline{S}_3$ 及地址端 A_2、A_1、A_0 分别接至逻辑电平开关输出口，8 个输出端 $\overline{Y}_7$，…，$\overline{Y}_0$ 依次连接在逻辑电平显示器的 8 个输入口上，拨动逻辑电平开关，按表 4-6-1 逐项测试 74LS138 的逻辑功能。

表　4-6-1

输　入					输　出							
S_1	$\overline{S}_2+\overline{S}_3$	A_2	A_1	A_0	$\overline{Y}_0$	$\overline{Y}_1$	$\overline{Y}_2$	$\overline{Y}_3$	$\overline{Y}_4$	$\overline{Y}_5$	$\overline{Y}_6$	$\overline{Y}_7$
1	0	0	0	0								
1	0	0	0	1								
1	0	0	1	0								
1	0	0	1	1								
1	0	1	0	0								
1	0	1	0	1								
1	0	1	1	0								
1	0	1	1	1								
0	×	×	×	×								
×	1	×	×	×								

2．数据拨码开关的使用。

将实验装置上的四组拨码开关的输出 A_I、B_I、C_I、D_I 分别接至 4 组显示译码/驱动器 CC4511 的对应输入口，LE、$\overline{BI}$、$\overline{LT}$ 接至三个逻辑开关的输出插口，接上+5V 显示器的电源，然后按功能表 4-6-2 输入的要求按动四个数码的增减键（“＋”与“－”键）和操作与 LE、$\overline{BI}$、$\overline{LT}$ 对应的三个逻辑开关，观测拨码盘上的四位数与 LED 数码管显示的对应数字是否一致，以及译码显示是否正常。

表 4-6-2

输入							输出							
LE	$\overline{BI}$	$\overline{LT}$	*D*	*C*	*B*	*A*	*a*	*b*	*c*	*d*	*e*	*f*	*g*	显示字形
×	×	0	×	×	×	×								
×	0	1	×	×	×	×								
0	1	1	0	0	0	0								
0	1	1	0	0	0	1								
0	1	1	0	0	1	0								
0	1	1	0	0	1	1								
0	1	1	0	1	0	0								
0	1	1	0	1	0	1								
0	1	1	0	1	1	0								
0	1	1	0	1	1	1								
0	1	1	1	0	0	0								
0	1	1	1	0	0	1								
0	1	1	1	0	1	0								
0	1	1	1	0	1	1								
0	1	1	1	1	0	0								
0	1	1	1	1	0	1								
0	1	1	1	1	1	0								
0	1	1	1	1	1	1								
1	1	1	×	×	×	×								

3．用两片 74LS138 组合成一个 4 线-16 线译码器，自己设计表格，并进行实验。

4．用 74LS138 构成时序脉冲分配器：

参照图 4-6-2 和实验原理说明，时钟脉冲 CP 的频率约为 10kHz，要求分配器输出端 $\overline{Y}_0 \sim \overline{Y}_7$ 的信号与 CP 输入信号同相。

画出分配器的实验电路，用示波器观察和记录。在地址端 A_2、A_1、A_0 分别取 000～111 八种不同状态时 $\overline{Y}_0 \sim \overline{Y}_7$ 端的输出波形，注意输出波形与 CP 输入波形之间的相位关系。

五、实验注意事项

1．实验前应复习有关译码器和分配器的原理。

2．为保证实验顺利进行，实验前先了解中规模集成电路管脚的作用。

3．注意器件电源的极性和管脚排列。

六、实验报告要求

1．画出实验线路，把观察到的波形画在坐标纸上，并标出对应的地址码。

2．根据实验内容，画出所需的实验线路，填好实验数据记录表格。

3．对实验结果进行分析、讨论。

实验 4.7　数据选择器及其应用设计

一、实验目的

1．掌握中规模集成数据选择器的逻辑功能及使用方法。

2．学习用数据选择器构成组合逻辑电路的方法。

二、实验原理

数据选择器又叫做“多路开关”。数据选择器在地址码（或叫做选择控制）电位的控制下，从几个数据输入中选择一个并将其送到一个公共的输出端。数据选择器的功能类似一个多掷开关，如图 4-7-1 所示，图中有四路数据 D_0～D_3，通过选择控制信号 A_1、A_0（地址码）从四路数据中选中某一路数据送至输出端 Q。

数据选择器为目前逻辑设计中应用十分广泛的逻辑部件，它有 2 选 1、4 选 1、8 选 1、16 选 1 等类别。

数据选择器的电路结构一般由与或门阵列组成，也有用传输门开关和门电路混合而成的。

1．8 选 1 数据选择器 74LS151

74LS151 为互补输出的 8 选 1 数据选择器，引脚排列如图 4-7-2 所示，功能如表 4-7-1 所示。

选择控制端（地址端）为 A_2～A_0，按二进制译码，从 8 个输入数据 D_0～D_7 中，选择一个需要的数据送到输出端 Q，$\overline{S}$ 为使能端，低电平有效。

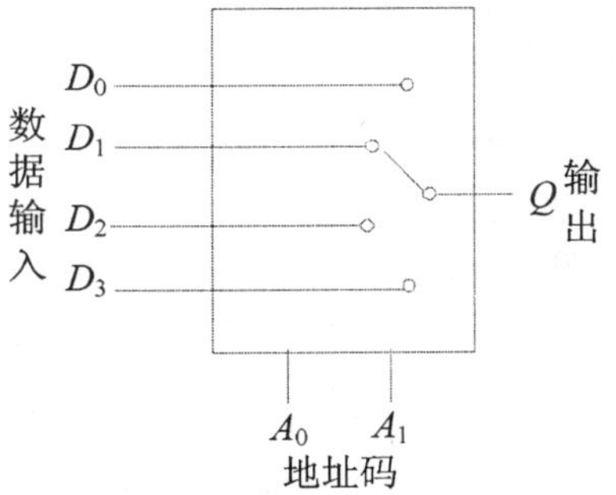

图 4-7-1　4 选 1 数据选择器示意图

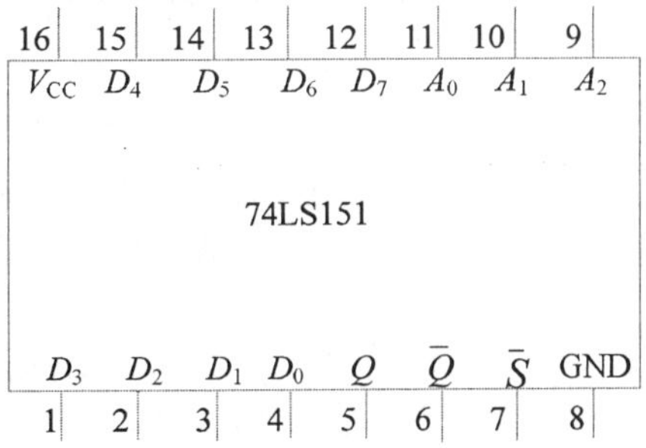

图 4-7-2　74LS151 引脚排列

（1）使能端 $\overline{S}$=1 时，不论 A_2～A_0 状态如何，均无输出（Q=0，$\overline{Q}$=1），多路开关被禁止。

（2）使能端 $\overline{S}$=0 时，多路开关正常工作，根据地址码 A_2、A_1、A_0 的状态选择 D_0～D_7 中某一个通道的数据输送到输出端 Q。

如：$A_2A_1A_0$=000，则选择 D_0 数据到输出端，即 Q=D_0。

如：$A_2A_1A_0$=001，则选择 D_1 数据到输出端，即 Q=D_1，其余类推。

2．双 4 选 1 数据选择器 74LS153

所谓双 4 选 1 数据选择器就是在一块集成芯片上有两个 4 选 1 数据选择器。引脚排列如图 4-7-3 所示，功能如表 4-7-2 所示。

表 4-7-1

输入				输出	
$\overline{S}$	A_2	A_1	A_0	Q	$\overline{Q}$
1	×	×	×	0	1
0	0	0	0	D_0	$\overline{D_0}$
0	0	0	1	D_1	$\overline{D_1}$
0	0	1	0	D_2	$\overline{D_2}$
0	0	1	1	D_3	$\overline{D_3}$
0	1	0	0	D_4	$\overline{D_4}$
0	1	0	1	D_5	$\overline{D_5}$
0	1	1	0	D_6	$\overline{D_6}$
0	1	1	1	D_7	$\overline{D_7}$

表 4-7-2

输入			输出
$\overline{S}$	A_1	A_0	Q
1	×	×	0
0	0	0	D_0
0	0	1	D_1
0	1	0	D_2
0	1	1	D_3

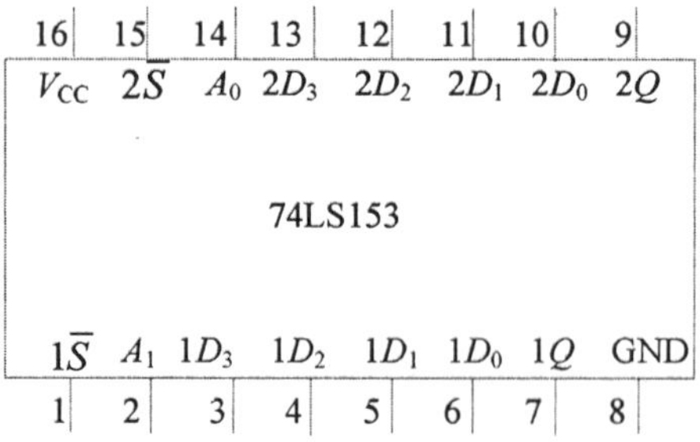

图 4-7-3 74LS153 引脚功能

$1\overline{S}$、$2\overline{S}$ 为两个独立的使能端；A_1、A_0 为公用的地址输入端；$1D_0$～$1D_3$ 和 $2D_0$～$2D_3$ 分别为两个 4 选 1 数据选择器的数据输入端；Q_1、Q_2 为两个输出端。

（1）当使能端 $1\overline{S}$（$2\overline{S}$）=1 时，多路开关被禁止，无输出，Q=0。

（2）当使能端 $1\overline{S}$（$2\overline{S}$）=0 时，多路开关正常工作，根据地址码 A_1、A_0 的状态，将相应的数据 D_0～D_3 送到输出端 Q。

如：A_1A_0=00，则选择 D_0 数据到输出端，即 $Q=D_0$。

如：A_1A_0=01，则选择 D_1 数据到输出端，即 $Q=D_1$，其余类推。

数据选择器的用途很多，例如多通道传输、数码比较、并行码变串行码，以及实现逻辑函数等。

3．数据选择器的应用——实现逻辑函数

【例 4.7.1】用 8 选 1 数据选择器 74LS151 实现函数：

$$F = A\overline{B} + \overline{A}C + B\overline{C}$$

采用 8 选 1 数据选择器 74LS151 可实现任意三输入变量的组合逻辑函数。作出函数 F 的功能表，如表 4-7-3 所示，将函数 F 的功能表与 8 选 1 数据选择器的功能表相比较，可知：①将输入变量 C、B、A 作为 8 选 1 数据选择器的地址码 A_2、A_1、A_0。②使 8 选 1 数据选择器的各数据输入 D_0～D_7 分别与函数 F 的输出值一一对应。

表 4-7-3

输入			输出
C	B	A	F
0	0	0	0
0	0	1	1
0	1	0	1
0	1	1	1
1	0	0	1
1	0	1	1
1	1	0	1
1	1	1	0

即：$A_2A_1A_0=CBA$

$D_0=D_7=0$

$D_1=D_2=D_3=D_4=D_5=D_6=1$

则 8 选 1 数据选择器的输出 Q 便实现了函数 $F = A\overline{B} + \overline{A}C + B\overline{C}$ 。

接线图如图 4-7-4 所示。

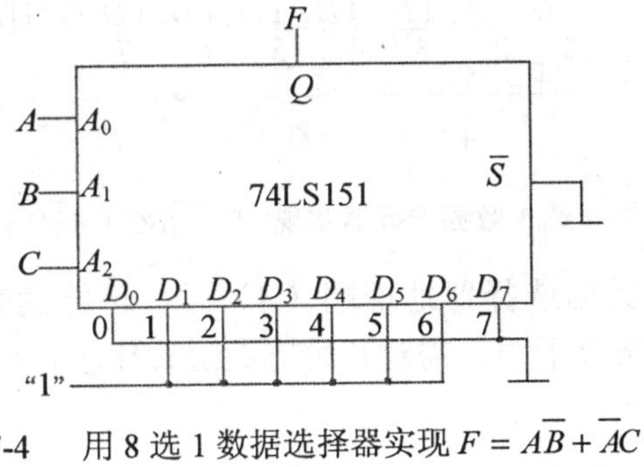

图 4-7-4　用 8 选 1 数据选择器实现 $F = A\overline{B} + \overline{A}C + B\overline{C}$

显然，采用具有 n 个地址端的数据选择实现 n 变量的逻辑函数时，应将函数的输入变量加到数据选择器的地址端（A），选择器的数据输入端（D）按顺序以函数 F 的输出值来赋值。

【例 4.7.2】用 4 选 1 数据选择器 74LS153 实现函数 $F=\overline{A}BC+A\overline{B}C+AB\overline{C}+ABC$ 。

函数 F 的功能如表 4-7-4 所示。

表 4-7-4

输入		输出	
A	B	C	F
0	0	0	0
0	0	1	0
0	1	0	0
0	1	1	1
1	0	0	0
1	0	1	1
1	1	0	1
1	1	1	1

表 4-7-5

输入			输出	中选数据端
A	B	C	F	
0	0	0 1	0 0	D_0=0
0	1	0 1	0 1	D_1=C
1	0	0 1	0 1	D_2=C
1	1	0 1	1 1	D_3=1

函数 F 有三个输入变量 A、B、C，而数据选择器有两个地址端 A_1、A_0，少于函数输入变量的个数，在设计时可任选 A 接 A_1，B 接 A_0。将函数功能表改画成如表 4-7-5 所示的形式，可见当将输入变量 A、B、C 中的 B 接选择器的地址端 A_1、A_0，由表 4-7-4 不难看出：D_0=0，D_1=D_2=C，D_3=1，则 4 选 1 数据选择器的输出，便实现了函数 $F=\overline{A}BC+A\overline{B}C+AB\overline{C}+ABC$ 。接线图如图 4-7-5 所示。

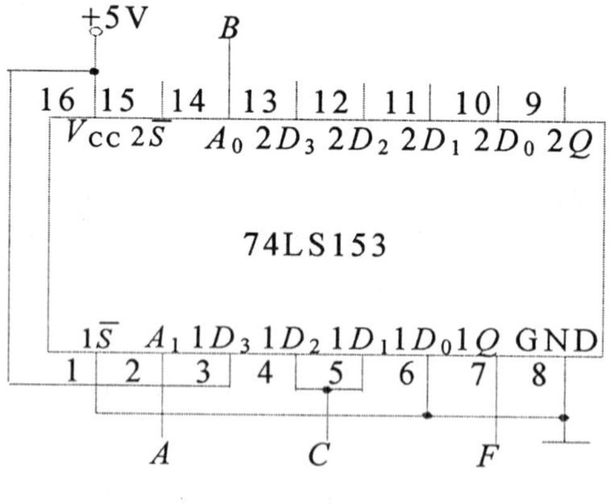

图 4-7-5 用 4 选 1 数据选择器实现 $F=\overline{A}BC+A\overline{B}C+AB\overline{C}+ABC$

当函数输入变量大于数据选择器地址端（A）时，可能随着选用函数输入变量作地址的方案不同，而使其设计结果不同，需对几种方案进行比较，以获得最佳方案。

三、实验仪器与器件

1．+5V 直流电源　　2．逻辑电平开关

3．逻辑电平显示器　　4．74LS151（或 CC4512）74LS153（或 CC4539）

四、实验内容及步骤

1．测试数据选择器 74LS151 的逻辑功能

接图 4-7-6 接线，地址端 A_2、A_1、A_0，数据端 D_0～D_7，使能端$\overline{S}$接逻辑开关，输出端 Q 接逻辑电平显示器，按 74LS151 功能表逐项进行测试，验证如表 4-7-1 所示的逻辑关系。

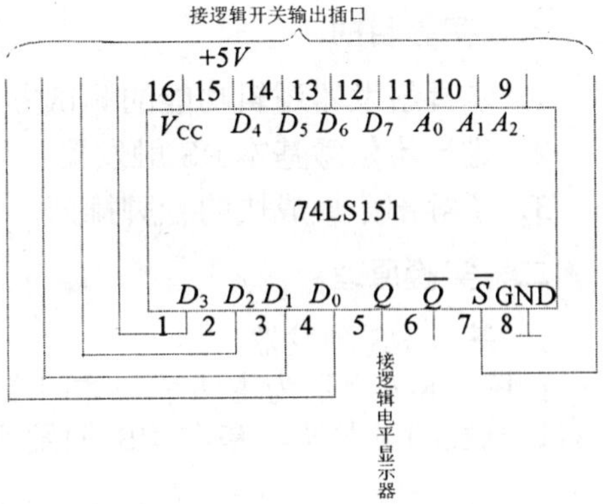

图 4-7-6　74LS151 逻辑功能测试

2．测试 74LS153 的逻辑功能

测试方法及步骤同上，验证如功能表 4-7-2 所示的逻辑关系。

3．用 8 选 1 数据选择器 74LS151 设计三输入多数表决电路

（1）写出设计过程

（2）画出接线图

（3）验证逻辑功能

*4．用 8 选 1 数据选择器实现逻辑函数

$$F(AB) = A\overline{B} + \overline{A}B + AB$$

（1）写出设计过程

（2）画出接线图

（3）验证逻辑功能

*5．用双 4 选 1 数据选择器 74LS153 实现全加器

（1）写出设计过程

（2）画出接线图

（3）验证逻辑功能

五、实验注意事项

1．实验前预习数据选择器的工作原理。

2．用数据选择器对实验内容及步骤中各函数式进行预设计。

3．注意器件电源的极性和管脚排列。

4．带*的实验项目为选做内容。

六、实验报告及要求

1．用数据选择器对实验内容及步骤进行设计，写出设计全过程。

2．画出接线图，进行逻辑功能测试。

3．总结实验收获、体会。

实验 4.8　RS 触发器

一、实验目的

1．掌握触发器逻辑功能的测试方法。

2．进一步熟悉基本 RS 触发器、同步 RS 触发器。

3．了解部分集成块的管脚排列。

二、实验原理

1．基本 RS 触发器

如图 4-8-1 所示为由两个与非门交叉耦合构成的基本 RS 触发器，它是无时钟控制低电平直接触发的触发器。基本 RS 触发器具有置“0”、置“1”和“保持”三种功能。通常称 $\overline{S}$ 为置“1”端，因为 $\overline{S}=0$（$\overline{R}=1$）时触发器被置“1”；$\overline{R}$ 为置“0”端，因为 $\overline{R}=0$（$\overline{S}=1$）时触发器被置“0”；当 $\overline{S}=\overline{R}=1$ 时状态保持；当 $\overline{S}=\overline{R}=0$ 时，触发器状态不定，应避免此种情况发生。表 4-8-1 为基本 RS 触发器的功能表。基本 RS 触发器也可以用两个“或非门”组成，此时为高电平触发有效。

表　4-8-1

输　入		输　出	
$\overline{S}$	$\overline{R}$	Q^{n+1}	$\overline{Q}^{n+1}$
0	1	1	0
1	0	0	1
1	1	Q^n	$\overline{Q}^n$
0	0	ϕ	ϕ

2．基本 RS 触发器实验线路图如图 4-8-1 所示

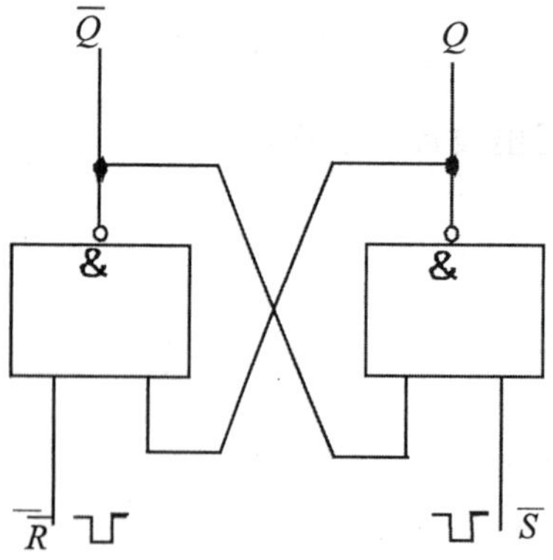

(a) 原理图

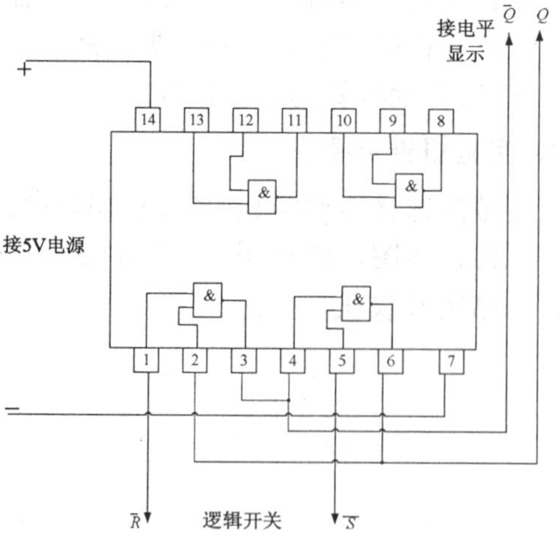

(b) 接线图

图 4-8-1　基本 RS 触发器

3．同步 RS 触发器的实验线路图如图 4-8-2 所示

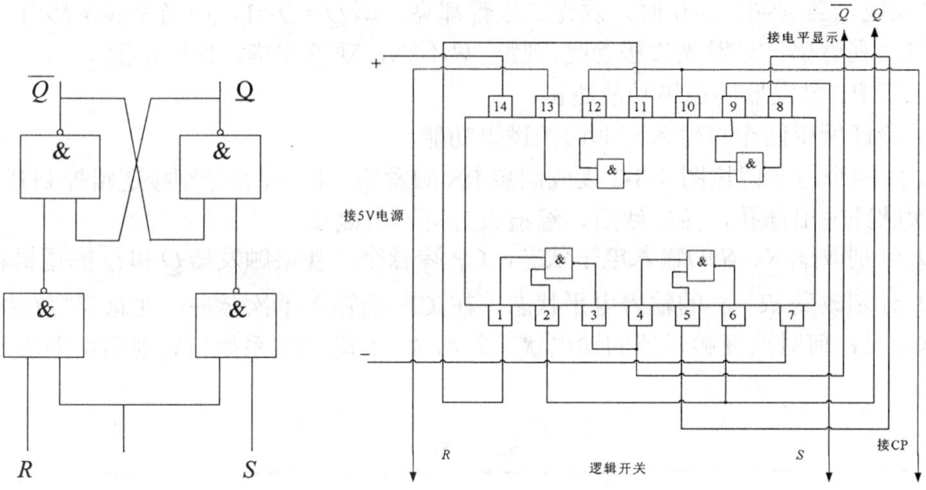

(a) 原理图　　　　(b) 接线图

图 4-8-2　同步 RS 触发器

三、实验仪器及器件

1．+5V 直流电源　　　　2．万用表
3．连续脉冲源　　　　4．单次脉冲源
5．逻辑电平开关　　　　6．逻辑电平显示器
7．74LS00（或 CC4011）

四、实验内容及步骤

1．基本 RS 触发器逻辑功能测试

（1）验证所用与非门的逻辑功能。

（2）用两个二输入与非门，按图 4-8-1 接成基本 RS 触发器，将 R、S 分别接在逻辑控制开关插孔中，Q 和 $\overline{Q}$ 分别接在电平显示插孔，经检查无误后，方可通电。

（3）改变 $\overline{R}$、$\overline{S}$ 的电平状态，实现触发器置“0”、置“1”，观察相应的输出状态，并将观察结果填入表 4-8-2 中。

表　4-8-2

$\overline{R}$	$\overline{S}$	Q	$\overline{Q}$
1	1→0		
	0→1		
1→0	1		
0→1			
0	0		

（4）验证触发器的“不定”状态，使 R、S 一起置“0”或置“1”。重复多次，注意观察，可发现，当 R=0、S=0 时，发光二极管都亮，即 $Q=\overline{Q}=1$，但当 $\overline{R}$ 和 $\overline{S}$ 都由“0”变为“1”时，观察哪一只发光二极管亮，哪一只不亮，观察完毕，切断电源。

2．同步 RS 触发器的逻辑功能测试

（1）验证所用四个二输入与非门的逻辑功能。

（2）用四个与非门按图 4-8-2 接成同步 RS 触发器，将 R、S 分别接逻辑控制开关插孔，CP 接单次脉冲输出插孔，接好线后，经检查方可通电测试。

（3）分别改变 R、S 的输入电平状态，CP 端悬空，观察触发器 Q 和 $\overline{Q}$ 的逻辑状态。

（4）分别改变 R、S 的输入电平状态，在 CP 端输入单次脉冲，注意观察在按下或放开单次脉冲时，何时改变触发器的输出状态？与 R、S 端的关系如何？观察结果填入表 4-8-3 中。

表 4-8-3

CP	$\overline{R}$	$\overline{S}$	Q^n	Q^{n+1}	触发状态
	0	0			
	0	1			
	1	0			
	1	1			

五、实验注意事项

1．注意 $\overline{R}$ 、$\overline{S}$ 状态转换时输出状态的变化。

2．接线前首先检查所用集成块的好坏。

3．实验时注意与基本 RS 触发器理论知识结合，判断实验结果的正确性。

六、实验报告要求

1．列表整理 RS 触发器的逻辑功能。

2．根据实验测试结果说明触发器的触发方式。

3．写出触发器应用的体会。

实验 4.9 D 触发器及 JK 触发器

一、实验目的

1．掌握 D 触发器和 JK 触发器的逻辑功能及测试方法。

2．进一步熟悉集成 JK 触发器和集成 D 触发器的逻辑功能及其触发方式。

3．掌握集成触发器的管脚排列。

二、实验原理

1．JK 触发器

在输入信号为双端的情况下，JK 触发器是功能完善、使用灵活和通用性较强的一种触发器。本实验采用 74LS112 双 JK 触发器，是下降边沿触发的边沿触发器。引脚功能及逻辑符号见附录。

JK 触发器的状态方程为：$Q^{n+1}=J\overline{Q}^{n}+\overline{K}Q^{n}$

J 和 K 是数据输入端，是触发器状态更新的依据，若 J、K 有两个或两个以上输入端时，组成“与”的关系。Q 与 $\overline{Q}$ 为两个互补输出端。通常把 Q=0、$\overline{Q}$=1 的状态定为触发器“0”状态；而把 Q=1、$\overline{Q}$=0 的状态定为“1”状态。下降沿触发 JK 触发器的功能如表 4-9-1 所示。

表 4-9-1

输入					输出	
$\overline{S}_D$	$\overline{R}_D$	CP	J	K	Q^{n+1}	$\overline{Q}^{n+1}$
0	1	×	×	×	1	0
1	0	×	×	×	0	1
0	0	×	×	×	Φ	Φ
1	1	↓	0	0	Q^n	$\overline{Q}^n$
1	1	↓	1	0	1	0
1	1	↓	0	1	0	1
1	1	↓	1	1	$\overline{Q}^n$	Q^n
1	1	↑	×	×	Q^n	$\overline{Q}^n$

注：×— 任意态　　↓— 高到低电平跳变　　↑— 低到高电平跳变

Q^n（$\overline{Q}^n$）— 现态　　Q^{n+1}（$\overline{Q}^{n+1}$）— 次态　　Φ— 不定态

JK 触发器常被用做缓冲存储器、移位寄存器和计数器。

2．D 触发器

在输入信号为单端的情况下，D 触发器用起来最为方便，其状态方程为 $Q^{n+1}=D^n$，其输出状态的更新发生在 CP 脉冲的上升沿，故又称为上升沿触发的边沿触发器。触发器的状态只取决于时钟到来前 D 端的状态，D 触发器的应用很广，可用做数字信号的寄存、移位寄存、分频和波形发生等。有很多种型号可供各种用途的需要而选用，如双 D 74LS74、四 D 74LS175、六 D 74LS174 等。74LS74 双 D 触发器的引脚排列及逻辑符号见附录，功能如表 4-9-2 所示。

表 4-9-2

输入				输出	
$\overline{S}_D$	$\overline{R}_D$	CP	D	Q^{n+1}	$\overline{Q}^{n+1}$
0	1	×	×	1	0
1	0	×	×	0	1
0	0	×	×	Φ	Φ
1	1	↑	1	1	0
1	1	↑	0	0	1
1	1	↓	×	Q^n	$\overline{Q}^n$

三、实验仪器及器件

1．＋5V 直流电源　　2．双踪示波器　　3．连续脉冲源

4．单次脉冲源　　5．逻辑电平开关　　6．逻辑电平显示器

7．74LS112（或 CC4027），74LS74（或 CC4013）

四、实验内容及步骤

1．测试双 JK 触发器 74LS112 的逻辑功能

（1）测试 $\overline{R}_D$、$\overline{S}_D$ 的复位、置位功能

任取一只 JK 触发器，$\overline{R}_D$、$\overline{S}_D$、J、K 端接逻辑开关输出插口，CP 端接单次脉冲源，Q、$\overline{Q}$ 端接至逻辑电平显示输入插口。要求改变 $\overline{R}_D$、$\overline{S}_D$（J、K、CP 处于任意状态），并在 $\overline{R}_D$=0（$\overline{S}_D$=1）或 $\overline{S}_D$=0（$\overline{R}_D$=1）作用期间任意改变 J、K 及 CP 的状态，观察 Q、$\overline{Q}$ 的状态。自拟表格并记录之。

（2）测试 JK 触发器的逻辑功能

按表 4-9-3 的要求改变 J、K、CP 端的状态，观察 Q、$\overline{Q}$ 状态的变化，观察触发器状态的更新是否发生在 CP 脉冲的下降沿（即 CP 由 1→0），记录之。

表 4-9-3

J	K	CP	Q^{n+1}	
			Q^n=0	Q^n=1
0	0	0→1		
		1→0		
0	1	0→1		
		1→0		
1	0	0→1		
		1→0		
1	1	0→1		
		1→0		

2．测试双D触发器74LS74的逻辑功能

（1）测试$\overline{R}_D$、$\overline{S}_D$的复位、置位功能

测试方法同实验内容及步骤1的第（1）步，自拟表格记录。

（2）测试D触发器的逻辑功能

按表4-9-4的要求进行测试，并观察触发器状态的更新是否发生在CP脉冲的上升沿（即由0→1），记录之。

表 4-9-4

D	CP	Q^{n+1}	
		$Q^n=0$	$Q^n=1$
0	0→1		
	1→0		
1	0→1		
	1→0		

五、实验注意事项

1．接线前首先检查所用集成块的好坏。

2．实验时注意与D触发器、JK触发器理论知识结合。

3．接线时应断开电源，严禁带电操作。

六、实验报告要求

1．列表整理各类触发器的逻辑功能，测试并记录。

2．分析实验测试的数据，说明触发器的触发方式。

3．分析、回答利用普通的机械开关组成的数据开关所产生的信号是否可作为触发器的时钟脉冲信号？为什么？是否可以用做触发器的其他输入端的信号？这又是为什么？

实验 4.10　自激多谐振荡器

一、实验目的

1．掌握使用门电路构成脉冲信号产生电路的基本方法。

2．掌握影响输出脉冲波形参数的定时元件数值的计算方法。

3．学习石英晶体稳频原理和使用石英晶体构成振荡器的方法。

二、实验原理

与非门作为一个开关倒相器件，可用以构成各种脉冲波形的产生电路。电路的基本工作原理是利用电容器的充放电，当输入电压达到与非门的阈值电压 V_T 时，门的输出状态即发生变化。因此，电路输出的脉冲波形参数直接取决于电路中阻容元件的数值。

1．非对称型多谐振荡器

如图 4-10-1 所示，非门 3 用于输出波形整形。

非对称型多谐振荡器的输出波形是不对称的，当用 TTL 与非门组成时，输出脉冲宽度为：

$$t_{w1}=RC \qquad t_{w2}=1.2RC \qquad T=2.2RC$$

调节 R 和 C 值，可改变输出信号的振荡频率，通常用改变 C 实现输出频率的粗调，改变电位器 R 实现输出频率的细调。

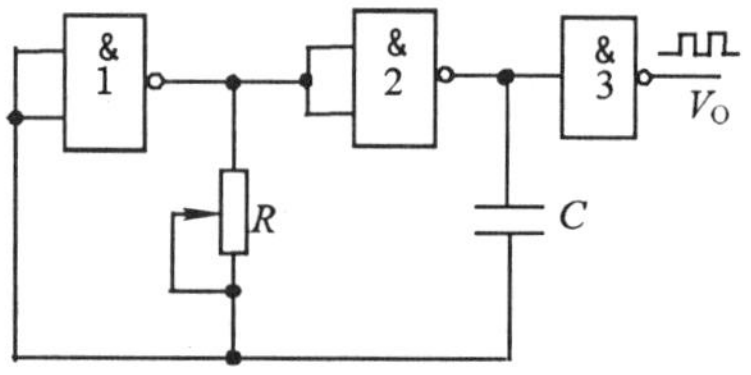

图 4-10-1　非对称型振荡器

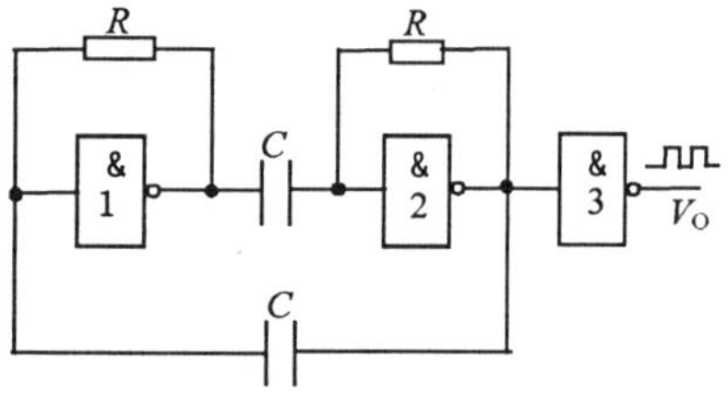

图 4-10-2　对称型振荡器

2．对称型多谐振荡器

如图 4-10-2 所示，由于电路完全对称，电容器的充放电时间常数相同，故输出为对称的方波。改变 R 和 C 的值，可以改变输出振荡频率。非门 3 用于输出波形整形。

一般取 $R\leqslant 1\text{k}\Omega$，当 $R=1\text{k}\Omega$、$C=100\text{pF}\sim 100\mu\text{F}$ 时，$f=n\text{Hz}\sim n\text{MHz}$，脉冲宽度 $t_{w1}=t_{w2}=0.7\text{RC}$，$T=1.4RC$。

3．带 RC 电路的环形振荡器

电路如图 4-10-3 所示，非门 4 用于输出波形整形，R 为限流电阻，一般取 100Ω，要求电位器 $R_W\leqslant 1\text{k}\Omega$，电路利用电容 C 的充放电过程，控制 D 点电压 V_D，从而控制与非门的自动启闭，形成多谐振荡，电容 C 的充电时间 t_{w1}、放电时间 t_{w2} 和总的振荡周期 T 分别为：

$$t_{w1}\approx 0.94RC, \qquad t_{w2}\approx 1.26RC, \qquad T\approx 2.2RC$$

调节 R 和 C 的大小可改变电路输出的振荡频率。

以上这些电路的状态转换都发生在与非门输入电平达到门的阈值电平 V_T 的时刻。在 V_T 附近电容器的充放电速度已经缓慢，而且 V_T 本身也不够稳定，易受温度、电源电压变化等因素以及干扰的影响。因此，电路输出频率的稳定性较差。

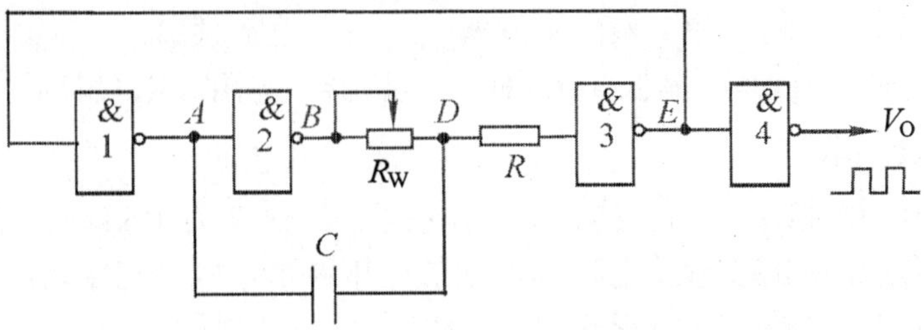

图 4-10-3 带有 *RC* 电路的环形振荡器

4．石英晶体稳频的多谐振荡器

当要求多谐振荡器的工作频率稳定性很高时，上述几种多谐振荡器的精度已不能满足要求。为此常用石英晶体作为信号频率的基准。用石英晶体与门电路构成的多谐振荡器常用来为微型计算机等提供时钟信号。

如图 4-10-4 所示为常用的晶体稳频多谐振荡器。如图 4-10-4(a)、(b)所示为 TTL 器件组成的晶体振荡电路；如图 4-10-4(c)、(d)所示为 CMOS 器件组成的晶体振荡电路，一般用于电子表中，其中晶体的 f_0=32768Hz。

图 4-10-4（c）中，门 1 用于振荡，门 2 用于缓冲整形。R_f 是反馈电阻，通常在零到几十兆欧之间选取，一般选 22MΩ。*R* 起稳定振荡作用，通常取十欧至几百千欧。C_1 是频率微调电容器，C_2 用于温度特性校正。

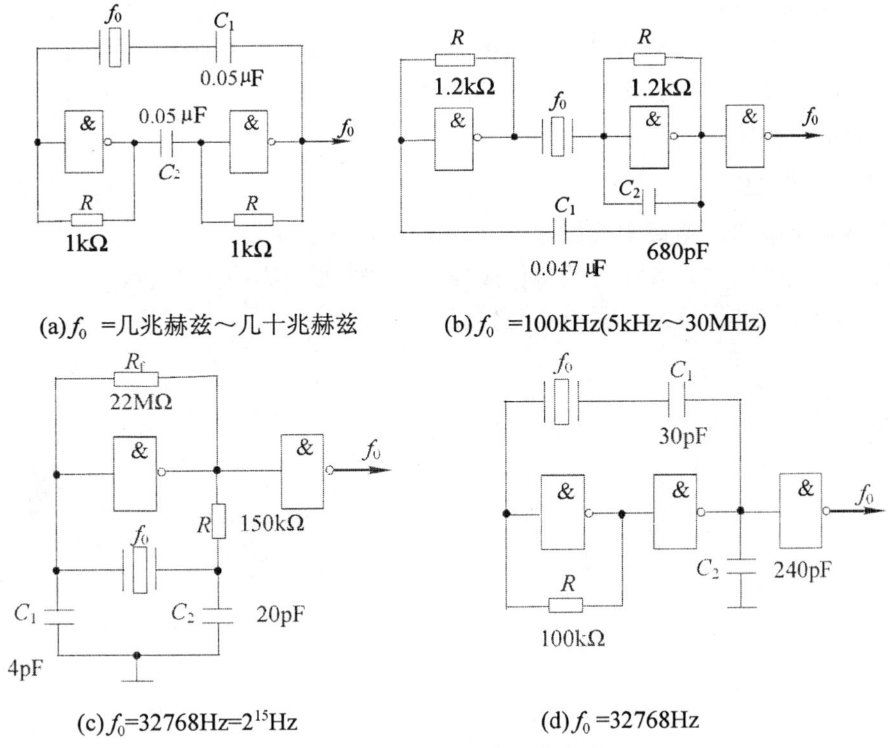

图 4-10-4 常用的晶体振荡电路

三、实验仪器及器件

1．+5V 直流电源　　　　　2．双踪示波器　　　3．数字频率计

4．74LS00（或 CC4011）　晶振 32768Hz　电位器、电阻、电容若干

四、实验内容及步骤

1. 用与非门 74LS00 按图 4-10-1 构成多谐振荡器，其中 R 为 10kΩ电位器，C 为 0.01μF。

（1）用示波器观察输出波形及电容 C 两端的电压波形，列表记录之。

（2）调节电位器，观察输出波形的变化，测出上、下限频率。

（3）用一只 100μF 电容器跨接在 74LS00 的 14 脚与 7 脚的最近处，观察输出波形的变化及电源上纹波信号的变化，记录之。

2．用 74LS00 按图 4-10-2 接线，取 R=1kΩ，C=0.047μF，用示波器观察输出波形，记录之。

3．用 74LS00 按图 4-10-3 接线，其中定时电阻 R_W 用一个 510Ω与一个 1kΩ的电位器串联，取 R=100Ω，C=0.1μF。

（1）R_W 调到最大时，观察并记录 A、B、D、E 及 V_O 各点电压的波形，测出 V_O 的周期 T 和负脉冲宽度（电容 C 的充电时间），并与理论计算值比较。

（2）改变 R_W 值，观察输出信号 V_O 波形的变化情况。

4．按图 4-10-4（c）接线，晶振选用电子表晶振 32768Hz，与非门选用 CC4011，用示波器观察输出波形，用频率计测量输出信号频率，记录之。

五、实验注意事项

1．实验中对自激多谐振荡器的参数根据实验情况进行适当调整。

2．接线前先检查所用集成块和元器件的好坏。

3．详细记录实验数据。

六、实验报告要求

1．画出实验电路，整理实验数据，与理论值进行比较。

2．用方格纸画出实验观测到的工作波形图，对实验结果进行分析。

3．对实验过程进行总结，写出实验体会。

实验 4.11　单稳态触发器

一、实验目的

1．掌握使用集成门电路构成单稳态触发器的基本方法。

2．熟悉集成单稳态触发器的逻辑功能及其使用方法。

二、实验原理

在数字电路中常使用矩形脉冲作为信号，进行信息传递，或作为时钟信号用来控制和驱动电路，使各部分协调动作。实验 4.10 是自激多谐振荡器，它是不需要外加信号触发的矩形波发生器。另一类是它激多谐振荡器，有单稳态触发器，它需要在外加触发信号的作用下输出具有一定宽度的矩形脉冲波。

1．用与非门组成单稳态触发器

利用与非门做开关，依靠定时元件 RC 的充放电电路来控制与非门的启闭。单稳态电路有微分型与积分型两大类，这两类触发器对触发脉冲的极性与宽度有不同的要求。

（1）微分型单稳态触发器（如图 4-11-1 所示）

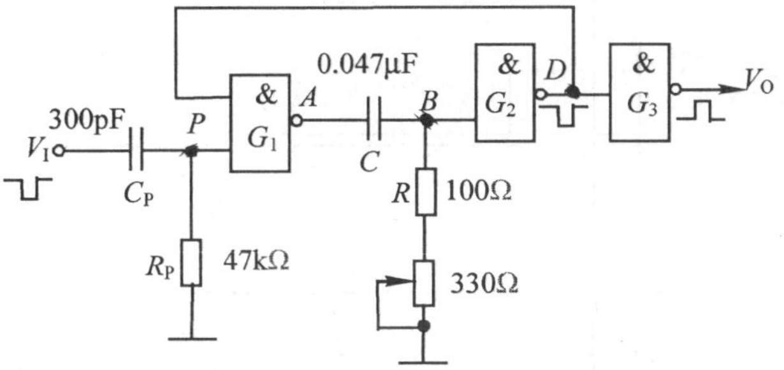

图 4-11-1　微分型单稳态触发器

该电路为负脉冲触发。其中 R_P、C_P 构成输入端微分隔直电路。R、C 构成微分型定时电路，定时元件 R、C 的取值不同，输出脉宽 t_w 也不同。$t_w \approx$（0.7～1.3）RC。与非门 G_3 起整形、倒相作用。

图 4-11-2 为微分型单稳态触发器各点波形图，结合波形图说明其工作原理。

①无外介触发脉冲时电路初始稳态：$t<t_1$ 前的状态

稳态时 V_I 为高电平。适当选择电阻 R 的阻值，使与非门 G_2 的输入电压 V_B 小于门的关门电平（$V_B<V_{off}$），则门 G_2 关闭，输出 V_D 为高电平。适当选择电阻 R_P 的阻值，使与非门 G_1 的输入电压 V_P 大于门的开门电平（$V_P>V_{on}$），于是 G_1 的两个输入端全为高电平，则 G_1 开启，输出 V_A 为低电平（为方便计，取 $V_{off}=V_{on}=V_T$）。

②触发翻转：$t=t_1$ 时刻

V_I 负跳变，V_P 也负跳变，门 G_1 的输出 V_A 升高，经电容 C 耦合，V_B 也升高，门 G_2 的输出 V_D 降低，正反馈到 G_1 的输入端，结果使 G_1 的输出 V_A 由低电平迅速上跳至高电平，G_1 迅速关闭；V_B 也上跳至高电平，G_2 的输出 V_D 则迅速下跳至低电平，G_2 迅速开通。

③暂稳状态：$t_1<t<t_2$

$t \geqslant t_1$ 以后，G_1 输出高电平，对电容 C 充电，V_B 随之按指数规律下降，但只要 $V_B>V_T$，G_1 关、G_2 开的状态将维持不变，V_A、V_D 也维持不变。

④自动翻转：$t=t_2$

$t=t_2$ 时刻，V_B 下降至门的关门电平 V_T，G_2 的输出 V_D 升高，G_1 的输出 V_A 降低，正反馈作用使电路迅速翻转至 G_1 开启、G_2 关闭，回到初始稳态。

暂稳态时间的长短，决定于电容 C 的充电时间常数 $t=RC$。

⑤恢复过程：$t_2<t<t_3$

电路自动翻转到 G_1 开启、G_2 关闭后，V_B 不是立即回到初始稳态值，这是因为电容 C 要有一个放电过程。

$t>t_3$ 以后，如 V_I 再出现负跳变，则电路将重复上述过程。

如果输入脉冲宽度较小时，则输入端可省去 R_PC_P 微分电路了。

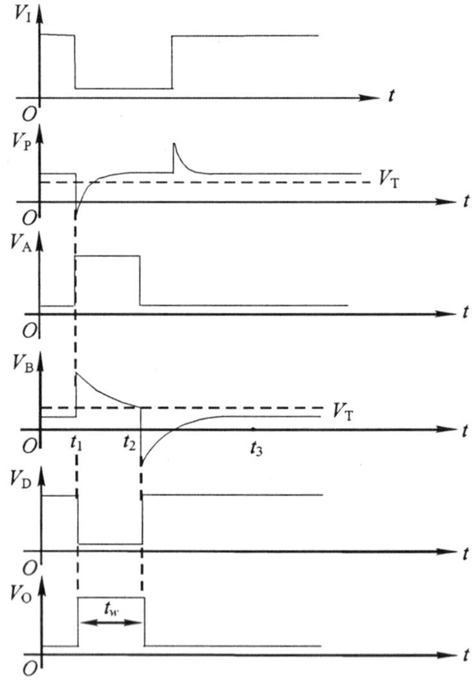

图 4-11-2　微分型单稳态触发器波形图

（2）积分型单稳态触发器（如图 4-11-3 所示）

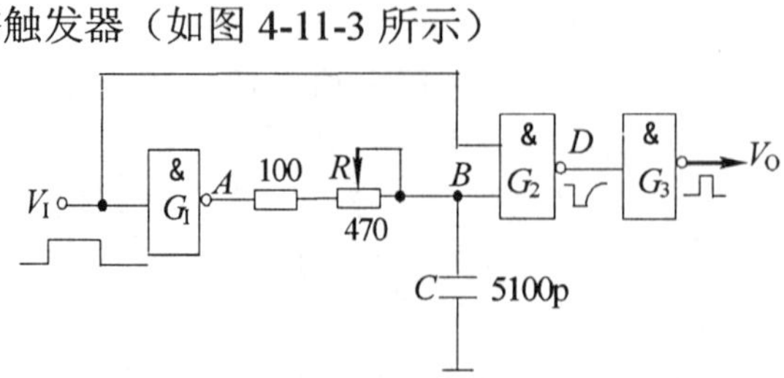

图 4-11-3　积分型单稳态触发器

电路采用正脉冲触发，工作波形如图 4-11-4 所示。电路的稳定条件是 $R \leqslant 1\text{k}\Omega$，

输出脉冲宽度 $t_w \approx 1.1RC$。

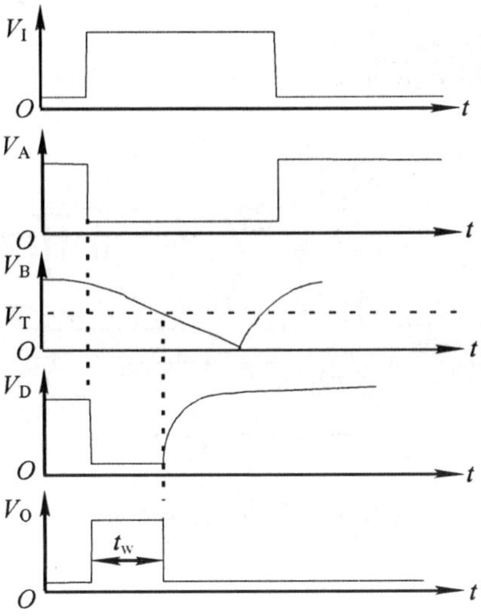

图 4-11-4　积分型单稳态触发器波形图

单稳态触发器的共同特点是：触发脉冲未加入前，电路处于稳态。此时，可以测得各门的输入和输出电位。触发脉冲加入后，电路立刻进入暂稳态，暂稳态的时间，即输出脉冲的宽度 t_w 只取决于 RC 数值的大小，与触发脉冲无关。

2．集成双单稳态触发器 CC14528（CC4098）

（1）如图 4-11-5 所示为 CC14528（CC4098）的逻辑符号及功能表

该器件能提供稳定的单脉冲，脉宽由外部电阻 R_X 和外部电容 C_X 决定，调整 R_X 和 C_X 可使 Q 端和 $\overline{Q}$ 端输出脉冲宽度有一个较宽的范围。本器件可采用上升沿触发（$+TR$），也可用下降沿触发（$-TR$），为使用带来很大的方便。在正常工作时，电路应由每一个新脉冲去触发。当采用上升沿触发时，为防止重复触发，$\overline{Q}$ 必须连到（$-TR$）端。同样，在使用下降沿触发时，Q 端必须连到（$+TR$）端。

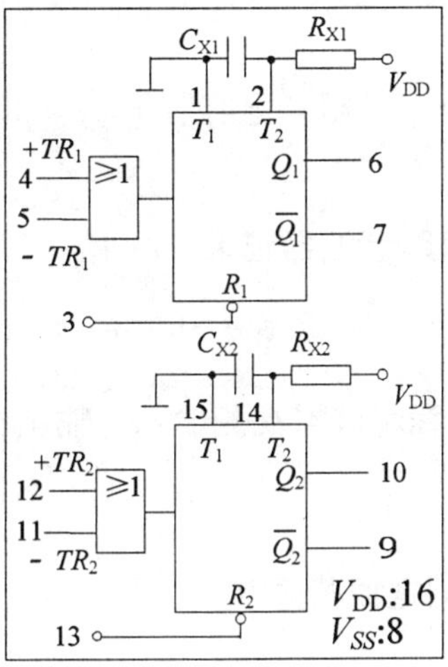

输入			输出	
$+TR$	$-TR$	$\overline{R}$	Q	$\overline{Q}$
↑	1	1	⊓	⊔
↑	0	1	Q	$\overline{Q}$
1	↓	1	Q	$\overline{Q}$
0	↓	1	⊓	⊔
×	×	0	0	1

图 4-11-5　CC14528 的逻辑符号及功能表

该单稳态触发器的时间周期约为 $T_X = R_X C_X$。

所有的输出级都有缓冲级，以提供较大的驱动电流。

（2）应用举例

①实现脉冲延迟，如图 4-11-6 所示。

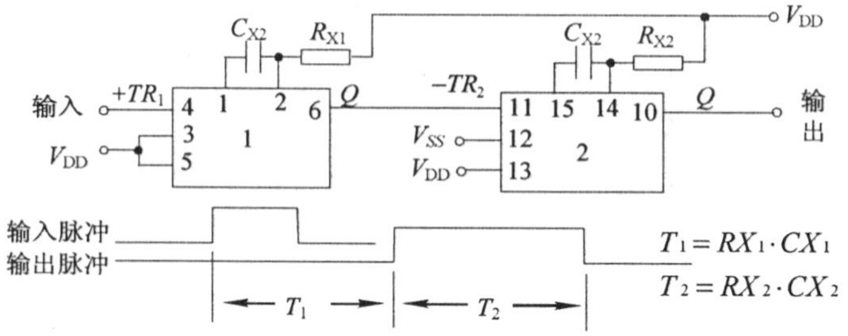

图 4-11-6　实现脉冲延迟

②实现多谐振荡器，如图 4-11-7 所示。

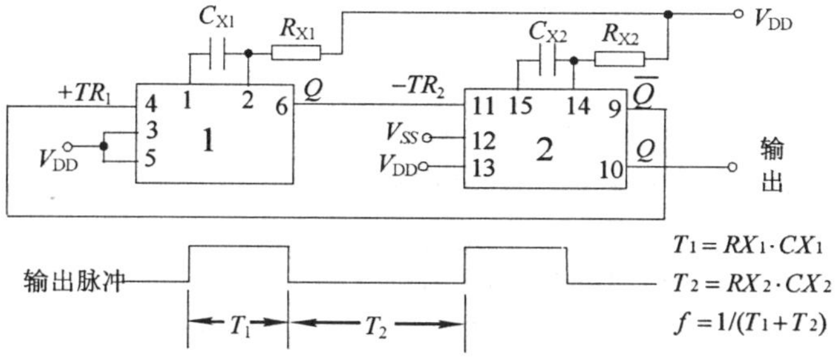

图 4-11-7　实现多谐振荡

三、实验仪器及器件

1．+5V 直流电源　　2．双踪示波器

3．连续脉冲源　　4．数字频率计

5．CC4011　CC14528　CC40106　2CK15　电位器、电阻、电容若干

四、实验内容及步骤

1．按图 4-11-1 接线，输入 1kHz 连续脉冲，用双踪示波器记录 V_I、V_P、V_A、V_B、V_D 及 V_O 的波形，记录之。

2．改变 C 或 R 之值，重复步骤 1 的内容。

3．按图 4-11-6 接线，输入 1kHz 连续脉冲，用双踪示波器观测输入、输出波形，测定 T_1 与 T_2。

*4．按图 4-11-3 接线，重复步骤 1 的实验内容。

*5．按图 4-11-7 接线，用示波器观测输出波形，测定振荡频率。

五、实验注意事项

1．实验中对单稳态触发器的参数根据实验情况作适当调整。

2．接线前先检查实验所用集成块和元器件的好坏，然后再接线。

3．拟好记录实验结果所需的数据、表格，详细记录实验数据和波形图。

4．带*号的实验项目为选做内容。

六、实验报告要求

1．绘出实验线路图，用方格纸记录波形。

2．分析各次实验结果的波形，验证有关的理论。

3．总结单稳态触发器的特点及其应用。

实验 4.12　施密特触发器

一、实验目的

1．掌握使用集成门电路构成施密特触发器的基本方法。

2．熟悉集成施密特触发器的性能及其应用。

二、实验原理

施密特触发器（整形电路），对外加输入的正弦波、方波等波形进行整形，使电路输出矩形脉冲波。

1．用与非门组成施密特触发器

施密特触发器能对正弦波、三角波等信号进行整形，并输出矩形波，如图 4-12-1（a）、（b）所示是两种典型的电路。图 4-12-1（a）中，门 G_1、G_2 是基本 RS 触发器，门 G_3 是反相器，二极管 D 起电平偏移作用，以产生回差电压，其工作情况如下：设 $V_I=0$，G_3 截止，$R=1$、$S=0$，$Q=1$、$\overline{Q}=0$，电路处于原态。V_I 由 0V 上升到电路的接通电位 V_T 时，G_3 导通，$R=0$，$S=1$，触发器翻转为 $Q=0$、$\overline{Q}=1$ 的新状态。此后 V_I 继续上升，电路状态不变。当 V_I 由最大值下降到 V_T 值的时间内，R 仍等于 0，$S=1$，电路状态也不变。当 $V_I \leqslant V_T$ 时，G_3 由导通变为截止，而 $V_S=V_T+V_D$ 为高电平，因而 $R=1$，$S=1$，触发器状态仍保持。只有 V_I 降至使 $V_S=V_T$ 时，电路才翻回到 $Q=1$、$\overline{Q}=0$ 的原态。电路的回差 $\Delta V=V_D$。

如图 4-12-1（b）所示是由电阻 R_1、R_2 产生回差的电路。

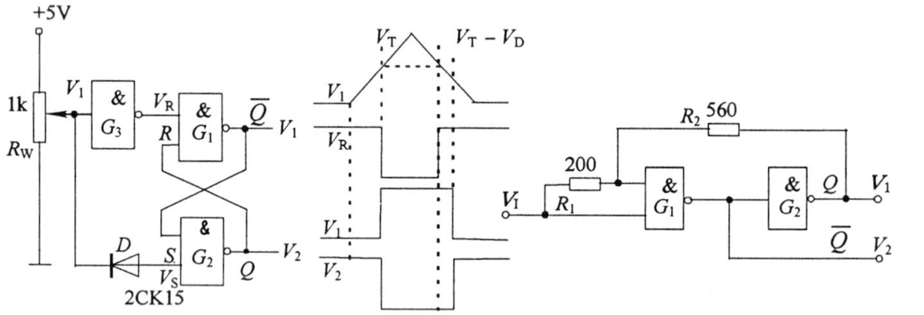

(a) 由二极管 D 产生回差的电路　　(b) 由电阻 R_1、R_2 产生回差的电路

图 4-12-1　与非门组成施密特触发器

2．集成六施密特触发器 CC40106

如图 4-12-2 所示为其逻辑符号及引脚功能，它可用于波形的整形，也可做反相器或构成单稳态触发器和多谐振荡器。

（1）将正弦波转换为方波，如图 4-12-3 所示。

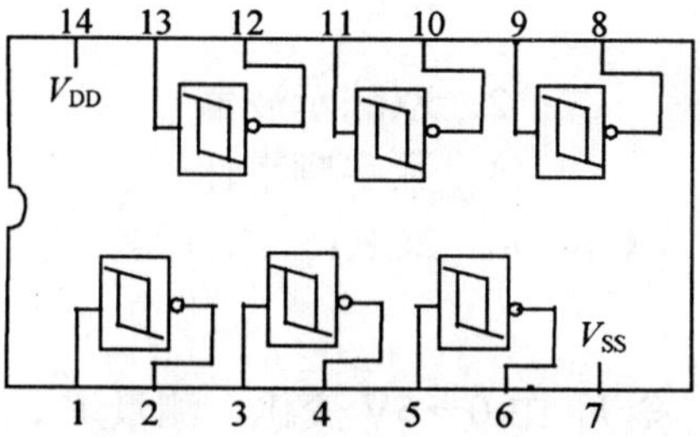

图 4-12-2　CC40106 引脚排列

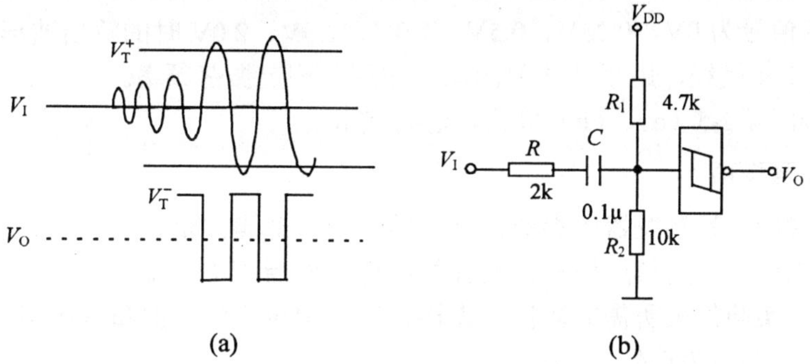

图 4-12-3　正弦波转换为方波

（2）构成多谐振荡器，如图 4-12-4 所示。

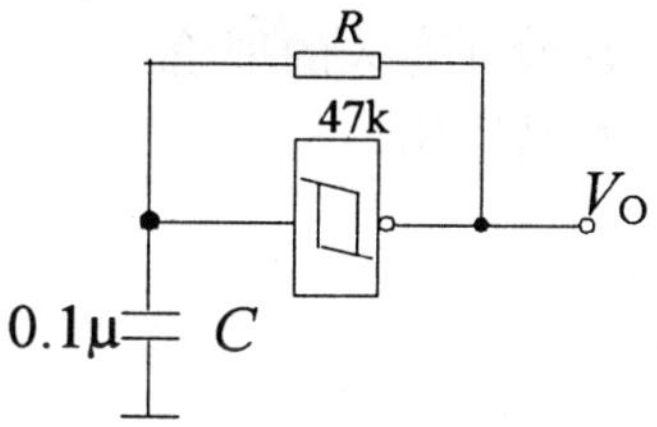

图 4-12-4　多谐振荡器

（3）构成单稳态触发器。

如图 4-12-5（a）所示为下降沿触发；如图 4-12-5（b）所示为上升沿触发。

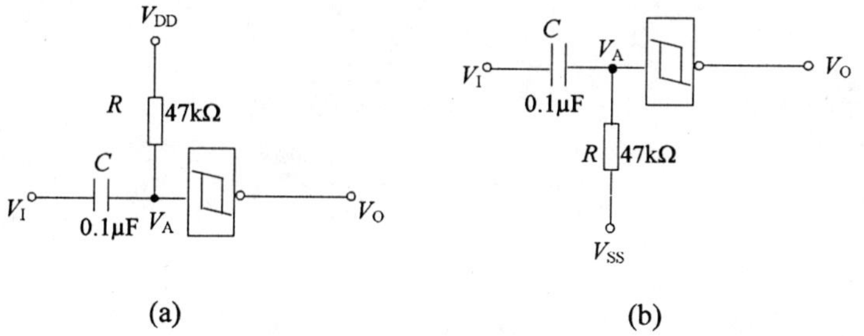

图 4-12-5　单稳态触发器

三、实验仪器及器件

1．+5V 直流电源　　　　　　2．双踪示波器

3．连续脉冲源　　　　　　　4．数字频率计

5．CC4011　CC14528　CC40106　2CK15　电位器、电阻、电容若干

四、实验内容及步骤

1．按图 4-12-1(a)接线，令 V_I 由 0→5V 变化，测量 V_1、V_2之值。

2．按图 4-12-3 接线，构成整形电路，被整形信号可由音频信号源提供，图中串联的 2kΩ 电阻起限流保护作用。将正弦信号频率置于 1kHz，调节信号电压由低到高观测输出波形的变化。记录输入信号为 0V、0.25V、0.5V、1.0V、1.5V、2.0V 时的输出波形，记录之。

*3．按图 4-2-4 接线，用示波器观测输出波形，测定振荡频率。

*4．分别按图 4-2-5（a)、（b）接线，进行实验。

五、实验注意事项

1．实验中对施密特触发器的参数根据实验情况作适当调整。

2．接线前先检查所用集成块和元器件的好坏，然后再接线做实验。

3．拟好记录实验结果所需的数据、表格，详细记录实验数据和波形图。

4．带*号实验项目为选做内容。

六、实验报告要求

1．绘出实验线路图，用方格纸记录波形。

2．分析各次实验结果的波形，验证有关的理论。

3．总结施密特触发器的特点及其应用。

实验 4.13　555 时基电路的应用

一、实验目的

1．熟悉 555 型集成时基电路的结构、工作原理及其特点。

2．掌握 555 型集成时基电路的基本应用方法。

二、实验原理

集成时基电路又称为集成定时器或 555 电路，是一种数字、模拟混合型的中规模集成电路，应用十分广泛。它是一种产生时间延迟和多种脉冲信号的电路，由于内部电压标准使用了 3 个 5kΩ电阻，故取名 555 电路。其电路类型有双极型和 CMOS 型两大类，二者的结构与工作原理类似。几乎所有的双极型产品型号最后的三位数码都是 555 或 556；所有的 CMOS 产品型号最后四位数码都是 7555 或 7556，二者的逻辑功能和引脚排列完全相同，易于互换。555 和 7555 是单定时器，556 和 7556 是双定时器。双极型的电源电压 V_{CC}=+5V～+15V，输出的最大电流可达 200mA，CMOS 型的电源电压为+3～+18V。

555 定时器主要是由电阻、电容构成充放电电路，并由两个比较器来检测电容器上的电压，以确定输出电平的高低和放电开关管的通断。这就很方便地构成从微秒到数十分钟的延时电路，可方便地构成单稳态触发器、多谐振荡器、施密特触发器等脉冲产生或波形变换电路。

1．555 定时器组成单稳态触发器

如图 4-13-1(a)所示为由 555 定时器和外接定时元件 R、C 构成的单稳态触发器。触发电路由 C_1、R_1、D 构成，其中 D 为钳位二极管，稳态时 555 电路输入端处于电源电平，内部放电开关管 T 导通，输出端 F 输出低电平，当有一个外部负脉冲触发信号经 C_1 加到 2 端，并使 2 端电位瞬时低于 $\frac{1}{3}V_{CC}$，低电平比较器动作，单稳态电路即开始一个暂态过程，电容 C 开始充电，V_C 按指数规律增长。当 V_C 充电到 $\frac{2}{3}V_{CC}$ 时，高电平比较器动作，比较器 A_1 翻转，输出 V_O 从高电平返回低电平，放电开关管 T 重新导通，电容 C 上的电荷很快经放电开关管放电，暂态结束，恢复稳态，为下一个触发脉冲的来到做好准备。波形图如图 4-13-1(b)所示。

暂稳态的持续时间 t_w（即为延时时间）决定于外接元件 R、C 值的大小：

$$t_w=1.1RC$$

通过改变 R、C 的大小，可使延时时间在几个微秒到几十分钟之间变化。当这种单稳态电路作为计时器时，可直接驱动小型继电器，并可以使用复位端（4 脚）接地的方法来中止暂态，重新计时。此外尚需用一个续流二极管与继电器线圈并接，以防继电器线圈的反电势损坏内部功率管。

2．555 定时器组成多谐振荡器

如图 4-13-2(a)所示，由 555 定时器和外接元件 R_1、R_2、C构成多谐振荡器，脚 2 与脚 6 直接相连。电路没有稳态，仅存在两个暂稳态，电路亦不需要外加触发信号，利用电源通过 R_1、

R_2 向 C 充电，以及 C 通过 R_2 向放电端 C_t 放电，使电路产生振荡。电容 C 在 $\frac{1}{3}V_{CC} \sim \frac{2}{3}V_{CC}$ 之间充电和放电，其波形如图 4-13-2 (b)所示。输出信号的时间参数是：

$$T=t_{w1}+t_{w2}，\ t_{w1}=0.7(R_1+R_2)C，\ t_{w2}=0.7R_2C$$

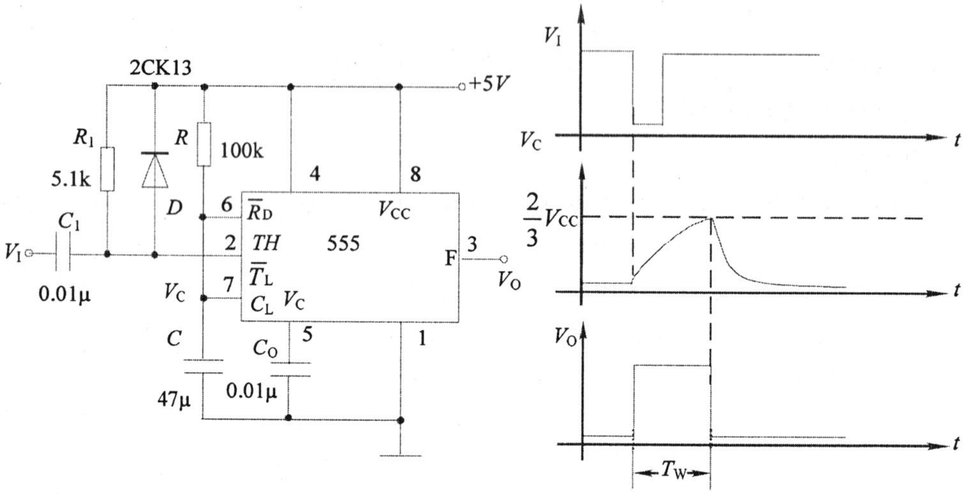

图 4-13-1　单稳态触发器

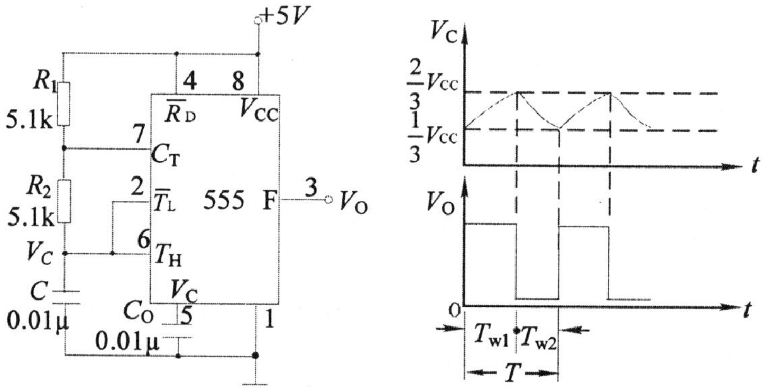

图 4-13-2　多谐振荡器

555 定时器电路要求 R_1 与 R_2 均应大于或等于 1kΩ，但 R_1+R_2 应小于或等于 3.3MΩ。

外部元件的稳定性决定了多谐振荡器的稳定性，555 定时器配以少量的元件即可获得较高精度的振荡频率和具有较强的功率输出能力。因此这种形式的多谐振荡器应用很广。

3．555 定时器组成占空比可调的多谐振荡器

电路如图4-13-3所示，它比如图4-13-2所示电路增加了一个电位器和两个导引二极管。D_1、D_2用来决定电容充、放电电流流经电阻的途径（充电时D_1导通，D_2截止；放电时D_2导通，D_1截止）。

占空比　$P=\frac{t_{w1}}{t_{w1}+t_{w2}}\approx\frac{0.7R_AC}{0.7C(R_A+R_B)}=\frac{R_A}{R_A+R_B}$

可见，若取 $R_A=R_B$，电路即可输出占空比为 50%的方波信号。

4．555 定时器组成占空比连续可调并能调节振荡频率的多谐振荡器

电路如图 4-13-4 所示。对 C_1 充电时，充电电流通过 R_1、D_1、R_{W2} 和 R_{W1}；放电时通过 R_{W1}、R_{W2}、D_2、R_2。当 $R_1=R_2$ 时，R_{W2} 调至中心点，因充放电时间基本相等，其占空比约为 50%，此时调节 R_{W1} 仅改变频率，占空比不变。如 R_{W2} 调至偏离中心点，再调节 R_{W1}，不仅振荡频率改变，而且对占空比也有影响。R_{W1} 不变，调节 R_{W2}，仅改变占空比，对频率无影响。因此，当接通电源后，应首先调节 R_{W1} 使频率调至规定值，再调节 R_{W2}，以获得需要的占空比。若频率调节的范围比较大，还可以用波段开关改变 C_1 的值。

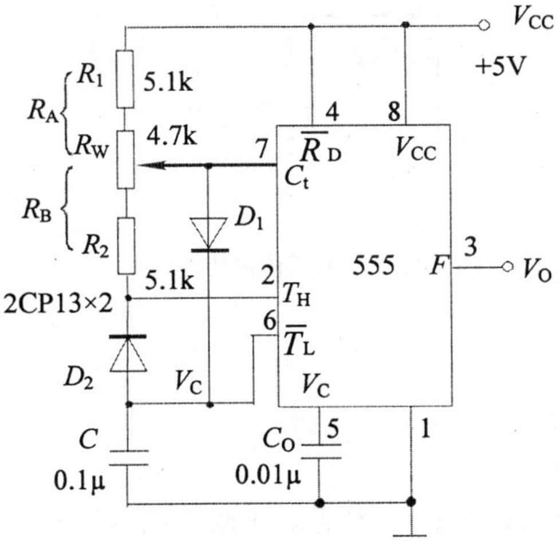

图 4-13-3　占空比可调的多谐振荡器

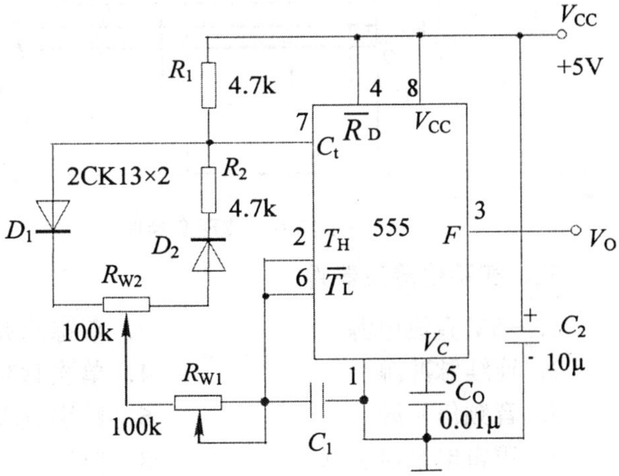

图 4-13-4　占空比与频率均可调的多谐振荡器

5．555 定时器组成施密特触发器

电路如图 4-13-5 所示，只要将脚 2、6 连在一起作为信号输入端，即得到施密特触发器。图 4-13-6 示出了 V_S、V_I 和 V_O 的波形图。

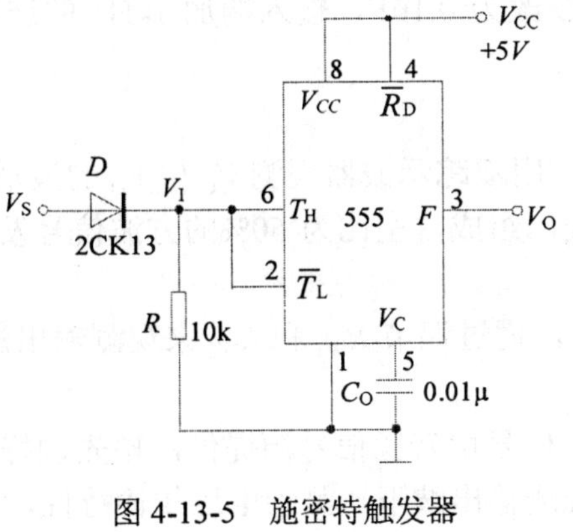

图 4-13-5　施密特触发器

设被整形变换的电压为正弦波 V_S，其正半波通过二极管 D 同时加到 555 定时器的 2 脚

和 6 脚，得 V_I 为半波整流波形。当 V_I 上升到 $\frac{2}{3}V_{CC}$ 时，V_O 从高电平翻转为低电平；当 V_I 下降到 $\frac{1}{3}V_{CC}$ 时，V_O 又从低电平翻转为高电平。电路的电压传输特性曲线如图 4-13-7 所示。

回差电压$\Delta V=\frac{2}{3}V_{CC}-\frac{1}{3}V_{CC}=\frac{1}{3}V_{CC}$

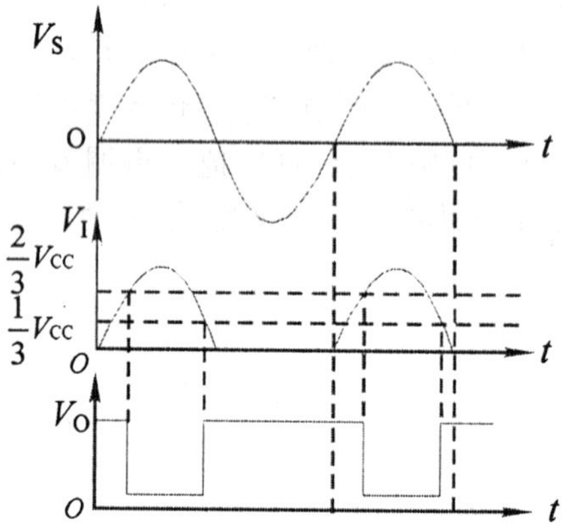

图 4-13-6　波形变换图

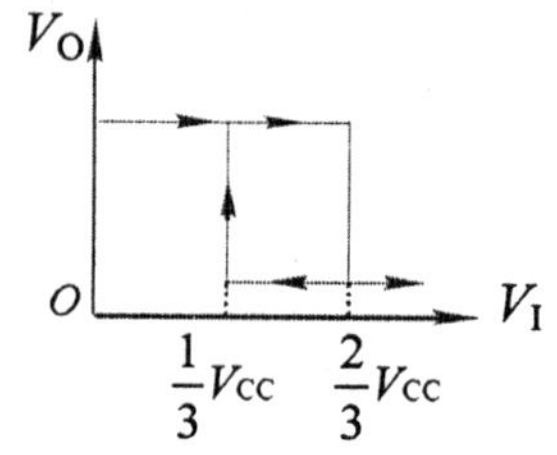

图 4-13-7　电压传输特性

三、实验仪器及器件

1．+5V 直流电源　　2．双踪示波器
3．连续脉冲源　　4．单次脉冲源
5．音频信号源　　6．数字频率计
7．逻辑电平显示器　　8．555×2　2CK13×2　电位器、电阻、电容若干

四、实验内容及步骤

1．单稳态触发器

（1）按图 4-13-1 连线，取 R=100kΩ，C=47μF，输入信号 V_I 由单次脉冲源提供，用双踪示波器观测 V_I、V_C、V_O 的波形，测定幅度与暂稳时间。

（2）将 R 改为 1kΩ，C 改为 0.1μF，输入端加 1kHz 的连续脉冲，观测 V_I、V_C、V_O 的波形，测定幅度及暂稳时间。

2．多谐振荡器

（1）按图 4-13-2 接线，用双踪示波器观测 V_C 与 V_O 的波形，测定频率。

*（2）按图 4-13-3 接线，组成占空比为 50%的方波信号发生器。观测 V_C、V_O 的波形，测定波形参数。

*（3）按图 4-13-4 接线，通过调节 R_{W1} 和 R_{W2} 来观测输出波形。

*3．施密特触发器

按图 4-13-5 接线，输入信号由音频信号源提供，预先调好 V_S 的频率为 1kHz，接通电源，逐渐加大 V_S 的幅度，观测输出波形，测绘电压传输特性，算出回差电压ΔV。

五、实验注意事项

1．实验中对自激多谐振荡器的参数要根据实验情况进行适当调整。

2．接线前先检查实验所用集成块和元器件的好坏。

3．用示波器测定波形时注意 CP 和 Q 端的波形同时测量，以便于比较。

4．带*的实验项目为选做内容。

六、实验报告要求

1．绘出详细的实验线路图，定量绘出观测到的波形。

2．分析、总结实验结果。

实验 4.14　加法、减法计数器

一、实验目的

1．掌握用集成触发器构成加法、减法计数器的方法。

2．掌握中规模集成计数器的使用及功能测试方法。

二、实验原理

计数器是一个用以实现计数功能的时序部件，它不仅可用来计脉冲数，还常用做数字系统的定时、分频和执行数字运算以及其他特定的逻辑功能。

计数器的种类很多。按构成计数器中的各触发器是否使用一个时钟脉冲源来分，有同步计数器和异步计数器；根据计数制的不同，分为二进制计数器、十进制计数器和任意进制计数器；根据计数的增减趋势，又分为加法、减法和可逆计数器；还有可预置数和可编程序功能计数器等等。目前，无论是 TTL 还是 CMOS 集成电路，都有品种较齐全的中规模集成计数器。使用者只要借助于器件手册提供的功能表和工作波形图以及引出端的排列，就能正确地运用这些器件。

1．用 D 触发器构成异步二进制加/减计数器

如图 4-14-1 所示是用四只 D 触发器构成的四位二进制异步加法计数器，它的连接特点是将每只 D 触发器接成 T′触发器，再由低位触发器的 $\overline{Q}$ 端和高一位的 CP 端相连接。

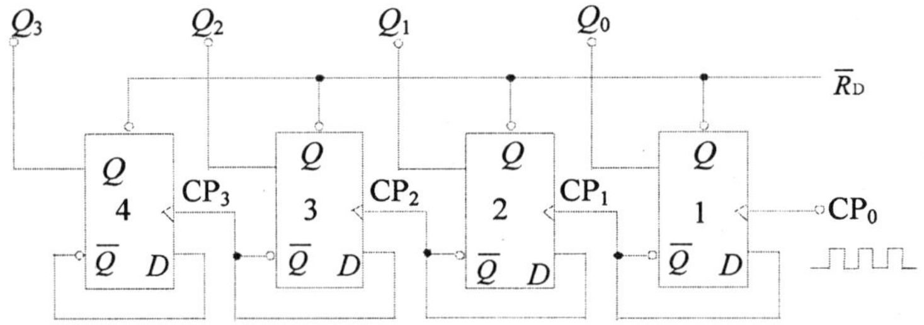

图 4-14-1　四位二进制异步加法计数器

若将图 4-14-1 稍加改动，即将低位触发器的 Q 端与高一位的 CP 端相连接，即构成了一个 4 位二进制减法计数器。

2．中规模十进制计数器

CC40192 是同步十进制可逆计数器，具有双时钟输入，并具有清除和置数等功能，其引脚排列及逻辑符号如图 4-14-2 所示。

图中　$\overline{LD}$——置数端　CP_U——加计数端　CP_D——减计数端

$\overline{CO}$——非同步进位输出端　$\overline{BO}$——非同步借位输出端

D_0、D_1、D_2、D_3 ——计数器输入端

Q_0、Q_1、Q_2、Q_3 ——数据输出端　CR——清除端

CC40192（同 74LS192，二者可互换使用）的功能如表 4-14-1 所示，说明如下：

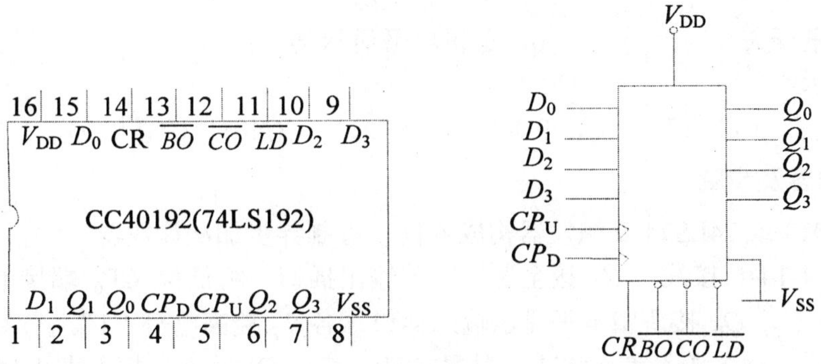

图 4-14-2　CC40192 引脚排列及逻辑符号

当清除端 CR 为高电平“1”时，计数器直接清零；CR 置低电平，则执行其他功能。

当 CR 为低电平、置数端 $\overline{\mathrm{LD}}$ 也为低电平时，数据直接从置数端 D_0、D_1、D_2、D_3 置入计数器。

当 CR 为低电平、$\overline{\mathrm{LD}}$ 为高电平时，执行计数功能。执行加计数时，减计数端 $\mathrm{CP_D}$ 接高电平，计数脉冲由 $\mathrm{CP_U}$ 输入；在计数脉冲上升沿进行 8421 码十进制加法计数。执行减计数时，加计数端 $\mathrm{CP_U}$ 接高电平，计数脉冲由减计数端 $\mathrm{CP_D}$ 输入，表 4-14-2 为 8421 码十进制加、减计数器的状态转换表。

表　4-14-1

输入								输出			
CR	$\overline{\mathrm{LD}}$	$\mathrm{CP_U}$	$\mathrm{CP_D}$	D_3	D_2	D_1	D_0	Q_3	Q_2	Q_1	Q_0
1	×	×	×	×	×	×	×	0	0	0	0
0	0	×	×	d	c	b	a	d	c	b	a
0	1	↑	1	×	×	×	×	加计数			
0	1	1	↑	×	×	×	×	减计数			

加计数 →

表　4-14-2

输入脉冲数		0	1	2	3	4	5	6	7	8	9
输出	Q_3	0	0	0	0	0	0	0	0	1	1
	Q_2	0	0	0	0	1	1	1	1	0	0
	Q_1	0	0	1	1	0	0	1	1	0	0
	Q_0	0	1	0	1	0	1	0	1	0	1

减计数 ←

三、实验仪器及器件

1．+5V 直流电源　　　　2．双踪示波器

3．连续脉冲源　　　　　　　　4．单次脉冲源

5．逻辑电平开关　　　　　　　6．逻辑电平显示器

7．译码显示器

8．CC4013×2（74LS74）　CC40192（74LS192）　CC4011（74LS00）

四、实验内容及步骤

1．用 CC4013 或 74LS74 D 触发器构成 4 位二进制异步加法计数器

（1）按图 4-14-1 接线，$\overline{R}_D$ 接至逻辑开关输出插口，将低位 CP_0 端接单次脉冲源，输出端 Q_3、Q_2、Q_3、Q_0 接逻辑电平显示输入插口，各 $\overline{S}_D$ 接高电平“1”。

（2）清零后，逐个送入单次脉冲，观察并记录 Q_3～Q_0 状态，填入表 4-14-3 中。

表　4-14-3

CP 数	二　进　制　码				十进制码
	Q_3	Q_2	Q_1	Q_0	
0					
1					
2					
3					
4					
5					
6					
7					
8					
9					
10					
11					
12					
13					
14					
15					
16					

（3）将单次脉冲改为 1Hz 的连续脉冲，观察 Q_3～Q_0 的状态。

（4）将 1Hz 的连续脉冲改为 1kHz，用双踪示波器观察 CP、Q_3、Q_2、Q_1、Q_0 端波形，并记录之，见表 4-14-4。

表 4-14-4

CP 数	二 进 制 码				十进制码
	Q_3	Q_2	Q_1	Q_0	
0					
1					
2					
3					
4					
5					
6					
7					
8					
9					
10					
11					
12					
13					
14					
15					
16					

（5）将如图 4-14-1 所示电路中的低位触发器的 Q 端与高一位的 CP 端相连接，构成减法计数器，按实验内容及步骤 1 中的（2）、（3）、（4）进行实验，观察并记录 Q_3～Q_0 的状态，填入表 4-14-4。

*2．测试 CC40192 或 74LS192 同步十进制可逆计数器的逻辑功能

计数脉冲由单次脉冲源提供，清除端 CR、置数端 $\overline{LD}$、数据输入端 D_3、D_2、D_1、D_0 分别接逻辑开关，输出端 Q_3、Q_2、Q_1、Q_0 接实验设备的一个译码显示输入相应插口 A、B、C、D；$\overline{CO}$ 和 $\overline{BO}$ 接逻辑电平显示插口。按表 4-14-1 逐项测试并判断该集成块的功能是否正常。

（1）清除

令 CR=1，其他输入为任意态，这时 $Q_3Q_2Q_1Q_0$=0000，译码数字显示为 0。清除功能完成后，置 CR=0。

（2）置数

CR=0，CP_U、CP_D 任意，数据输入端输入任意一组二进制数，令 $\overline{LD}$ = 0，观察计数译码显示输出，预置功能是否完成，此后置 $\overline{LD}$=1。

（3）加计数

CR=0，$\overline{LD}$=CP_D =1，CP_U 接单次脉冲源。清零后送入 10 个单次脉冲，观察译码数字显示是否按 8421 码十进制状态转换表进行；输出状态变化是否发生在 CP_U 的上升沿。

（4）减计数

CR=0，$\overline{LD}$=CP_U=1，CP_D 接单次脉冲源。参照（3）进行实验。

五、实验注意事项

1．接线前应先检查实验所用元器件的好坏。

2．用示波器观测波形时注意 CP 和 Q 端的波形同时测量，以便于比较。

3．带*的实验项目为选做内容。

4．集成块的引脚排列图见附录。

六、实验报告要求

1．画出实验线路图，记录、整理实验现象及实验所得的有关状态和波形。

2．对实验结果进行分析。

3．总结使用集成计数器的体会。

实验 4.15　计数器的级联

一、实验目的

1．进一步掌握成计数器的使用方法。

2．掌握中规模集成计数器的使用及功能测试方法。

3．了解如何运用集成计数器构成 1/N 分频器。

二、实验原理

1．计数器的级联使用

一个十进制计数器只能表示 0～9 十个数，为了扩大计数器的范围，常用多个十进制计数器级联使用。

同步计数器往往设有进位（或借位）输出端，故可选用其进位（或借位）输出信号驱动下一级计数器。

图 4-15-1 是由 CC40192 利用进位输出 $\overline{CO}$ 控制高一位的 CP_U 端构成的加数级联图。

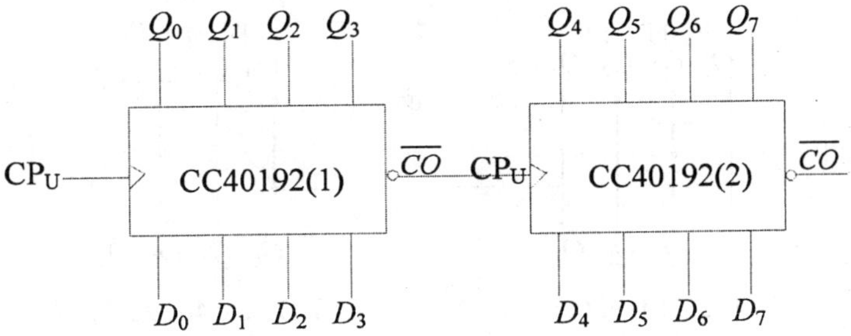

图 4-15-1　CC40192 级联电路

2．计数器的级联实现任意进制计数

（1）用复位法获得任意进制计数器

假定已有 N 进制计数器，而需要得到一个 M 进制计数器时，只要 $M<N$，用复位法使计数器计数到 M 时置“0”，即获得 M 进制计数器。如图 4-15-2 所示为一个由 CC40192 十进制计数器接成的六进制计数器。

（2）利用预置功能获得 M 进制计数器

如图 4-15-3 所示为用三个 CC40192 组成的 421 进制计数器。

外加的由与非门构成的锁存器可以克服器件计数速度的离散性，保证在反馈置“0”信号作用下计数器可靠置“0”。

如图 4-15-4 所示是一个特殊 12 进制的计数器电路方案。在数字钟里，对时位的计数序列是 1，2，…，11，12，1，…是 12 进制的，且无 0 数。如图所示，当计数到 13 时，通过与非门产生一个复位信号，使 CC40192(2)（时的十位）直接置成 0000，而 CC40192(1)，即时的个位直接置成 0001，从而实现了 1～12 计数。

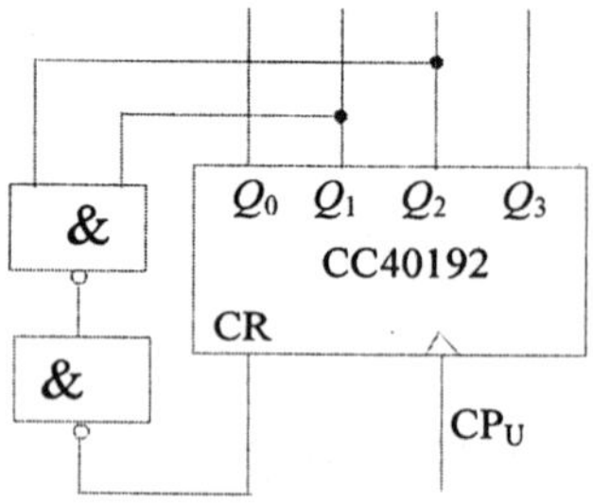

图 4-15-2　六进制计数器

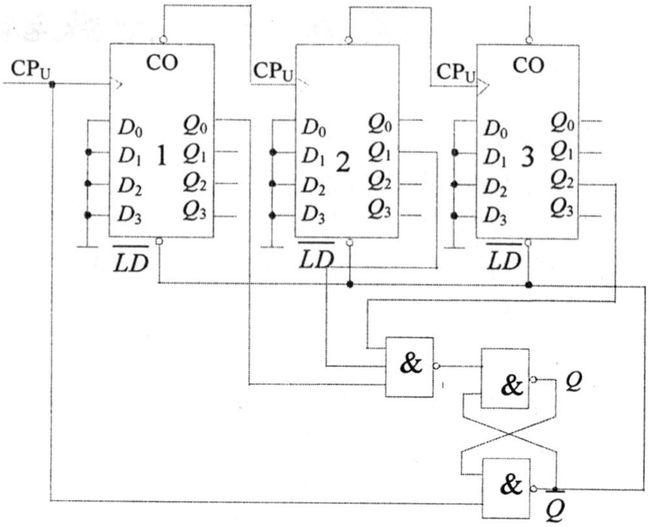

图 4-15-3　421 进制计数器

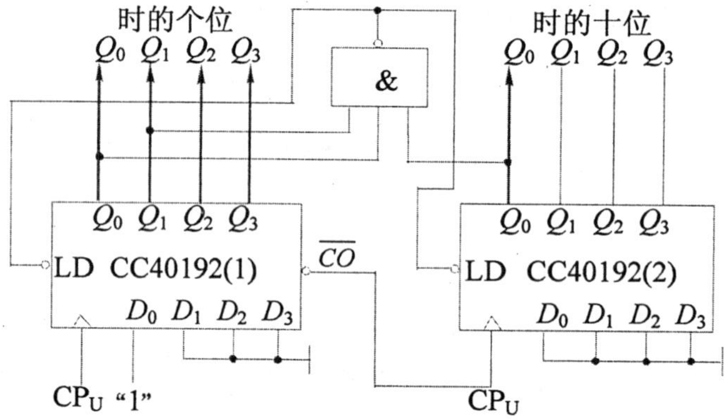

图 4-15-4　特殊 12 进制计数器

三、实验仪器及器件

1．+5V 直流电源　　2．双踪示波器
3．连续脉冲源　　4．单次脉冲源
5．逻辑电平开关　　6．逻辑电平显示器
7．译码显示器
8．CC40192×3（74LS192）　CC4011（74LS00）　CC4012（74LS20）

四、实验内容及步骤

1．如图 4-15-1 所示，用两片 CC40192 组成两位十进制加法计数器，输入 1Hz 连续计数脉冲，进行由 00～99 累加计数，记录之。

2．将两位十进制加法计数器改为两位十进制减法计数器，实现由 99～00 递减计数，记录之。

3．按如图 4-15-2 所示电路进行实验，记录之。

4．按图 4-15-3 或图 4-15-4 进行实验，记录之。

*5．设计一个数字钟移位 60 进制计数器并进行实验。

五、实验注意事项

1．接线前应先检查实验所用元器件的好坏。

2．用示波器观测波形时注意 CP 和 Q 端的波形同时测量，便于比较。

3．带*的实验项目为选做内容。

4．集成块的引脚排列图见附录。

六、实验报告要求

1．画出实验线路图，记录、整理实验现象及实验所得的有关状态和波形。对实验结果进行分析。

2．总结使用集成计数器级联的体会。

实验 4.16 移位寄存器及其应用

一、实验目的

1．掌握中规模 4 位双向移位寄存器的逻辑功能及使用方法。

2．熟悉移位寄存器实现数据的串行、并行转换和构成环形计数器的原理及方法。

二、实验原理

1．移位寄存器是一个具有移位功能的寄存器，是指寄存器中所存的代码能够在移位脉冲的作用下依次左移或右移。既能左移又能右移的称为双向移位寄存器，只需要改变左、右移的控制信号便可实现双向移位要求。根据移位寄存器存取信息的方式不同分为：串入串出、串入并出、并入串出、并入并出四种形式。

本实验选用的 4 位双向通用移位寄存器，型号为 CC40194 或 74LS194，两者功能相同，可互换使用，其逻辑符号及引脚排列见附录。其中，D_0、D_1、D_2、D_3 为并行输入端；Q_0、Q_1、Q_2、Q_3 为并行输出端；S_R 为右移串行输入端，S_L 为左移串行输入端；S_1、S_0 为操作模式控制端；$\overline{C}_R$ 为直接无条件清零端；CP 为时钟脉冲输入端。

CC40194 有 5 种不同的操作模式，即并行送数寄存、右移（方向由 $Q_0 \to Q_3$）、左移（方向由 $Q_3 \to Q_0$）、保持及清零。

S_1、S_0 和 $\overline{C}_R$ 端的控制作用如表 4-16-1 所示。

表 4-16-1

功能	输入										输出			
	CP	$\overline{C}_R$	S_1	S_0	S_R	S_L	D_0	D_1	D_2	D_3	Q_0	Q_1	Q_2	Q_3
清除	×	0	×	×	×	×	×	×	×	×	0	0	0	0
送数	↑	1	1	1	×	×	a	b	c	d	a	b	c	d
右移	↑	1	0	1	D_{SR}	×	×	×	×	×	D_{SR}	Q_0	Q_1	Q_2
左移	↑	1	1	0	×	D_{SL}	×	×	×	×	Q_1	Q_2	Q_3	D_{SL}
保持	↑	1	0	0	×	×	×	×	×	×	Q_0^n	Q_1^n	Q_2^n	Q_3^n
保持	↓	1	×	×	×	×	×	×	×	×	Q_0^n	Q_1^n	Q_2^n	Q_3^n

2．移位寄存器应用很广，可构成移位寄存器型计数器、顺序脉冲发生器、串行累加器；可用做数据转换，即把串行数据转换为并行数据，或把并行数据转换为串行数据等。本实验研究移位寄存器用做环形计数器和数据的串、并行转换。

（1）环形计数器

把移位寄存器的输出反馈到它的串行输入端，就可以进行循环移位。

如图 4-16-1 所示，把输出端 Q_3 和右移串行输入端 S_R 相连接，设初始状态

$Q_0Q_1Q_2Q_3$=1000，则在时钟脉冲作用下 $Q_0Q_1Q_2Q_3$ 将依次变为 0100→0010→0001→1000→……如表 4-16-2 所示，可见它是一个具有四个有效状态的计数器，这种类型的计数器通常称为环形计数器。如图 4-16-2 所示电路可以由各个输出端输出在时间上有先后顺序的脉冲，因此也可作为顺序脉冲发生器。

如果将输出 Q_0 与左移串行输入端 S_L 相连接，即可达左移循环移位。

表 4-16-2

CP	Q_0	Q_1	Q_2	Q_3
0	1	0	0	0
1	0	1	0	0
2	0	0	1	0
3	0	0	0	1

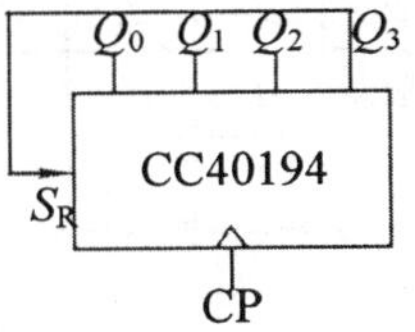

图 4-16-1 环形计数器

（2）实现数据串、并行转换

① 串行/并行转换器

串行/并行转换是指串行输入的数码，经转换电路之后变换成并行输出。

如图 4-16-2 所示是用两片 CC40194（74LS194）四位双向移位寄存器组成的七位串/并行数据转换电路。

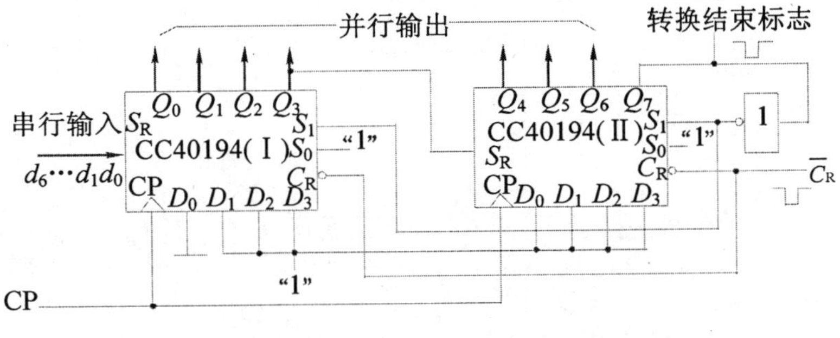

图 4-16-2 七位串行/并行转换器

电路中 S_0 端接高电平 1，S_1 受 Q_7 控制，两片寄存器连接成串行输入右移工作模式。Q_7 是转换结束标志。当 Q_7=1 时，S_1 为 0，使之成为 S_1S_0=01 的串入右移工作方式；当 Q_7=0 时，S_1=1，有 S_1S_0=10，则串行送数结束，标志着串行输入的数据已转换成并行输出了。

串行/并行转换的具体过程如下：

转换前，$\overline{C}_R$ 端加低电平，使 1、2 两片寄存器的内容清 0，此时 S_1S_0=11，寄存器执行并行输入工作方式。当第一个 CP 脉冲到来后，寄存器的输出状态 Q_0～Q_7 为 01111111，与

此同时 S_1S_0 变为 01，转换电路变为执行串入右移工作方式，串行输入数据由 1 片的 S_R 端加入。随着 CP 脉冲的依次加入，输出状态的变化如表 4-16-3 所示。

表 4-16-3

CP	Q_0	Q_1	Q_2	Q_3	Q_4	Q_5	Q_6	Q_7	说明
0	0	0	0	0	0	0	0	0	清零
1	0	1	1	1	1	1	1	1	送数
2	d_0	0	1	1	1	1	1	1	右移操作7次
3	d_1	d_0	0	1	1	1	1	1	
4	d_2	d_1	d_0	0	1	1	1	1	
5	d_3	d_2	d_1	d_0	0	1	1	1	
6	d_4	d_3	d_2	d_1	d_0	0	1	1	
7	d_5	d_4	d_3	d_2	d_1	d_0	0	1	
8	d_6	d_5	d_4	d_3	d_2	d_1	d_0	0	
9	0	1	1	1	1	1	1	1	送数

由表 4-16-3 可见，右移操作 7 次之后，Q_7 变为 0，S_1S_0 又变为 11，说明串行输入结束。这时，串行输入的数码已经转换成了并行输出了。

当再来一个 CP 脉冲时，电路又重新执行一次并行输入，为第二组串行数码转换做好了准备。

② 并行/串行转换器

并行/串行转换器是指并行输入的数码经转换电路之后，换成串行输出。

如图 4-16-3 所示是用两片 CC40194（74LS194）组成的七位并行/串行转换电路，它比图 4-16-2 多了两只与非门 G_1 和 G_2，电路的工作方式同样为右移。

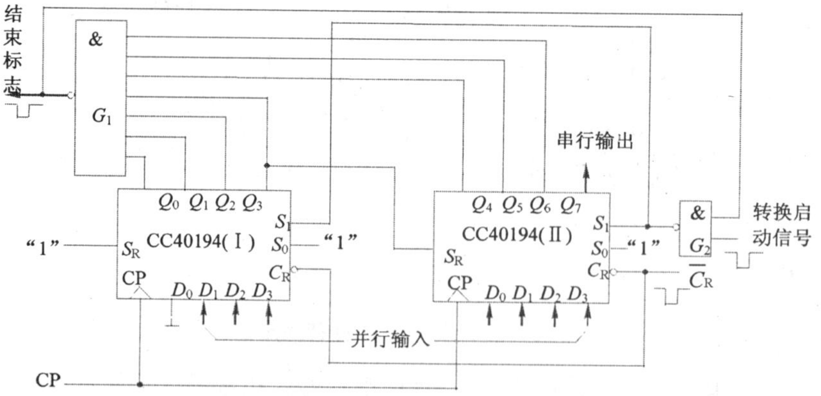

图 4-16-3　七位并行/串行转换器

寄存器清“0”后，加一个转换启动信号（负脉冲或低电平）。此时，由于方式控制 S_1S_0 为 11，转换电路执行并行输入操作。当第一个 CP 脉冲到来后，$Q_0Q_1Q_2Q_3Q_4Q_5Q_6Q_7$ 的状态

为 $0D_1D_2D_3D_4D_5D_6D_7$，并行输入数码存入寄存器。从而使得 G_1 输出为 1，G_2 输出为 0，结果，S_1S_2 变为 01，转换电路随着 CP 脉冲的加入，开始执行右移串行输出，随着 CP 脉冲的依次加入，输出状态依次右移，待右移操作 7 次后，Q_0～Q_6 的状态都为高电平 1，与非门 G_1 输出为低电平，G_2 门输出为高电平，S_1S_2 又变为 11，表示并/串行转换结束，且为第二次并行输入创造了条件。转换过程如表 4-16-4 所示。

表　14-16-4

CP	Q_0	Q_1	Q_2	Q_3	Q_4	Q_5	Q_6	Q_7	串　行　输　出						
0	0	0	0	0	0	0	0	0							
1	0	D_1	D_2	D_3	D_4	D_5	D_6	D_7							
2	1	0	D_1	D_2	D_3	D_4	D_5	D_6	D_7						
3	1	1	0	D_1	D_2	D_3	D_4	D_5	D_6	D_7					
4	1	1	1	0	D_1	D_2	D_3	D_4	D_5	D_6	D_7				
5	1	1	1	1	0	D_1	D_2	D_3	D_4	D_5	D_6	D_7			
6	1	1	1	1	1	0	D_1	D_2	D_3	D_4	D_5	D_6	D_7		
7	1	1	1	1	1	1	0	D_1	D_2	D_3	D_4	D_5	D_6	D_7	
8	1	1	1	1	1	1	1	0	D_1	D_2	D_3	D_4	D_5	D_6	D_7
9	0	D_1	D_2	D_3	D_4	D_5	D_6	D_7							

中规模集成移位寄存器，其位数往往以 4 位居多，当需要的位数多于 4 位时，可把几片移位寄存器用级联的方法来扩展位数。

三、实验仪器及器件

1．+5V 直流电源　　　　　　2．单次脉冲源

3．逻辑电平开关　　　　　　4．逻辑电平显示器

5．CC40194×2（74LS194）　　CC4011（74LS00）　　CC4068（74LS30）

四、实验内容及步骤

1．测试 CC40194（或 74LS194）的逻辑功能

按图 4-16-4 接线，$\overline{C}_R$、S_1、S_0、S_L、S_R、D_0、D_1、D_2、D_3 分别接至逻辑开关的输出插口；Q_0、Q_1、Q_2、Q_3 接至逻辑电平显示输入插口。CP 端接单次脉冲源。按表 4-16-5 所规定的输入状态，逐项进行测试。

（1）清除：令 $\overline{C}_R$=0，其他输入均为任意态，这时寄存器输出 Q_0、Q_1、Q_2、Q_3 应均为 0。清除后，置 $\overline{C}_R$=1。

（2）送数：令 $\overline{C}_R=S_1=S_0=1$，送入任意 4 位二进制数，如 $D_0D_1D_2D_3=abcd$，加 CP 脉冲，观察 CP=0、CP 由 0→1、CP 由 1→0 三种情况下寄存器输出状态的变化，观察寄存器输出状态变化是否发生在 CP 脉冲的上升沿。

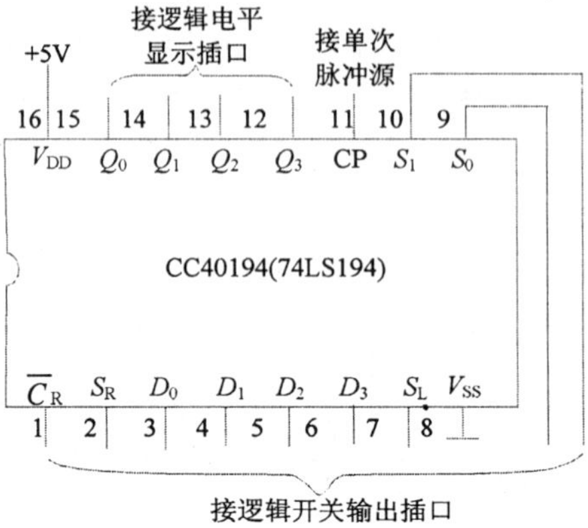

图 4-16-4 CC40194 逻辑功能测试

表 4-16-5

清除 $\overline{C}_R$	模 S_1	式 S_0	时钟 CP	串 S_L	行 S_R	输 入 $D_0\ D_1\ D_2\ D_3$	输 出 $Q_0\ Q_1\ Q_2\ Q_3$	功能总结
0	×	×	×	×	×	××××		
1	1	1	↑	×	×	*a b c d*		
1	0	1	↑	×	0	××××		
1	0	1	↑	×	1	××××		
1	0	1	↑	×	0	××××		
1	0	1	↑	×	0	××××		
1	1	0	↑	1	×	××××		
1	1	0	↑	1	×	××××		
1	1	0	↑	1	×	××××		
1	1	0	↑	1	×	××××		
1	0	0	↑	×	×	××××		

（3）右移：清零后，令$\overline{C}_R$=1，S_1=0，S_0=1，由右移输入端 S_R 送入二进制数码如 0100，由 CP 端连续加 4 个脉冲，观察输出情况，记录之。

（4）左移：先清零或预置，再令$\overline{C}_R$=1，S_1=1，S_0=0，由左移输入端 S_L 送入二进制数码，如 1111，连续加 4 个 CP 脉冲，观察输出情况，记录之。

（5）保持：寄存器预置任意 4 位二进制数码 *abcd*，令$\overline{C}_R$=1，S_1=S_0=0，加 CP 脉冲，观察寄存器输出状态，记录之。

2．环形计数器

自拟实验线路用并行送数法预置寄存器为某二进制数码（如 0100），然后进行右移循环，观察寄存器输出端状态的变化，记入表 4-16-6 中。

表 4-16-6

CP	Q_0	Q_1	Q_2	Q_3
0	0	1	0	0
1				
2				
3				
4				

*3．实现数据的串行、并行转换

（1）串行输入、并行输出

按图 14-16-3 接线，进行右移串入、并出实验，串入数码自定；改接线路用左移方式实现并行输出。自拟表格，记录之。

（2）并行输入、串行输出

按图 4-16-4 接线，进行右移并入、串出实验，并入数码自定。再改接线路用左移方式实现串行输出。自拟表格，记录之。

五、实验注意事项

1．接线前应先检查实验所用元器件的好坏。

2．带*的实验项目为选做内容。

3．集成块的引脚排列图见附录。

六、实验报告要求

1．分析如表 4-16-4 所示的实验结果，总结移位寄存器 CC40194 的逻辑功能并写入表格“功能总结”一栏中。

2．根据实验内容及步骤 2 的结果，画出 4 位环形计数器的状态转换图及波形图。

3．分析串/并、并 /串转换器所得结果的正确性。

实验 4.17 时序逻辑电路设计实验

一、实验目的

1. 掌握时序电路的设计与调试方法。

2. 掌握排除数字电路故障的方法。

二、设计题目

1. 无人指挥交通灯控制电路的设计与实验：要求电路能实现如下循环：红灯亮 60s（表示停车信号）+红灯和黄灯同时亮 4s（表示通车预备信号）+绿灯亮 60s（表示通车信号，此时红灯和黄灯灭）+绿灯和黄灯同时亮 4s（表示停车预备信号）+红灯亮 60s……周而复始。

要求设计一个交通灯控制电路。

提示：利用触发器和中规模 4 位二进制计数器的分频作用，可获得周期为 64s 和脉宽为 4s 的脉冲分别驱动红灯、绿灯和黄灯。

2. 脉冲环形分配器的设计与实验：设计一个用于步进电机的三相六拍脉冲环形分配器。如用 1 表示线圈导通，用 0 表示线圈截止，则三个线圈的状态转换图如图 4-17-1 所示。控制输入端为 1 时，电动机正转；为 0 时，电动机反转。要求能自启动。

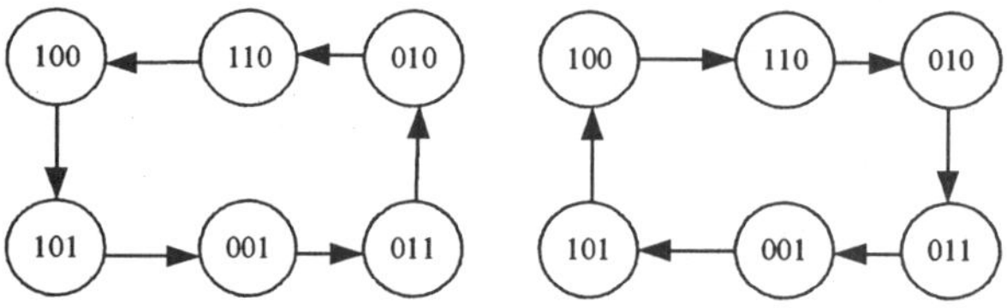

(a) (b)

图 4-17-1 脉冲环形分配器状态转换图

3. "1111"序列脉冲检测器的设计与实验 设计一个 1111 序列脉冲检测器。设计要求如下：

（1）电路只有一个输入端 X 和一个输出端 Z。

（2）输入 X 为一串随机信号，当连续输入四个 1 脉冲（1111）以上时，检测器应能识别并输出，例如 X 端的输入序列为 111110 时，输出端 Z 为 000110。

4. 串行二进制加法计数器的设计与实验 设计一个串行二进制加法计数器，其功能如下：由 X 和 Y 输入端输入的加数和被加数均为串行二进制码（低位先行），逐位相加，其和由输出端 Z 输出，也为串行二进制码（低位先行）。每一位二进制数的相加运算都是在时钟脉冲 CP 的控制下进行的。

5. 常数发生器的设计与实验 要求设计一个能产生常数π=3.1415926（共 8 位）的常数发生器，此电路可由计数器和常数发生器两部分构成。计数器为八进制计数器，在计数脉冲作用下，计数器输出 ABC 逐拍按二进制顺序变化，使其常数发生器的输出 $WXYZ$ 依次呈现 8421 码的 3.1415926。

6. 检测余 3 代码中的奇数检测器的设计与实验　设输入 $ABCD$ 是余 3 代码的 BCD，即：

$$F=8A+4B+2C+D-3，0\leqslant F\leqslant 9$$

要求设计一个检测电路，当 F 为奇数时，寄存器的输出 $WXYZ$ 等于 $ABCD$；当 F 为偶数时，寄存器的输出保持不变。寄存器为并行输入、并行输出。注意：0 既非偶数，也非奇数。

7. 序列信号发生器的设计与实验：

（1）设计一个用 D 触发器实现的、能产生 11000 序列的移位型序列信号发生器。

（2）设计一个用 D 触发器实现的、能产生 00111 序列的计数型序列信号发生器。

8. 彩灯循环电路设计与实验之一　共有 8 只彩灯，要求设计一电路，使其七暗一亮，且亮灯循环右移。该电路可分别用如下两种方案提供的集成电路实现：

（1）用 D 触发器或 JK 触发器和 3 线-8 线译码器实现。

（2）用中规模计数器和 3 线-8 线译码器实现。

9. 彩灯循环电路设计与实验之二　与第 8 题相同，但要求七亮一暗，且这一暗灯循环。

10. 检查驾驶员是否处于清醒状态的自动控制装置设计与实验　设计一个简单的控制装置，检查驾驶员是否处于清醒状态。如果处于清醒状态，则要求驾驶员必须正确无误地完成下列任务：

（1）打开收音机 R；

（2）将点燃器推进去 C；

（3）接通指示灯 L；

（4）转入倒车排挡 RV；

（5）喇叭响两次 H。

如果上述动作（假定上述每个动作产生一个相应的脉冲信号）按程序正确进行，则把钥匙塞进点火开关，汽车能启动，并使系统清零。如果上述动作程序操作错误，则汽车无法启动。

11. 阶梯波发生器的设计与实验　用两片 4 位 CT74LS199 移位寄存器、门电路和电容构成一个 7 个阶梯的阶梯波产生电路。

三、实验内容

1. 根据选择的题目设计电路，选择元器件，画出逻辑电路图。

2. 安装调试电路。

3. 拟定实验步骤、测试方法，记录测试结果，并说明实验过程中出现的故障和排除故障的方法。

4. 实训项目较多，可任意选做。

实验 4.18　D/A、A/D 转换器的应用

一、实验目的

1．了解 D/A 和 A/D 转换器的基本工作原理和基本结构。

2．掌握大规模集成 D/A 和 A/D 转换器的功能及其典型应用。

二、实验原理

在数字电子技术的很多应用场合，往往需要把模拟量转换为数字量，称为模/数转换器（A/D 转换器，简称 ADC）；或把数字量转换成模拟量，称为数/模转换器（D/A 转换器，简称 DAC）。完成这种转换的线路有多种，特别是单片大规模集成 A/D、D/A 转换器的问世，为实现上述的转换提供了极大的方便。使用者借助于手册提供的器件性能指标及典型应用电路，即可正确使用这些器件。本实验将采用大规模集成电路 DAC0832 实现 D/A 转换，用 ADC0809 实现 A/D 转换。

1．D/A 转换器 DAC0832

DAC0832 是采用 CMOS 工艺制成的单片电流输出型 8 位数 / 模转换器。如图 4-18-1 所示是 DAC0832 的逻辑框图及引脚排列。

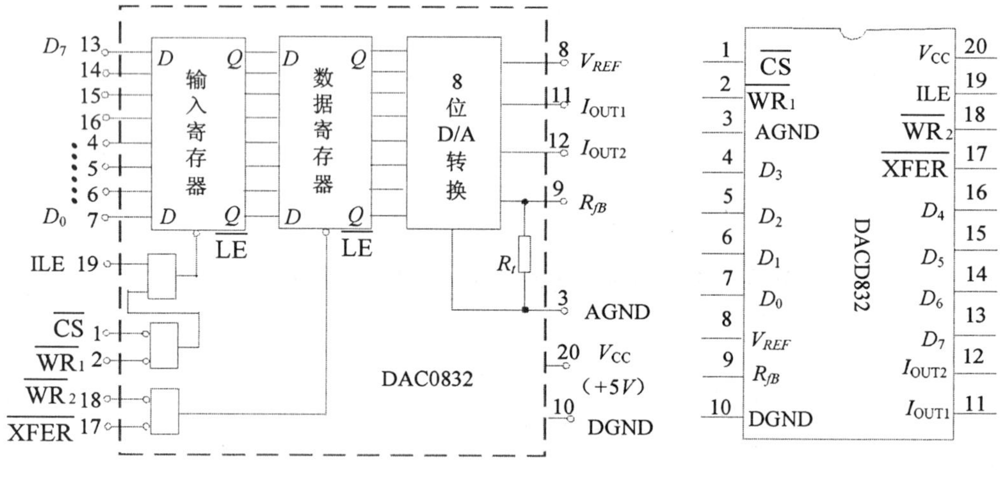

图 4-18-1　DAC0832 单片 D/A 转换器逻辑框图和引脚排列

器件的核心部分采用倒 T 型电阻网络的 8 位 D/A 转换器，如图 4-18-2 所示。它是由倒 T 型 R-2R 电阻网络、模拟开关、运算放大器和参考电压 V_{REF} 四部分组成。

运放的输出电压为：

$$V_O = \frac{V_{REF} \cdot R_f}{2^n R}(D_{n-1} \cdot 2^{n-1} + D_{n-2} \cdot 2^{n-2} + \cdots + D_0 \cdot 2^0)$$

由上式可见，输出电压 V_O 与输入的数字量成正比，这就实现了从数字量到模拟量的转换。

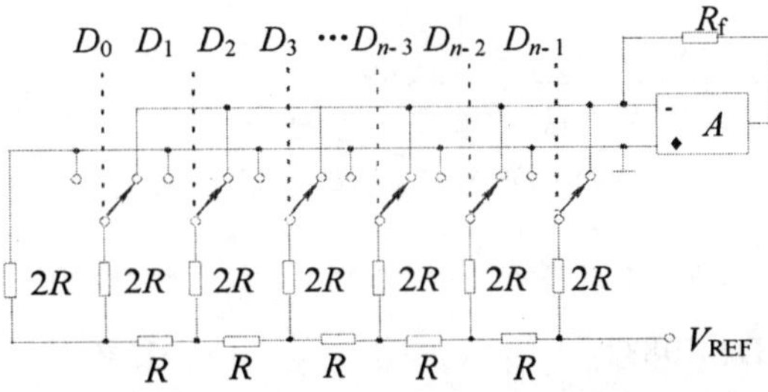

图 4-18-2　倒 T 型电阻网络 D/A转换电路

一个 8 位的 D / A转换器，它有 8 个输入端，每个输入端是 8 位二进制数的一位，有一个模拟输出端，输入可有 2^8 =256 个不同的二进制组态，输出为 256 个电压之一，即输出电压不是整个电压范围内的任意值，而只能是 256 个可能值。

DAC0832 的引脚功能说明如下：

D_0～D_7 ：数字信号输入端。

ILE：输入寄存器允许，高电平有效。

$\overline{CS}$：片选信号，低电平有效。

$\overline{WR_1}$：写信号 1，低电平有效。

$\overline{XFER}$：传送控制信号，低电平有效。

$\overline{WR_2}$：写信号 2，低电平有效。

I_{OUT1}，I_{OUT2}：DAC 电流输出端。

R_{fB} ：反馈电阻，是集成在片内的外接运放的反馈电阻。

V_{REF} ：基准电压（–10～+10V）。

V_{CC} ：电源电压（+5～+15V）。

AGND：模拟地
NGND：数字地　＞可接在一起使用。

DAC0832 输出的是电流，要转换为电压，还必须经过一个外接的运算放大器，实验线路如图 4-18-3 所示。

2．A/D转换器 ADC0809

ADC0809 是采用 CMOS 工艺制成的单片 8 位 8 通道逐次渐近型模 / 数转换器，其逻辑框图及引脚排列如图 4-18-4 所示。

器件的核心部分是 8 位 A / D 转换器，它由比较器、逐次渐近寄存器、D/A转换器及控制和定时 5 部分组成。

ADC0809 的引脚功能说明如下：

IN_0～IN_7：8 路模拟信号输入端。

A_2、A_1、A_0：地址输入端。

ALE：地址锁存允许输入信号，在此脚施加正脉冲，上升沿有效，此时锁存地址码，从而选通相应的模拟信号通道，以便进行 A/D转换。

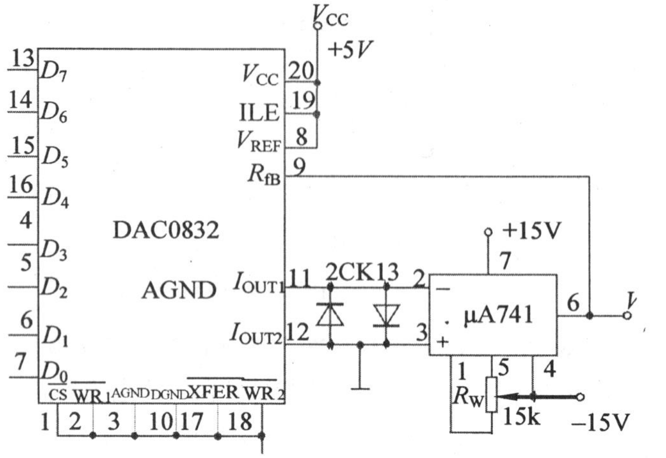

图 4-18-3　D/A 转换器实验线路

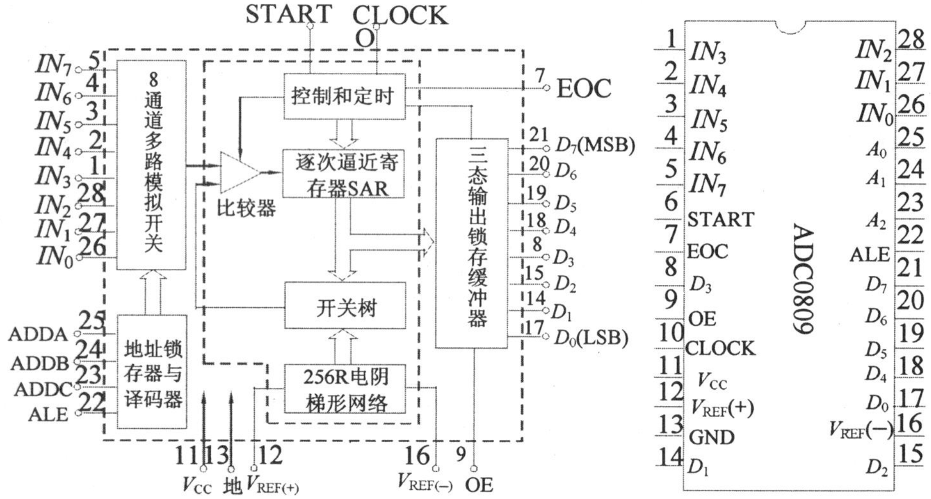

图 4-18-4　ADC0809 转换器逻辑框图及引脚排列

START：启动信号输入端，应在此脚施加正脉冲，当上升沿到达时，内部逐次逼近寄存器复位，在下降沿到达后，开始 A/D 转换过程。

EOC：转换结束输出信号（转换结束标志），高电平有效。

OE：输入允许信号，高电平有效。

CLOCK（CP）：时钟信号输入端，外接时钟频率一般为 640kHz。

V_{CC}：+5V 单电源供电。

$V_{REF}(+)$、$V_{REF}(-)$：基准电压的正极、负极。一般 $V_{REF}(+)$接+5V 电源，$V_{REF}(-)$接地。

D_7～D_0：数字信号输出端。

3．模拟量输入通道选择

8 路模拟开关由 A_2、A_1、A_0 三地址输入端选通 8 路模拟信号中的任何一路进行 A/D 转换，地址译码与模拟输入通道的选通关系如表 4-18-1 所示。

表 4-18-1

被选模拟通道		IN_0	IN_1	IN_2	IN_3	IN_4	IN_5	IN_6	IN_7
地址	A_2	0	0	0	0	1	1	1	1
	A_1	0	0	1	1	0	0	1	1
	A_0	0	1	0	1	0	1	0	1

4．D/A 转换过程

在启动端（START）加启动脉冲（正脉冲），D/A 转换即开始。如将启动端（START）与转换结束端（EOC）直接相连，转换将是连续的，在用这种转换方式时，开始应在外部加启动脉冲。

三、实验仪器及器件

1．+5V、±15V 直流电源

2．双踪示波器

3．计数脉冲源

4．逻辑电平开关

5．逻辑电平显示器

6．直流数字电压表

7．DAC0832、ADC0809、μA741、电位器、电阻、电容若干

四、实验内容及步骤

1．D/A转换器——DAC0832

（1）按图 4-18-3 接线，电路接成直通方式，即 $\overline{CS}$、$\overline{WR_1}$、$\overline{WR_2}$、$\overline{XFER}$ 接地；ALE、V_{CC}、V_{REF} 接+5V 电源；运放电源接±15V；D_0～D_7 接逻辑开关的输出插口，输出端 V_O 接直流数字电压表。

（2）调零，令 D_0～D_7 全置零，调节运放的电位器使μA741 输出为零。

（3）按表 4-18-2 所列的输入数字信号，用数字电压表测量运放的输出电压 V_O，并将测量结果填入表中，并与理论值进行比较。

表 4-18-2

输 入 数 字 量								输出模拟量 V_O(V)
D_7	D_6	D_5	D_4	D_3	D_2	D_1	D_0	V_{CC}=+5V
0	0	0	0	0	0	0	0	
0	0	0	0	0	0	0	1	
0	0	0	0	0	0	1	0	
0	0	0	0	0	1	0	0	
0	0	0	0	1	0	0	0	
0	0	0	1	0	0	0	0	
0	0	1	0	0	0	0	0	
0	1	0	0	0	0	0	0	
1	0	0	0	0	0	0	0	
1	1	1	1	1	1	1	1	

2．A/D 转换器——ADC0809

按图 4-18-5 接线。

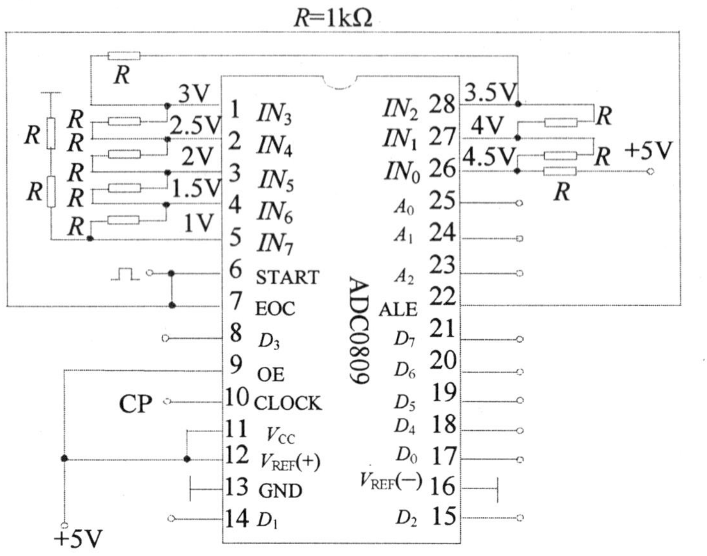

图 4-18-5　ADC0809 实验线路

（1）8 路输入模拟信号 1V～4.5V，由+5V 电源经电阻 R 分压组成；变换结果 D_0～D_7 接逻辑电平显示器输入插口，CP 时钟脉冲由计数脉冲源提供，取 f=100kHz；A_0～A_2 地址端接逻辑电平输出插口。

（2）接通电源后，在启动端（START）加一正单次脉冲，下降沿一到即开始 A/D 转换。

（3）按表 4-18-3 的要求进行观察，记录 $IN0$～$IN7$ 八路模拟信号的转换结果，并将转换结果换算成十进制数表示的电压值，并与数字电压表实测的各路输入电压值进行比较，分析误差原因。

五、实验注意事项

1．实验中要熟悉 ADC0809、DAC0832 各引脚的功能和使用方法。

2．实验前事先拟定各个实验内容的具体实验方案。

3．为节约时间，事前绘好完整的实验线路和所需的实验记录表格。

六、实验报告要求

整理实验数据，分析实验结果。

表 4-18-3

被选模拟通道	输入模拟量	地址			输出数字量								
IN	V_1(V)	A_2	A_1	A_0	D_7	D_6	D_5	D_4	D_3	D_2	D_1	D_0	十进制
IN_0	4.5	0	0	0									
IN_1	4.0	0	0	1									
IN_2	3.5	0	1	0									
IN_3	3.0	0	1	1									
IN_4	2.5	1	0	0									
IN_5	2.0	1	0	1									
IN_6	1.5	1	1	0									
IN_7	1.0	1	1	1									

第五部分

电子技术综合实训

课题 5.1 光控报警电路

一、课题目的

1．了解光控开关电路的一般组成形式。
2．熟悉光敏电阻的性能和作用。
3．熟悉三极管的开关特性。
4．熟练掌握模拟电子电路的安装、调试技术。

二、工作原理

在自动控制系统中，经常使用光传感器（如光敏电阻、硅光电池、光电耦合器件）或热传感器（热敏电阻、PN 结、热电偶）等将光强度或温度的变化转换为电信号，并与某一限度比较，当高于或低于这个限度时，产生一个开关信号，去控制一个系统的工作状态。以光敏电阻和热敏电阻为例，常用的电路形式如图 5-1-1 所示。

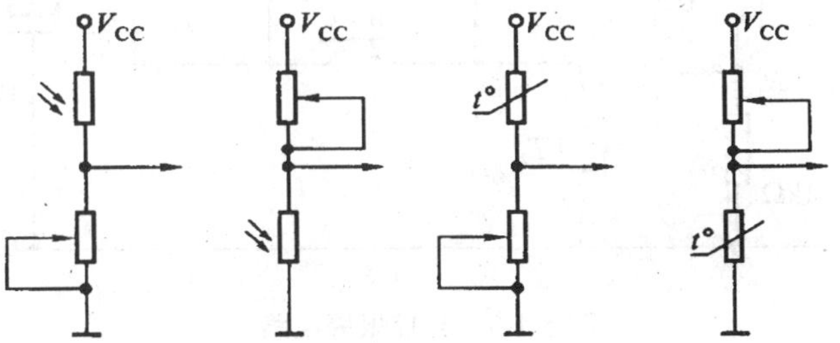

图 5-1-1　光敏电阻和热敏电阻的电路形式

光（热）敏电阻是电阻性传感器，在所受到的光（热）强度发生变化时，其电阻值相应变化。当光（热）敏电阻与电阻器串联或组成电桥时，就能把电阻的变化转换为电压信号。热敏电阻有正、负温度系数两种类型，基本知识请参考有关资料。如图 5-1-2 所示为基本光-电（热）-转换电路，把电路的输出引至三极管构成的开关电路，就能实现光（暗）动、热（冷）动开关控制或报警，如图 5-1-2(a)所示。如图 5-1-2(b)所示采用桥式转换电路和比较器连用构成光动开关。若用如图 5-1-3 所示的开关电路驱动继电器、可控硅等，就能实现各种开关控制；若直接驱动音响电路，就构成音响报警。

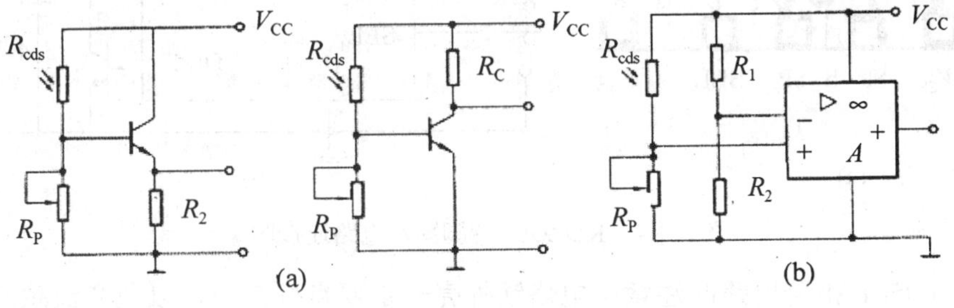

图 5-1-2　光敏电阻应用电路

如图 5-1-3 所示为一种由三极管和 KD9561 四声报警电路组成的光控报警电路。当光照度增加时，光敏电阻 R_{cds} 阻值减小，当光照度达到某一门限值以上时，VT_1 发射极电位上升，使 VT_2 饱和导通，VT_2 集电极电位接近于 0，使报警电路得到足够大的工作电压，喇叭发出报警声。当光照度降到门限值以下时，VT_2 截止，VT_2 集电极电位接近于电源电压，报警电路无电压，不工作。

也可采用一级共发射极放大电路直接驱动报警电路，但光照灵敏度会降低。正常室光下，即使去掉 R_p 以增大基极电流，VT_1 也不会饱和，只有强光才能使 VT_1 饱和导通，从而使报警电路发出音响。对如图 5-1-3 所示的电路，若希望提高电路对光照反应的灵敏度，可加大 R_p 或 R_1 的阻值。

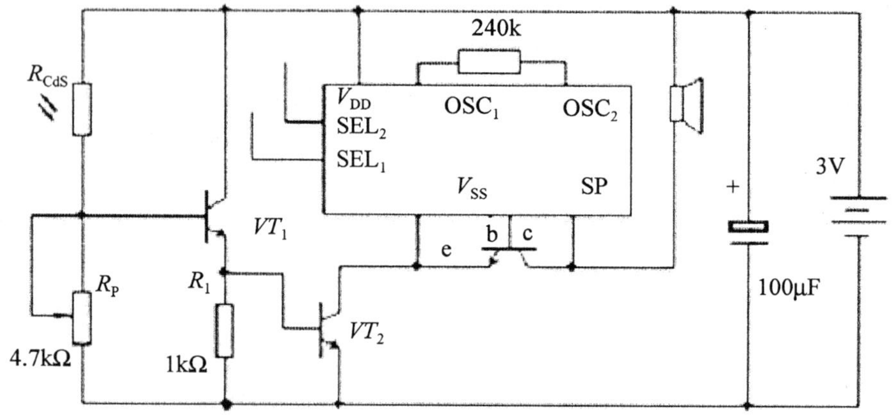

图 5-1-3　光控报警电路

报警电路由产生报警声的芯片和一只 NPN 型三极管和一只 240 kΩ的电阻组成，三极管的作用是放大声音信号。图 5-1-4 是电路连接图。

KD-9561 报警电路模拟声 IC 设两个选声端：SEL_1 和 SEL_2，改变 SEL_1 和 SEL_2 的电平可发出机枪声、警笛声、救护车声、消防车声四种声音，现广泛用于四声玩具枪，作为各种报警信号源是较理想的。模拟声种类与选声端电平的关系见表 5-1-1。

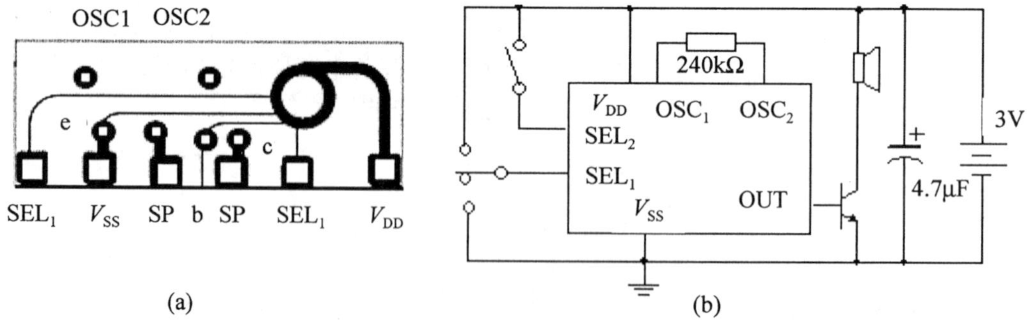

图 5-1-4　KD-9561 管脚图及电路连接图

焊接 KD-9561 报警电路时注意：电烙铁外壳一定要良好接地，以免交流感应电压击穿 CMOS 集成电路！

表 5-1-1　模拟声种类与选声端电平的关系

模拟声种类	选声端电平	
	第一选声端	第二选声端
机枪声	——	V_{DD}
警笛声	——	——
救护车声	V_{SS}	——
消防车声	V_{DD}	——

三、组装与调试

1．按图 5-1-4(b)焊接、组装好电路。通电后，检测四种模拟声。

2．检测四种模拟声无问题后按图 5-1-3 焊接、组装光控报警电路，组装好在自然光的情况下，用电压表测量两只三极管的各极电压，判断电路是否正常。

3．使光敏电阻受光（光源一般为太阳光、白炽灯光等，也可采用手电筒聚光模拟光源），同时调整电位器 R_p，让报警电路发出报警声。然后将光敏电阻加以遮挡，使报警声中断。

4．去掉图 5-1-3 中的 VT_1 和 R_1，采用一级共射电路组装光动报警器，比较此电路与如图 5-1-3 所示电路对光照强度的灵敏度。

四、元件清单（如表 5-1-2 所示）

表　5-1-2

名称	型号	符号	数量
NPN 小功率三极管	3DG6	VT_1	2
NPN 小功率三极管	9013	VT_2	1
光敏电阻	MG41－20A	R_{cds}	1
小型碳膜电位器	4.7 kΩ	R_P	1
1/8W 碳膜电阻器	1kΩ、240 kΩ	R_1	各 1
四音报警电路	KD-9561		1
小功率电动式扬声器	8Ω	R	1
铝电解电容	100μF/ 16 V	C	1

五、课题思考

1．能否用硅光电池和光电二极管代替光敏电阻？

2．用万用表测试不同光照度下光敏电阻的阻值。

3．如图 5-1-2 所示电路与如图 5-1-3 所示电路比较，哪个电路灵敏度高？哪个电路驱动能力强？

4．若把如图 5-1-2 所示电路由光动开关变成光动报警器，报警电路如何连接？

课题 5.2　语音放大电路

一、课题目的

1．了解语言提示、告警电路、音乐集成电路的组成及使用方法，学会组装一种语言电路。

2．熟悉 LM386 集成功放电路的应用。

3．熟练掌握模拟电子电路的安装、调试技术。

二、工作原理

语言提示、告警电路、音乐集成电路是一种根据需要可以发出人的语言声音（汉语、英语、日语等）的集成电路。这种电路一般以软封装方式封装在线路板上，它的性能稳定、语音清晰逼真、使用灵活方便，在一些特定场合可以替代人而起到语言提示、告警的作用。例如用于机动车辆的转弯、倒车提示电路，当车辆的转弯、倒车开关打在相应的位置上时，扬声器会发出响亮的“左转弯”、“右转弯”、“请注意，倒车”的声音，以提示其他车辆或行人及时避让。再如，为了防止发生触电事故，在一些高压电器、变电所、高压开关柜等危及人身安全的场合，常用到“有电危险，请勿靠近”的语言告警电路。

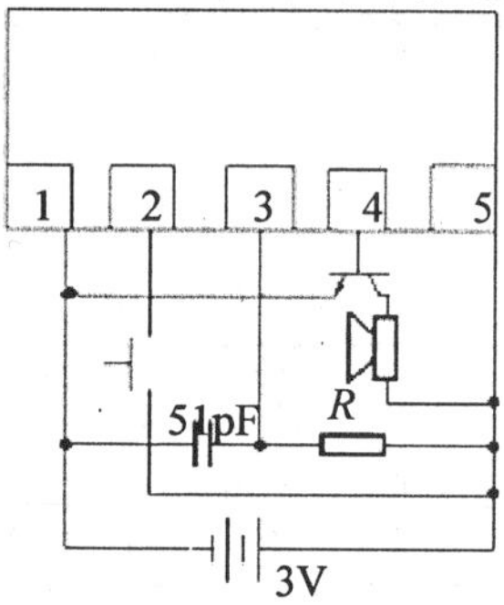

图 5-2-1　“欢迎光临”语音提示电路

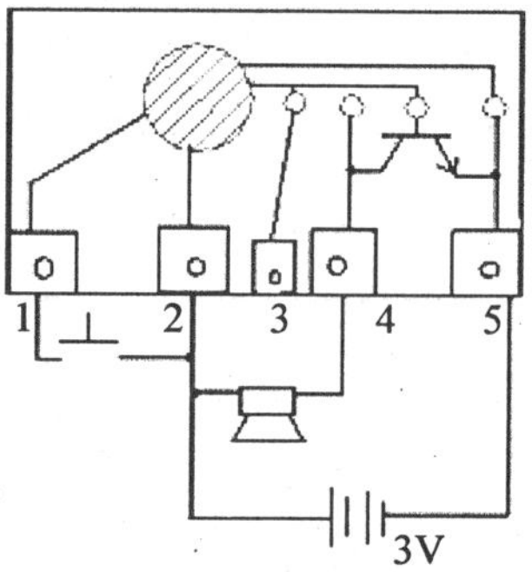

图 5-2-2　音乐集成集成电路

如图 5-2-1 所示为一种常用的“欢迎光临，欢迎光临”语音应用电路，封装形式为软封装。该片集成电路第 5、1 脚是电源正、负端，第 2 脚是触发端，高电平有效，触发一次，电路便输出两次“欢迎光临，欢迎光临”语音信号。若将 2 脚直接接正，则电路将重复发出上述语音信号。如图 5-2-2 所示为一种常用的音乐集成电路“兰花草或十五的月亮”，该片音乐集成电路第 2、5 脚是电源正、负端，第 1 脚是触发端，高电平有效，触发一次，电路便输出一曲“兰花草或十五的月亮”。当需要语言告警电路或音乐集成电路发出宏亮的声音时，可另接一功放电路，其原理图见图 5-2-3。图中使用 LM386 功放集成电路作为语言电路的接续放大器，电路中由二极管 VD 做电源极性保护，即使接错电源，也不会烧坏电路。由于语言电路的工作电压较低（2.5～5V），所以电路中 R_1 与稳压二极管 VD_Z 组成了简单的稳压电路，使电源电压降为稳定的低电压（约 3V）供给语言电路使用。电路中 C_2 为滤波电容，其作用是改善语言的音色。如图 5-2-3 所示的电路可利用 IC_1 的第 3 脚与被动式红外探测器或其他传感器配套使用，组成自动告警电路。

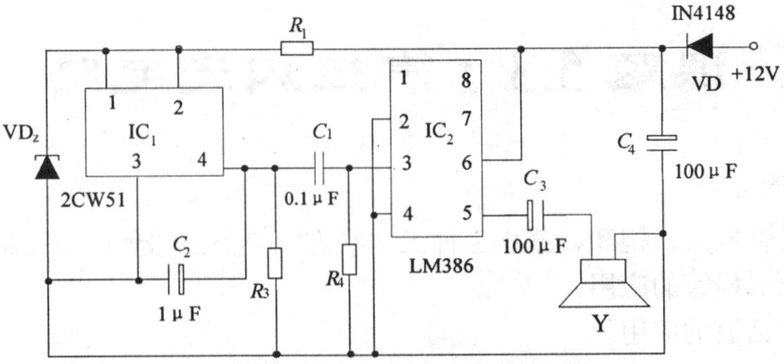

图 5-2-3 音乐集成放大电路

三、组装与调试

以音乐集成放大电路为例：

1．由于音乐集成电路为软封装电路，在面包板组装电路时需要将各引脚焊接一条 3～5cm 长、0.5～0.7mm 直径的单股塑铜导线，作为实训连接之用。注意：由于音乐集成电路为 CMOS 集成电路，该类电路在焊接时，容易感应电烙铁所带电荷而损坏，使用电烙铁焊接引线的正确操作方法是：使用外壳接地的电烙铁，或在焊接操作时拔掉电烙铁电源。

2．按如图 5-2-3 所示电路进行组装，最后将已焊好外接引线的音乐集成电路各引脚接入电路的相应位置。

3．通电检验电路的工作效果，并以接通-断开的方式试验语言电路第 1 脚的触发作用。

4．取下电容器 C_2，通电试听，与有滤波电容时的效果相比较，检验电容器 C_2 在改善语言音色方面上的效果。

四、元件清单（如表 5-2-1 所示）

表 5-2-1

名称	型号	符号	数量
语言告警集成电路	9300	IC_1	1
功率放大集成电路	LM386	IC_2	1
二极管	IN4148	VD	1
稳压二极管	2CW51	VD_Z	1
1/8W 碳膜电阻器	390Ω	R_1、R_3	2
1/8W 碳膜电阻器	200kΩ	R_2	1
1/8 碳膜电阻器	10KΩ	R_4	1
涤纶或瓷介电容器	0.1μF/63V	C_1	1
铝电解电容器	100μF/16V	C_4	2
小功率电动式扬声器	8Ω		1

五、课题思考

1．解释电路中电阻器 R_2 与电容器 C_1、C_2 的作用分别是什么？

2．电路中二极管 VD 与稳压管 VD_Z 的作用有何不同？

3．请你设计一个利用语言告警电路组成的自动开门告警电路。

课题 5.3 声控闪光电路

一、课题目的

1．熟悉三极管放大、饱和、截止三种工作状态，熟悉三极管的直接耦合形式。

2．熟悉发光二极管的应用。

3．熟悉电容话筒的应用。

二、工作原理

如图 5-3-1 所示为一种简单的声控闪光电路。电路主要由拾音器（驻极体电容话筒）、晶体管放大器和发光二极管等构成。

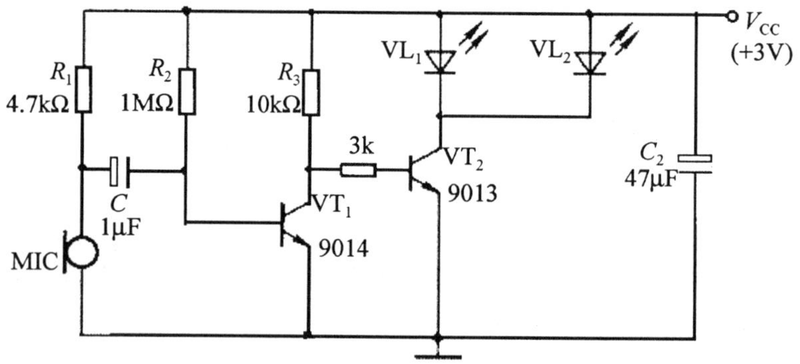

图 5-3-1 声控闪光电路图

静态时，VT_1处于临界饱和状态，使 VT_2 截止，VL_1和 VL_2 皆不发光。给电容话筒 MIC 提供偏置电流，话筒拾取室内环境中的声波信号后即转为相应的电信号，经电容 C_1送至 VT_1 基极进行放大。VT_1、VT_2 组成两级直接耦合放大电路，电路虽然简单，但设计巧妙。选取合适的 R_2、R_3，使无声波信号时，VT_1 处于临界饱和，VT_2 处于截止状态，VL_1 和 VL_2 中无电流流过而不发光。当 MIC 拾取声波信号后，就有音频信号注入 VT_1 的基极，其信号的负半周将使 VT_1退出饱和，VT_1 的集电极即 VT_2 的基极电位升高，VT_2 导通，VL_1 和 VL_2 点亮发光。当输入音频信号较弱时，不足以使 VT_1 退出饱和区，VL_1 和 VL_2 仍保持熄灭状态。只有信号较强时，发光二极管才点亮发光。所以，VL_1 和 VL_2 能随着环境声音（如音乐）信号的强弱起伏而闪烁发光。

三、组装与调试

1．按图 5-3-1 组装电路。注意不要将三极管的极性接错。

2．通电后先测试 VT_1 的集电极电位，使其在 0.2～0.4V 之间，如果该电压太低，则施加声音信号后，VT_1 不能退出饱和，VT_2 则不能导通；如果该电压超过 VT_2 的死区电压，则静态时 VT_2 就导通，使 VL_1 和 VL_2 点亮发光。所以，对于灵敏度不同的电容话筒，以及β值不同的三极管，VT_1 的集电极电阻值的大小要通过调试来确定。

3．离话筒约 0.5m 距离，用普通大小音量讲话，VL_1、VL_2 应随声音闪烁。如需大声说话，发光管才闪烁，可适当减小 R_3，也可更换β值更小的三极管。

四、元器件清单（如表 5-3-1 所示）

表 5-3-1

名称	型号	图中符号	数量
NPN 小功率三极管	9014	VT_1、VT_2	2
铝电解电容器	1μF/16V	C_1	1
铝电解电容器	47μF/16V	C_2	1
1/8W 碳膜电阻器	4.7kΩ	R_1	1
1/8W 碳膜电阻器	1MΩ	R_2	1
1/8 碳膜电阻器	10kΩ	R_3	1
发光二极管		VL_1、VL_2	2
驻极电容话筒		MIC	1

五、课题思考

1．分析图 5-3-1 中各元件的作用。

2．分析有声和无声时两只三极管 VT_1、VT_2 的工作状态。

课题 5.4　触摸延时开关电路

一、课题目的

1．熟悉 RC 电路中电容 C 在充放电过程中所起的延时作用。

2．熟悉三极管直接耦合形式的放大和开关电路。

3．了解 NPN 管和 PNP 管的互补连接方式。

二、工作原理

现代建筑中，过道楼梯照明开关常采用触摸延时开关。其功能为：当人用手触摸开关时，照明灯点亮并持续一段时间后自动熄灭。这种开关既节电，又方便。

实现延时的电路和器件形式很多，但其基本原理都依据了 RC 电路中电容 C 两端电压不能突变的特性。本课题介绍的是由三极管和 RC 电路组成的触摸延时电路，只要经适当改装，就可以构成一个触摸延时开关。

人体本身带有一定电荷，当人手接触导体时，这些电荷就经人手转移到导体上，形成瞬间的微弱电流。这一微弱电流经过三极管放大后，就可以控制较大的负载开关动作。如图 5-4-1 所示是由金属片 M、三极管放大、RC 延时以及三极管开关电路构成的触摸延时电路。

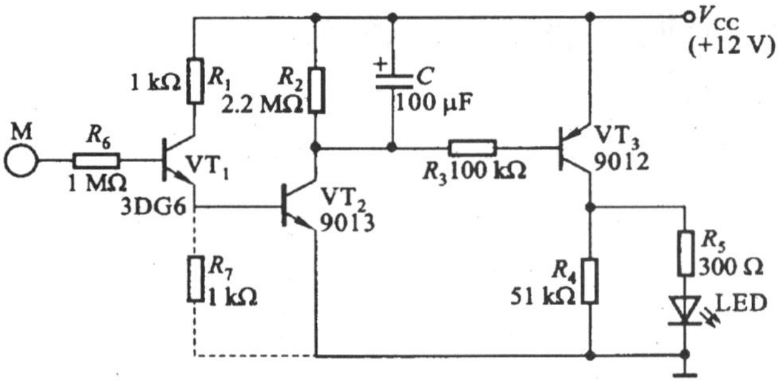

图 5-4-1　触摸延时开关电路

VT_1 和 VT_2 组成直接耦合的两级放大电路，VT_3 构成开关电路。金属片 M 和限流电阻只接在 VT_1 的基极，当其悬空时，由于基极开路，VT_1、VT_2 处于截止状态，因此 VT_3 也截止，LED 中无电流流过而不发光。当人手接触金属片 M 时，人体电荷经 R_6 流入 VT_1 基极，VT_1 迅速导通，将此瞬间电流放大后驱动 VT_2 饱和导通，使 VT_2 的集电极电位降为低电平，并使 VT_3 也随之导通，LED 中有电流流过而发光。

在 VT_2 瞬间饱和导通的同时，集电极电流对电容 C 快速充电至接近 12V，但瞬间电流消失后，VT_1、VT_2 截止，由于 C 分别与 R_1 和 VT_3 发射结相连，以及与 R_2 构成放电回路的时间常数较大，使 C 所储存的电荷放电比较慢，VT_3 在一段时间内仍保持导通，LED 继续发光，直到 VT_3 的集电极电流减小到不足以使 LED 发光。VT_3 导通的延迟时间主要由 R_2、R_3 和 C 的大小决定。表 5-4-1 中提供了一组实验数据供参考。如要进一步增大延迟时间，可加大 C 的容量。除上述主要因素外，VT_2 的 β 值大小、空气的湿度对延迟时间也有影响，为保证触摸时 VT_2 迅速饱和，VT_2 管选择 β 值大的 9013 或 9014。在实际应用中，用继电器、可控硅等执行元件取代 R_4、R_5 和 LED，就可控制较大的负载。

表 5-4-1 电阻、电容对延迟时间的影响

C	R_3	R_2	延迟时间
100μF	100kΩ	2.2MΩ	30 秒
100μF	100kΩ	5.1MΩ	60 秒
100μF	150kΩ	5.1MΩ	90 秒
100μF	220kΩ	5.1MΩ	135 秒

三、组装与调试

1．组装前要分清三极管的极性和管脚，不要接错。

2．先将 VT_1、VT_2、R_1、R_2、R_6 在面包板上接好，在 R_6 的悬空端连接一段软导线代替金属片 M（如果有焊导线的金属片则更好）。接上 12V 电源，用电压表测量 VT_2 集电极电位在手触摸 M 前后的变化，看是不是从高电平（12V）跳变到低电平。

如果没有触摸金属片 M 时，发光二极管就已经亮了，说明 VT_1 的穿透电流 I_{CEO} 太大，可按图 5-4-1 中虚线连接 1kΩ或阻值更小的电阻 R_7 加以分流。

3．当 VT_2 的集电极电位变化正常后，断开电源，再接插和连接 R_3、VT_3、R_4、R_5、LED 等。通电后，用手触摸 M，观察 LED 是否发光。

4．LED 发光正常后，将 C 接入电路。通电后触摸 M，用手表计时，观察 LED 发光持续时间，并与表 5-4-1 所列时间相比较。

四、元件清单（如表 5-4-2 所示）

表 5-4-2

名称	型号	符号	数量
NPN 小功率三极管	3DG6	VT_1	
NPN 小功率三极管	9013(9014)	VT_2	
NPN 小功率三极管	90124	VT_3	2
铝电解电容器	100μF/16V	C	1
1/8W 碳膜电阻器	1kΩ	R_1	1
1/8W 碳膜电阻器	2.2MΩ	R_2	1
1/8 碳膜电阻器	100kΩ	R_3	1
1/8W 碳膜电阻器	51kΩ	R_4	1
1/8W 碳膜电阻器	300Ω	R_5	1
1/8 碳膜电阻器	1 MΩ	R_6	1
1/8 碳膜电阻器	1kΩ	R_7	1
发光二极管		LED	1

五、课题思考

1．VT_1、VT_2分别工作在什么状态下？

2．VT_1、VT_2截止后，VT_3为什么还会导通？

3．R_4的阻值大小对LED的亮度是否有影响？请试一试并分析原因。

4．如果把如图5-4-1所示的电路改为驱动一只型号为JRX-13F-12的继电器，请改画电路，并查阅继电器的参数，判断9012型PNP管能否驱动该继电器。

5．如图5-4-2所示为一种实际的触摸式延时照明电路，该电路采用可控硅作为照明灯的控制开关。可以把可控硅看成是一种有控制端的二极管，当它的控制极接高电平时，可控硅触发导通（即二极管导通），只有在控制极变为低电平且流过二极管的电流为0时，二极管才重新截止。220V交流电过0点时，如果控制极为低电平，则将可控硅关断（即二极管截止）。

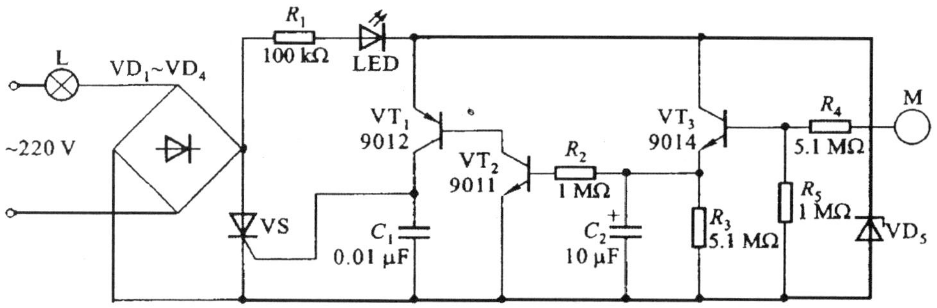

图5-4-2　触摸式延时照明电路

该电路中，由二极管整流桥、可控硅VS组成触摸开关的主回路，由R_1、LED与稳压管VD_5构成次回路。即可控硅导通时，照明灯L亮；可控硅截止时，由R_1、LED与稳压管VD_1构成的次回路只能给照明灯L提供很小的电流，故照明灯L不亮，但发光二极管LED亮，用以指示触摸开关的位置。当触摸金属片M时，一系列过程使VT_1导通，从而给可控硅的控制极提供触发电压，使VS导通，照明灯L亮；而随着VT_1的电流减小，控制极电平变低，最后使VS关断，照明灯L变暗，LED变亮。

请分析该电路触摸延时电路部分的工作原理。

课题 5.5　函数信号发生器的组装与调试

一、课题目的

1．了解单片多功能集成电路函数信号发生器的功能及特点。

2．掌握波形参数的测试方法。

二、工作原理

1．ICL8038 是单片集成函数信号发生器，其内部框图如图 5-5-1 所示。它由恒流源 I_1 和 I_2、电压比较器 A 和 B、触发器、缓冲器和三角波变正弦波电路等组成。

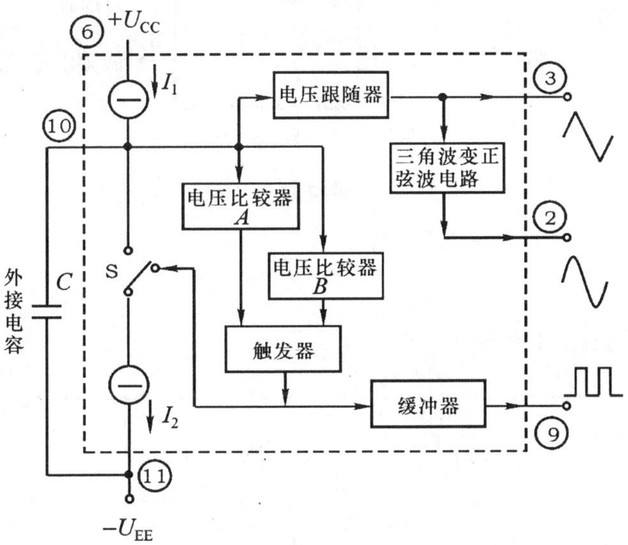

图 5-5-1　ICL8038 原理框图

外接电容 C 由两个恒流源充电和放电，电压比较器 A、B 的阈值分别为电源电压（指 $U_{CC}+U_{EE}$）的 2/3 和 1/3。恒流源 I_1 和 I_2 的大小可通过外接电阻调节，但必须使 $I_2>I_1$。当触发器的输出为低电平时，恒流源 I_2 断开，恒流源 I_1 给 C 充电，它的两端电压 u_C 随时间线性上升，当 u_C 达到电源电压的 2/3 时，电压比较器 A 的输出电压发生跳变，使触发器输出由低电平变为高电平，恒流源 I_2 接通，由于 $I_2>I_1$（设 $I_2=2I_1$），恒流源 I_2 将电流 $2I_1$ 加到 C 上反充电，相当于 C 由一个净电流 I 放电，C 两端的电压 u_C 又转为直线下降。当它下降到电源电压的 1/3 时，电压比较器 B 的输出电压发生跳变，使触发器的输出由高电平跳变为原来的低电平，恒流源 I_2 断开，I_1 再给 C 充电……如此周而复始，产生振荡。若调整电路，使 $I_2=2I_1$，则触发器输出为方波，经反相缓冲器由管脚⑨输出方波信号。C 上的电压 u_C，上升与下降时间相等，为三角波，经电压跟随器从管脚③输出三角波信号。将三角波变成正弦波是经过一个非线性的变换网络（正弦波变换器）而得以实现的，在这个非线性网络中，当三角波电位向两端顶点摆动时，网络提供的交流通路阻抗会减小，这样就使三角波的两端变为平滑的正弦波，从管脚②输出。

2. ICL8038 管脚功能图如图 5-5-2 所示。

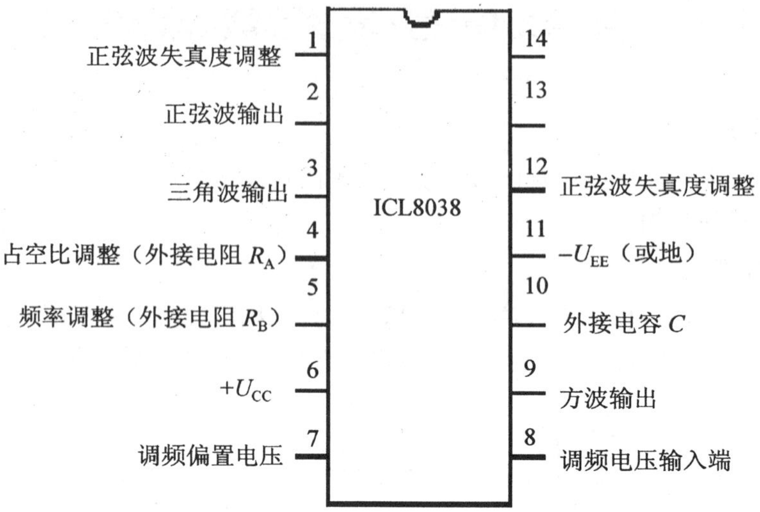

图 5-5-2　ICL8038 管脚图

电源电压 { 单电源 0～30V；双电源±5V～±15V }

3. 电路组装如图 5-5-3 所示。

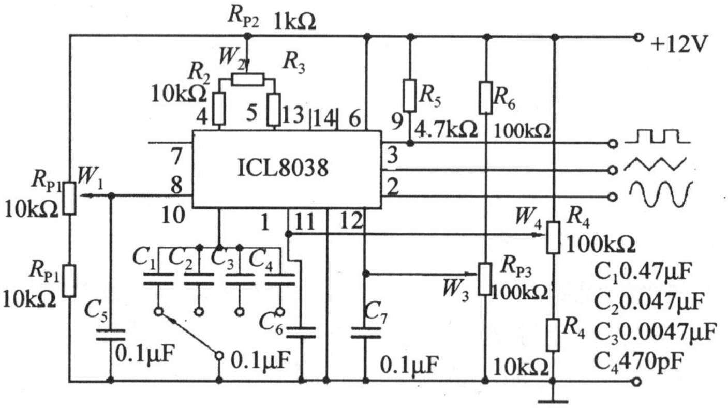

图 5-5-3　波形可调的函数信号发生器

三、组装与调试

1. 按图 5-5-3 所示的电路图组装电路，取 C=0.47μF，电位器 W_1、W_2、W_3、W_4 均置中间位置。

2. 调整电路，使其处于振荡，产生方波，通过调整电位器 W_2，使方波的占空比达到 50%。

3. 保持方波的占空比为 50%不变，用示波器观测 ILC8038 正弦波输出端的波形，反复调整 W_3、W_4，使正弦波不产生明显的失真。

4. 调节电位器 W_1，使输出信号从小到大变化，记录管脚 8 的电位及测量输出正弦波的频率，列表记录之。

5．改变外接电容 C 的值（取 C=0.047μF、0.0047μF 和 470pF），观测三种输出波形，并与 C=0.47μF 时测得的波形作比较，有何结论？

6．改变电位器 W_2 的值，观测三种输出波形，有何结论？

7．如有失真度测试仪，则测出 C 分别为 0.47μF、0.047μF、0.0047μF 和 470pF 时的正弦波失真系数 r 的值（一般要求该值小于 3%）。

四、元件清单（如表 5-5-1 所示）

表　5-5-1

名称	型号	符号	数量
1/8W 碳膜电阻器	10kΩ	R_1、R_2、R_3、R_4	4
1/8W 碳膜电阻器	4.7kΩ	R_5	1
1/8 碳膜电阻器	100kΩ	R_6	1
电位器	10kΩ	R_{P1}	1
电位器	1kΩ	R_{P2}	1
电位器	100kΩ	R_{P3}、R_{P4}	2
涤纶或瓷介电容器	0.47μF/16V	C_1	1
涤纶或瓷介电容器	0.047μF/16V	C_2	1
涤纶或瓷介电容器	0.0047μF/16V	C_3	1
涤纶或瓷介电容器	470pF/16V	C_4	1
瓷介电容器	0.1μF/63V	C_5、C_6、C_7	3
集成函数信号发生器	ICL8038		1

五、课题思考

1．翻阅有关 ICL8038 的资料，熟悉管脚的排列及其功能。

2．如果改变了方波的占空比，试问此时三角波和正弦波输出端将会变成怎样的一个波形？

3．分别画出 C=0.47μF、0.047μF、0.0047μF 和 470pF 时所观测到的方波、三角波和正弦波的波形图，从中可得出什么结论？

4．列表整理 C 取不同值时三种波形的频率和幅值。

5．写出组装、调整函数信号发生器的心得、体会。

课题 5.6　智力竞赛抢答器

一、课题目的

1．熟悉触发器的逻辑功能、应用。

2．掌握由 555 时基电路构成的多谐振荡器的工作原理与应用。

二、工作原理

在自动控制中，常存在这样的问题：当多个用户申请同一项服务时，如果用户没有优先级约定，则服务设备应该响应最先提出申请的用户。时间鉴别电路正是用来判断谁是第一个提出申请的用户的电路。

本课题设计的是一种利用 555 芯片，按照时间鉴别电路的原理制作的智力竞赛抢答器。其基本功能是：有抢答者按抢答键时，发出抢答声响，鉴别并指示最先抢答者。其电路原理如图 5-6-1 所示。

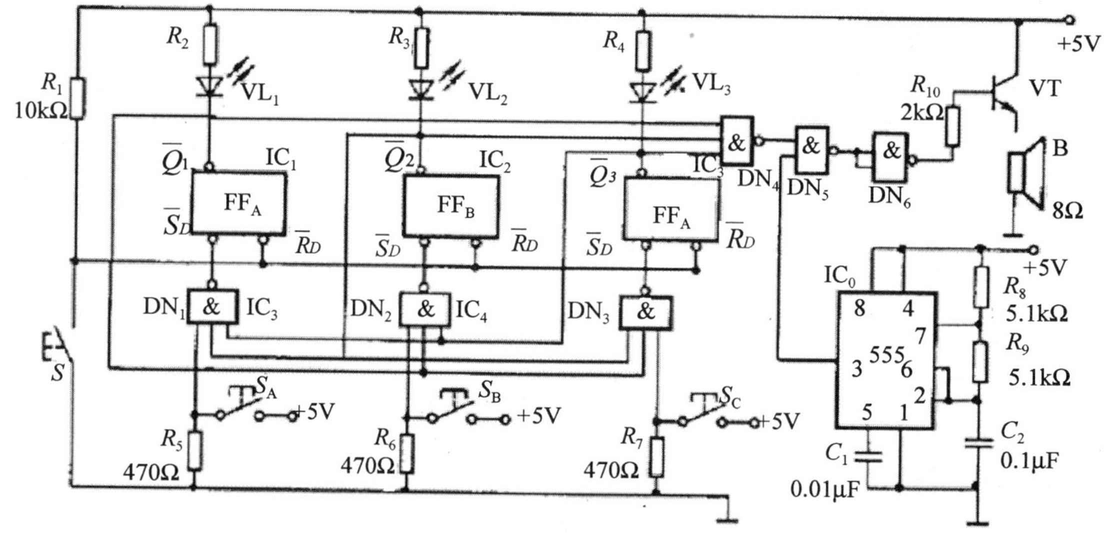

图 5-6-1　智力竞赛抢答电路图

实际抢答器可有多路抢答者，为简单起见，图 5-6-1 只画出三路抢答输入。每一路抢答输入由一个与非门和一个触发器、一个抢答按键和一只 470Ω电阻组成。电路只利用了触发器的清零和置位功能，故触发器的类型不限。与非门 DN_5 为选通门，当无人抢答时，DN_4=0，DN_5 被封锁，三极管 VT 截止；当有人抢答时，DN_4=1，DN_5 打开，由 555 时基电路构成的多谐振荡器输出的方波使三极管 VT 间歇导通，扬声器发出声响。

抢答过程为：主持人先按动按钮 S，所有触发器清零，于是 $\overline{Q}_1=\overline{Q}_2=\overline{Q}_3=1$，指示灯均不亮，且 DN_4=0，DN_5=0，VT 截止。抢答开始后，如 *A* 参赛者先按动按钮，则向触发器 FF_A 的 S_D 端提供一个置位脉冲，使触发器 FF_A 的输出 $\overline{Q}_1=0$，VL_1 亮，DN_4=1，DN_5 打开，555 电路组成的振荡器输出的方波通过 DN_6 送到三极管 VT，使 VT 间歇导通，扬声器发出声响。同时，由 $\overline{Q}_1$ 引至 DN_2 与 DN_3 的低电平使 DN_2 与 DN_3 的输出保持 1，即使 *B* 或 *C* 继 *A* 后被按动，$\bar{Q}_2$和$\bar{Q}_3$的状态也不会改变（这种方式叫做互锁），实现了指示先抢答者的目的。

三、组装与调试

1. 按电路图组装抢答部分的电路。触发器使用 74LS74 和输入端与非门 74LS00、74LS20 根据 LED 管的亮暗验证清零、抢答的功能。

2. 组装多谐振荡器，用示波器观察振荡波形。

3. 组装扬声器驱动电路，验证抢答功能。

四、元器件清单（如表 5-6-1 所示）

表 5-6-1

名称	型号	符号	数量
双 D 触发器	74LS74	IC_1、IC_2、IC_5	1
四-二输入与非门	74LS00	DN_5、DN_6	1
二-四输入与非门	74LS20	DN_1、DN_2、DN_3、DN_4	1
时基电路	NE555	IC_0	1
NPN 中功率三极管	3DGl2	VT	1
小功率电动式扬声器	8Ω	B	1
发光二极管		VL_1、VL_2、VL_3	3
1/8W 碳膜电阻器	10kΩ	R_1	1
1/8W 碳膜电阻器	计算选择	R_2、R_3、R_4	3
1/8W 碳膜电阻器	470Ω	R_5、R_6、R_7	3
1/8W 碳膜电阻器	5.1 kΩ	R_8、R_9	2
1/8W 碳膜电阻器	2 kΩ	R_{10}	1
涤纶或瓷介电容器	0.01μF/63V	C_1	1
涤纶或瓷介电容器	0.1μF/63V	C_2	1

五、课题思考

1. 当 VL 的工作电流为 5mA 时，根据你所测得的 VL 导通电压值，计算和选择限流电阻 R_2、R_3、R_4的大小。

2. 设计和改造输出电路，使抢答开始后，扬声器在 1s 内响应发声。

3. 若 DN_5后面不加 DN_6，直接用 DN_5驱动三极管有何问题?

4. 电阻 R_5、R_6、R_7取 1kΩ以上的阻值行不行？为什么?

5. 解释 555 时基电路作多谐振荡器应用的工作原理。

课题 5.7　数字频率计设计

一、课题目的

1．掌握频率计的设计方法。
2．掌握由双 D 触发器 CC4013 及与非门 CC4011 构成主控电路的方法。
3．掌握微分、整形电路、延时电路、自动清零电路的设计方法。
4．掌握 CC4553 三位十进制计数器的使用方法。

二、频率计的工作原理

数字频率计用于测量信号（方波、正弦波或其他脉冲信号）的频率，并用十进制数字显示，它具有精度高、测量迅速、读数方便等优点。

脉冲信号的频率就是在单位时间内所产生的脉冲个数，其表达式为 $f=N/T$，其中，f 为被测信号的频率，N 为计数器所累计的脉冲个数，T 为产生 N 个脉冲所需的时间。计数器所记录的结果，就是被测信号的频率。如在 1s 内记录 1000 个脉冲，则被测信号的频率为 1000Hz。

本实验课题仅讨论一种简单易制的数字频率计，其原理方框图如图 5-7-1 所示。

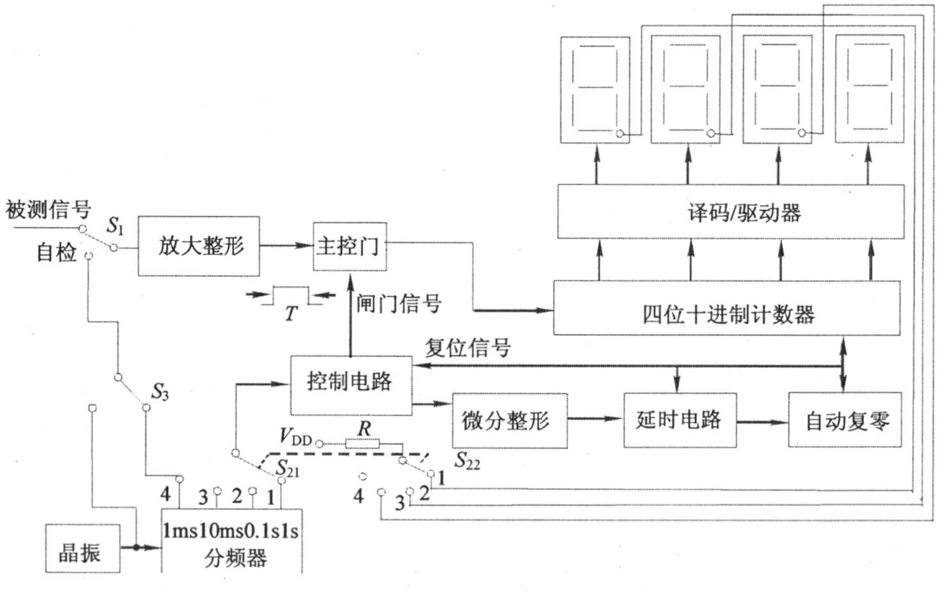

图 5-7-1　数字频率计原理框图

晶振产生较高的标准频率，经分频器后可获得各种时基脉冲（1ms、10ms、0.1s、1s 等），时基信号的选择由开关 S_2 控制。被测频率的输入信号经放大整形后变成矩形脉冲加到主控门的输入端，如果被测信号为方波，放大整形可以不要，将被测信号直接加到主控门的输入端。时基信号经控制电路产生闸门信号至主控门，只有在闸门信号采样期间内（时基信号的一个周期），输入信号才通过主控门。若时基信号的周期为 T，进入计数器的输入脉冲数为 N，则被测信号的频率 $f=N/T$，改变时基信号的周期 T，即可得到不同的测频范围。

当主控门关闭时，计数器停止计数，显示器显示记录结果。此时控制电路输出一个置零信号，经延时、整形电路的延时，当达到所调节的延时时间时，延时电路输出一个复位信号，使计数器和所有的触发器置 0，为后续新的一次取样做好准备，即能锁住一次显示的时间，使保留到接受新的一次取样为止。

当开关 S_2 改变量程时，小数点能自动移位。

若开关 S_1、S_3 配合使用，可将测试状态转为“自检”工作状态（即用时基信号本身作为被测信号输入）。

三、有关单元电路的设计及工作原理

1．控制电路

控制电路与主控门电路如图 5-7-2 所示。

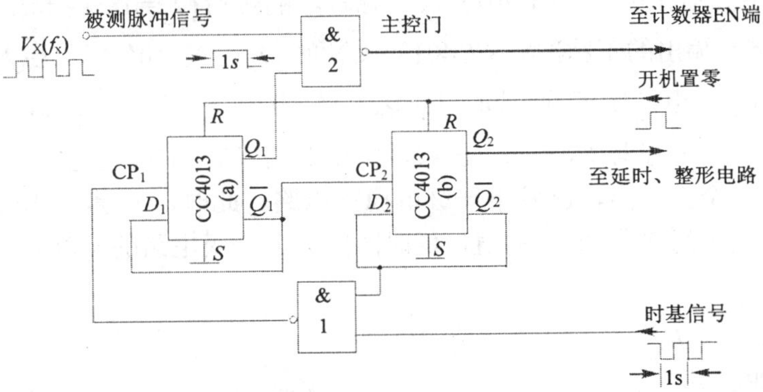

图 5-7-2　控制电路及主控门电路

主控电路由双 D 触发器 CC4013 及与非门 CC4011 构成。CC4013(a)的任务是输出闸门控制信号，以控制主控门（2）的开启与关闭。如果通过开关 S_2 选择一个时基信号，当给与非门（1）输入一个时基信号的下降沿时，门 1 就输出一个上升沿，则 CC4013(a)的 Q_1 端就由低电平变为高电平，将主控门 2 开启。允许被测信号通过该主控门送至计数器输入端进行计数。相隔 1s（或 0.1s、10ms、1ms）后，又给与非门 1 输入一个时基信号的下降沿，与非门 1 的输出端又产生一个上升沿，使 CC4013（a）的 Q_1 端变为低电平，将主控门关闭，使计数器停止计数，同时 $\overline{Q}_1$ 端产生一个上升沿，使 CC4013（b）翻转成 Q_2=1，$\overline{Q}_2$=0，由于 $\overline{Q}_2$=0，它立即封锁与非门 1 不再让时基信号进入 CC4013（a），保证在显示读数的时间内 Q_1 端始终保持低电平，使计数器停止计数。

利用 Q_2 端的上升沿送到下一级的延时、整形单元电路。当到达所调节的延时时间时，延时电路输出端立即输出一个正脉冲，将计数器和所有 D 触发器全部置 0。复位后，Q_1=0，$\overline{Q}_1$=1，为下一次测量做好准备。当时基信号又产生下降沿时，则上述过程重复。

2．微分、整形电路

电路如图 5-7-3 所示。CC4013（b）的 Q_2 端所产生的上升沿经微分电路后，送到由与非门 CC4011 组成的斯密特整形电路的输入端，在其输出端可得到一个边沿十分陡峭且具有一定脉冲宽度的负脉冲，然后再送至下一级延时电路。

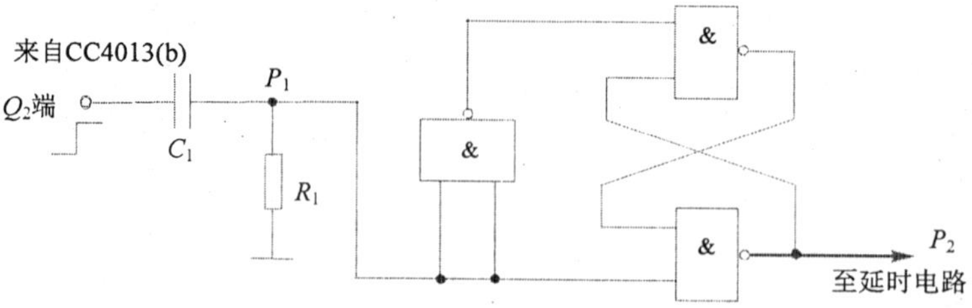

图 5-7-3　微分、整形电路

3．延时电路

延时电路由 D 触发器 CC4013（c）、积分电路（由电位器 R_{W1} 和电容器 C_2 组成）、非门（3）以及单稳态电路所组成，如图 5-7-4 所示。由于 CC4013（c）的 D_3 端接 V_{DD}，因此，在 P_2 点所产生的上升沿作用下，CC4013（c）翻转，翻转后 $\overline{Q}_3=0$，由于开机置“0”时或门（1）（见图 5-7-5）输出的正脉冲将 CC4013（c）的 Q_3 端置“0”，因此 $\overline{Q}_3=1$，经二极管 2AP9 迅速给电容 C_2 充电，使 C_2 两端的电压达“1”电平，而此时 $\overline{Q}_3=0$，电容器 C_2 经电位器 R_{W1} 缓慢放电。当电容器 C_2 上的电压放电降至非门（3）的阈值电平 V_T 时，非门（3）的输出端立即产生一个上升沿，触发下一级单稳态电路。此时，P_3 点输出一个正脉冲，该脉冲宽度主要取决于时间常数 R_tC_t 的值，延时时间为上一级电路的延时时间及这一级延时时间之和。

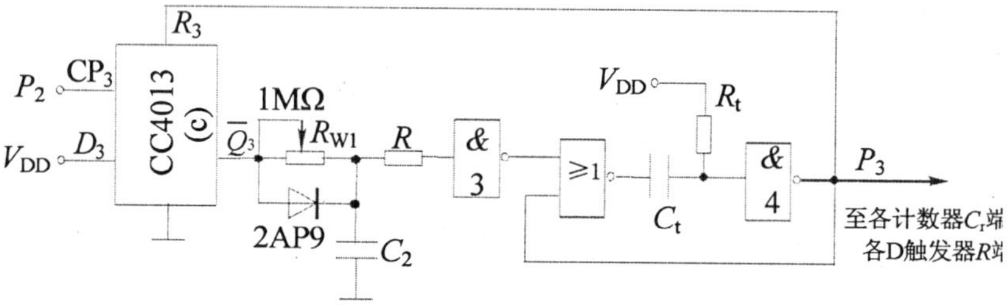

图 5-7-4　延时电路

由实验求得，如果电位器 R_{W1} 用 510Ω的电阻代替，C_2 取 3μF，则总的延迟时间也就是显示器所显示的时间，为 3s 左右。如果电位器 R_{W1} 用 2MΩ的电阻取代，C_2 取 22μF，则显示时间可达 10s 左右。可见，调节电位器 R_{W1} 可以改变显示时间。

4．自动清零电路

P_3 点产生的正脉冲送到如图 5-7-5 所示的或门组成的自动清零电路，将各计数器及所有的触发器置零。在复位脉冲的作用下，$Q_3=0$，$\overline{Q}_3=1$，于是 $\overline{Q}_3$ 端的高电平经二极管 2AP9 再次对电容 C_2 充电，补上刚才放掉的电荷，使 C_2 两端的电压恢复为高电平，又因为 CC4013(b)复位后使 Q_2 再次变为高电平，所以与非门 1 又被开启，电路重复上述变化过程。

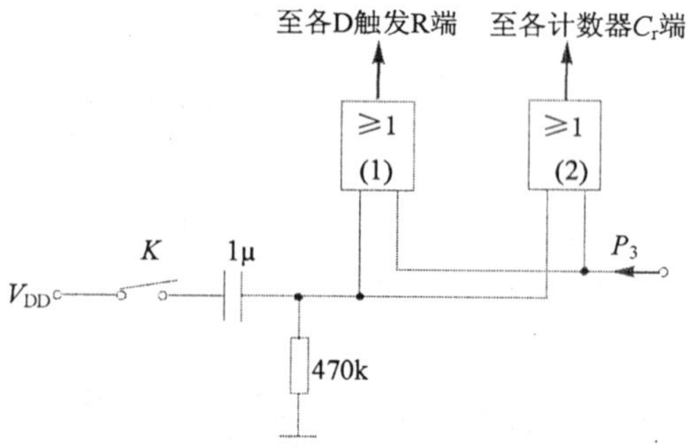

图 5-7-5　自动清零电路

四、设计任务及要求

使用中、小规模集成电路设计与制作一台简易的数字频率计。应具有下述功能：

1．计数位数：

计数位数主要取决于被测信号频率的高低，如果被测信号频率较高，精度又较高，可相应增加显示位数。

2．量程：

第一挡：最小量程挡，最大读数是 9.999kHz，闸门信号的采样时间为 1s。

第二挡：最大读数为 99.99kHz，闸门信号的采样时间为 0.1s。

第三挡：最大读数为 999.9kHz，闸门信号的采样时间为 10ms。

第四挡：最大读数为 9999kHz，闸门信号的采样时间为 1ms。

3．显示方式：

（1）用七段 LED 数码管显示读数，做到显示稳定、不跳变。

（2）小数点的位置跟随量程的变更而自动移位。

（3）为了便于读数，要求数据显示的时间在 0.5s～5s 内连续可调。

4．具有“自检”功能。

5．被测信号为方波信号。

6．画出设计的数字频率计的电路总图。

7．组装和调试：

（1）时基信号通常使用石英晶体振荡器输出的标准频率信号经分频电路获得。为了实验调试方便，可用实验设备上脉冲信号源输出的 1kHz 方波信号经 3 次 10 分频获得。

（2）按设计的数字频率计逻辑图在实验装置上布线。

（3）将 1kHz 方波信号送入分频器的 CP 端，用数字频率计检查各分频级的工作是否正常。用周期为 1s 的信号做控制电路的时基信号输入，用周期等于 1ms 的信号做被测信号，用示波器观察和记录控制电路的输入、输出波形，检查控制电路所产生的各控制信号能否按正确的时序要求控制各个子系统。用周期为 1s 的信号送入各计数器的 CP 端，用发光二极管的指示检查各计数器的工作是否正常。用周期为 1s 的信号作延时、整形单元电路的输入，用两只发光二极管作指示，检查延时、整形单元电路的输入，用两只发光二极管作指示，检查延时、整形单元电路的工作是否正常。若各个子系统的工作都正常了，再将各子系统连起来统调。

8．调试合格后，写出综合设计报告。

五、仪器及元件清单（如表 5-7-1 所示）

表 5-7-1

名称	型号	数量
双踪示波器		1 台
数字实验箱		1 台
双 D 型触发器	CC4013	2 只
三位十进制计数器	CC4553	2 只

（续表）

名称	型号	数量
二-十进制同步计数器	CC4518	4 只
六反相器	CC4069	1 只
四 2 输入或非门	CC4001	1 只
四 2 输入或门	CC4071	1 只
四 2 输入与非门	CC4011	2 只
二极管	2AP9	1 只
电阻、电容		若干
电位器	1MΩ	1 只
数字逻辑实验箱		1 台
直流稳压源		1 台
万用表		1 台
直流数字电压表		1 块
数字频率计		1 块

注：

（1）CC4553 三位十进制计数器引脚排列及功能如图 5-7-6、表 5-7-2 所示。

（2）若测量的频率范围低于 1MHz，分辨率为 1Hz，建议采用如图 5-7-7 所示的电路，只要选择参数正确，连线无误，通电后即能正常工作，无需调试。有关它的工作原理留给同学们自行研究分析。

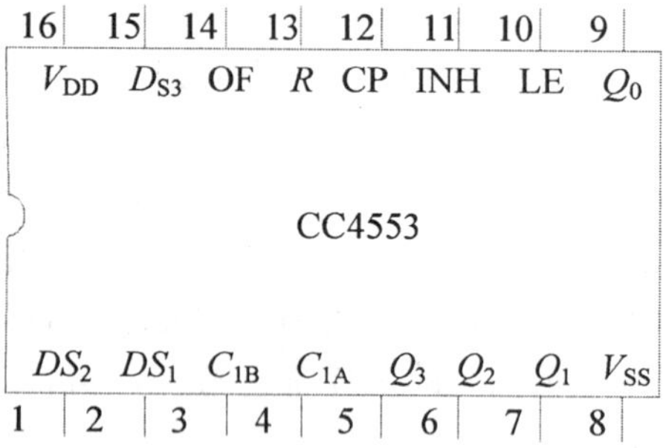

CP：时钟输入端

INH：时钟禁止端

LE：锁存允许端

R：清除端

DS_1～DS_3：数据选择输出端

OF：溢出输出端

C_{1A}、C_{1B}：振荡器外接电容端

Q_0～Q_3：BCD码输出端

图 5-7-6

表 5-7-2

输入				输出
R	CP	INH	LE	
0	↑	0	0	不变
0	↓	0	0	计数
0	×	1	×	不变
0	1	↑	0	计数
0	1	↓	0	不变
0	0	×	×	不变
0	×	×	↑	锁存
0	×	×	1	锁存
1	×	×	0	Q_0～Q_3=0

六、频率计设计总装电路参考图（如图 5-7-7 所示）

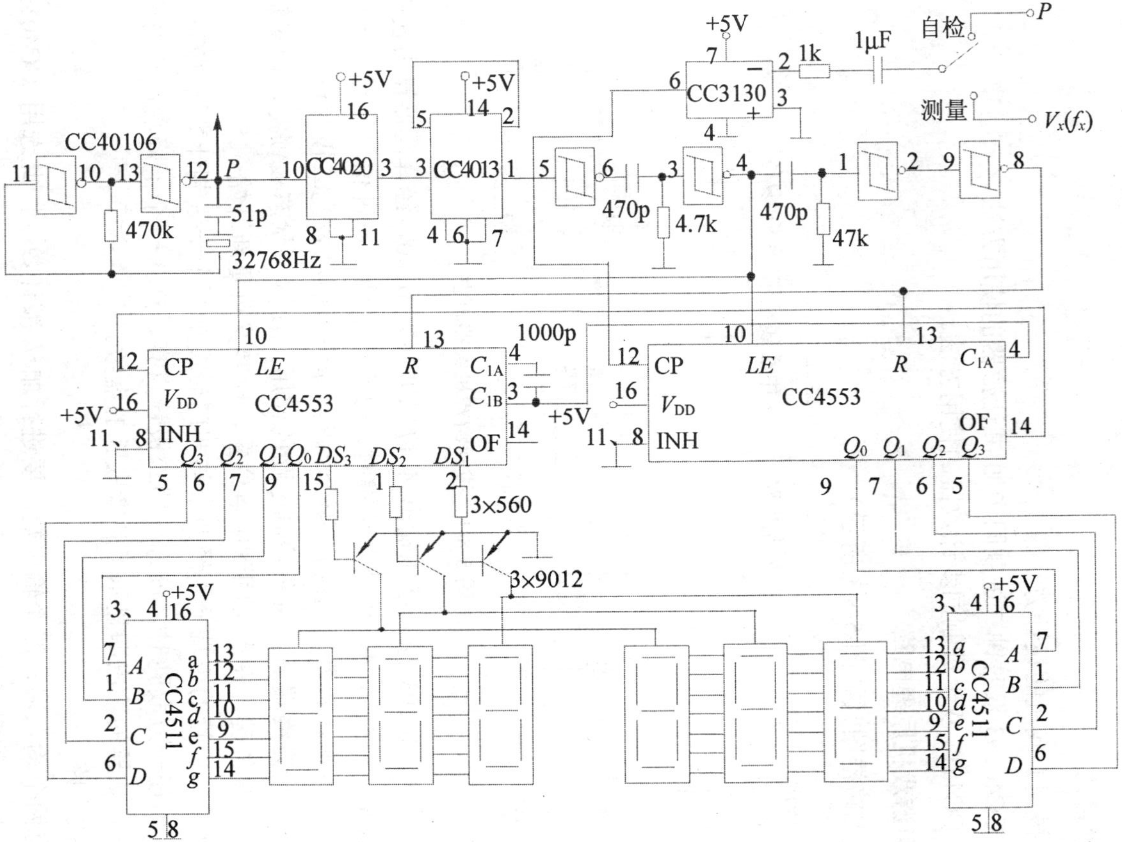

图 5-7-7 0～999999 Ⅱ$_2$数字频率计张路图

课题 5.8　拔河游戏机的设计

一、课题目的

1．掌握拔河游戏机的设计方法。

2．掌握 CC40193 双时钟二进制同步加/减计数器的使用方法。

3．掌握 CC4518 双十进制同步计数器的使用方法。

二、拔河游戏机原理电路

1．实验电路框图（如图 5-8-1 所示）

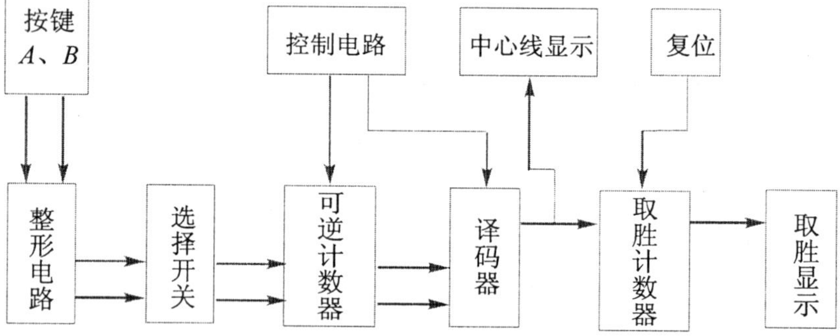

图 5-8-1　拔河游戏机线路框图

可逆计数器 CC40193 原始状态输出 4 位二进制数 0000，经译码器输出使中间的一只发光二极管点亮。当按动 *A*、*B* 两个按键时，分别产生两个脉冲信号，经整形后分别加到可逆计数器上，可逆计数器输出的代码经译码器译码后驱动发光二极管点亮并产生位移，当亮点移到任何一方终端后，由于控制电路的作用，使这一状态被锁定，而对输入脉冲不起作用。如按动复位键，亮点又回到中点位置，比赛又可重新开始。

将双方终端二极管的正端分别经两个与非门后接至两个十进制计数器 CC4518 的允许控制端 EN，当任一方取胜时，该方终端二极管点亮，产生一个下降沿使其对应的计数器计数。这样，计数器的输出即显示了胜者取胜的盘数。

（1）编码电路

编码器有两个输入端、四个输出端，要进行加 / 减计数，因此选用 CC40193 双时钟二进制同步加/减计数器来完成。

（2）整形电路

CC40193 是可逆计数器，控制加减的 CP 脉冲分别加至 5 脚和 4 脚，此时当电路要求进行加法计数时，减法输入端 CP_D 必须接高电平；进行减法计数时，加法输入端 CP_U 也必须接高电平，若直接将由 *A*、*B* 键产生的脉冲加到 5 脚或 4 脚，那么就有很多时候是在进行计数输入时另一计数输入端为低电平，使计数器不能计数，双方按键均失去作用，拔河比赛不能正常进行。加一整形电路，使 *A*、*B* 二键出来的脉冲经整形后变为一个占空比很大的脉冲，这样就减少了进行某一计数时另一计数输入为低电平的可能性，从而使每按一次键都有可能进行有效的计数。整形电路由与门 CC4081 和与非门 CC4011 实现。

（3）译码电路

选用 4-16 线 CC4514 译码器。译码器的输出 Q_0～Q_{14} 分接 15 个（或 9 个）发光二极管，二极管的负端接地，而正端接译码器。这样，当输出为高电平时，发光二极管点亮。

比赛准备，译码器输入为 0000，Q_0 输出为“1”，中心处二极管首先点亮，当编码器进行加法计数时，亮点向右移；进行减法计数时，亮点向左移。

（4）控制电路

为指示出谁胜谁负，需用一个控制电路。当亮点移到任何一方的终端时，判该方为胜，此时双方的按键均宣告无效。此电路可用异或门 CC4030 和非门 CC4011 来实现。将双方终端二极管的正极接至异或门的两个输入端，当获胜一方为“1”而另一方则为“0”时，异或门输出为“1”，经非门产生低电平“0”，再送到 CC40193 计数器的置数端$\overline{\mathrm{PE}}$，于是计数器停止计数，处于预置状态，由于计数器数据端 A、B、C、D 和输出端 Q_A、Q_B、Q_C、Q_D 对应相连，输入也就是输出，从而使计数器对输入脉冲不起作用。

（5）胜负显示

将双方终端二极管正极经非门后的输出分别接到两个 CC4518 计数器的 EN 端，CC4518 的两组 4 位 BCD 码分别接到实验装置的两组译码显示器的 A、B、C、D 插口处。当一方取胜时，该方终端二极管发亮，产生一个上升沿，使相应的计数器进行加一计数，于是就得到了双方取胜次数的显示，若一位数不够，则进行二位数的级联。

（6）复位

为能进行多次比赛而需要进行复位操作，使亮点返回中心点，可用一个开关控制 CC40193 的清零端 R 即可。

胜负显示器的复位也应用一个开关来控制胜负计数器 CC4518 的清零端 R，使其重新计数。

2．整机电路图

整机电路图如图 5-8-2 所示。

三、设计任务及要求

给定实验设备和主要元器件，按照电路的各部分组合成一个完整的拔河游戏机。

1．拔河游戏机需用 15 个（或 9 个）发光二极管排列成一行，开机后只有中间一个点亮，以此作为拔河的中心线，游戏双方各持一个按键，迅速地、不断地按动产生脉冲，谁按得快，亮点向谁方向移动，每按一次，亮点移动一次。移到任一方终端二极管点亮，这一方就得胜，此时双方按键均无作用，输出保持，只有经复位后才使亮点恢复到中心线。

2．显示器显示胜者的盘数。

3．调试合格后，写出综合设计报告。

四、仪器及元件清单（如表 5-8-1 所示）

表 5-8-1

名　称	型　号	数 量
十进制计数器	CC4518	2 块
同步递增/递减 二进制计数器	CC40193	
异或门	CC4030	

（续表）

名　称	型　号	数 量
与门	CC4081	
4 线-16 线译码/分配器	CC4514	
与非门	CC4011	3 只
译码显示器		
电阻	1kΩ	4 只
译码器		
数字逻辑实验箱		1 台
直流稳压源		1 台
万用表		1 台

五、拔河游戏机整机线路参考图（如图 5-8-2 所示）

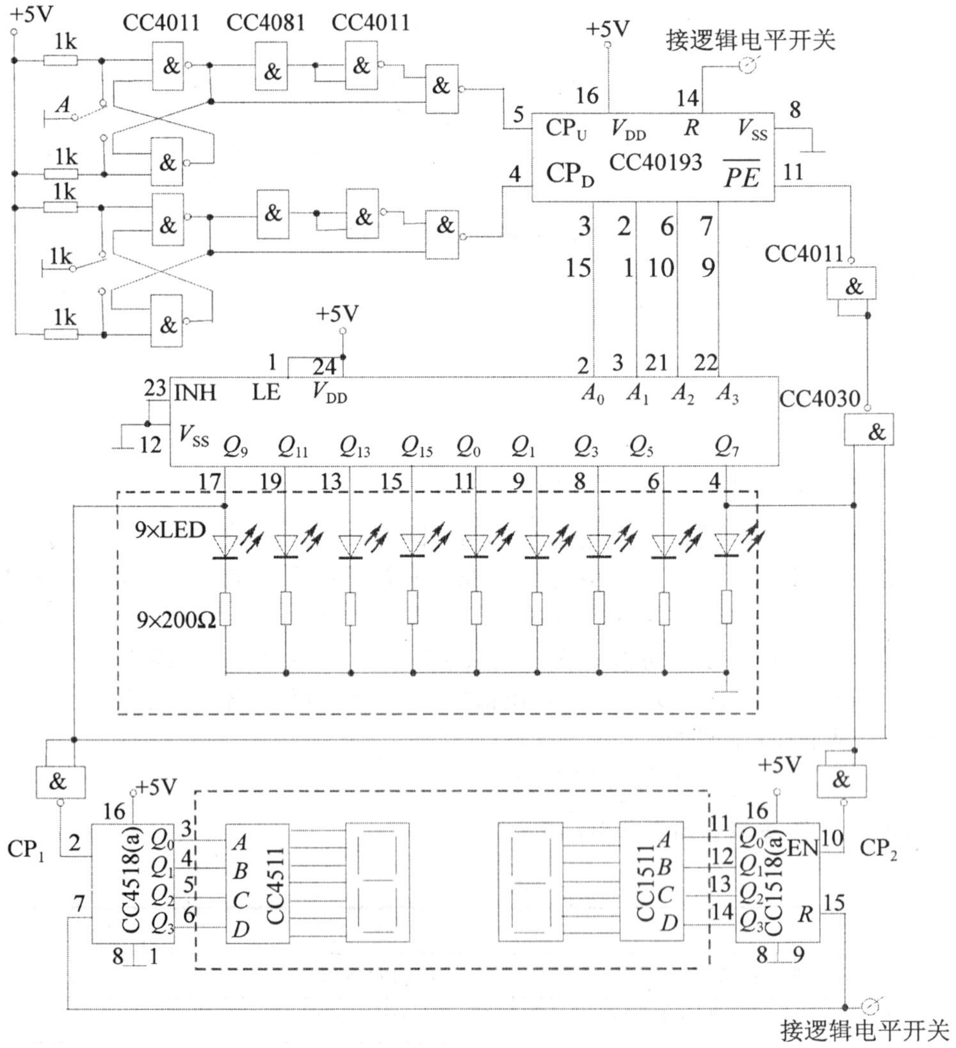

图 5-8-2　拔河游戏机整机线路图

六、几个集成块功能说明

1．CC40193 同步递增/递减二进制计数器引脚排列及功能参见第三部分实验 3.14

2．CC4514　4 线-16 线译码器引脚排列及功能（如图 5-8-3、表 5-8-2 所示）

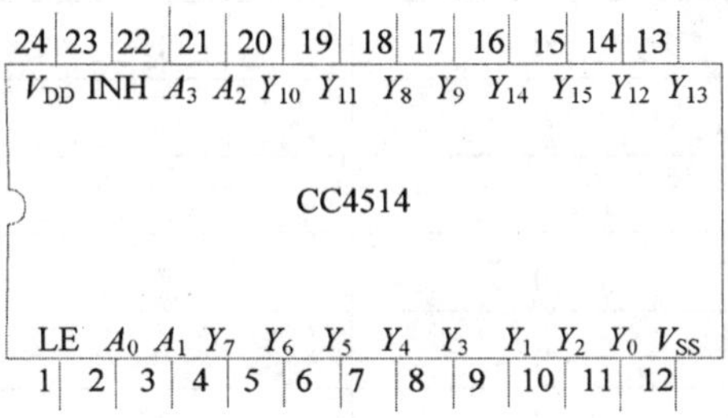

图　5-8-3

A_0～A_3 —— 数据输入端

INH —— 输出禁止控制端

LE —— 数据锁存控制端

Y_0～Y_{15} —— 数据输出端

表　5-8-2

输入						高电平输出端	输入						高电平输出端
LE	INH	A_3	A_2	A_1	A_0		LE	INH	A_3	A_2	A_1	A_0	
1	0	0	0	0	0	Y_0	1	0	1	0	0	1	Y_9
1	0	0	0	0	1	Y_1	1	0	1	0	1	0	Y_{10}
1	0	0	0	1	0	Y_2	1	0	1	0	1	1	Y_{11}
1	0	0	0	1	1	Y_3	1	0	1	1	0	0	Y_{12}
1	0	0	1	0	0	Y_4	1	0	1	1	0	1	Y_{13}
1	0	0	1	0	1	Y_5	1	0	1	1	1	0	Y_{14}
1	0	0	1	1	0	Y_6	1	0	1	1	1	1	Y_{15}
1	0	0	1	1	1	Y_7	1	1	×	×	×	×	无
1	0	1	0	0	0	Y_8	0	0	×	×	×	×	①

输出状态锁定在上一个 LE=“1”时 A_0～A_3 的输入状态。

3．CC4518 双十进制同步计数器引脚排列及功能（如图 5-8-4、表 5-8-3 所示）

1CP、2CP —— 时钟输入端

1R、2R —— 清除端

1EN、2EN —— 计数允许控制端

$1Q_0$～$1Q_3$ —— 计数器输出端

$2Q_0$～$2Q_3$ —— 计数器输出端

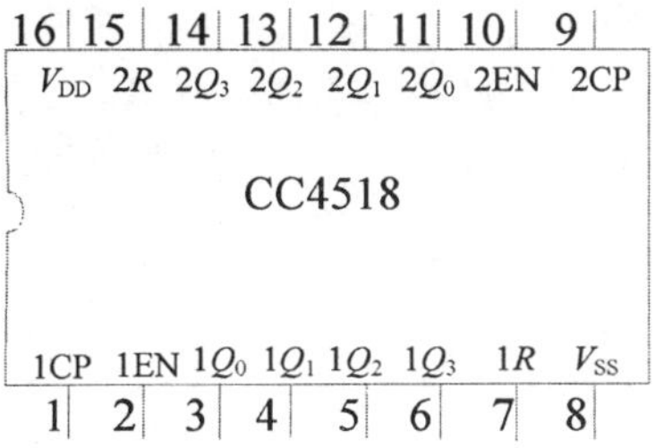

图　5-8-4

表 5-8-3

输入			输出功能
CP	R	EN	
↑	0	1	加 计 数
0	0	↓	加 计 数
↓	0	×	保 持
×	0	↑	
↑	0	0	
1	0	↓	
×	1	×	全部为“0”

课题 5.9　交通信号灯控制电路的设计

一、课题目的

1．掌握交通信号灯控制电路的设计方法。

2．进一步掌握 74LS192、74LS367、74LS138、555 的使用方法。

3．熟悉 EWB 仿真软件的使用方法。

4．熟练掌握数字电子电路的安装、调试技术。

二、控制电路的工作原理

该系统要控制十字路口的交通信号指示灯，使南北和东西两个方向的红黄绿三色指示灯交替发亮，其中红灯亮表示禁止通行，绿灯亮表示可以通行，在绿灯变红灯时要求黄灯亮几秒钟，以便让停车线以外的车辆停止运行。

电路系统的输入：无；电路系统的输出：12 个；东西南北各有红绿黄灯各一个；东西向的 6 个灯可并成由三个信号控制，南北向的是一样的，也有 3 个控制信号，实际输出控制信号为 6 个。

1．交通灯状态说明见表 5-9-1

表　5-9-1

状态名	状态内容	时间	状态作用描述
P	南北红灯东西红灯	10 秒	加电时的初态
A	南北红灯东西绿灯	30 秒	南北向车停，东西向车过
B	南北红灯东西黄灯	5 秒	南北、东西向车停，已在路口中的车过
C	南北绿灯东西红灯	30 秒	南北向车过，东西向车停
D	南北黄灯东西红灯	5 秒	南北、东西向车停，已在路口中的车过

2．电路原理方框图如图 5-9-1 所示

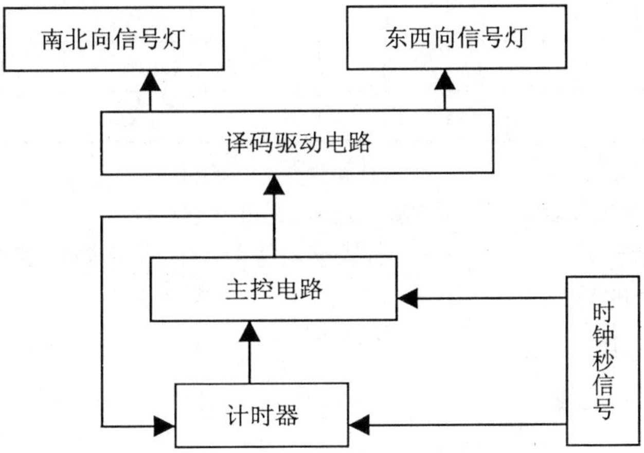

图 5-9-1　交通灯原理方框图

三、设计任务及要求

1．要求：该系统在加电 10 秒钟后，南北、东西两个方向交替放行，每次放行 30 秒；每次绿灯变红灯时，要求黄灯先亮 5 秒钟（此时原红灯不变）。

本设计重点要求是设计出主控制电路、计时器、译码器和时钟信号发生器，并在实验箱上搭接电路，进行调试，实现整体控制电路的设计要求。可采用发光二极管代替信号指示灯。

2．供给器件：74LS00，74LS74，74LS04，74LS192，74LS367，74LS02，74LS10，555，若干电阻和电容。

四、单元电路的设计

1．主控制电路的设计

（1）由原理分析可画出状态转换图，并对状态进行编码，写出状态表，对状态图和表进行化简。画出状态图，如图 5-9-2 所示。

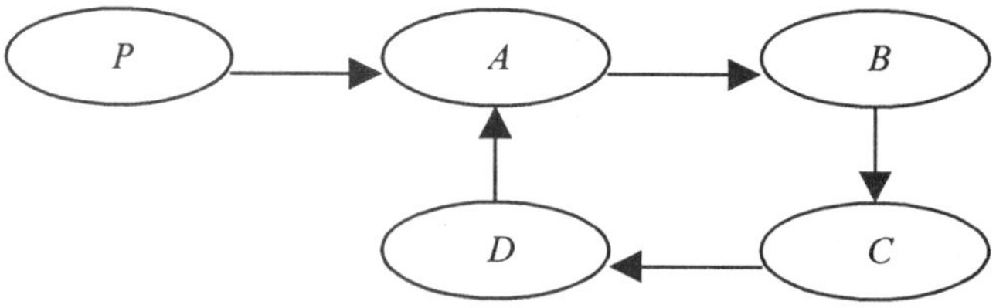

图 5-9-2　状态图

观察上图可知有五个状态，所以要用三个触发器。状态编码如下：$P(000)$，$A(100)$，$B(101)$，$C(111)$，$D(110)$。于是列出状态表 5-9-2。

表　5-9-2

Q_3^n	Q_2^n	Q_1^n	Q_3^{n+1}	Q_2^{n+1}	Q_1^{n+1}
0	0	0	1	0	0
1	0	0	1	1	0
1	1	0	1	1	1
1	1	1	1	0	1
1	0	1	1	0	0

（2）选择合适的触发器，写出次态方程和驱动方程。

选用 D 触发器来构成主控制电路。由状态表进行卡诺图化简可求得次态方程。

因为 D 触发器的特性方程为 $Q^{n+1}=D$，所以得驱动方程为：$D_3=1$；$D_2=Q_1{}^n$；$D_1=Q_3^n\cdot\overline{Q_3}{}^n$。由于使用了约束项，电路系统有可能落入无效状态。为了避免电路落入无效状态，在电路加电时强迫进入有效状态，所以电路加电时使用复位信号将所有 D 触发器清 0，从而使电路进入有效的状态 $P(000)$。画出其逻辑电路图，如图 5-9-3 所示。

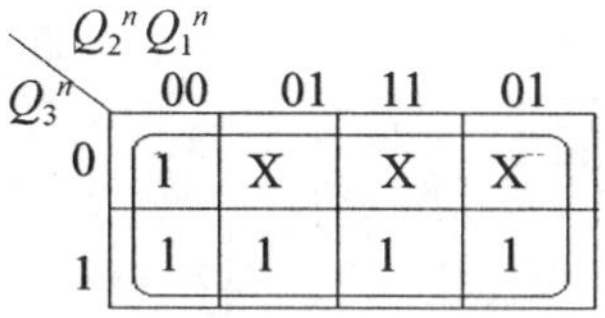

Q_3^{n+1} 的卡诺图

$Q_3^{n+1}=1$

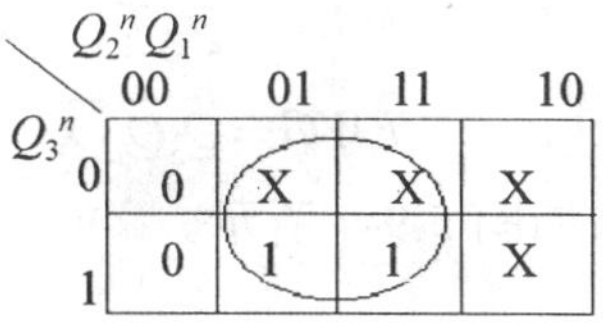

Q_3^{n+1} 的卡诺图　$Q_3^{n+1}=Q_1^n$

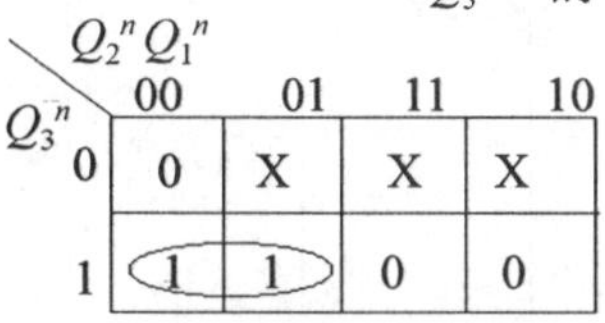

Q_1^{n+1} 的卡诺图　$Q_1^{n+1}=Q_3^n\overline{Q_2^n}$

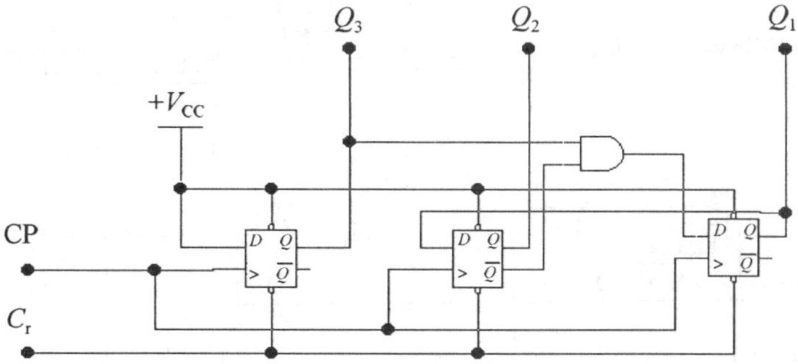

图 5-9-3　主控制电路

2．控制信号灯的译码电路

对应 P、A、B、C、D 五种状态，找出每一状态要生成的控制信号，设计相应的组合逻辑电路生成这些信号。输出信号共有六个：南北红灯为（NSR），南北绿灯为（NSG），南北黄灯为（NSY），东西红灯为（EWR），东西绿灯为（EWG），东西黄灯为（EWY）。设灯亮为“1”，灯灭为“0”，则得译码器的真值表 5-9-3。

表　5-9-3

Q_3	Q_2	Q_1	NSR	NSG	NSY	EWR	EWG	EWY
0	0	0	1	0	0	1	0	0
0	0	1	X	X	X	X	X	X
0	1	0	X	X	X	X	X	X
0	1	1	X	X	X	X	X	X
1	0	0	1	0	0	0	1	0
1	0	1	1	0	0	0	0	1
1	1	0	0	0	1	1	0	0
1	1	1	0	1	0	1	0	0

分别对（NSR、NSG、NSY、EWR、EWG、EWY）进行化简可得：

$$NSR = \overline{Q_2} \qquad NSG = Q_2Q_1 \qquad NSY = Q_2\overline{Q}_1$$

$$EWR = \overline{Q_3\overline{Q}_2} \qquad EWG = Q_3\overline{Q}_2\overline{Q}_1 \qquad EWY = \overline{Q}_2Q_1$$

其仿真电路如图 5-9-4 所示。

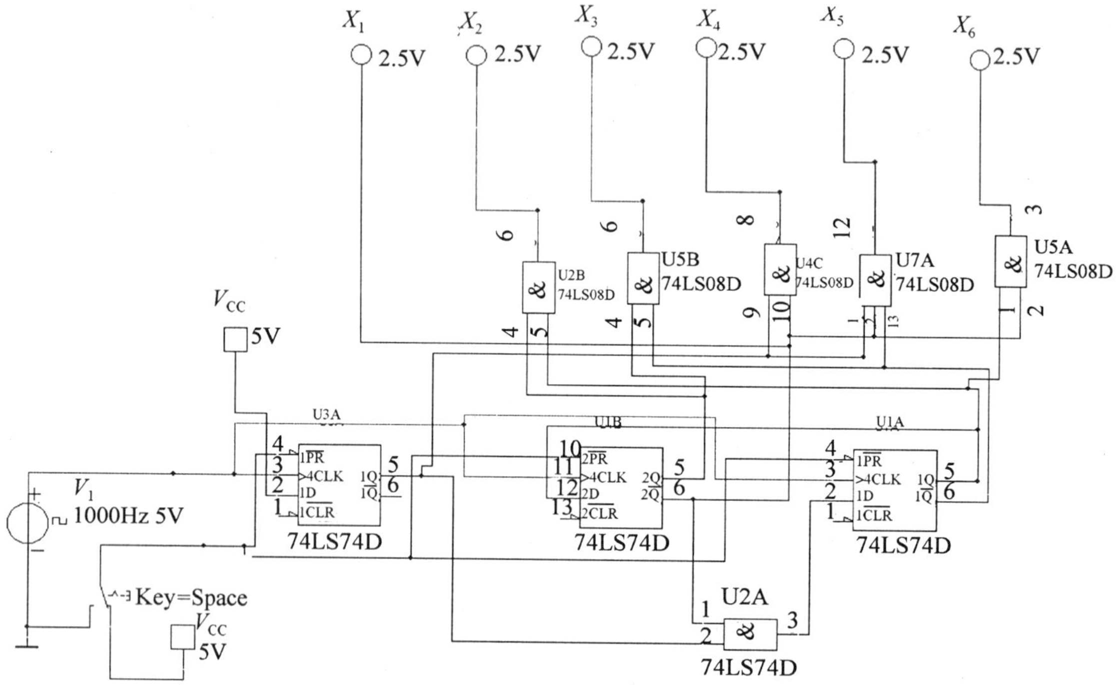

图 5-9-4 仿真电路

3．计数器的设计

本系统中有三个时间计数，分别是 10 秒、30 秒、5 秒，可以用三个计数控制电路来完成，这样电路相对来说要复杂一些。如果我们对电路进行优化，则可用置数的方法使一个计数控制电路分别完成上述三个时间计数。其思路大致是：（1）用一个 74LS138 译码器将五个状态译出，这个信号作为选择装入不同的计数数值。（2）用可装入减法计数器作为计时器，这样装入不同的计数值就可以产生不同长度的计时时间，从而使需要五个计时电路变为只需要用一个。计数器回零产生一个动态脉冲输出作为电路系统状态转换的时钟脉冲。（3）设计一个周期为一秒的方波发生电路，方波送到延时计数器作为计数脉冲。

其计数器的连接如图 5-9-5 所示，图中 74LS367 为三态门锁存器，在其输入端分别输入数字 5、30、10，低电平选通，高电平处于高阻状态。其计数集成块由两块 74LS192 组成置数递减计数。

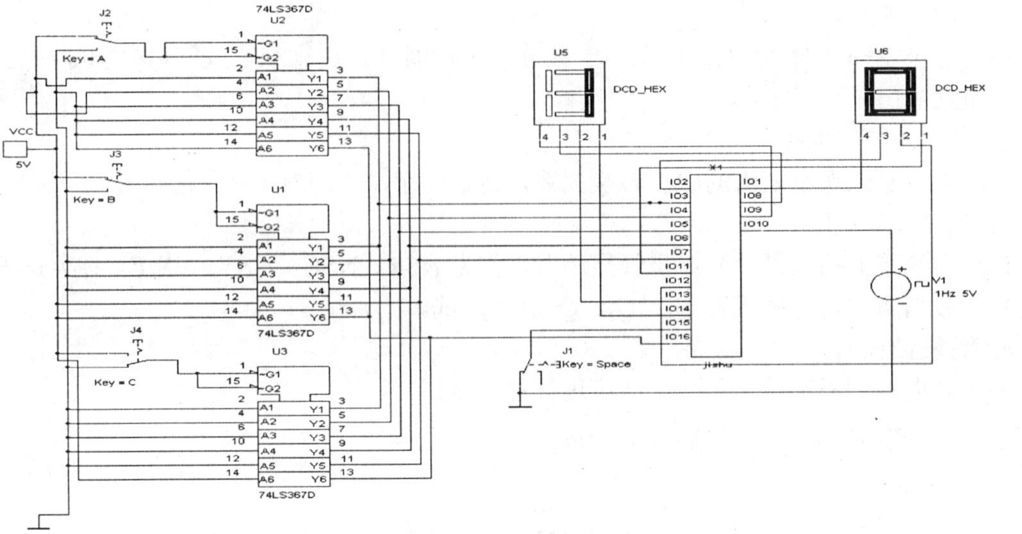

图 5-9-5　计数器

4．秒信号发生器

可利用 555 定时器构成方波发生器，调节电阻 *R* 和电容 *C* 的大小即可得到所需秒脉冲。电路如图 5-9-6 所示。

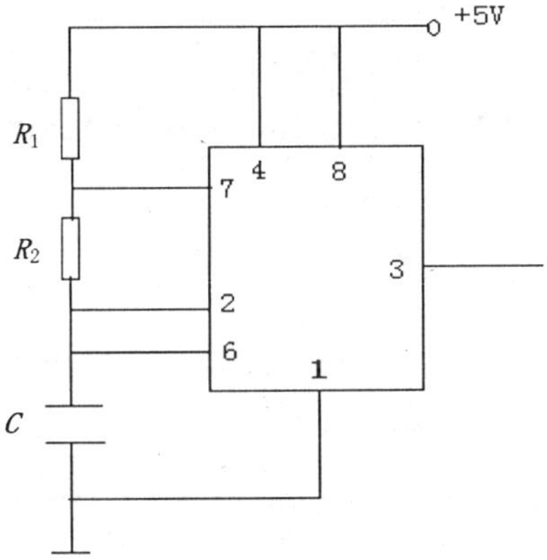

图 5-9-6　秒信号发生器

5．电路调试步骤和方法

（1）在条件允许的情况下可在计算机上采用 EWB 仿真软件对所设计电路进行仿真实验。可先对每个单元电路进行仿真，再将其制成集成块，进行总机连接仿真实验。

（2）实验调试：

a．检查所使用元件的性能，确定元件的好坏。

b．在实验箱上或面包板上搭接电路。

按各单元电路图来分别搭接主控制电路、计时器、译码器和“秒”脉冲信号发生器，以及各计时器输出译码、驱动、数字显示电路。

（3）调试：

a．调试“秒”脉冲发生器。注意利用所学知识估算出振荡周期，从而确定出电阻和电容的大致范围。

b．调试计时器：

电路连接完毕，对 30 秒、10 秒、5 秒分别进行调试。注意观察置零信号和脉冲封锁信号是否正常输出。

c．调试主控制电路：

为了更清楚地观察电路的状态转换关系，建议用手动方式加 CP 脉冲信号。

d．调试译码电路：

选用实验箱上的六只发光二极管显示器，作为 NSR、NSG、NSY、EWR、EWG、EWY 六种灯，分别用逻辑开关代替 Q_1、Q_2、Q_3 进行调试。

e．总机调试：

各单元电路均能正常工作后，即可进行总机调试。

五、仪器及元件清单（如表 5-9-4 所示）

表　5-9-4

名称	型号	数量
计数器	74LS192	2 块
三态门	74LS367	3 块
译码器	74LS138	1 块
定时器	555	1 块
其他门电路	74LS00、74LS04、74LS20、74LS74 74LS10 等	若干
电阻	20kΩ/0.25W	3 个
电容	0.1μF/5V　　0.047μF/5V	2 个
数字逻辑实验箱		1 台
直流稳压源		1 台
万用表		1 台

课题 5.10　数字电子钟设计

一、课题目的

1．了解用集成电路构成数字电子钟的基本电路。

2．了解数字电子钟中的数字是如何进位的。

3．掌握组装、调试数字电子钟的基本技能。

二、数字电子钟组成框图及工作原理简介

数字电子钟一般由振荡器、分频器、计数器、译码器及显示器等几部分组成（如图 5-10-1 所示）。石英振荡器产生的时标信号送到分频器，分频电路将时标信号分成秒脉冲，秒脉冲送入计数器进行计数，并把累计结果以“时”、“分”、“秒”的数字显示出来。“秒”的显示由两级计数器和译码器组成的六十进制计数器电路实现；“分”的显示电路与“秒”相同；“时”的显示由两级计数器和译码器组成的二十四进制计数器电路来实现。

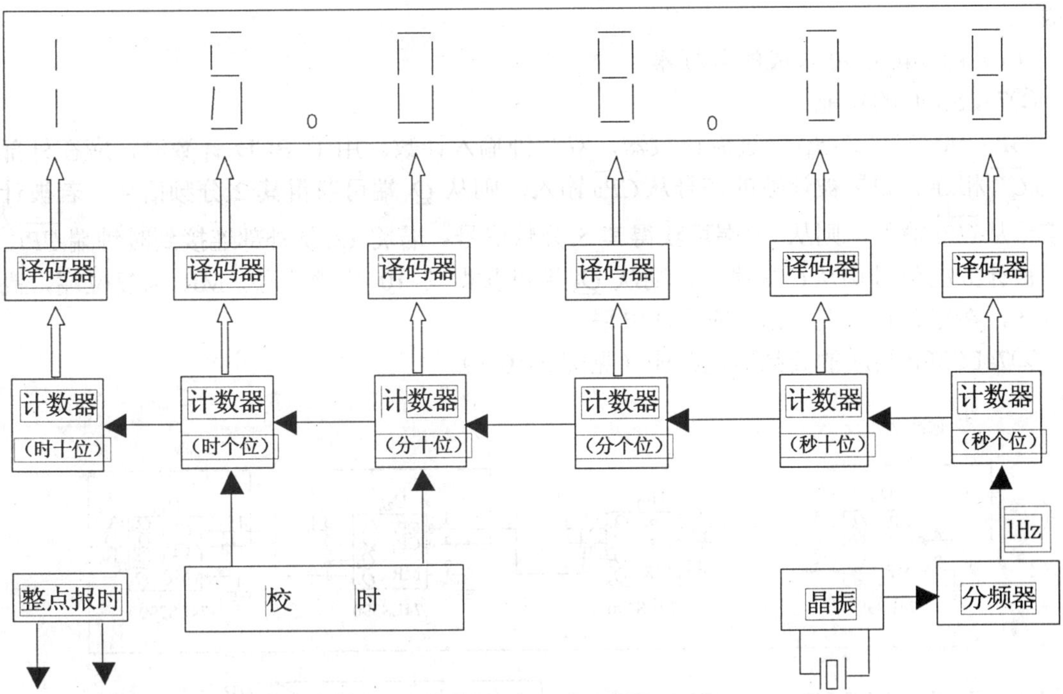

图 5-10-1　数字电子钟组成框图

本电子钟还设计了校时和整点报时等逻辑功能。

1．时钟信号振荡电路

振荡电路由石英晶体、耦合电路、调整电阻及反相器等元件构成（如图 5-10-2 所示）。第一、二个反相器与石英晶体一起形成自激振荡，产生频率极其稳定的近似正弦波，第三个反相器用于缓冲整形，得到矩形脉冲信号。电路可以产生数赫兹到数十赫兹范围的矩形脉冲信号，具体振荡频率由石英晶体的固有频率决定。这里采用 2MHz 的石英晶体，输出

端得到频率为 2MHz 的矩形脉冲信号。

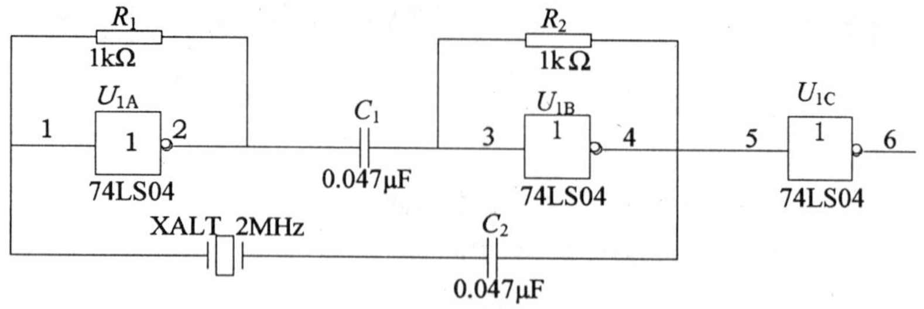

图 5-10-2　脉冲振荡电路

若采用 ELB 型数字实验箱，可直接利用其连续脉冲发生器输出的脉冲信号，频率范围为低频 2～20Hz，高频为 50～200kHz，且频率和脉宽可调。

2．分频器

由振荡电路产生的 2MHz 脉冲信号，通过分频器分频得到 1Hz 的脉冲信号作为秒脉冲，送给计数器。分频电路可采用二-五-十进制计数器 74LS390 或双 4 位二进制计数器 74LS393 构成。

（1）由 74LS390 构成的分频器

①74LS390 的功能

74LS390 为双二-五-十进制计数器，双时钟输入计数。用于 BCD 计数时，应在外部将 Q_0 与 $\overline{CP_1}$ 相连。如果被计数的信号从 $\overline{CP_0}$ 输入，则从 Q_0 端可获得其 2 分频信号；若被计数的信号从 $\overline{CP_1}$ 输入，则从 Q_3 端可获得其 5 分频信号；若将 Q_0 从外部连接到时钟端 $\overline{CP_1}$ 上，同时被计数的信号仍从 $\overline{CP_0}$ 输入，则从 Q_3 端可获得其 10 分频信号。MR 为复位端，高电平有效，在正常记数时，MR 应为低电平。

②74LS390 构成的分频器电路图（见图 5-10-3）

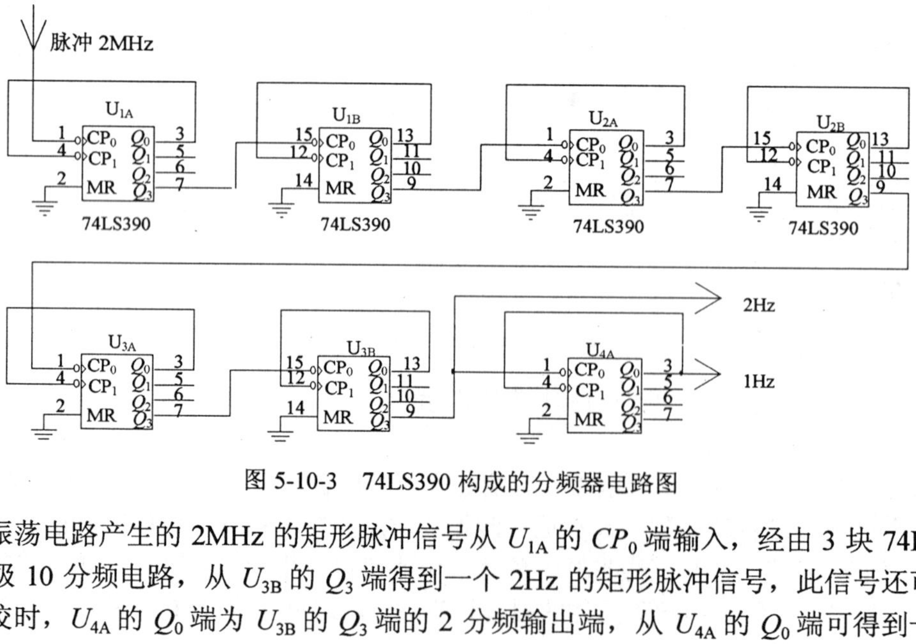

图 5-10-3　74LS390 构成的分频器电路图

由振荡电路产生的 2MHz 的矩形脉冲信号从 U_{1A} 的 CP_0 端输入，经由 3 块 74LS390 组成的 6 级 10 分频电路，从 U_{3B} 的 Q_3 端得到一个 2Hz 的矩形脉冲信号，此信号还可用于后面的秒校时，U_{4A} 的 Q_0 端为 U_{3B} 的 Q_3 端的 2 分频输出端，从 U_{4A} 的 Q_0 端可得到一个 1Hz

的标准秒脉冲信号，供秒计数器使用。

③原理分析

三块 74LS390 U_1、U_2、U_3 组成 6 级 10 分频电路，第四块 74LS390 的 U_{4A} 接成 2 分频电路，从而把 2MHz 的脉冲信号分频为 1Hz。其第一级 10 分频 U_{1A} 的时序图见图 5-10-4。

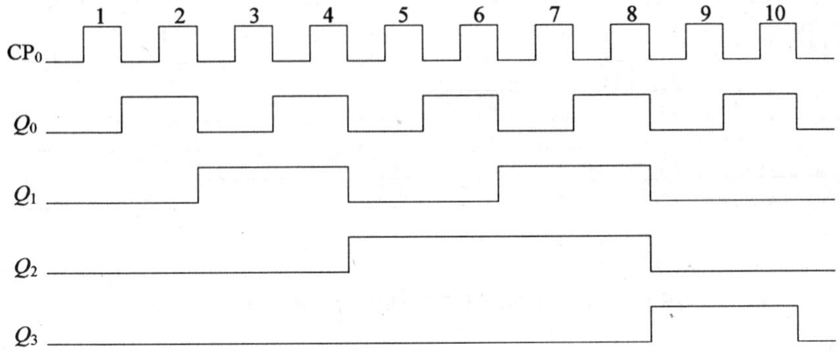

图 5-10-4　由 74LS390 构成的分频器电路时序图

第二、三、四、五、六级 10 分频按上述方法依次进行 10 分频，使 U_{3B} 的 Q_3 端输入的信号频率为 2MHz/10^6=2Hz。第四块 74LS390 的 U_{4A} 用做一个 2 分频电路，其时序图与图 5-10-4 相同。可见，从 U_{4A} 的 Q_0 端可得到 1Hz 的时标信号。

（2）由 74LS393 构成的分频器

①74LS393 的功能

74LS393 是双四位二进制计数器，独立时钟输入，异步计数，并具有直接清除功能。74LS393 采取串行进位连接方式，其输出端 Q_0、Q_1、Q_2、Q_3 分别按 2、4、8、16 进行分频计数。74LS393 每一位都有一个清除端 MR，高电平有效（即当 MR=“1”时，Q_0～Q_3 均输出“0”）。由于 74LS393 含有两个四位二进制计数器，所以只要将二进制计数器的 Q_3 端和下一个二进制计数器的 CLK 端相接，则成为一个八位二进制计数器。如果将每块 74LS393 串行扩展，便可得到 2^{4n} 分频的二进制计数器。

②74LS393 构成的分频器电路图（见图 5-10-5）

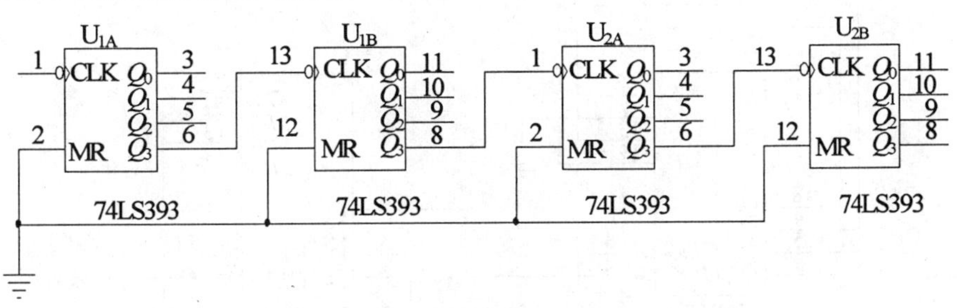

图 5-10-5　74LS393 构成的分频器电路图

ELB 型数字实验箱的连续脉冲输出端可得到 2～20Hz（低频）和 50～200kHz（高频）的脉冲信号，且其频率及脉宽可调。假设从此输出端得到的脉冲信号频率为 65536Hz，则经 U_{1A}、U_{1B}、U_{2A}、U_{2B} 依次进行 16 分频，最后从 U_{2B} 的 Q_3 端则可得到 1Hz 的脉冲时标信号。

③原理分析

74LS393 用做 16 分频的时序图见图 5-10-6。

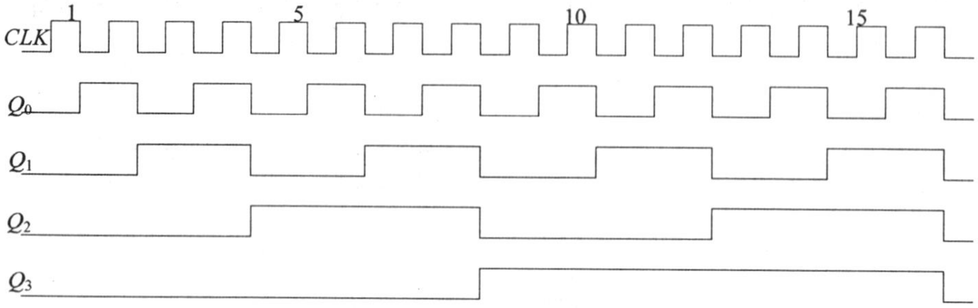

图 5-10-6　由 74LS393 构成的分频器电路时序图

3．六十进制计数器

（1）由 74LS290 构成的六十进制计数器

①74LS290 的功能

74LS290 是二-五-十进制异步计数器，采用 8421 码，双时钟脉冲输入，可直接置“0”或置“9”，Q_0 输出与 $\overline{CLK_2}$ 连接可得十进制计数器。

如果被计数的信号从 $\overline{CLK_1}$ 输入，则从 Q_0 端可获得其 2 分频信号；当计数器的信号从 $\overline{CLK_2}$ 输入，则从 Q_3 端可获得其 5 分频信号；如果将 Q_0 从外部连接到 $\overline{CLK_2}$ 上，同时被计数的信号仍从 $\overline{CLK_1}$ 输入，则从 Q_3、Q_2、Q_1 和 Q_0 即可获得 8421 编码的计数输出。

74LS290 分别有两个置位端 MS_1、MS_2 和两个复位端 MR_1、MR_2，均为高电平有效。当 MS_1 和 MS_2 都为“1”时，$Q_3Q_2Q_1Q_0$ 输出被置成 1001；当 MR_1 和 MR_2 同时为“1”时，$Q_3Q_2Q_1Q_0$ 输出被置成 0000。

②74LS290 组成的六十进制计数器电路图（见图 5-10-7）

用一块 74LS290 构成一个十进制计数器，再用一块 74LS290 构成一个六进制计数器，六进制计数器和十进制计数器串接构成六十进制计数器。

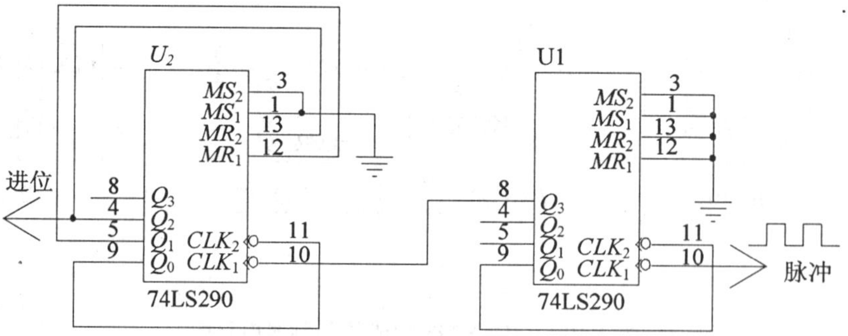

图 5-10-7　六十进制计数器电路图之一

③原理分析

低位是一个按 BCD 码计数的十进制计数器，当计数到 $Q_3Q_2Q_1Q_0$=1001 时，下一个脉冲到来后 $Q_3Q_2Q_1Q_0$=0000，Q_3 由“1”跳到“0”，产生一个下降沿作为十进位的进位脉冲

（74LS290 的 CLK 端为负脉冲有效）。高位接成六进制计数器，其清零端 $MR_1=Q_1$，$MR_2=Q_2$，这样，当高位计数到 $Q_3Q_2Q_1Q_0$=0110 时（即 $MR_1=MR_2$=1），计数器自动复位到 $Q_3Q_2Q_1Q_0$=0000。两级电路构成六十进制计数器，其进位端为 U_2 的 Q_2 端。

个位是一个十进制计数器，十位是一个六进制计数器，其时序图见图 5-10-8。

a. 十进制计数器的时序图如图 5-10-8 所示

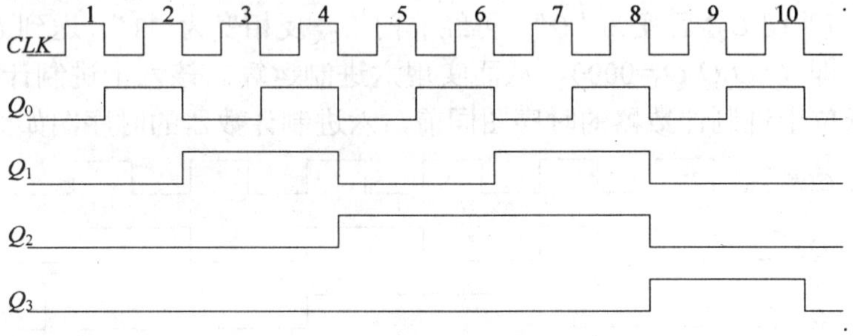

图 5-10-8

b. 六进制计数器的时序如图 5-10-9 所示

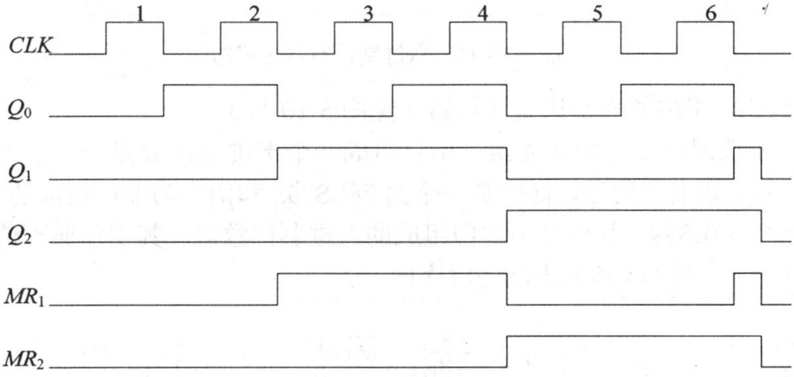

图 5-10-9 六十进制计数器时序图

（2）由 74LS390 构成的六十进制计数器

①74LS390 构成的六十进制计数器的原理图

与 74LS290 组成的六十进制计数器相似，74LS390 组成的六十进制计数器亦由一个六进制计数器和一个十进制计数器串接而成。74LS390 的功能在前面已经讲述过，原理图见图 5-10-10。

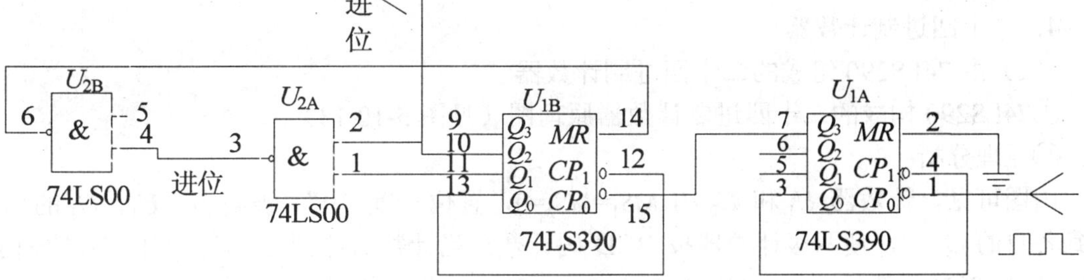

图 5-10-10 六十进制计数器电路图之二

②原理分析

低位是一个十进制计数器，当 U_{1A} 由 $Q_3Q_2Q_1Q_0$=1001 变为 $Q_3Q_2Q_1Q_0$=0000 时，低位 Q_3 给高位的 $\overline{CP_0}$ 一个负脉冲，使高位开始计数。高位是一个六进制计数器，它的 Q_2Q_1 输出通过“与”运算（一级与非门和一级非门）后接到复位端，从而实现六进制计数功能。当 U_{1B} 计数到 $Q_3Q_2Q_1Q_0$=0101 后，低位提供的下一个进位脉冲使 U_{1B} 的 $Q_3Q_2Q_1Q_0$=0110，此时 Q_2Q_1=11，经过与非门 U_{2A} 后变为“0”，再经非门 U_{2A} 反相变为“1”，送到 U_{1B} 的复位端 MR 使计数器复位，即 $Q_3Q_2Q_1Q_0$=0000，从而实现六进制运算。该六十进制计数器的进位端为 U_{1B} 的 Q_2 端。低位十进制计数器的时序图同前，六进制计数器的时序图如图 5-10-11 所示。

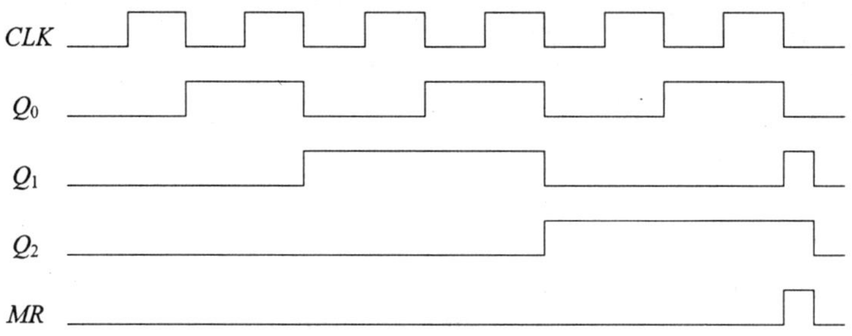

图 5-10-11　六进制计数器时序图

（3）74LS393 组成的六十进制计数器（见图 5-10-12）

74LS393 是双四位二进制计数器，由它组成一个十进制计数器和一个六进制计数器，便组成了一个六十进制计数器，低位是一个由 74LS393 和两个与非门组成的十进制计数器，高位也是由一个 74LS393 和两个与非门组成的六进制计数器。其工作原理请同学们自己分析，并分别画出 U_{1A} 和 U_{1B} 各输出端的时序图。

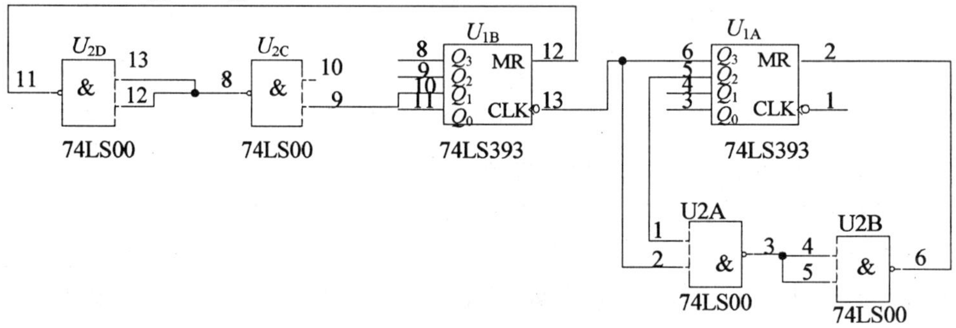

图 5-10-12　六十进制计数器电路图之三

4．二十四进制计数器

（1）由 74LS290 组成的二十四进制计数器

①74LS290 构成的二十四进制计数器原理图（见图 5-10-13）

②原理分析

由图可见，计数器 U_1 和 U_2 的 MS_1=MS_2=0，置位（置“9”）被封锁，U_1、U_2 的 $\overline{CLK_2}$ 接到各自的 Q_0 端，使两级计数器按 BCD 码计数。当计数器计到 24 时，高位 U_2 的输出端 $Q_3Q_2Q_1Q_0$=0010，低位 U_1 的输出端 $Q_3Q_2Q_1Q_0$=0100，此时使得高位和低位的 MR_1=MR_2=1，计数器复位，使计数器清零，从而实现二十四进制计数。U_1 的 $\overline{CLK_1}$ 端接分计数器的进位

端，其工作时序图见图 5-10-14。

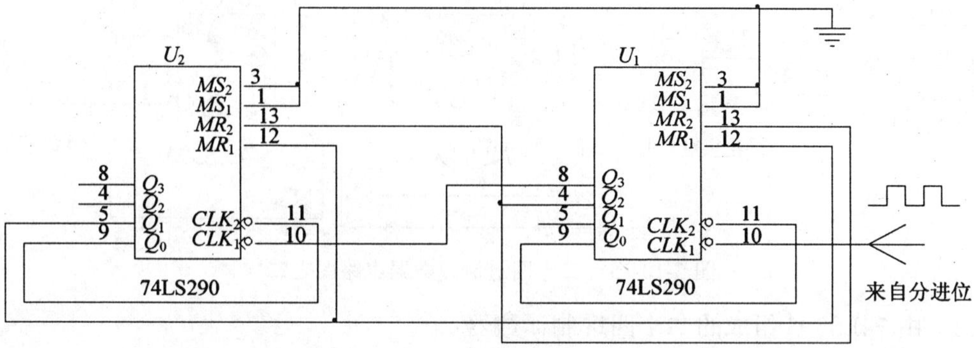

图 5-10-13　二十四进制计数器电路图之一

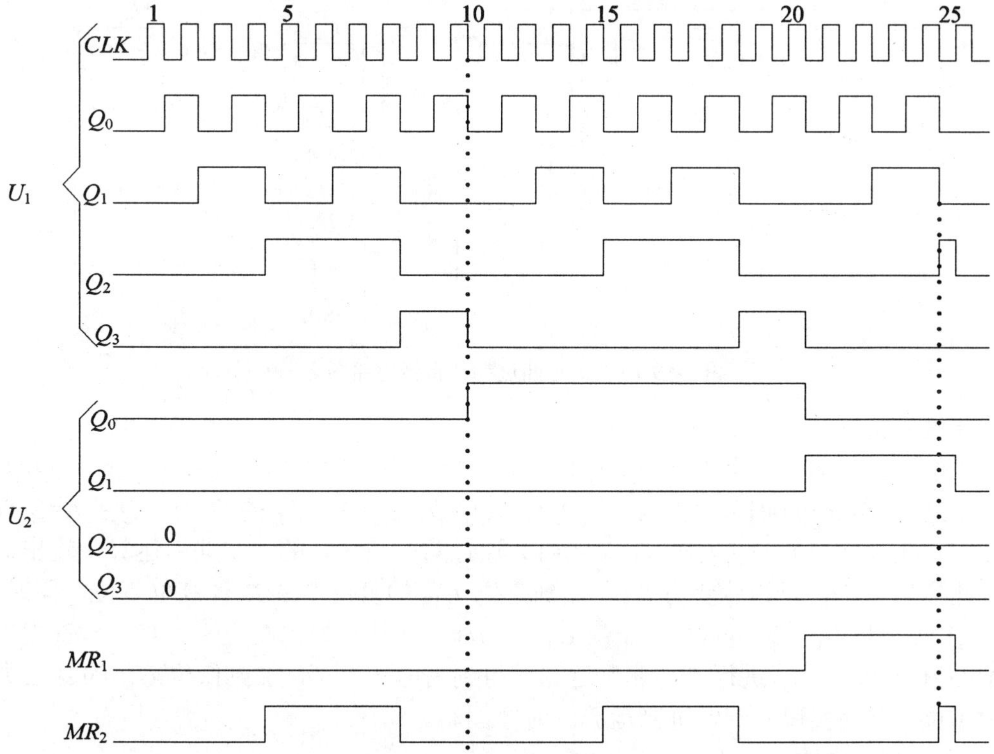

图 5-10-14　由 74LS290 组成的二十四进制计数器时序图

（2）由 74LS390 组成的二十四进制计数器

①由 74LS390 组成的二十四进制计数器的原理图（见图 5-10-15）

②原理分析

当分进位脉冲到来时，计数器 U_{1A} 按 BCD 码开始计数。当计到 24 时，U_{1B} 和 U_{1A} 的 $Q_3Q_2Q_1Q_0$ 端的输出分别为 0010 和 0100，即 U_{1A} 的 Q_2 端为“1”，U_{1B} 的 Q_1 端为“1”，两信号相“与”（通过一个与非门和一个与门实现）后输出高电平“1”，同时加到 U_{1A} 和 U_{1B} 的复位端 MR，使计数器复位，从而实现二十四进制计数。工作时序图请同学们自己画出。

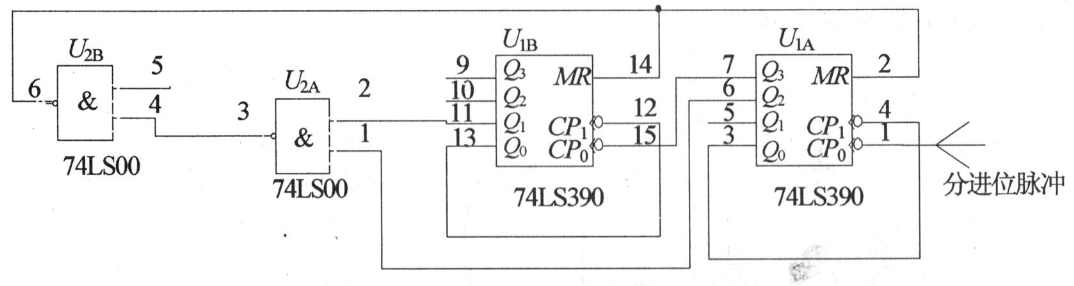

图 5-10-15　二十四进制计数器电路图之二

（3）由 74LS393 组成的二十四进制计数器

①74LS393 组成的二十四进制计数器原理图（见图 5-10-16）

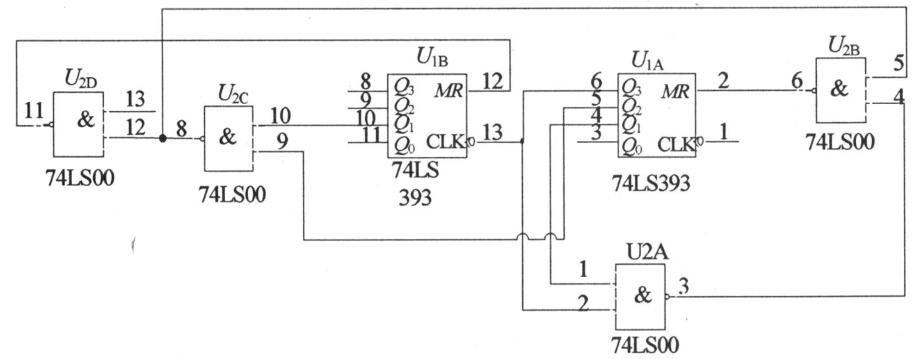

图 5-10-16　二十四进制计数器电路图之三

②原理分析

分进位脉冲到来时，计数器 U_{1A} 开始计数。当计数到 24 时，U_{1A} 和 U_{1B} 的 $Q_3Q_2Q_1Q_0$ 端的输出分别为 0100 和 0010，即 U_{1A} 的 $Q_2=1$，$Q_3=Q_1=Q_0=0$，U_{1B} 的 $Q_1=1$，$Q_3=Q_2=Q_0=0$。此时，U_{1B} 的 Q_1（$Q_1=1$）和 U_{1A} 的 Q_2（$Q_2=1$）通过与非门 U_{3C} 的“与非”运算，输出低电平“0”，此信号经 U_{3D} 反相后变为“1”加到高位 U_{1B} 的复位端 MR 使高位复位，同时，U_{1A} 的 Q_3（$Q_3=0$）和 Q_1（$Q_1=0$）经与非门 U_{3A}“与非”运算后输出高电平“1”，此高电平与从 U_{3C} 输出的低电平经 U_{3B} 进行“与非”运算后得到高电平“1”，加到低位 U_{1A} 的复位端 MR，使低位复位，从而实现二十四进制运算。时序图略。

5．译码显示电路

（1）共阴极译码显示电路

①74LS248 的功能

74LS248 是 4 线-七段译码/驱动器，集电极开路输出，以高电平“1”驱动，用于共阴极显示器。74LS248 内部接有 2kΩ 上拉电阻，在连接 LED 数码管时无需外接电阻。其中 $\overline{LT}$ 端为试灯输入端，用于检查七段显示器各字段是否能正常发光，当 $\overline{LT}=0$ 时，显示器应该显示出“8”字形，借此判断各段工作是否正常。$\overline{BI}/\overline{RBO}$ 端为灭灯输入/动态灭零输出端，灭灯输入端 $\overline{BI}$ 的功能与 $\overline{LT}$ 恰好相反，在 $\overline{BI}$=0 时可以使七段显示器各字段均熄灭；动态灭零输出端 $\overline{RBO}$ 与 $\overline{BI}$ 公用一个端子，它的作用是使小数点两边的数字即使是零也显示出来，以便看到小数点的位置和检查无信号输入时显示器有无故障。$\overline{RBI}$ 端为动态灭零输入端，它的作用是使显示器按照人们的需要将所显示的零予以熄灭，而在显示 1……9 时则不受影响。正常使用时 $\overline{LT}=1$，$\overline{BI/RBO}=1$，$\overline{RBI}=1$。

②原理

共阴极译码显示电路由七段译码器/驱动器 74LS248 和共阴极七段 LED 数码管组成。其原理图见图 5-10-17。

4LS248 将来自计数器的四位二进制代码翻译成对应的一组七位二进制代码，驱动七段 LED 数码管显示出数字来。共阴极七段数码管相当于阴极连接在一起的七个发光二极管，当从其某一输入端（二极管的阳极）输入一个高电平信号时，对应的发光二极管导通发光，从而显示出一个数字来。

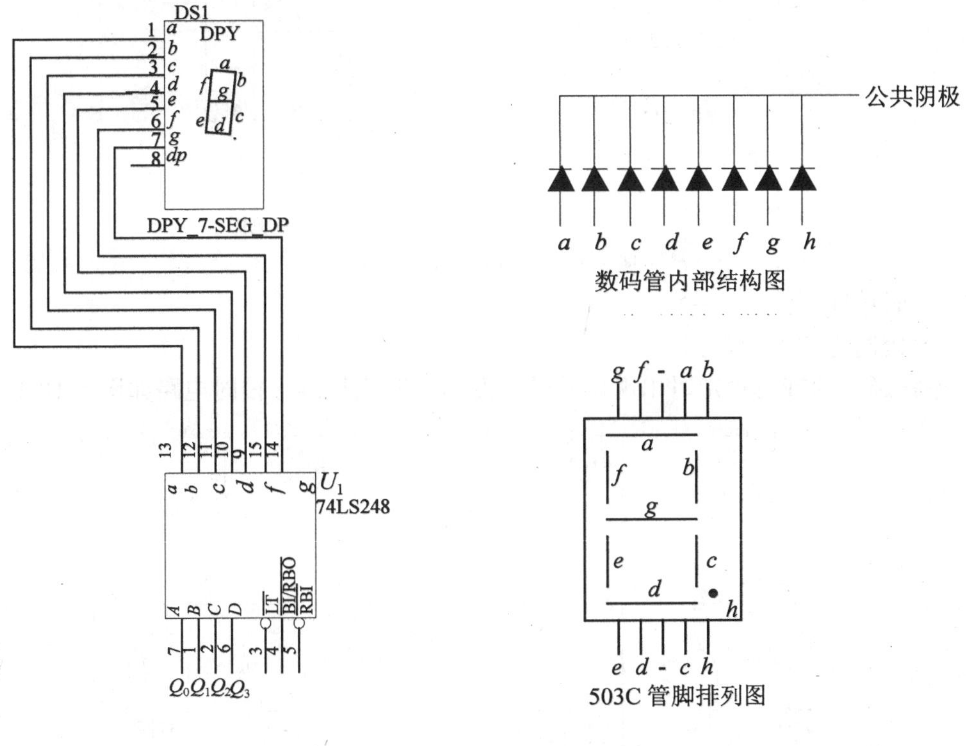

图 5-10-17　译码显示电路之一

（2）共阳极译码显示电路

①74LS247 的功能

74LS247 是 4 线-七段译码/驱动器，集电极开路输出，以“0”电平驱动，用于共阳极显示器。74LS247 与显示器（七段数码管）连接时，应串联电阻于显示管的各个阴极与译码器输出之间。其中 $\overline{LT}$ 端为试灯输入端，$\overline{RBI}$ 端为动态灭零输入端，$\overline{BI}$ 端为灭灯输入。

②原理

共阳极译码显示电路由七段译码器/驱动器 74LS247 和七段共阳极 LED 数码管组成。原理图见图 5-10-18。

74LS247 的作用是把计数器计数的四位二进制数翻译成对应的十进制数码，驱动七段 LED 数码管显示出数字来。

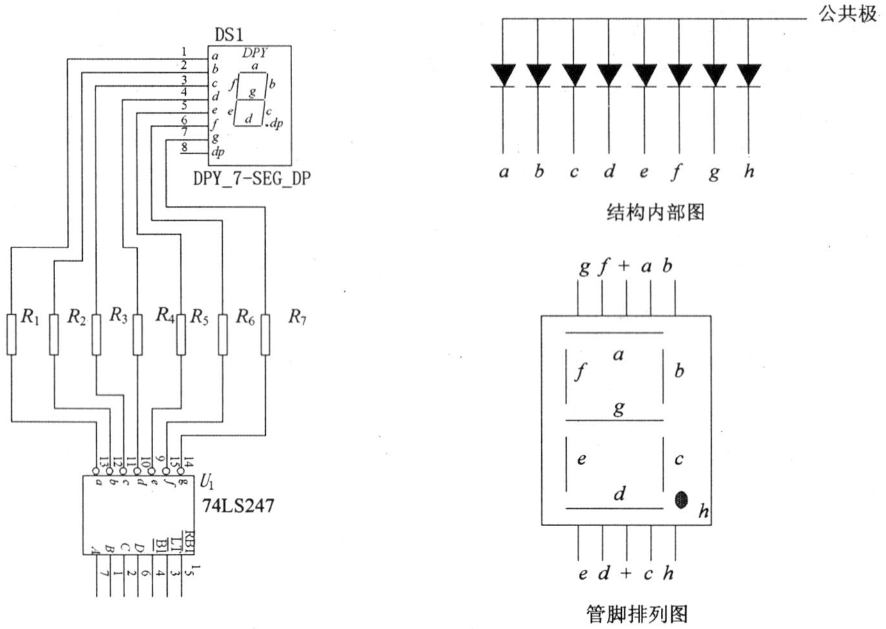

图 5-10-18　译码显示电路之二

6．校时电路

（1）校时电路的原理图

当刚接通电源或时钟走时出现误差时，便需要时间校准。校时电路如图 5-10-19 所示。

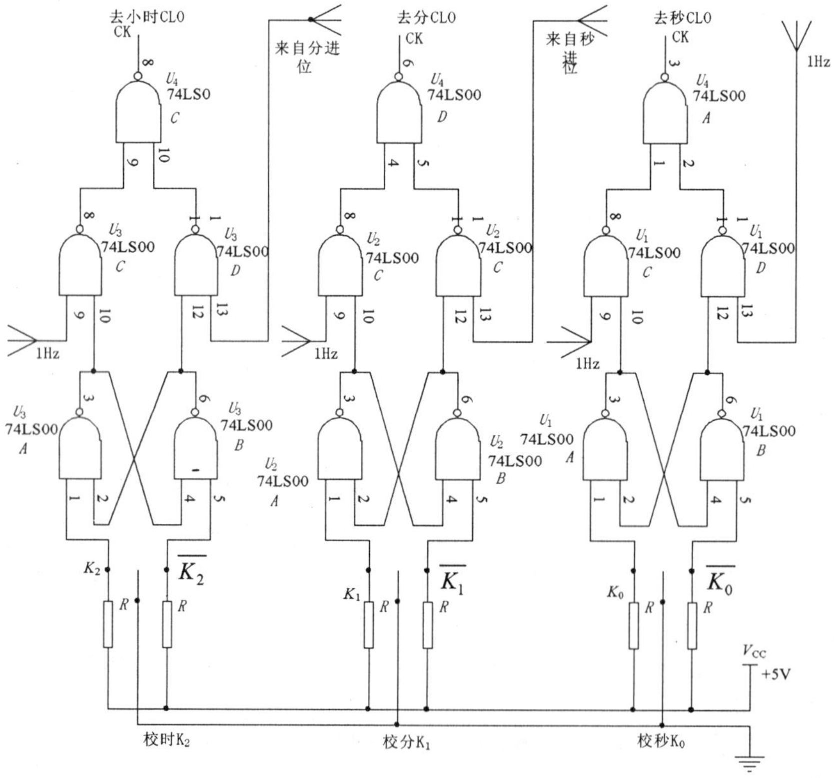

图 5-10-19　校时电路图

（2）工作原理分析

校时电路由“时”、“分”、“秒”校准三部分组成。校准开关 $K_0 \sim K_2$ 可利用实验箱上的逻辑开关“$K_0 \sim K_2$”来实现，当开关 K 接高电平“1”或 $\overline{K}$ 接低电平“0”时，为“正常”挡；当开关 K 接低电平“0”或 $\overline{K}$ 接高电平“1”时，为“校时”挡。

例如校正“小时”时，开关 K_2 扳到“校时”位置（K_2=0，$\overline{K_2}$=1），此时由 U_{2A} 和 U_{2B} 两与非门组成 RS 触发器，门 U_{2A} 输出为“1”，U_{2B} 输出为“0”，使得与非门 U_{2C} 打开，U_{2D} 被封锁。

1Hz 的秒脉冲直接接到时计数器的 $\overline{CP}$ 端进行快速校准。校准结束时，开关 K_2 接至“正常”位置，时计数器利用分进位输入正常计数。

“分”校准与“时”校准的原理相同。“秒”校准的原理与“时”、“分”校准大致相同，唯一不同的是，“秒”校准是利用分频器上产生的 2Hz 脉冲来进行校准，使“秒”校准的速度比秒脉冲的速度提高了一倍。

7．整点报时电路

如图 5-10-20 所示，当时钟快到达整点时发出五次打点声，前四声为低音，最后一声为高音，每次打点持续 0.5 秒，也就是当计数器计到 59 分 55 秒、56 秒、57 秒、58 秒时，控制电路输出 Z_1 为高电平，使喇叭或蜂鸣器发出四声低音。当计到 59 分 59 秒时，控制电路输出 Z_2 为高电平，使喇叭或蜂鸣器发出一声高音。以上用于高、低音发声的高、低频信号分别取自时钟的分频器。高频大约为 2kHz，低频大约为 1kHz。

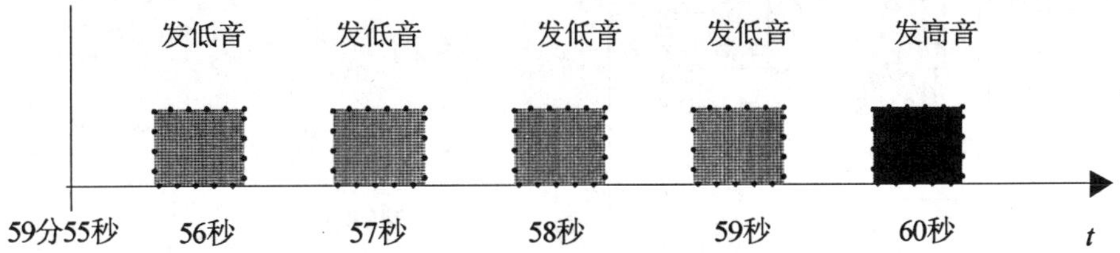

图 5-10-20　整点报时示意图

整点报时电路见图 5-10-21。

其控制原理如下：当计数器计到 59 分 55 秒、56 秒……59 秒时，各计数器的状态如表 5-10-1 所示。

表　5-10-1

分十位	分个位	秒十位	秒个位
$Q'_{3f}Q'_{2f}Q'_{1f}Q'_{0f}$	$Q_{3f}Q_{2f}Q_{1f}Q_{0f}$	$Q'_{3m}Q'_{2m}Q'_{1m}Q'_{0m}$	$Q_{3m}Q_{2m}Q_{1m}Q_{0m}$
0 1 0 1	1 0 0 1	0 1 0 1	0 1 0 1
0 1 0 1	1 0 0 1	0 1 0 1	0 1 1 0
0 1 0 1	1 0 0 1	0 1 0 1	0 1 1 1
0 1 0 1	1 0 0 1	0 1 0 1	1 0 0 0
0 1 0 1	1 0 0 1	0 1 0 1	1 0 0 1

从计数器状态可以看出：当为 59 分时，$Q'_{2f}=Q'_{0f}=Q_{3f}=Q_{0f}=1$，所以从非门 U_{2B} 和 U_{2D} 的输出恒为“1”。

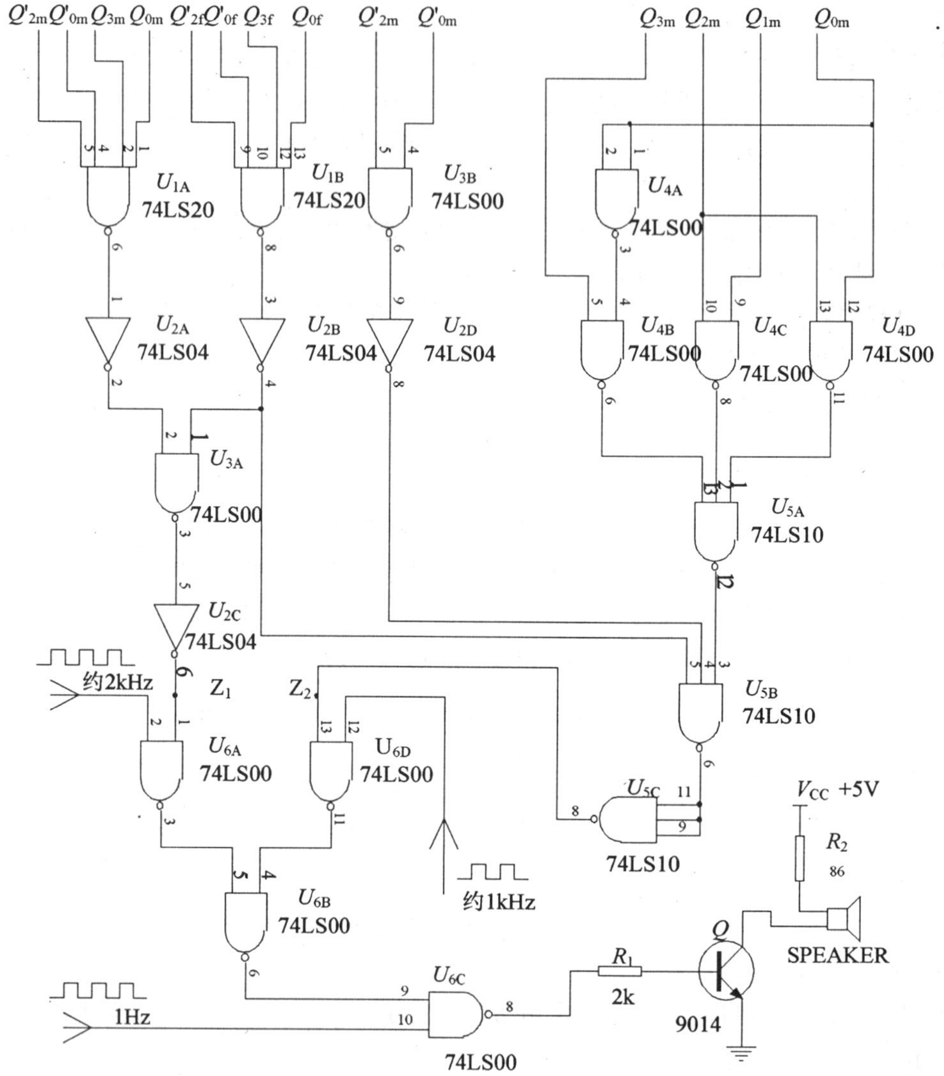

图 5-10-21　整点报时电路

图中：$Q'_{3m}Q'_{2m}Q'_{1m}Q'_{0m}$ 是“秒”十位计数器的输出端。

$Q'_{3m}Q'_{2m}Q'_{1m}Q'_{0m}$ 是“秒”个位计数器的输出端。

$Q_{3f}'Q_{2f}'Q_{1f}'Q_{0f}'$ 是“分”十位计数器的输出端。

$Q_{3f}Q_{2f}Q_{1f}Q_{0f}$ 是“分”个位计数器的输出端。

在 55 秒时，$Q_{3m}= Q_{1m}= 0$，$Q_{2m}=Q_{0m}=1$；在 56 秒时，$Q_{3m}= Q_{0m}=0$，$Q_{2m}= Q_{1m}=1$；在 57 秒时，$Q_{3m}=0$，$Q_{2m}= Q_{1m}=Q_{0m}=1$；在 58 秒时，$Q_{3m}=1$，$Q_{2m}= Q_{1m}=Q_{0m}=0$，根据电路结构，可知在 55 秒、56 秒、57 秒、58 秒时，与非门 U_{5A} 的输出都为“1”，非门 U_{5C} 的输出也为

“1”，使与非门 U_{6D} 打开，来自分频器的低频信号 $f\approx 2^{10}$Hz 能通过门 U_{6D} 输出。而在这段时间里，非门 U_{2A} 输出为“0”，非门 U_{2C} 输出为“0”，来自分频器的高频信号不能通过与非门 U_{6A}，U_{6A} 的输出为“1”，则通过与非门 U_{6D} 的低频信号能通过与非门 U_{6B}，加到与非门 U_{6C} 的一个输入端，U_{6C} 的另一个输入端引入 1Hz 秒脉冲，从而在其输出端得到 4 组持续 0.5s 的低频信号，此信号经三极管 Q_1 组成的单级放大器后推动喇叭（或蜂鸣器）发出 4 声间断的低音。

在 59 秒时，$Q_{3m}=Q_{0m}=1$，$Q_{2m}=Q_{1m}=0$，可知非门 U_{5C} 的输出为“0”，来自分频器的低频信号被封锁，与非门 U_{6D} 的输出为“0”；而非门 U_{2C} 的输出为“1”，门 U_{6A} 打开，来自分频器的高频信号通过门 U_{6A} 和 U_{6B} 加到门 U_{6C} 的一个输入端，U_{6C} 的另一个输入端引入 1Hz 脉冲，使其输出端获得 1 组持续 0.5s 的高频信号，经单级放大器放大后推动喇叭（或蜂鸣器）发出 1 声高音。

三、设计任务及要求

1. 设计一个具有“时”、“分”、“秒”的十进制数字显示的数字钟。
2. 具有校时功能。
3. 具有整点报时功能。
4. 用 TTL 集成电路实现所选定的电路。
5. 在数字电路实验箱或面包板上安装、调试出该电子钟。
6. 写出设计、总结报告。

四、安装步骤及调试

1. 根据设计的单元电路，选择所需的元件，确定其规格型号和数量。
2. 掌握数字实验箱的使用，熟悉所用元件的性能和逻辑功能，检测所选元件的好坏。
3. 综合考虑各单元电路之间的关系及其走线路径，在实验箱或面包板上合理安排各集成电路的布局，力求走线简单，跨接点少。
4. 先接好振荡电路、分频电路，确定秒脉冲（1Hz）和 0.5 秒脉冲（2Hz）输出端，以及用于报时的高频信号和低频信号输出端。
5. 再接计数器、译码显示器，并用秒脉冲信号检查六十进制计数器和二十四进制计数器的功能是否正确。
6. 最后接校时、整点报时电路，并检测其逻辑功能是否正确。
7. 完整连接各部分电路，综合测试电路的功能，查找并排除各种故障，完成全部电路的调试。

五、集成电路接线技巧

1. 综合考虑各种集成电路之间的连接关系，合理安排集成电路在实验箱（或面包板）上的位置。为了方便布线和检查线路，所有集成电路应按同一方向插入，不要倒插或反插。
2. 集成电路使用前最好先进行整形，用镊子把引脚稍向内弯，使两排引脚恰好能插入面包板的插座孔中。拆卸集成电路时最好使用集成电路起拔器，以免把引脚弄弯，甚至折断。
3. 布线力求整齐、易查，电源正、负极，输入、输出线尽可能分别采用不同颜色的导线。导线不要跨过集成电路，并使导线贴近面包板表面分布。

4．插线要保证稳妥可靠，引线两端的绝缘胶皮不可剥得过短或过长（一般 7～8mm 为宜）。用过的导线要先把线头弄直，保证可靠地插入插座孔内。

5．布线的顺序通常是先接集成电路的正、负极，再接输入线、输出线及控制线。接线时要仔细核对管脚排列图，以免接错。

6．逻辑功能完整的电路应分单元检查，接好一个单元测试一个单元，及时排除线路故障。

六、仪器及元件清单

1．若采用 ELB 型实验箱，直接利用其自带的连续脉冲发生器及译码显示电路，若采用 74LS393 构成的分频器、74LS390 构成的 60 进制计数器和 24 进制的计数器，以及所给整点报时电路及校时电路，则所需的元件如表 5-10-2 所示。

表 5-10-2

序号	元 件 名 称	规 格 型 号	数 量
1	双 4 位二进制计数器	74LS393	2 块
2	双二-五-十进制计数器	74LS390	3 块
3	四-2 输入与非门	74LS00	8 块
4	双 4 输入与非门	74LS20	1 块
5	六反相器	74LS04	1 块
6	三-3 输入与非门	74LS10	1 块
7	电阻	86Ω/0.25W	1 个
8	电阻	1kΩ/0.25W	1 个
9	扬声器(或蜂鸣器)	0.25W/8Ω	1 个
10	三极管	9013	1 个
11	双踪示波器		1 台
12	万用表		一块
13	数字电路实验箱或面包板		一台
14	直流电源		一台

2．若采用所提供的振荡电路和 74LS390 组成的分频器、74LS290 组成的 60 进制计数器和 24 进制计数器、74LS248 译码器和共阴极数码管组成的译码显示电路，以及提供的整点报时电路及校时电路，则所需元件为如表 5-10-3 所示。

表 5-10-3

序号	元 件 名 称	型 号 规 格	数 量
1	双二-五-十进制计数器	74LS390	4 块
2	二-五-十进制计数器	74LS290	6 块
3	4 线-七段译码器/显示器	74LS248	6 块
4	四-2 输入与非门	74LS00	7 块
5	六反相器	74LS04	2 块
6	三-3 输入与非门	74LS10	1 块
7	双 4 输入与非门	74LS20	1 块
9	共阴极数码管	503C	6 个
10	石英晶振	2MHz	1 个
11	扬声器(或蜂鸣器)	0.25W/8Ω	1 个
12	电阻	86Ω/0.25W	1 个
13	电阻	1kΩ/0.25W	7 个
14	无极性电容器	0.47μF	2 个
15	扳手小开关	单刀双掷	3 个
16	双踪示波器		1 台
17	万用表		一块
18	数字电路实验箱或面包板		一台
19	直流电源		一台

课题 5.11　$3\frac{1}{2}$位直流数字电压表设计

一、课题目的

1．了解双积分式 A / D 转换器的工作原理。

2．熟悉$3\frac{1}{2}$位 A / D 转换器 CC14433 的性能及其引脚功能。

3．掌握用 CC14433 构成直流数字电压表的方法。

二、直流数字电压表的原理

直流数字电压表的核心器件是一个间接型 A/D 转换器，它首先将输入的模拟电压信号变换成易于准确测量的时间量，然后在这个时间宽度里用计数器计时，计数结果就是正比于输入模拟电压信号的数字量。

1．V-T 变换型双积分 A / D 转换器

图 5-11-1 是双积分 ADC 的控制逻辑框图。它由积分器（包括运算放大器 A_1 和 RC 积分网络）、过零比较器 A_2、N 位二进制计数器、开关控制电路、门控电路、参考电压 V_R 与时钟脉冲源 CP 组成。

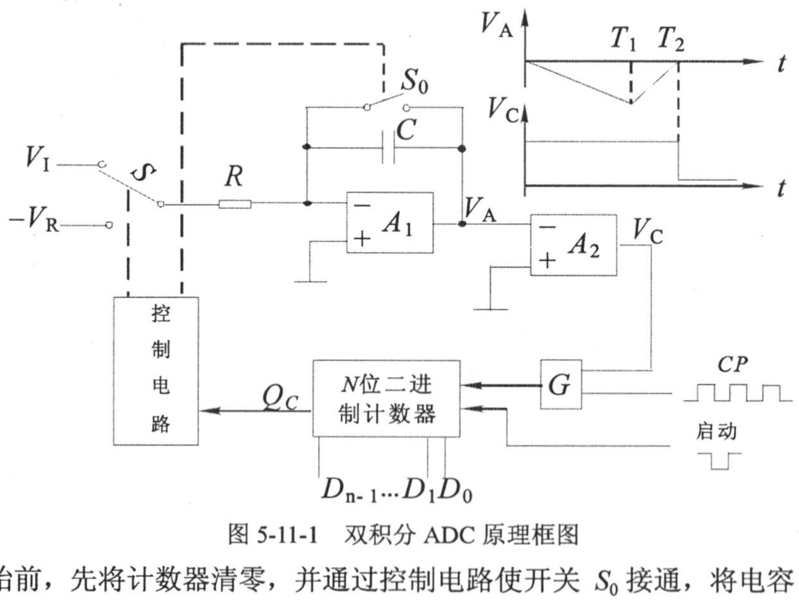

图 5-11-1　双积分 ADC 原理框图

转换开始前，先将计数器清零，并通过控制电路使开关 S_0 接通，将电容 C 充分放电。由于计数器进位输出 Q_C=0，控制电路使开关 S 接通 V_I，模拟电压与积分器接通，同时，门 G 被封锁，计数器不工作。积分器输出 V_A 线性下降，经零值比较器 A_2 获得一方波 V_C，打开门 G，计数器开始计数，当输入 2^n 个时钟脉冲后 $t=T_1$，各触发器输出端 D_{n-1}～D_0 由 111…1 回到 000…0，其进位输出 Q_C=1，作为定时控制信号，通过控制电路将开关 S 转换至基准电压源$-V_R$，积分器向相反方向积分，V_A 开始线性上升，计数器重新从 0 开始计数，直到 $t=T_2$，V_A 下降到 0，比较器输出的正方波结束，此时计数器中暂存的二进制数字就是与 V_I 相对应的二进制数码。

2．$3\frac{1}{2}$位双积分 A / D 转换器 CC14433 的性能特点

CC14433 是 CMOS 双积分式$3\frac{1}{2}$位 A/D 转换器，它是将构成数字和模拟电路的约 7700 多个 MOS 晶体管集成在一个硅芯片上，芯片有 24 只引脚，采用双列直插式，其引脚排列与功能如图 5-11-2 所示。

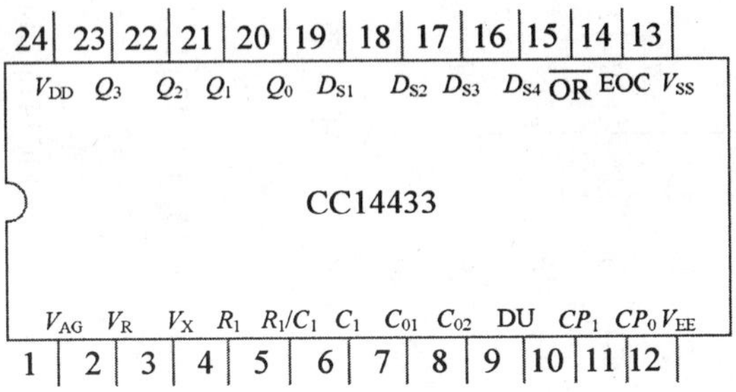

图 5-11-2　CC14433 引脚排列

引脚功能说明：

V_{AG}（1 脚）：被测电压 V_X 和基准电压 V_R 的参考地。

V_R（2 脚）：外接基准电压（2V 或 200mV）输入端。

V_X（3 脚）：被测电压输入端。

R_1（4 脚）、R_1/C_1（5 脚）、C_1（6 脚）：外接积分阻容元件端。

C_1=0.1μF（聚酯薄膜电容器），R_1=470kΩ（2V 量程）。

R_1=27kΩ（200mV 量程）。

C_{01}（7 脚）、C_{02}（8 脚）：外接失调补偿电容端，典型值 0.1μF。

DU（9 脚）：实时显示控制输入端。若与 EOC（14 脚）端连接，则每次 A/D 转换均显示。

CP_1（10 脚）、CP_0（11 脚）：时钟振荡外接电阻端，典型值为 470kΩ。

V_{EE}（12 脚）：电路的电源最负端，接－5V。

V_{SS}（13 脚）：除 CP 外所有输入端的低电平基准（通常与 1 脚连接）。

EOC（14 脚）：转换周期结束标记输出端，每一次 A/D 转换周期结束，EOC 输出一个正脉冲，宽度为时钟周期的二分之一。

$\overline{OR}$（15 脚）：过量程标志输出端，当｜V_X｜＞V_R 时，$\overline{OR}$ 输出为低电平。

DS_4～DS_1（16～19 脚）：多路选通脉冲输入端，DS_1 对应于千位，DS_2 对应于百位，DS_3 对应于十位，DS_4 对应于个位。

Q_0～Q_3（20～23 脚）：BCD 码数据输出端，DS_2、DS_3、DS_4 选通脉冲期间，输出三位完整的十进制数，在 DS_1 选通脉冲期间，输出千位 0 或 1 及过量程、欠量程和被测电压极性标志信号。

CC14433 具有自动调零、自动极性转换等功能。可测量正或负的电压值。当 CP_1、CP_0 端接入 470kΩ 电阻时，时钟频率约为 66kHz，每秒钟可进行 4 次 A/D 转换。它的使用、调试简便，能与微处理机或其他数字系统兼容，广泛用于数字面板表、数字万用表、数字温度计、数字量具及遥测、遥控系统。

3．$3\frac{1}{2}$位直流数字电压表的组成（实验线路）（线路结构如图 5-11-3 所示）

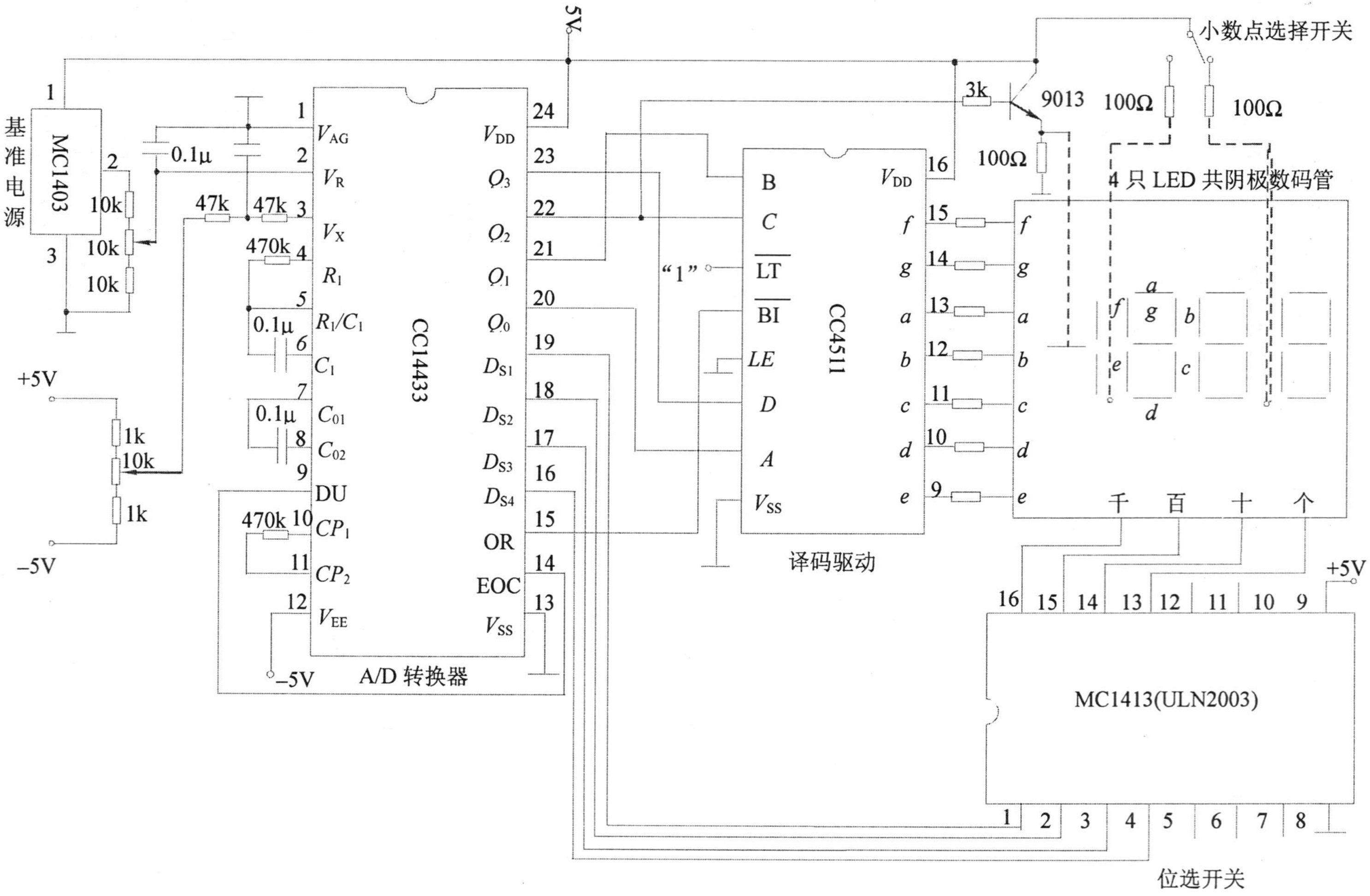

图 5-11-3　三位半直流数字电压表线路图

（1）被测直流电压 V_X 经 A/D 转换后以动态扫描形式输出，数字量输出端 Q_0 Q_1 Q_2 Q_3 上的数字信号（8421 码）按照时间先后顺序输出。位选信号 DS_1、DS_2、DS_3、DS_4 通过位选开关 MC1413 分别控制着千位、百位、十位和个位上的四只 LED 数码管的公共阴极。数字信号经七段译码器 CC4511 译码后，驱动四只 LED 数码管的各段阳极。这样就把 A/D 转换器按时间顺序输出的数据以扫描形式在四只数码管上依次显示出来，由于选通重复频率较高，工作时从高位到低位以每位每次约 300μs 的速率循环显示，即一个 4 位数的显示周期是 1.2ms，所以人的肉眼就能清晰地看到四位数码管同时显示三位半十进制数字量。

（2）当参考电压 V_R=2V 时，满量程显示 1.999V；当 V_R=200mV 时，满量程为 199.9mV。可以通过选择开关来控制千位和十位数码管的 h 笔段经限流电阻实现对相应的小数点显示的控制。

（3）最高位（千位）显示时只有 b、c 两根线与 LED 数码管的 b、c 脚相接，所以千位只显示 1 或不显示，用千位的 g 笔段来显示模拟量的负值（正值不显示），即由 CC14433 的 Q_2 端通过 NPN 晶体管 9013 来控制 g 段。

（4）精密基准电源 MC1403A/D 转换需要外接标准电压源作参考电压。标准电压源的精度应当高于 A/D 转换器的精度。本实验采用 MC1403 集成精密稳压源作参考电压，MC1403 的输出电压为 2.5V，当输入电压在 4.5～15V 范围内变化时，输出电压的变化不超过 3mV，一般只有 0.6mV 左右，输出最大电流为 10mA。

4．MC1403 引脚排列见图 5-11-4

（1）实验中使用 CMOS BCD 七段译码/驱动器 CC4511，参考第六部分有关内容。

（2）七路达林顿晶体管列阵 MC1413：

MC1413 采用 NPN 达林顿复合晶体管的结构，因此有很高的电流增益和很高的输入阻抗，可直接接受 MOS 或 CMOS 集成电路的输出信号，并把电压信号转换成足够大的电流信号驱动各种负载。该电路内含有 7 个集电极开路反相器（也称为 OC 门）。MC1413 电路结构和引脚排列如图 5-11-5 所示，它采用 16 引脚的双列直插式封装。每一驱动器输出端均接有一释放电感负载能量的抑制二极管。

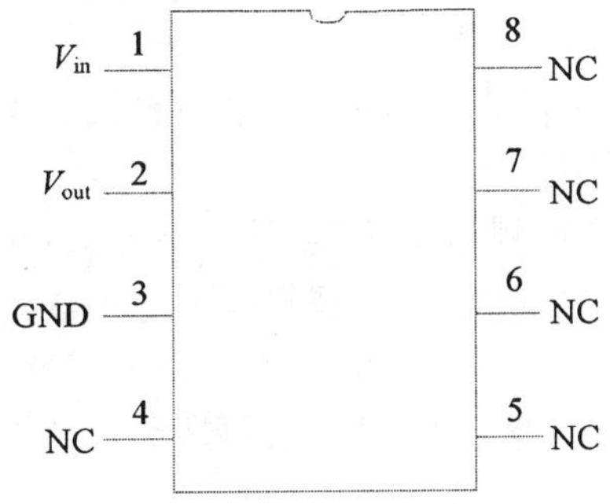

图 5-11-4 MC1403 引脚排列

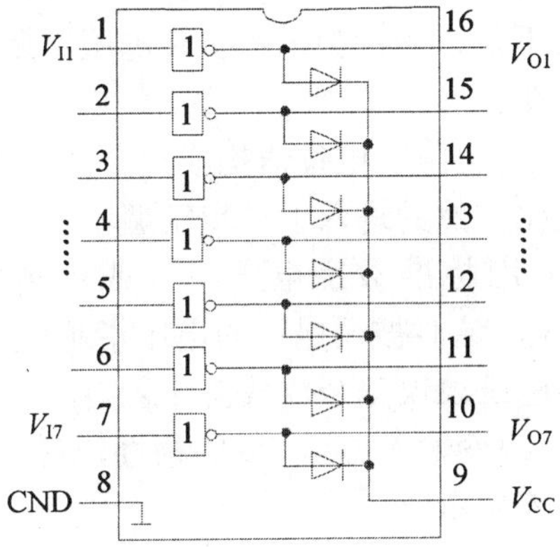

图 5-11-5 MC1413 引脚排列和电路结构图

三、设计任务及要求

1．设计测量范围在±1.999 的三位半直流数字电压表的电路接线图。

2．具有过流保护功能。

3．显示数值与测试电压实际值的误差的绝对值不超过 0.1V。

4．设计电路，安装调试，分析结果，写出设计说明书。

5．写出组装、调试数字电压表过程中遇到的问题和解决的方法、心得体会。

四、安装与调试方法

本实验要求按图 5-11-3 组装并调试好一台三位半直流数字电压表，实验时应一步步地进行。

1．数码显示部分的组装与调试：

（1）建议将 4 只数码管插入 40P 集成电路插座上，将 4 个数码管同名笔画段与显示译码的相应输出端连在一起，其中最高位只要将 *b*、*c*、*g* 三笔画段接入电路，按图 5-11-3 接好连线，但暂不插所有的芯片，待用。

（2）插好芯片 CC4511 与 MC1413，并将 CC4511 的输入端 *A*、*B*、*C*、*D* 接至拨码开关对应的 *A*、*B*、*C*、*D* 四个插口处；将 MC1413 的 1、2、3、4 脚接至逻辑开关输出插口上。

（3）将 MC1413 的 2 脚置“1”，1、3、4 脚置“0”，接通电源，拨动码盘（按“+”或“−”键）在 0～9 之间变化，检查数码管是否按码盘的指示值变化。

（4）按照第四部分实验 4.6 的有关内容，检查译码显示是否正常。

（5）分别将 MC1413 的 3、4、1 脚单独置“1”，重复（3）的内容。

如果所有 4 位数码管显示正常，则去掉数字译码显示部分的电源，备用。

2．标准电压源的连接和调整：

插上 MC1403 基准电源，用标准数字电压表检查输出是否为 2.5V，然后调整 10kΩ电位器，使其输出电压为 2.00V，调整结束后去掉电源线，供总装时备用。

3．总装总调：

（1）插好芯片 MC14433，按图 5-11-3 接好全部线路。

（2）将输入端接地，接通+5V、−5V 电源（先接好地线），此时显示器将显示“000”值，如果不是，应检测电源正负电压。用示波器测量、观察 DS_1～DS_4 、Q_0～Q_3 波形，判别故障所在。

（3）用电阻、电位器构成一个简单的输入电压 V_X 调节电路，调节电位器，4 位数码将相应变化，然后进入下一步精调。

（4）用标准数字电压表（或用数字万用表代）测量输入电压，调节电位器，使 V_X=1.000V，这时被调电路的电压指示值不一定显示“1.000”，应调整基准电压源，使指示值与标准电压表误差个位数在 5 之内。

（5）改变输入电压 V_X 的极性，使 V_I=－1.000V，检查“－”是否显示，并按（4）中的方法校准显示值。

（6）在+1.999V～0～－1.999V 量程内再一次仔细调整（调基准电源电压），使全部量程内的误差均不超过个位数，在 5 之内。

至此，一个测量范围在±1.999 的三位半数字直流电压表调试成功。

4．记录输入电压为±1.999，±1.500，±1.000，±0.500，0.000 时（标准数字电压表的读

数）被调数字电压表的显示值，列表记录之。

5．用自制数字电压表测量正、负电源电压。思考如何测量，试设计扩程测量电路。

五、仪器及元件清单（如表 5-11-1 所示）

表 5-11-1

序号	元件名称	规格型号	数量
1	直流数字电压表		1 块
2	双踪示波器		1 台
3	万用表		1 块
4	数字电路实验箱或面包板		1 台
5	直流电源		1 台
6	CC4511		1 块
7	MC1413		1 块
8	其余元件自选		

第六部分

实验实训技术

实训 6.1　常用电子电路元件、器件的识别及主要参数

任何电子电路都是由元器件组成的，而常用的主要是电阻器、电容器、电感器和各种半导体器件（如二极管、三极管、集成电路等）。为了能正确地选择和使用这些元器件，就必须掌握与它们的性能、结构与主要性能参数等有关的知识。

一、电阻器的简单识别与型号命名法

1．电阻器的分类：

电阻器是电路元件中应用最广泛的一种，在电子设备中约占元件总数的 30%以上，其质量的好坏对电路工作的稳定性有极大影响。电阻器的主要用途是稳定和调节电路中的电流和电压，其次还可作为分流器、分压器和消耗电能的负载等。

电阻器按结构可分为固定式和可变式两大类。

固定式电阻器一般称为“电阻”。由于制作材料和工艺不同，可分为膜式电阻、实芯式电阻、金属线绕电阻（RX）和特殊电阻四种类型。

膜式电阻包括：碳膜电阻 RT、金属膜电阻 RJ、合成膜电阻 RH 和氧化膜电阻 RY 等。

实芯电阻包括：有机实芯电阻 RS 和无机实芯电阻 RN。

特殊电阻包括：MG 型光敏电阻和 MF 型热敏电阻。

可变式电阻器分为滑线式变阻器和电位器，其中应用最广泛的是电位器。

电位器是一种具有三个接头的可变电阻器，其阻值可在一定范围内连续可调。

电位器的分类方法有以下几种：

按电阻材料分，可分为薄膜和线绕两种。薄膜又可分为 WTX 型小型碳膜电位器、WTH 型合成碳膜电位器、WS 型有机实芯电位器、WHJ 型精密合成膜电位器和 WHD 型多圈合成膜电位器等。线绕电位器的代号为 WX 型。一般，线绕电位器的误差不大于上±10%，非线绕电位器的误差不大于±2%。其阻值、误差和型号均标在电位器上。

按调节机构的运动方式分，有旋转式、直滑式。

按结构分，可分为单联、多联、带开关、不带开关等；开关形式又有旋转式、推拉式、按键式等。

按用途分，可分为普通电位器、精密电位器、功率电位器、微调电位器和专用电位器等。

按阻值随转角变化关系，又可分为线性和非线性电位器，如图 6-1-1 曲线所示。它们的特点分别为：

X 式（直线式）：常用于示波器的聚焦电位器和万用表的调零电位器（如 MF-30 型万用表），其线性精度为±2%、±1%、±0.3%、±0.1%、±0.05%。

D 式（对数式）：常用于电视机的黑白对比度调节电位器，其特点是先粗调后细调。

Z 式（指数式）：常用于收音机的音量调节电位器，其特点是先细调后粗调。

所有 X、D、Z 字母符号一般印在电位器上，使用时应注意。

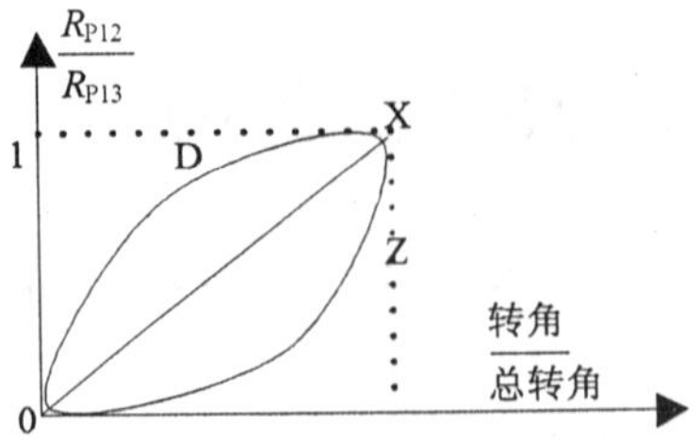

图 6-1-1　电位器阻值随转角变化曲线

常用电位器的外形和符号如图 6-1-2(a)、(b)所示。

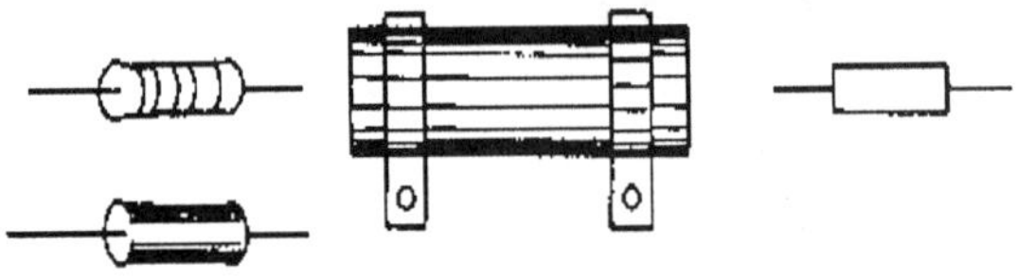

(a) 电阻外形及符号

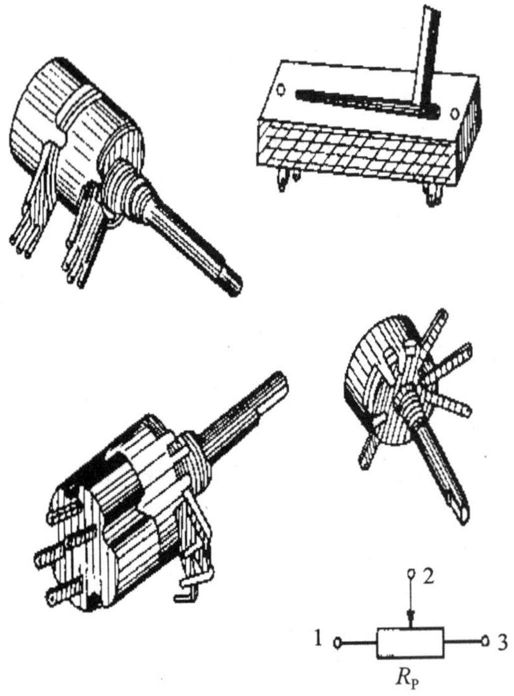

(b) 电位器外形符号

图 6-1-2　常用电位器的外形及符号

2. 电阻器的型号命名：

电阻器的型号命名详见表 6-1-1。

表 6-1-1　电阻器的型号命名

第一部分		第二部分		第三部分		第四部分
用字母表示主称		用字母表示材料		用数字或字母表示特征		用数字表示符号
符号	意义	符号	意义	符号	意义	
R	电阻器	T	碳膜	1，2	普通	包括： 额定功率 阻值 允许误差 精度等级
W	电位器	P	硼碳膜	3	超高频	
		U	硅碳膜	4	高阻	
		C	沉积膜	5	高温	
		H	合成膜	7	精密	
		I	玻璃釉膜	8	电阻器-高压	
		J	金属膜		电位器-特殊	
		Y	氧化膜		函数	
		S	有机实芯	9	特殊	
		N	无机实芯	G	高功率	
		X	线绕	T	可调	
		R	热敏	X	小型	
		G	光敏	L	测量用	
		M	压敏	W	微调	
				D	多调	

示例：RJ71-0.125-5.1KI 型电阻器

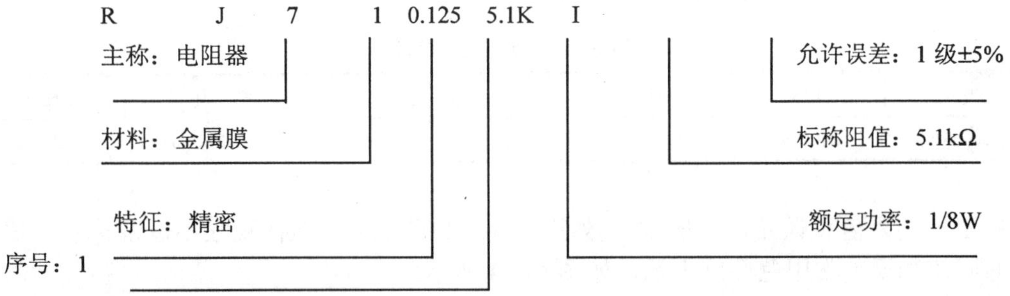

由此可见，这是精密金属膜电阻器，其额定功率为 1/8W，标称电阻值为 5.1kΩ，允许误差为±5%。

3．电阻器的主要性能指标：

（1）额定功率：电阻器的额定功率是在规定的环境温度和湿度下，假定周围空气不流通，在长期连续负载而不损坏或基本不改变性能的情况下，电阻器上允许消耗的最大功率。当超过额定功率时，电阻器的阻值将发生变化，甚至发热烧毁。为保证安全使用，一般选其额定功率比它在电路中消耗的功率高 1～2 倍。

额定功率分 19 个等级，常用的有 1/20W、1/8W、1/4W、1/2W、1W、2W、4W、5W……

在电路图中，非线绕电阻器额定功率的符号表示法如图 6-1-3 所示。

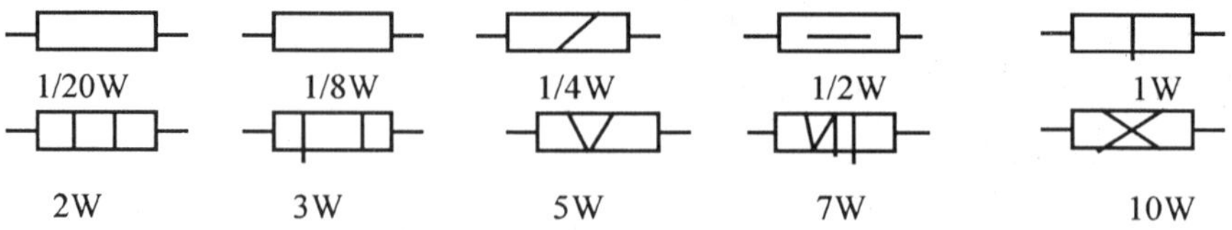

图 6-1-3　额定功率的符号表示法

实际中应用较多的有 1/4W、1/2W、1W、2W。线绕电位器应用较多的有 2W、3W、5W、10W 等。

（2）标称阻值：标称阻值是产品标志的“名义”阻值，其单位为欧（Ω）、千欧（kΩ）、兆欧（MΩ）。标称阻值系列如表 6-1-2 所示。

表 6-1-2　标称阻值

允许误差	系列代号	标称阻值系列
±5%	E24	1.0 1.1 1.2 1.3 1.5 1.6 1.8 2.0 2.2 2.4 2.7 3.0 3.3 3.6 3.9 4.3 4.7 5.1 5.6 6.2 6.8 7.5 8.2 9.1
±10%	E12	1.0 1.2 1.5 1.8 2.2 2.7 3.3 3.9 4.7 5.6 6.8 8.2
±20%	E6	1.0 1.5 2.2 3.3 4.7 6.8

任何固定电阻器的阻值都应符合表 6-1-2 所列数值乘以 10^nΩ，其中 n 为整数。

（3）允许误差：允许误差是指电阻器和电位器实际阻值对于标称阻值的最大允许偏差范围。它表示产品的精度。允许误差等级如表 6-1-3 所示。线绕电位器的允许误差一般小于±10%，非线绕电位器的允许误差一般小于±20%。

表 6-1-3　允许误差等级

级别	005	01	02	I	II	III
允许误差	±0.5%	±1%	±2%	±5%	±10%	±20%

电阻器的阻值和误差，一般都用数字标印在电阻器上，但体积很小以及一些合成电阻器，其阻值和误差常用色环来表示，如图 6-1-4 所示。

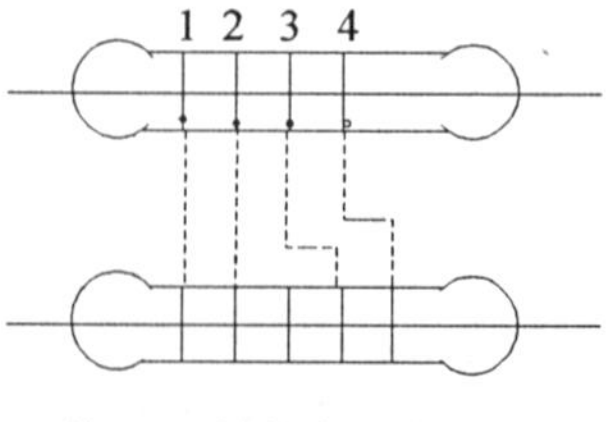

图 6-1-4　阻值和误差的色环标记

它是在靠近电阻器的一端画有四道或五道（精密电阻）色环。其中，第一、第二以及精密电阻的第三道色环，都表示其相应位数的数字。其后的一道色环则表示前面数字再乘以 10 的方幂，最后一道色环表示阻值的容许误差。各种颜色所代表的意义如表 6-1-4 所示。

表 6-1-4　色环颜色的意义

颜色 数值	黑	棕	红	橙	黄	绿	蓝	紫	灰	白	金	银	本色
代表数值	0	1	2	3	4	5	6	7	8	9			
允许误差		F(±1%)	G(±2%)			D(±0.5%)	C(±0.25%)	B(±0.1%)			J(±5%)	K(±10%)	±20%

例如，四色环电阻器的第一、二、三、四色环分别为棕、绿、红、金色，则该电阻的阻值和误差分别为：

$$R=(1\times10+5)\times10^2\Omega=1500\Omega$$

误差为±5%，即表示该电阻的阻值和误差是：1.5kΩ±5%。

（4）最高工作电压：最高工作电压是由电阻器、电位器最大电流密度、电阻体击穿及其结构等因素所规定的工作电压限度。对阻值较大的电阻器，当工作电压过高时，虽功率不超过规定值，但内部会发生电弧火花放电，导致电阻变质损坏。一般 1/8W 碳膜电阻器或金属膜电阻器，最高工作电压分别不能超过 150V 或 200V。

4．电阻器的简单测试：

测量电阻的方法很多，可用欧姆表、电阻电桥和数字欧姆表直接测量，也可根据欧姆定律 $R=V/I$，通过测量流过电阻的电流 I 及电阻上的压降 V 来间接测量电阻值。

当测量精度要求较高时，我们采用电阻电桥来测量电阻。电阻电桥有单臂电桥（惠斯登电桥）和双臂电桥（凯尔文电桥）两种。这里不作详细介绍。

当测量精度要求不高时，可直接用欧姆表测量电阻。现以 MF-30 型万用表为例，介绍测量电阻的方法。首先将万用表的功能选择波段开关置Ω挡，量程波段开关置合适挡。将两根测试笔短接，表头指针应在Ω刻度线零点，若不在零点，则要调节“Ω”旋钮（零欧姆调整电位器）回零。调回零后即可把被测电阻串接于两根测试笔之间，此时表头指针偏转，待稳定后可从Ω刻度线上直接读出所示数值，再乘上事先所选择的量程，即可得到被测电阻的阻值。当另换一量程时，必须再次短接两测试笔，重新调零。每换一量程挡，都必须调零一次。

特别要指出的是，在测量电阻时，不能用双手同时捏住电阻或测试笔，因为那样的话，人体电阻将会与被测电阻并联在一起，表头上指示的数值就不单纯是被测电阻的阻值了。

5．选用电阻器常识：

（1）根据电子设备的技术指标和电路的具体要求选用电阻的型号和误差等级。

（2）为提高设备的可靠性，延长使用寿命，应选用额定功率大于实际消耗功率 1.5～2 倍的电阻。

（3）电阻装接前应进行测量、核对，尤其是在精密电子仪器设备装配时，还需经人工老化处理，以提高稳定性。

（4）在装配电子仪器时，若所用非色环电阻，则应将电阻标称值标志朝上，且标志顺序一致，以便于观察。

（5）焊接电阻时，烙铁停留时间不宜过长。

6．选用电阻时应根据电路中信号频率的高低来选择。一个电阻可等效图 6-1-5 电阻器的等效电路成一个 *R*、*L*、*C* 二端线性网络，如图 6-1-5 所示。不同类型的电阻，*R*、*L*、*C* 三个参数的大小有很大差异。线绕电阻本身是电感线圈，所以不能用于高频电路中。薄膜电阻中，若电阻体上刻有螺旋槽，工作频率在 10MHz 左右；未刻螺旋槽的（如 RY 型），工作频率则更高。

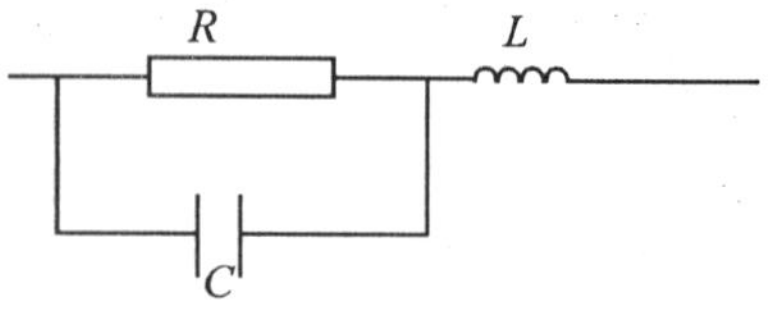

图 6-1-5　电阻器的等效电路

7．电路中如需串联或并联电阻来获得所需阻值时，应考虑其额定功率。阻值相同的电阻串联或并联，额定功率等于各个电阻额定功率之和；阻值不同的电阻串联时，额定功率取决于高阻值电阻；并联时，取决于低阻值电阻，且需计算方可应用。

二、电容器的简单识别与型号命名法

1．电容器的分类

电容器是一种储能元件，在电路中用于调谐、滤波、耦合、旁路和能量转换等。电容器的种类如下：

（1）按其结构，可分为以下三种：

①固定电容器：电容量是固定不可调的，我们称之为固定电容器。如图 6-1-6 所示为几种固定电容器的外形和电路符号。

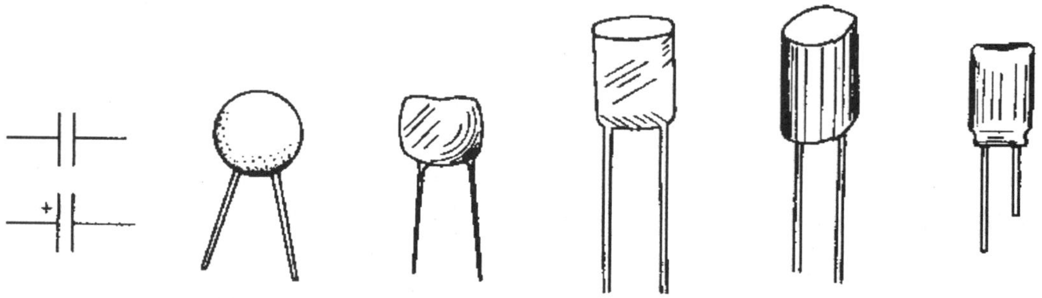

(a)　(b)　(c)　(d)　(e)　(f)

(a) 电容器符号(带“+”号的为电解电容)　(b) 瓷介电容　(c)云母电容

(d) 涤纶薄膜电容器　(e)金属化纸介电容器　(f)电解电容器

图 6-1-6　几种固定电容器的外形及符号

②半可变电容器（微调电容器）：电容器容量可在小范围内变化，其可变容量为十几～几十皮法，最高达一百皮法（以陶瓷为介质时），适用于整机调整后电容量不需经常改变的场合。常以空气、云母或陶瓷作为介质。其外形和电路符号如图 6-1-7 所示。

③可变电容器：电容器容量可在一定范围内连续变化。常有“单联”、“双联”之分，它们由若干片形状相同的金属片并接成一组定片和一组动片，其外形及符号如图 6-1-8 所示。动片可以通过转轴转动，以改变动片插入定片的面积，从而改变电容量。一般以空气做介质，也有用有机薄膜做介质的。

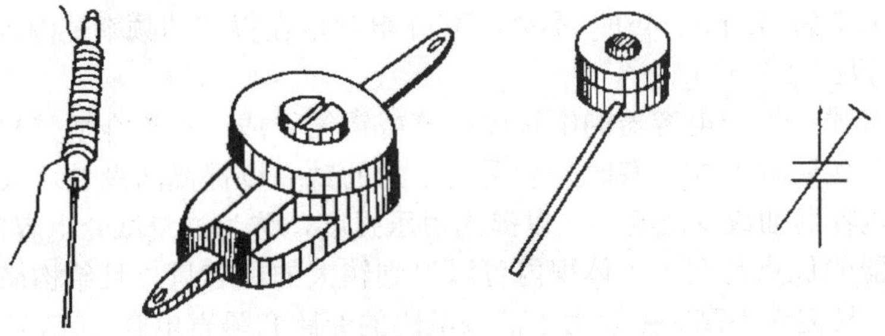

(a) 拉线和瓷介微调电容器的外形　　　　(b) 半可变电容器的符号

图 6-1-7　半可变电容器的外形及符号

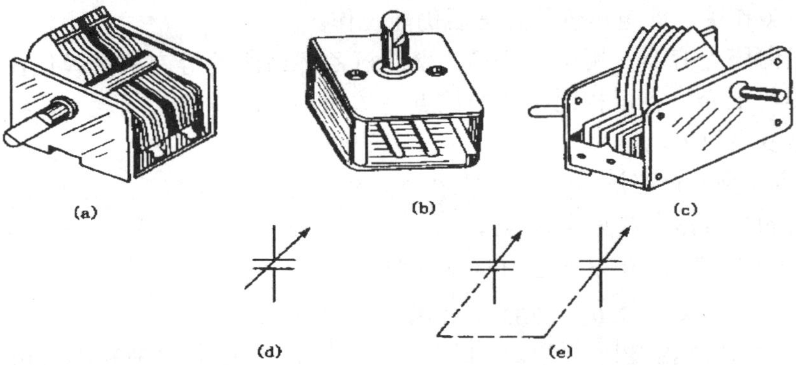

(a) 空气双联　(b) 密封双联　(c) 空气单联　(d) 单联符号　(e) 双联符号

图 6-1-8　单、双联可变电容器的外形及符号

（2）按电容器介质材料，可分为以下几种：

①电解电容器：以铝、祖、铭、钛等金属氧化膜做介质的电容器。应用最广的是铝电解电容器。它容量大，体积小，耐压高（但耐压越高，体积也就越大），一般在 500V 以下。常用于交流旁路和滤波。缺点是容量误差大，且随频率而变动，绝缘电阻低。电解电容有正、负极之分（外壳为负端，另一接头为正端）。一般，电容器外壳上都标有“+”、“−”记号，如无标记，则引线长的为“+”端，引线短的为“−”端，使用时必须注意不要接反，若接反，电解作用会反向进行，氧化膜很快变薄，漏电流急剧增加，如果所加的直流电压过大，则电容器很快发热，甚至会引起爆炸。

由于铝电解电容具有不少缺点，在要求较高的地方常用包钢或钛电容。它们比铝电解电容的漏电流小，体积小，但成本高。

②云母电容器：以云母片做介质的电容器。其特点是高频性能稳定、损耗小、漏电流小、耐压高（几百伏～几千伏），但容量小（几十皮法～几万皮法）。

③瓷介电容器：以高介电常数、低损耗的陶瓷材料为介质，故体积小、损耗小、温度系数小，可工作在超高频范围，但耐压较低（一般为 60V～70V），容量较小（一般为 1pF～1000pF）。为克服容量小的缺点，现在采用了铁电陶瓷和独石电容。它们的容量分别可达 680pF～0.047μF 和 0.01μF～几微法，但其温度系数大、损耗大、容量误差大。

④玻璃釉电容：以玻璃釉做介质，它具有瓷介电容的优点，且体积比同容量的瓷介电容小。其容量范围为 4.7pF～4μF。另外，其介电常数在很宽的频率范围内保持不变，还可应用到125℃高温下。

⑤纸介电容器：纸介电容器的电极用铝箔或锡箔做成，绝缘介质是浸蜡的纸，相叠后卷成圆柱体，外包防潮物质，有时外壳采用密封的铁壳以提高防潮性。大容量的电容器常在铁壳里灌满电容器油或变压器油，以提高耐压强度，称为油浸纸介电容器。

纸介电容器的优点是在一定体积内可以得到较大的电容量，且结构简单，价格低廉。但介质损耗大，稳定性不高。主要用于低频电路的旁路和隔直电容。其容量一般为 100pF～10μF。

新发展的纸介电容器用蒸发的方法使金属附着于纸上作为电极，因此体积大大缩小，称为金属化纸介电容器，其性能与纸介电容器相仿。但它有一个最大特点是，被高电压击穿后，有自愈作用，即电压恢复正常后仍能工作。

⑥有机薄膜电容器：用聚苯乙烯、聚四氯乙烯或涤纶等有机薄膜代替纸介质，做成的各种电容器与纸介电容器相比，它的优点是体积小、耐压高、损耗小、绝缘电阻大、稳定性好，但温度系数大。

2．电容器型号命名法

电容器的型号命名法见表 6-1-5。

示例：CJX—250—0.33— ±10%电容器

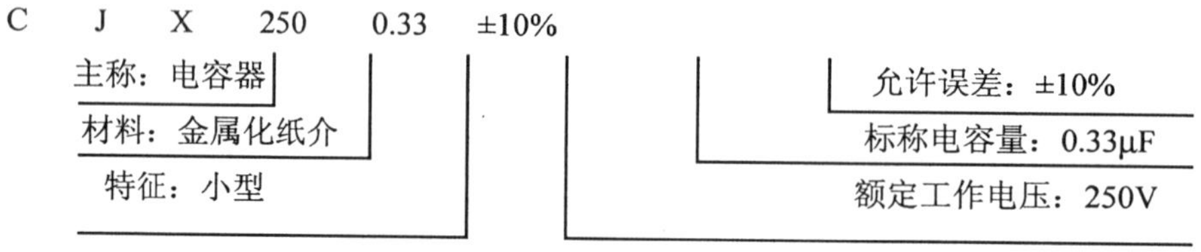

3．电容器的主要性能指标

（1）电容量：电容量是指电容器加上电压后，储存电荷的能力。常用单位是：法（F）、微法（μF）和皮法（pF）。皮法也称微微法。三者的关系为：

$$1pF=10^{-6}\mu F=10^{-12}F$$

一般，电容器上都直接写出其容量，也有的是用数字来标志容量的。如有的电容上只标出“332”三位数值，左起两位数字给出电容量的第一、二位数字，而第三位数字则表示附加上零的个数，以 PMF 为单位。因此“332”即表示该电容的电容量为 3300pF。

（2）标称电容量：标称电容量是标志在电容器上的“名义”电容量。我国固定式电容器标称电容量系列为 E24、E12、E6。电解电容的标称容量参考系列为 1、1.5、2.2、3.3、4.7、6.8（以μF 为单位）。

（3）允许误差：允许误差是实际电容量对于标称电容量的最大允许偏差范围。固定电容器的允许误差分 8 级，如表 6-1-6 所示。

表 6-1-5　电阻器型号命名法

第一部分		第二部分		第三部分		第四部分
用字母表示主称		用字母表示材料		用字母表示特征		用字母或数字表示符号
符号	意义	符号	意义	符号	意义	
C	电容器	C	瓷　介	T	铁　电	包括品种、尺寸代号、温度特性、直流工作电压、标称值、允许误差、标准代号
		I	玻璃釉	W	微　调	
		O	玻璃膜	J	金属化	
		Y	云　母	X	小　型	
		V	云母纸	S	独　石	
		Z	纸　介	D	低　压	
		J	金属化纸	M	密　封	
		B	聚苯乙烯	Y	高　压	
		F	聚四氟乙烯	C	穿心式	
		L	涤纶（聚酯）			
		S	聚碳酸脂			
		Q	漆　膜			
		H	纸膜复合			
		D	铝电解			
		A	钽电解			
		G	金属电解			
		N	铌电解			
		T	钛电解			
		M	压　敏			
		E	其他材料电解			

表 6-1-6　允许误差等级

级别	01	02	I	II	III	IV	V	VI
允许误差	±1%	±2%	±5%	±10%	±20%	+20%～-30%	+50%～-20%	+100%～-10%

（4）额定工作电压：额定工作电压是电容器在规定的工作温度范围内，长期、可靠地工作所能承受的最高电压。常用固定式电容器的直流工作电压系列为：

6.3V、10V、16V、25V、40V、63V、100V、160V、250V 和 400V

（5）绝缘电阻：绝缘电阻是加在其上的直流电压与通过它的漏电流的比值。绝缘电阻一般应在 5000MΩ以上，优质电容器可达 TΩ（$10^{12}\Omega$，称为太欧）级。

（6）介质损耗：理想的电容器应没有能量损耗。但实际上电容器在电场的作用下，总有一部分电能转换成为热能，所损耗的能量称为电容器的损耗，它包括金属极板的损耗和介质损耗两部分。小功率电容器主要是介质损耗。

所谓介质损耗，是指介质缓慢极化和介质电导所引起的损耗。通常用损耗功率和电容器的无功功率之比，即损耗角的正切值来表示：

$$\tan\delta=\text{损耗功率}/\text{无功功率}$$

在同容量、同工作条件下，损耗角越大，电容器的损耗也越大。损耗角大的电容不适于在高频情况下工作。

4．电容器质量优劣的简单测试

一般，我们利用万用表的欧姆挡就可以简单地测量出电解电容器的优劣情况，粗略地辨别其漏电、容量衰减或失效的情况。具体方法是：选用“R×1k”或“R×100”挡，将黑表笔接电容器的正极，红表笔接电容器的负极，若表针摆动大，且返回慢，返回位置接近∞，说明该电容器正常，且电容量大；若表针摆动虽大，但返回时，表针显示的电阻值较小，说明该电容漏电流较大；若表针摆动很大，接近于0Ω，且不返回，说明该电容器已击穿；若表针不摆动，则说明该电容器已开路，失效。

该方法也适用于辨别其他类型的电容器。但如果电容器容量较小时，应选择万用表的“R×10k”挡测量。另外，如果需要对电容器再一次测量时，必须将其放电后方能进行。

如果要求更精确的测量，我们可以用交流电桥和Q表（谐振法）来测量，这里不作介绍。

5．选用电容器的常识

（1）电容器装接前应进行测量，看其是否短路、断路或漏电严重，并在装入电路时，应使电容器的标志易于观察，且标志顺序一致。

（2）电路中，电容器两端的电压不能超过电容器本身的工作电压。装接时注意正、负极性不能接反。

（3）当现有电容器与电路要求的容量或耐压不合适时，可以采用串联或并联的方法予以适应。当两个工作电压不同的电容器并联时，耐压值取决于低的电容器；当两个容量不同的电容器串联时，容量小的电容器所承受的电压高于容量大的电容器。

（4）技术要求不同的电路，应选用不同类型的电容器。例如，谐振回路中需要介质损耗小的电容器，应选用高频陶瓷电容器（CC 型）；隔直、耦合电容可选纸介、涤纶、电解等电容器；低频滤波电路一般应选用电解电容器，旁路电容可选涤纶、纸介、陶瓷和电解电容器。

（5）选用电容器时应根据电路中信号频率的高低来选择。一个电容器可等效成一个 C、R、L 二端线性网络，如图 6-1-9 所示。不同类型的电容器其等效参数 R、L、C 的差异很大。等效电感大的电容器（如电解电容器）不适合用于耦合、旁路高频信号；等效电阻大的电容器不适合用于 Q 值要求高的振荡回路中。为满足从低频到高频滤波旁路的要求，在实际电路中，常将一个大容量的电解电容器与一个小容量的、适合于高频的电容器并联使用。

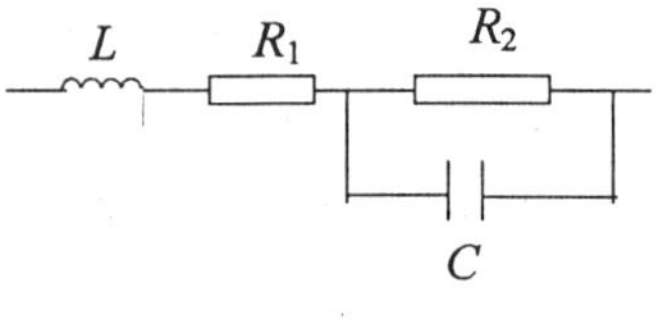

图 6-1-9　电容器的等效电路

三、电感器的简单识别与型号命名法

1．电感器的分类

电感器一般由线圈构成。为了增加电感量 L、提高品质因素 Q 和减小体积，通常在线

圈中加入软磁性材料的磁芯。

根据电感器的电感量是否可调，电感器分为固定、可变和微调电感器。

可变电感器的电感量可利用磁芯在线圈内移动而在较大的范围内调节。它与固定电容器配合使用于谐振电路中，起调谐作用。

微调电感器可以满足整机调试的需要和补偿电感器生产中的分散性，一次调好后，一般不再变动。

根据电感器的结构可分为带磁芯、铁芯和磁芯有间隙的电感器等，它们的符号如图 6-1-10 所示。

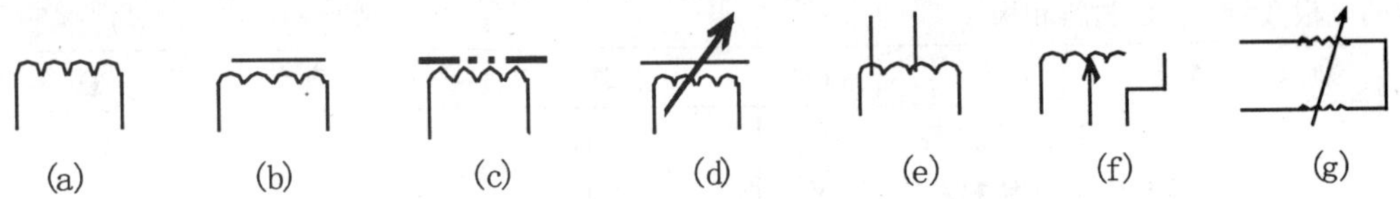

(a) 电感器线圈　(b) 带磁芯、铁芯的电感器　(c) 磁芯有间隙电感器　(d) 带磁芯连续可调电感器
(e) 有抽头电感器　(f) 步进移动触点的可变电感器　(g) 可变电感器

图 6-1-10　电感器符号

除此之外，还有一些小型电感器，如色码电感器、平面电感器和集成电感器，可满足电子设备小型化的需要。

2．电感器的主要性能指标

（1）电感量 L：电感量是指电感器通过变化电流时产生感应电动势的能力。其大小与磁导率μ、线圈单位长度中的匝数 n 以及体积 V 有关。当线圈的长度远大于直径时，电感量：

$$L=\mu n^2V$$

电感量的常用单位为 H（亨利）、mH（毫亨）、μH（微亨）。

（2）品质因数 Q：品质因数 Q 反映电感器传输能量的本领。Q 值越大，传输能量的本领越大，即损耗越小。一般要求 Q=50～300。

$$Q=\omega L/R$$

其中：ω——工作角频率；L——线圈电感量；R——线圈电阻。

（3）额定电流：额定电流主要是对高频电感器和大功率调谐电感器而言。通过电感器的电流超过额定值时，电感器将发热，严重时会烧坏。

3．电感器的简单测试

测量电感的方法与测量电容的方法相似，也可以用电桥法、谐振回路法测量。常用测量电感的电桥有海氏电桥和麦克斯韦电桥。这里不做详细介绍。

4．选用电感器的常识

（1）在选电感器时，首先应明确其使用频率范围。铁芯线圈只能用于低频；一般铁氧体线圈、空芯线圈可用于高频。其次要弄清线圈的电感量。

（2）线圈是磁感应元件，它对周围的电感性元件有影响。安装时一定要注意电感性元件之间的相互位置，一般应使相互靠近的电感线圈的轴线互相垂直，必要时可在电感性元件上加屏蔽罩。

四、半导体器件的简单识别与型号命名法

半导体二极管和三极管是组成分立元件电子电路的核心器件。二极管具有单向导电性，可用于整流、检波、稳压、混频电路中。三极管对信号具有放大作用和开关作用。它们的管壳上都印有规格和型号。其型号命名法见表 6-1-7。

表 6-1-7　半导体器件型号命名法

<table>
<tr><td colspan="2">第一部分</td><td colspan="2">第二部分</td><td colspan="2">第三部分</td><td>第四部分</td><td>第五部分</td></tr>
<tr><td colspan="2">用数字表示器件的电极数</td><td colspan="2">用字母表示器件的材料和极性</td><td colspan="2">用字母表示器件的类别</td><td>用数字表示器件的序号</td><td>用字母表示规格号</td></tr>
<tr><td>符号</td><td>意义</td><td>符号</td><td>意义</td><td>符号</td><td>意义</td><td>意义</td><td>意义</td></tr>
<tr><td rowspan="23">2</td><td rowspan="23">二极管
三极管</td><td>A</td><td>N 型锗材料</td><td>P</td><td>普通管</td><td rowspan="23">反映了极限参数、直流参数和交流参数等的差别</td><td rowspan="23">反映了承受反向击穿电压的程度。如规格号为 A、B、C、D……其中，A 承受的反向击穿电压最低，B 次之</td></tr>
<tr><td>B</td><td>P 型锗材料</td><td>V</td><td>微波管</td></tr>
<tr><td>C</td><td>N 型硅材料</td><td>W</td><td>稳压管</td></tr>
<tr><td>D</td><td>P 型硅材料</td><td>C</td><td>参量管</td></tr>
<tr><td>A</td><td>PNP 型锗材料</td><td>Z</td><td>整流管</td></tr>
<tr><td>B</td><td>NPN 型锗材料</td><td>L</td><td>整流堆</td></tr>
<tr><td>C</td><td>PNP 型硅材料</td><td>S</td><td>隧道管</td></tr>
<tr><td>D</td><td>NPN 型硅材料</td><td>N</td><td>阻尼管</td></tr>
<tr><td>E</td><td>化合物材料</td><td>U</td><td>光电器件</td></tr>
<tr><td></td><td></td><td>K</td><td>开关管</td></tr>
<tr><td></td><td></td><td>X</td><td>低频小功率管
(f_a<3MHz，P_c<1W)</td></tr>
<tr><td></td><td></td><td>G</td><td>高频小功率管
(f_a≥3MHz，P_c<1W)</td></tr>
<tr><td></td><td></td><td>D</td><td>低频大功率
(f_a<3MHz，P_c≥1W)</td></tr>
<tr><td></td><td></td><td>A</td><td>高频大功率
(f_a≥3MHz，P_c>1W)</td></tr>
<tr><td></td><td></td><td>T</td><td>半导体闸流管
(可控整流器)</td></tr>
<tr><td></td><td></td><td>Y</td><td>半导体效应器件</td></tr>
<tr><td></td><td></td><td>B</td><td>雪崩管</td></tr>
<tr><td></td><td></td><td>J</td><td>阶跃恢复管</td></tr>
<tr><td></td><td></td><td>CS</td><td>场效应器件</td></tr>
<tr><td></td><td></td><td>BT</td><td>半导体特殊器件</td></tr>
<tr><td></td><td></td><td>FH</td><td>复合管</td></tr>
<tr><td></td><td></td><td>PIN</td><td>PIN 管</td></tr>
<tr><td></td><td></td><td>JG</td><td>激光器件</td></tr>
</table>

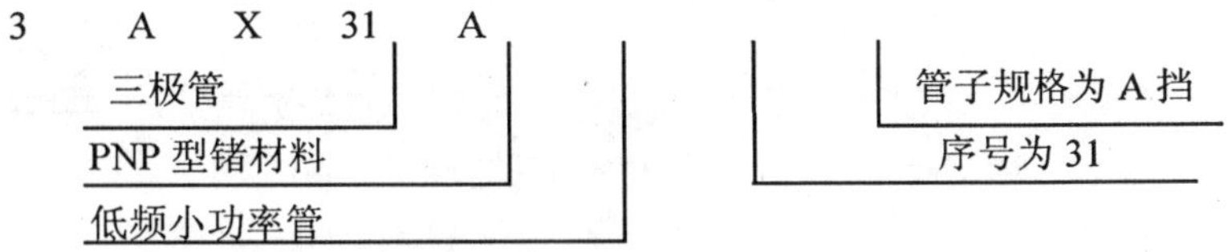

由标号可知，该管为 PNP 型低频小功率锗三极管。

1．二极管的识别与简单测试

示例：

（1）普通二极管的识别与简单测试

普通二极管一般为玻璃封装和塑料封装两种，如图 6-1-11 所示。它们的外壳上均印有型号和标记。标记箭头所指方向为阴极。有的二极管上只有一个色点，有色点的一端为阳极。

(a) 玻璃封装　(b) 塑料封装

图 6-1-11　半导体二极管

若遇到型号标记不清时，我们可以借助万用表的欧姆挡作简单判别。我们知道，万用表正端（+）红笔接表内电池的负极，而负端（–）黑笔接表内电池的正极。根据 PN 结正向导通电阻值小、反向截止电阻值大的原理来简单确定二极管的好坏和极性。具体做法是：万用表欧姆挡置“R×100”或“R×1k”处，将红、黑两表笔接触二极管两端，表头有一指示；将红、黑两表笔反过来再次接触二极管两端，表头又将有一指示。若两次指示的阻值相差很大，说明该二极管单向导电性好，并且阻值大（几百千欧以上）的那次红笔所接为二极管的阳极；若两次指示的阻值相差很小，说明该二极管已失去单向导电性；若两次指示的阻值均很大，则说明该二极管已开路。

（2）特殊二极管的识别与简单测试

特殊二极管的种类较多，在此我们只介绍四种常用的特殊二极管。

①发光二极管（LED）

发光二极管通常是用砷化氮、磷化锌等制成的一种新型器件。它具有工作电压低、耗电少、响应速度快、抗冲击、耐振动、性能好以及轻而小的特点，被广泛应用于单个显示电路或做成七段矩阵式显示器。而在数字电路实验中，常用做逻辑显示器。发光二极管的电路符号如图 6-1-12 所示。

发光二极管和普通二极管一样具有单向导电性，正向导通时才能发光。发光二极管的发光颜色有多种，例如红、绿、黄等，形状有圆形和长方形等。发光二极管出厂时，一根引线做得比另一根引线长，通常，较长的引线表示阳极（+），另一根为阴极（–），如图 6-1-13 所示。若辨别不出引线的长短，则可以用辨别普通二极管管脚的方法来辨别其阳极和阴极。发光二极管正向工作电压一般在 1.5～3V，允许通过的电流为 2～20mA，电流的大小决定发光的亮度。电压、电流的大小依器件型号不同而稍有差异。若与 TTL 组件相连接使用时，一般需串接一个 470Ω的降压电阻，以防止器件的损坏。

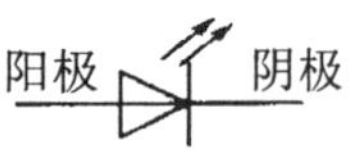

图 6-1-12　发光二极管符号

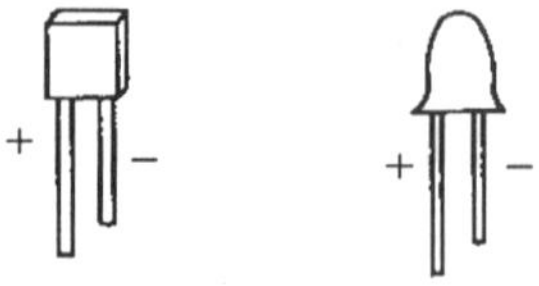

图 6-1-13　发光二极管的外形

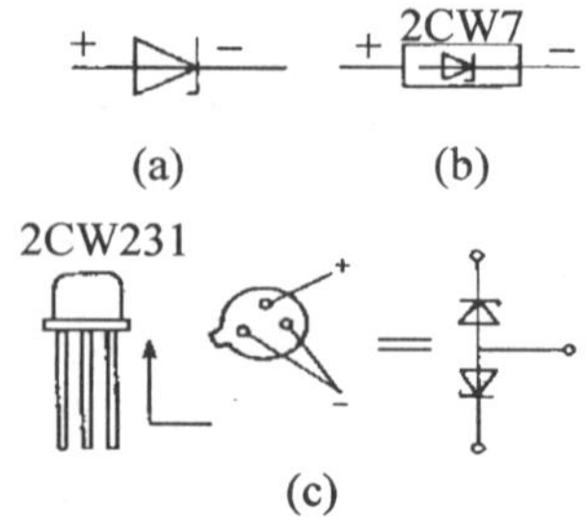

(a) 符号　(b) 塑料封装　(c) 金属外壳封装

图 6-1-14　稳压二极管

②稳压管

稳压管有玻璃、塑料封装和金属外壳封装两种。前者的外形与普通二极管相似，如 ZCW7；后者的外形与小功率三极管相似，但内部为双稳压二极管，其本身具有温度补偿作用，如 ZCW31。详见图 6-1-14。

稳压管在电路中是反向连接的，它能使稳压管所接电路两端的电压稳定在一个规定的电压范围内，我们称为稳压值。确定稳压管稳压值的方法有三种：a．根据稳压管的型号查阅手册得知；b．在 JT-1 型晶体管测试仪上测出其伏安特性曲线获得；c．通过一简单的实验电路测得。实验电路如图 6-1-15 所示。我们改变直流电源电压 V，使之由零开始缓慢增加，同时稳压管两端用直流电压表监视。当 V 增加到一定值时，使稳压管反向击穿，直流电压表指示某一电压值。这时再增加直流电源电压 V，而稳压管两端电压不再变化，则电压表所指示的电压值就是该稳压管的稳压值。

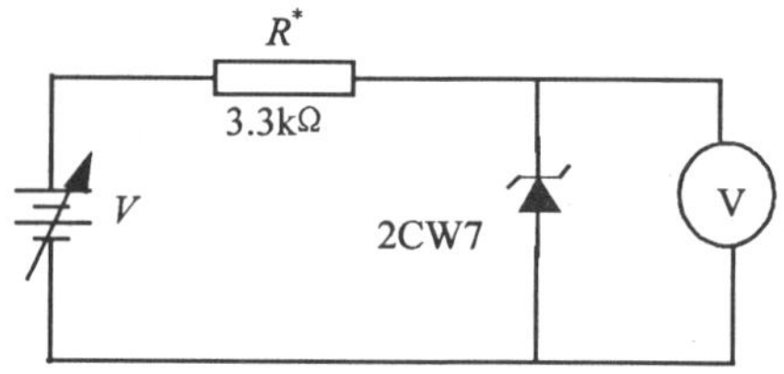

图 6-1-15　测试稳压管稳压值的实验电路

③光电二极管

光电二极管是一种将光信号转换成电信号的半导体器件，其符号如图 6-1-16（a）所示。

在光电二极管的管壳上备有一个玻璃窗口，以便于接受光照。当有光照时，其反向电流随光照强度的增加而正比上升。

光电二极管可用于光的测量。当制成大面积的光电二极管时，可作为一种能源，称为光电池。

④变容二极管

变容二极管在电路中能起到可变电容的作用，其结电容随反向电压的增加而减小。变容二极管的符号如图 6-1-16（b）所示。

(a) 光电二极管　　(b) 变容二极管

图 6-1-16　光电二极管和变容二极管的符号

变容二极管主要应用于高频技术中，如变容二极管调频电路。

2．三极管的识别与简单测试

三极管主要有 NPN 型和 PNP 型两大类。一般，我们可以根据命名法从三极管管壳上的符号辨别出它的型号和类型。例如，三极管管壳上印的是：3DG6，表明它是 NPN 型高频小功率硅三极管。如印的是：3AX31，则表明它是 PNP 型低频小功率锗三极管。同时，我们还可以从管壳上色点的颜色来判断出管子的电流放大系数β值的大致范围。以 3DG6 为例，若色点为黄色，表示β值在 30～60 之间；绿色，表示β值在 50～110 之间；蓝色，表示β值在 90～160 之间；白色，表示β值在 140～200 之间。但是也有的厂家并非按此规定，使用时要注意。

当我们从管壳上知道它们的类型和型号以及β值后，还应进一步辨别它们的三个电极。

对于小功率三极管来说，有金属外壳封装和塑料外壳封装两种。金属外壳封装的，如果管壳上带有定位销，那么，将管底朝上，从定位销起，按顺时针方向，三根电极依次为 e、b、c；如果管壳上无定位销，且三根电极在半圆内，我们将有三根电极的半圆置于上方，按顺时针方向，三根电极依次为 e、b、c，如图 6-1-17（a）所示。

塑料外壳封装的，我们面对平面，三根电极置于下方，从左到右，三根电极依次为 e、b、c，如图 6-1-17（b）所示。

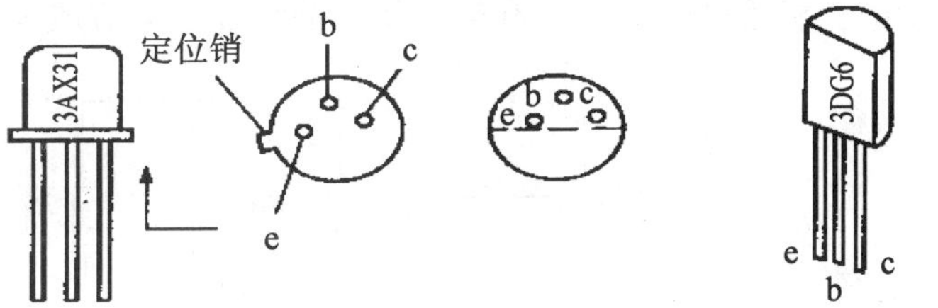

(a) 金属外壳封装　　(b) 塑料外壳封装

图 6-1-17　半导体三极管电极的识别

对于大功率三极管，外形一般分为 F 型和 G 型两种，如图 6-1-18 所示。F 型管，从外形上只能看到两根电极。我们将管底朝上，两根电极置于左侧，则上为 e，下为 b，底座为 c。G 型管的三根电极一般在管壳的顶部，我们将管底朝下，三根电极置于左方，从最下方电极起，顺时针方向，依次为 e、b、c。

三极管的管脚必须正确确认；否则，接入电路后不能正常工作，还可能烧坏管子。

当一个三极管没有任何标记时，我们可以用万用表来初步确定该三极管的好坏及其类型（NPN 型还是 PNP），以及辨别出 e、b、c 三电极。

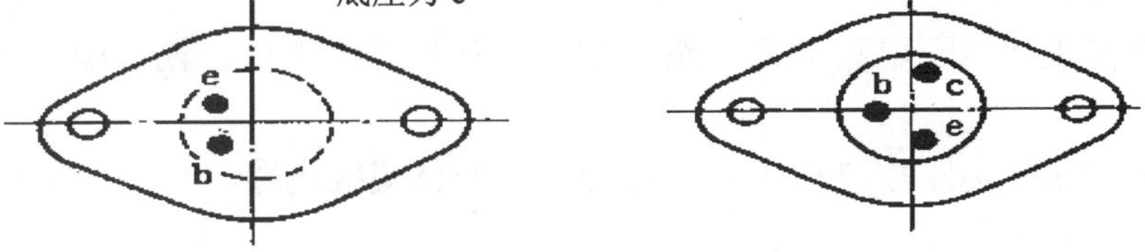

(a) F 型大功率管　　(b) G 型大功率管

图 6-1-18　F 型和 G 型管管脚的识别

①先判断基极 b 和三极管类型

将万用表欧姆挡置“R×100”或“R×k”处，先假设三极管的某极为“基极”，并将黑表笔接在假设的基极上，再将红表笔先后接到其余两个电极上，如果两次测得的电阻值都很大（或者都很小），约为几千欧至十几千欧（或约为几百欧至几千欧），而对换表笔后测得两个电阻值都很小（或都很大），则可确定假设的基极是正确的。如果两次测得的电阻值是一大一小，则可肯定原假设的基极是错误的，这时就必须重新假设另一电极为“基极”，再重复上述的测试。最多重复两次就可找出真正的基极。当基极确定以后，将黑表笔接基极，红表笔分别接其他两极。此时，若测得的电阻值都很小，则该三极管为 NPN 型管；反之，则为 PNP 型管。

②再判断集电极 c 和发射极 e

以 NPN 型管为例。把黑表笔接到假设的集电极 c 上，红表笔接到假设的发射极 e 上，并且用手捏住 b 极和 c 极（不能使 b、c 直接接触），通过人体，相当于在 b、c 之间接入偏置电阻。读出表头所示 c、e 间的电阻值，然后将红、黑两表笔反接重测。若第一次电阻值比第二次小，说明原假设成立，黑表笔所接为三极管集电极 c，红表笔所接为三极管发射极 e。因为 c、e 间电阻值小正说明通过万用表的电流大，偏置正常，如图 6-1-19 所示。

以上介绍的是比较简单的测试，要想进一步精确测试可以借助于 JT-1 型晶体管图示仪，它能十分清晰地显示出三极管的输入特性和输出特性曲线以及电流放大系数β等。

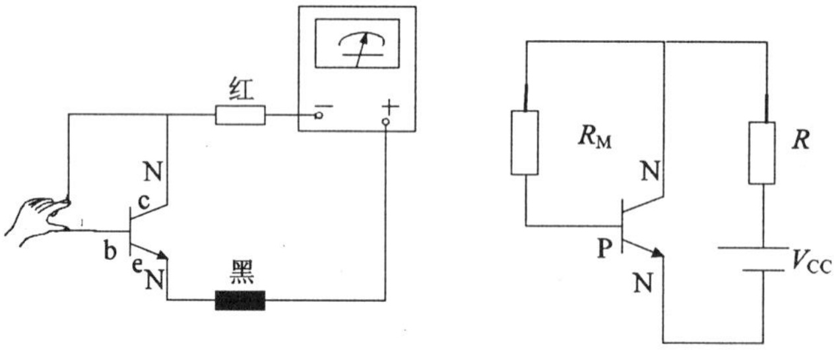

(a) 示意图　　(b) 等效电路

图 6-1-19　判别三极管 c、e 电极的原理图

五、半导体集成电路的型号命名法

1．集成电路的型号命名法

集成电路现行国际规定的命名法（摘自《电子工程手册系列丛书》、《中外集成电路简明速查手册》、《TTL、CMOS 电路》以及《GB3430》），器件的型号由五部分组成，各部分符号及意义见表 6-1-8。

2．集成电路的分类

集成电路是现代电子电路的重要组成部分，它具有体积小、耗电少、工作特性好等一系列优点。

概括来说，集成电路按制造工艺，可分为半导体集成电路、薄膜集成电路和由二者组合而成的混合集成电路。

表 6-1-8　器件型号的组成

第一部分		第二部分		第三部分	第四部分		第五部分	
用字母表示器件符合国家标准		用字母表示器件的类型		用阿拉伯数字或字母表示器件系列品种	用字母表示器件的工作温度范围		用字母表示器件的封装	
符号	意义	符号	意义		符号	意义	符号	意义
C	中国制造	T	TTL 电路	TTL 分为：	C	0～70℃	F	多层陶瓷扁平封装
		H	HTL 电路	54/74×××①	G	−25～70℃	B	塑料扁平封装
		E	ECL 电路	54/74H×××②	L	−25～85℃	H	黑瓷扁平封装
		C	CMOS 电路	54/74L×××③	E	−40～85℃	D	多层陶瓷双列直插封装
		M	存储器	54/74S×××	R	−55～85℃	J	黑瓷双列直插装
		μ	微型机电路	54/74LS×××④	M	−55～125℃	P	塑料双列直插封装
		F	线性放大电路	54/74AS×××			S	塑料单列直插封装
		W	稳压器	54/74ALS×××			T	金属圆壳封装
		D	音响、电视电路	54/74F×××			K	金属棱形封装
		B	非线性电路	CMOS 为：			C	陶瓷芯片载体封装
		J	接口电路	4000 系列			E	塑料芯片载体封装
		AD	A/D 转换器	54/74HC×××			G	网格针栅陈列封装
		DA	D/A 转换器	54/74HCT×××			SOIC	小引线封装
		SC	通信专用电路				PCC	塑料芯片载体封装
		SS	敏感电路				LCC	陶瓷芯片载体封装
		SW	钟表电路					
		SJ	机电仪电路					
		SF	复印机电路					

注：①74：国际通用 74 系列（民用）　54：国际通用 54 系列（军用）　②H：高速　③L：低速　④LS：低功耗　⑤C：只出现在 74 系列　⑥M：只出现在 54 系列

按功能，可分为模拟集成电路和数字集成电路。按集成度，可分为小规模集成电路（SSI，集成度小于 10 个门电路）、中规模集成电路（MSI，集成度为 10～100 个门电路）、大规模集成电路（LSI，集成度为 100～1000 个门电路）以及超大规模集成电路（VLSI，集成度大于 1000 个门电路）。

按外形，又可分为圆形（金属外壳晶体管封装型，适用于大功率）、扁平形（稳定性好、体积小）和双列直插型（有利于采用大规模生产技术进行焊接，因此获得广泛的应用）。目前，已经成熟的集成逻辑技术主要有三种：TTL 逻辑（晶体管-晶体管逻辑）、CMOS 逻辑（互补金属-氧化物-半导体逻辑）和 ECL 逻辑（发射极耦合逻辑）。

TTL 逻辑：TTL 逻辑于 1964 年由美国德克萨斯仪器公司生产，其发展速度快、系列产品多。有速度及功耗折衷的标准型；有改进型、高速的标准肖特基型；有改进型、高速及低功耗的低功耗肖特基型。所有 TTL 电路的输出、输入电平均是兼容的。该系列有两个常用的系列化产品，如表 6-1-9 所示。

表 6-1-9　常用 TTL 系列产品

TTL 系列	工作环境温度	电源电压范围
军用 54	–55℃～+125℃	+4.5V～+5.5V
工业用 74X	0℃～+75℃	+4.75V～+5.25V

CMOS 逻辑：CMOS 逻辑的特点是功耗低，工作电源电压范围较宽，速度快（可达 7MHz）。CMOS 逻辑的 CC 4000 系列有两种类型产品，如表 6-1-10 所示。

表　6-1-10

CMOS 系列	封装	温度范围	电源电压范围
CC4000	陶瓷	–55℃～+125℃	+3V～+12V
CC4000	塑料	–40℃～+85℃	+3V～+12V

ECL 逻辑：ECL 逻辑的最大特点是工作速度高。因为在 ECL 电路中数字逻辑电路形式采用非饱和型，消除了三极管的存储时间，大大加快了工作速度。MECLI 系列产品是由美国摩托罗拉公司于 1962 年生产的，后来又生产了改进型的 MECL Ⅱ、MECLⅢ型及 MECL10000。

以上几种逻辑电路的有关参数及其比较分别列于表 6-1-11、表 6-1-12 中。

表 6-1-11　CC4000 系列产品参数

CMOS 系列	封装	温度范围	电源电压范围
CC 4000	陶瓷	–55℃～+125℃	+3V～+12V
CC 4000	塑料	–40℃～+85℃	+3V～+12

表 6-1-12　几种逻辑电路的参数比较

电路种类	工作电压	每个门的功耗 P	门延时	扇出系数
TTL 标准	+5V	10mW	10ns	10
TTL 标准肖特基	+5V	20mW	3ns	10
TTL 低功耗肖特基	+5V	2mW	10ns	10
ELC 标准	–5.2V	25mW	2ns	10
ELC 高速	–5.2V	40mW	0.75ns	10
CMOS	+5V–15V	μMW 级	ns 级	50

3．集成电路外引线的识别

使用集成电路前，必须认真查对和识别集成电路的引脚，确认电源、地、输入、输出、控制等端的引脚号，以免因错接而损坏器件。引脚排列的一般规律为：

圆形集成电路；识别时，面向引脚正视，从定位销顺时针方向依次为 1、2、3、4……如图 6-1-20（a）所示。圆型多用于模拟集成电路。

扁平和双列直插型集成电路：识别时，将文字符号标记正放（一般集成电路上有一圆点或有一缺口，将缺口或圆点置于左方），由顶部俯视，从左下脚起，按逆时针方向数，依次为 1、2、3、4……如图 6-1-20（b）所示，扁平型多用于数字集成电路。双列直插型广泛应用于模拟和数字集成电路。

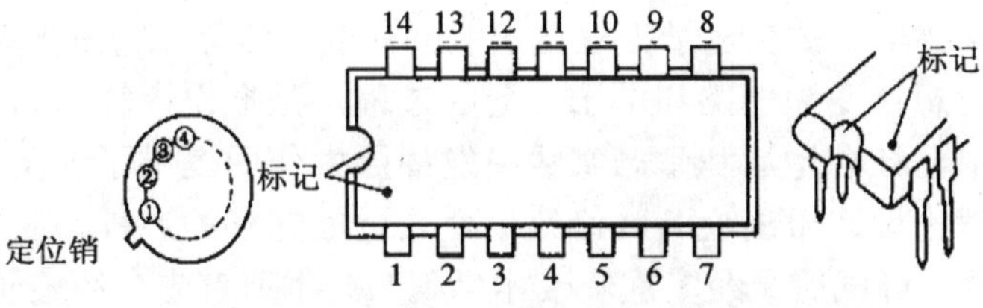

(a) 圆形　　(b) 扁平和双列直插型

图 6-1-20　集成电路外引线的识别

实训 6.2　电子电路的安装技术

电子电路的安装与调试在电子工程技术中占有重要地位。它是把理论付诸实践的过程，是把人们的主观设想转变为电路和电子设备的过程，是把设计转变为产品的过程。正是这一过程为电子技术在社会生活和生产实践中发挥巨大作用提供了现实性和可能性。当然，这一过程也是对理论设计做出检验、修改，使之更加完善的过程。实际上，任何一个好的设计方案都是安装、调试后又经多次修改才得到的。本节首先介绍电子电路的安装技术。

一、元器件的焊接插接技术

1．电路板的焊接方式

在电子工业中，焊接技术的应用极为广泛，它不需要复杂的设备及昂贵的费用，就可将多种元器件连接在一起，在某种情况下，焊接是高质量连接最易实现的方法。

焊接质量取决于四个条件：焊接工具、焊料、焊剂、焊接技术。

（1）焊接工具：电烙铁是焊接的主要工具，直接影响着焊接的质量。要根据不同的焊接对象选择不同功率的电烙铁。焊接集成电路一般可选用 25W 的电烙铁，电路面积较大时可选用 45W 或更大功率的电烙铁。焊接 CMOS 电路一般选用 20W 内热式电烙铁，而且外壳要连接良好的接地线，它的烙铁头一般都经电镀，可以直接使用。外热式电烙铁的烙铁头一般是用实心紫铜制成的，新烙铁头在使用前要用挫刀挫去烙铁头表面的氧化物，然后再接通电源，待烙铁头加热到颜色发紫时，再用含松香的焊锡丝摩擦烙铁头，使烙铁头挂上一层薄锡，这就是新烙铁头的上锡工作。对于旧烙铁头，随着使用时间的延长，工作面不断损耗，表面会变得凹凸不平，如果继续使用下去，会使热效率下降并产生各种焊接质量问题。这时需要把烙铁头取下，夹到台钳上用平挫挫去缺口和氧化物并修成自己所需要的形状，如图 6-2-1 所示。一般情况下，对烙铁头的形状要求并不严格，只是焊接精细、易损器件时最好选用锥形。外热式烙铁头的长短是可以调整的，烙铁头越短，烙铁尖的温度就越高，反之温度越低，在操作中可根据实际需要灵活掌握。

(a) 角锥形　(b) 平凿形　(c)半平凿形　(d) 圆锥形　(e) 平顶锥形　(f) 圆斜面

图 6-2-1　烙铁头的形状

（2）焊料：常用的焊料是焊锡，焊锡是一种锡铅合金。在锡中加入铅后可获得锡与铅都不具有的优良特性。锡的熔点为 232℃，铅为 327℃，铅锡比例为 60∶40 的焊锡，其熔点只有 190℃左右，非常便于焊接。锡铅合金的特性优于锡、铅本身，机械强度是锡、铅本身的 2～3 倍，而且降低了表面张力和黏度，从而增大了流动性，提高了抗氧化能力。市面上出售的焊锡丝有两种：一种是将焊锡做成管状，管内填有松香，称为松香焊锡丝，使用这种焊锡丝时可以不加助焊剂；另一种是无松香的焊锡丝，焊接时要加助焊剂。

（3）焊剂：我们通常使用的有松香和松香酒精溶液。后者是用一份松香粉末和三份酒精（无水乙醇）配制而成，焊接效果比前者好。另有一种焊剂是焊油膏，在电子电路的焊接中，一般不使用它，因为它是酸性焊剂，对金属有腐蚀作用。如果确实需要它，焊接后应立即用溶剂将焊点附近清洗干净。

（4）焊接技术对于初学者来说，首先要求焊接牢固、无虚焊，因为虚焊会给电路造成严重的隐患，给调试工作带来很多麻烦。其次是焊点的大小、形状及表面粗糙度等。

（5）焊接分三个步骤：

①净化金属表面。

②将被焊的金属表面加热到焊锡熔化的温度。

③把焊料填充到被焊的金属表面上。

焊接前，必须把焊点和焊件表面处理干净。由于长时间的储存及污染等原因，使焊件表面带有锈迹、污垢或氧化物。轻的可用酒精擦洗，重的要用刀刮或砂纸磨，直到露出光亮金属后再蘸上松香水，镀上锡。多股导线镀锡前要用剥线钳或其他方法去掉绝缘皮（不要将导线剥伤或造成断股），再将剥好的导线拧在一起后镀锡。镀锡时不要把焊锡浸入到绝缘皮中去，最好在绝缘皮前至少留出一个外径长度没有锡，这有利于穿套管，如图 6-2-2 所示。

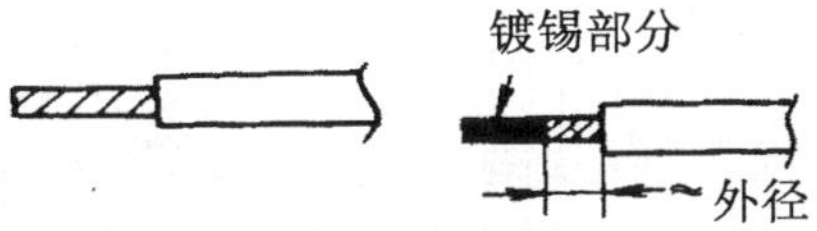

(a) 拧在一起的多股线　(b) 镀好锡的导线

图 6-2-2　多股导线的镀锡要求

焊接过程中，要经常用棉丝把烙铁头上的氧化物擦干净。一般左手拿焊锡丝，右手拿电烙铁。烙铁头的方向应根据焊件的位置不同而异，烙铁手柄不要握得太死，要拿稳，烙铁头不能抖动。

焊接过程是这样的：先在焊件和焊点的接触面上涂上松香水，再把烙铁头放在焊件上，原则上烙铁头应在引线的裸头镀好锡的导线一侧，待被焊金属的温度达到焊锡熔化的温度时，使焊锡丝接触焊件，当适量的焊锡熔化后，立即移开焊锡丝再移开烙铁，整个过程只需几秒钟。烙铁头停留的时间不能过长或过短，停留的时间过长、温度太高，容易使元件损坏，焊点发白，甚至造成印制电路板上的铜箔脱落；烙铁头温度不够或停留时间过短，则焊锡流动性差，很容易凝固，使焊点呈“豆腐渣”状。

焊锡丝的粗细各异，应根据操作要求选择合适规格，太粗的焊锡丝将过多地消耗能量，拖长操作时间。

（6）初学焊接时应注意的几个问题：

①焊锡不要太多，能浸透接线头即可。每个焊点最好一次成功，如果需要再次焊接时，一定待两次焊锡一起熔化后方可移开烙铁头。

②焊接时必须扶稳焊件，特别是焊锡冷却过程中不能晃动焊件；否则容易造成虚焊。

③焊接各种管子时，最好用镊子夹住被焊管子的引脚，避免温度过高损坏管子。

④装在印制电路板上的元件尽可能保持同一高度，元器件引脚不必加套管，把引脚剪短些即可，这样便于焊接，又可避免引脚相碰而短路。

⑤元器件安装方向应便于观察极性、型号和数值。

⑥印制电路板上的插头一般是镀金的，千万不要再镀上焊锡，那样反而造成接触不良。

（7）好的焊接应能满足以下几个条件：

①金属表面焊锡充足，焊点根部的盘大小适中。

②焊点表面光亮、光滑。

③焊锡匀薄，隐约可见导线的轮廓。

④焊点干净，无裂纹或针孔。

在电子工程中采用焊接方法的最大优点是接好的电路可以长期使用，因此电子产品一般采用焊接的方法。在大规模生产的情况下多用流水线波峰焊的方式。但用焊接方式完成实验就显得不太方便，特别是需要修改电路时尤为突出，因此实验工作经常在面包板上完成。

2．在面包板上的插接方式

（1）面包板的结构

常用的面包板有两种结构形式，如图 6-2-3 所示。

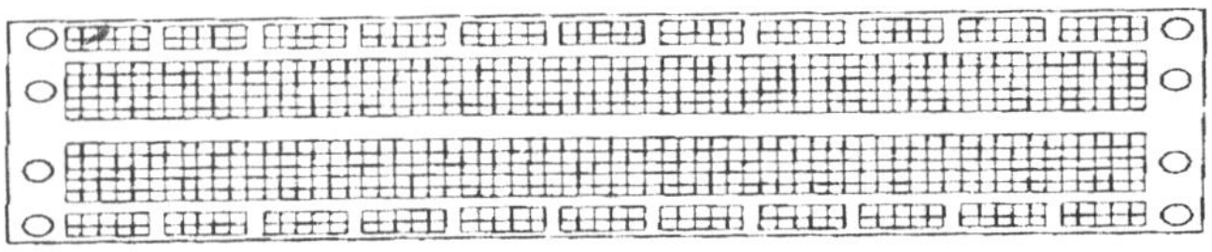

(a) 两侧各两条插孔

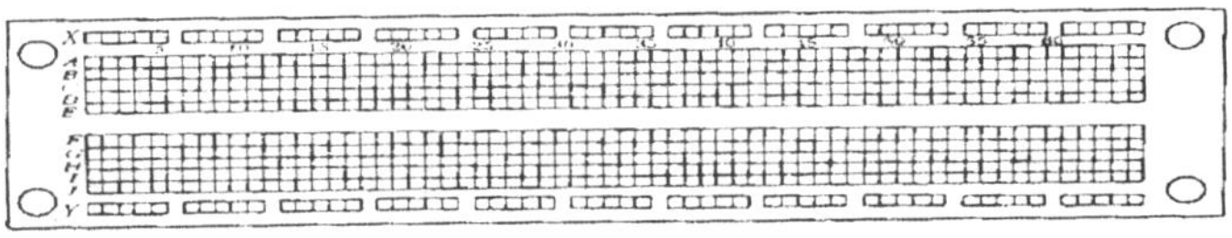

(b) 两侧各一条插孔

图 6-2-3　面包板结构

①如图 6-2-3(b)所示的面包板上小孔孔心的距离与集成电路引脚的间距相等。板中间槽两边各有 65×5 个插孔，每 5 个一组，A、B、C、D、E 是相通的，也就是两边各有 65 组插孔。双列直插式集成电路的引脚分别可插在两边，如图 6-2-3 所示。每个引脚相当于接出 4 个插孔，它们可以作为与其他元器件连接的输出端，接线方便。面包板最外边各有一条 55×5 的插孔，共 55 个插孔，每 5 个一组是相通的，各组之间是否完全相同，各个厂家生产的产品各不相同，要用万用表量测后方可使用。两边的这两条插孔一般可用做公共信号线、接地线和电源线。

②如图 6-2-3(a)所示的面包板和如图 6-2-3(b)所示的面包板不同，差异之处是两边各有两条 11×5 的插孔，每一条是相通的，用它们作为公共信号、地线和电源线时不必加短接线，使用起来比较方便。这种面包板的背面贴有一层泡沫塑料，目的是防静电，但插元件时容易把弹簧片插到泡沫塑料中去，造成接触不良。因此，在使用时一定要把面包板固定在硬板上。

使用面包板做实验比用焊接方法方便，容易更换线路和器件，而且可以多次使用。在多次使用面包板中，弹簧片会变松，弹性变差，容易造成接触不良，而接触不良和虚焊同样不易查找。因此，多次使用的面包板，应从背面揭开，取出弹性差的弹簧片，进行修复再插入原来的位置，可以使弹性增强，增加面包板的可靠性和使用寿命。

（2）布线用的工具

布线用的工具主要有偏口钳、扁嘴钳和镊子。偏口钳（斜口钳）是用来剪断导线和元器件引脚的，因此选用的钳子要锋利，最好不卷刃。将钳口合上，对着光检查时应合缝不漏光，剪下的断面才能整齐不变形。

扁嘴钳有平口钳和尖嘴钳两种，它们是用来折弯导线的，钳口要稍带弧形，以免勾线时划伤导线。

镊子是用来夹住导线和元器件的引脚送入到指定位置的。

（3）布线技巧

①安装的分立元件应便于看到其极性和标志。为了防止裸露的引线短路，必须使用套管，一般不采用剪短引脚的方法，以便于重复使用。

②对于多次使用的集成电路的引脚，必须修理整齐，引脚不能弯曲，所有的引脚应稍向外偏，这样才能使引脚与插孔接触良好。要根据电路图确定元器件在面包板上的排列位置，目的是走线方便。双列直插式集成电路要插在面包板中间槽位置，如图 6-2-4 所示。为了能够正确布线并便于查找，所有集成电路的插入方向要保持一致，不能为了临时走线方便或者缩短导线长度而把集成电路倒插。

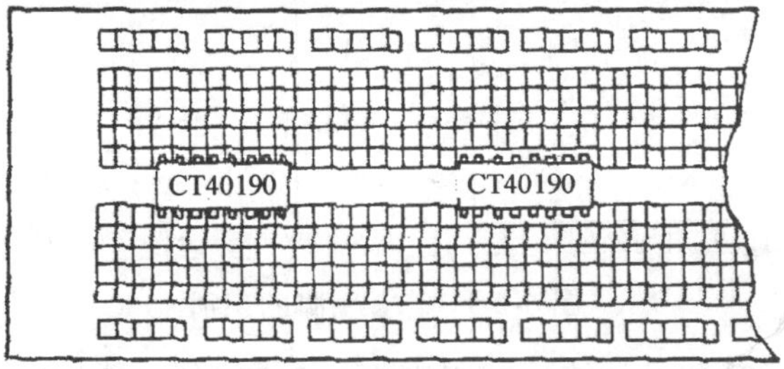

图 6-2-4　双列直插式集成电路插入面包板的方式

③根据信号流向的顺序，采用边安装边调试的方法。元器件安装之后，先安电源线和地线。面包板最外边的两排插孔一般作为公共的电源线、地线和信号线。但要注意，有些面包板最外边的插孔之间是分组断开的，要用万用表检查、测量，因为不同厂家的产品规格不同，连线通常用 .0.60mm 的单股导线，为了查找方便，连线应该使用不同的颜色。例如，如图 6-2-4 所示双列直插式集成电路插入面包板的方式是电源一般用红色绝缘皮的导线，负电源用蓝色，地线用黑色，信号线用黄色，也可根据条件选用其他颜色的导线。

④把使用的导线拉直，根据连线的距离以及插入插孔的长度剪断导线，导线两头各留 6mm 左右作为插入插孔的长度为合适。最好用剥线钳剥去绝缘皮，也可以将平口钳和斜口钳配合使用。具体操作是：右手拿平口钳夹住导线并留出需要剥去绝缘皮的长度，右手拿斜口钳夹住绝缘皮，斜口钳的后部顶住平口钳，前部朝外拉，就可把绝缘皮去掉。用这种方法剥导线皮时，斜口钳不要夹得太紧，否则容易把导线剥伤或剪断。然后把导线两头弯成直角。明显受伤的导线不要往面包板孔里插，以免线头断在插孔内。使用过的弯曲导线

必须夹直后再用。要用镊子夹住导线后垂直插入或拔出面包板，不要用手插拔，避免把导线插弯。

⑤导线要紧贴在面包板上，以免碰撞弹出面包板，造成接触不良。必须使连线在集成电路周围通过，不允许跨接在集成电路上，也不要使导线互相重叠在一起，应尽可能做到横平竖直，这样有利于查找、更换器件及连线。

⑥最好在各电源的输入端和地之间并联一个容量为几十个微法的电容，这样可减小瞬变过程电流的影响。为了更有效地抑制电源中的高频分量，应在该电容两端再并联一个高频去耦电容，一般取容量为 0.1～0.047μF。

⑦布线过程中，要求把各元器件在面包板上的相应位置以及所用引脚号标在电路图上，以保证调试和查找故障的顺利进行。

二、元器件的引脚识别及使用中应注意的问题

1．元器件的引脚识别

安装之前，一定要对元器件进行测试，参数性能技术指标应满足设计要求，要准确识别各元器件的引脚，以免出错，造成人为故障甚至损坏元器件。

（1）集成电路双列直插式集成电路管脚图一般是顶视图，集成电路上有缺口或小孔标记，它是用来表示管脚 1 位置的，如图 6-2-5 所示。识别引脚的方法国产器件和国外器件相同。

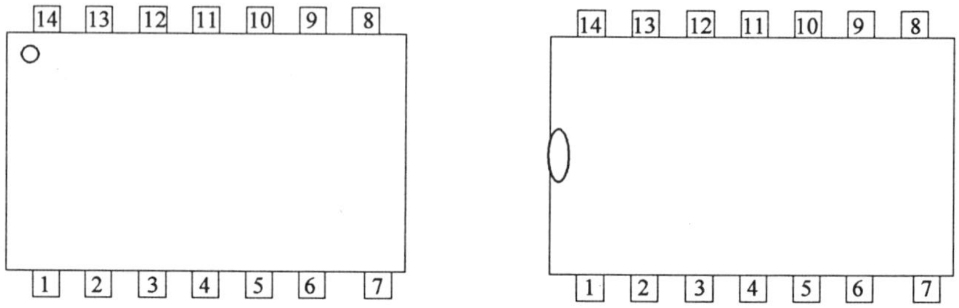

图 6-2-5　TTL 引脚的识别

（2）二极管、稳压管和晶体管，其识别方法和管脚的判别已在实验部分介绍了，这里不再重复。

（3）场效应管：

①结型场效应管和 MOS 管的区别　从包装上区分：由于 MOS 管的栅极易被击穿损坏，因此在包装上比较讲究，管脚之间都是短路的，或者用铝箔包裹着；而结型场效应管在包装上无特殊要求。

用万用表测量：用指针式万用表“$R\times 1k$”或“$R\times 100$”挡测量 G、S 管脚间的电阻，阻值很大、近乎不通的，则为 MOS 管；若为 PN 结的正、反向电阻值，则为结型场效应管。

②管脚识别　对于结型场效应管，任选两脚测得正、反向电阻均相同时（一般为几十千欧），该两脚分别为 D、S，剩下的一个是 G 极。

对于四脚结型场效应管，一个与其他三脚都不通的管脚为屏蔽极，使用中屏蔽极应接地。

由于 MOS 管测量时容易造成损坏，最好查明型号，根据手册辨别管脚。

（4）电容器的容量一般标在电容器上面，通常不需要测量具体数值。使用前先检查是否引线开路或内部短路，可用万用表的电阻挡测。检查电解电容时，因为容量大，可将万用表置于“$R\times1$k”挡。当表笔在电容两端测量时，电表指针很快摆到小电阻值位置，然后又从小电阻值位置，逐渐摆动到大电阻值，并达到“∞”位置时，表明有容量且漏电小。若退不到“∞”位置，说明电容漏电。表针根本不动，说明电容开路。若检查 1 μF 以下的小电容时，可用万用表“$R\times10$”挡，表针略动，表示有容量；如果表针位置不动，说明电容开路或漏电。测量时不要把人体电阻并入被测元件。

使用电容时，还要注意电容的容量、耐压是否满足设计要求。如果是电解电容器，通常是有极性的，在电容外壳上标有正（+）极性或负（–）极性，加在电容器两端的电压不能反向。若反向电压作用在电容上，原来在正极金属箔上的氧化物（介质）会被电解，并在负极金属箔上形成氧化物，而且在这个过程中出现很大的电流，使得电解液中产生气体并聚集在电容器内，轻则导致电容器损坏，重则甚至会引起爆炸。

（5）电阻及电位器电阻的功率、阻值、精度应满足设计要求，而且要逐一经过测试。测量电阻时，注意不要把人体电阻并入测量，特别是阻值超过 1MΩ时，测量不当将会造成较大的误差。

电位器是一个可变电阻。它由电阻材料制成的电阻轨道和电刷组成，电刷与轨道接触并沿电阻轨道滑动来改变电阻值。只有在它们保持良好接触的情况下，电位器才能很好地发挥作用。电位器比固定电阻故障多，常见的故障经常是：电刷与轨道之间有灰尘或者被磨损下来的颗粒，使电刷和轨道之间的电阻加大，导致使用中旋转噪声增加或电路时通时断等。因此在使用电位器前，首先要找到固定端和滑动头。用万用表电阻挡判断时，若旋转电位器旋钮，所测得电阻不变，则这两个就是固定端，另一个为滑动端。另外还要检查电位器是否接触良好，随着电位器旋转位置的改变，动端和定端之间的阻值应平稳变化，如果发现空跳或时通时断的现象，说明电位器有故障，应修理或更换。

2．使用 TTL 集成电路和 CMOS 电路应注意的问题

（1）使用 TTL 电路应注意的问题

①TTL 电路的电源均采用+5V，因此电源电压不能高于+5.5V。使用时不能将电源与地颠倒错接，否则将会因为电流过大而造成器件损坏。

②电路的各输入端不能直接与高于+5.5V 和低于–0.5V 的低内阻电源连接，因为低内阻电源能提供较大电流，会由于过热而烧坏器件。

③除输出为三态或集电极开路的电路外，输出端不允许并联使用。如果将集电极开路的门电路输出端并联使用而使电路具有线与功能时，应在公共输出端增加一个预先计算好的上拉负载电阻接到电源端。

④输出不允许与电源或地短路，否则可能造成器件损坏，但可以通过电阻与电源相连，提高输出高电平。

⑤在电源接通时，不要移动或插入集成电路，因为电源的冲击可能会造成其永久性损坏。

⑥多余的输入端最好不要悬空。虽然悬空相当于高电平，并不影响与门的逻辑功能，但悬空容易受到干扰，有时会造成电路误动作，在时序电路中表现得更为明显。因此，多余输入端一般不采用悬空的办法，而要根据需要进行处理。例如与非门、与门的多余输入

端可直接接到 V_{CC} 上；也可将不同的输入端通过一个公用电阻连接到 V_{CC} 上；或将多余的输入端与使用端并联。不用的或门和或非门输入端直接接地。为了使电路功耗最低，可将不使用的与非门和或非门等器件的所有输入端接地，也可将它们的输出端连到不用的与门输入端上。

对触发器来说，不使用的输入端不能悬空，应根据逻辑功能接入电平。输入端连线应尽量短，这样可以缩短时序电路中时钟信号沿传输线传输的延迟时间。一般不允许用触发器的输出直接驱动指示灯、电感负载或长传输线，需要时必须加缓冲门。

（2）使用 CMOS 电路应注意的问题

CMOS 电路由于输入电阻很高，因此极易接受静电电荷。为了防止产生静电击穿，生产 CMOS 时，在输入端都要加入标准保护电路，但这并不能保证绝对安全，因此使用 CMOS 电路时，必须采取以下预防措施：

①存放 CMOS 集成电路时要屏蔽，一般放在金属容器中，也可以用金属箔将引脚短路。

②CMOS 电路可以在很宽的电源电压范围内正常工作，但电源的上限电压（即使是瞬态电压）不得超过电路允许的极限值 U_{max}，电源下限电压（即使是瞬态电压）不得低于系统速度所必需的电源电压的最低值 U_{min}，更不得低于 V_{SS}。

③焊接 CMOS 电路时，一般用 20W 内热式电烙铁，而且烙铁要有良好的接地线。也可以利用电烙铁断电后的余热快速焊接。禁止在电路通电的情况下焊接。

④为了防止输入端保护二极管因正向偏置而引起损坏，输入电压必须处在 U_{DD} 和 U_{SS} 之间，即 $U_{SS}<U_I<U_{DD}$。

⑤测试 CMOS 电路时，如果信号电源和电路板用两组电源，则开机时应先接通电路板电源，后开信号电源。关机时则应先关信号电源，再关电路板电源。即在 CMOS 电路本身没有接通电源的情况下，不允许有输入信号输入。

⑥多余端绝对不能悬空；否则不但容易受到外界干扰，而且输入电平不定，破坏了正常的逻辑关系，也消耗了不少的功率。因此根据电路的逻辑功能，需要分别针对不同情况加以处理。例如，与门、与非门的多余输入端应接到 U_{DD} 或高电平；或门、或非门的多余输入端应接到 U_{CC} 或低电平；如果电路的工作速度不高，不需要特别考虑功耗时，也可以将多余的输入端与使用端并联。

以上所述的多余输入端，包括没有被使用的但已接通的 CMOS 电路的所有输入端。

⑦输入端连线较长时，由于分布电容和分布电感的影响，容易构成 LC 振荡，也可能使保护二极管损坏，因此必须在输入端串接一个 10～20kΩ的电阻 R，如图 6-2-6 所示。

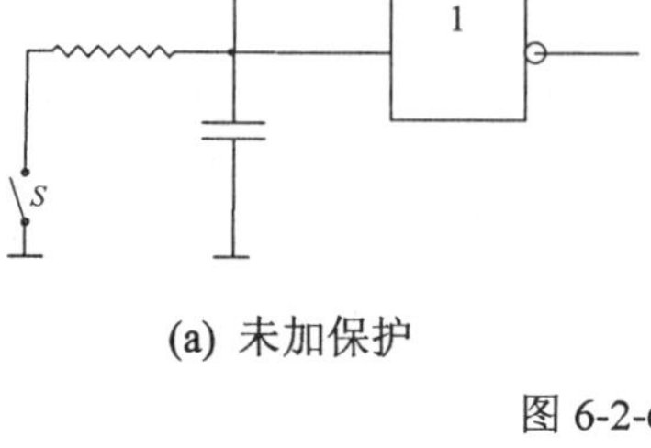

(a) 未加保护

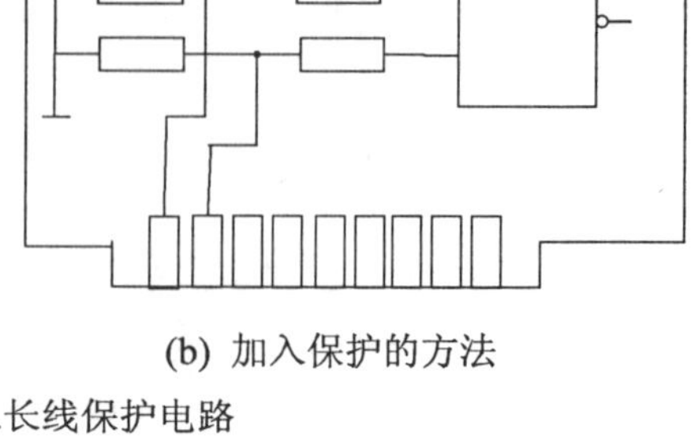

(b) 加入保护的方法

图 6-2-6　输入长线保护电路

⑧CMOS 电路装在印制电路板时，印制电路板上总有输入端，当电路从整机中拔出时，输入端必然出现悬空，所以应在各输入端上接入限流保护电阻，如图 6-2-7 所示。如果要在印制电路板上安装 CMOS 集成电路，则必须在与它有关的其他元器件安装之后，再装 CMOS 电路，避免 CMOS 电路输入端悬空。

⑨插拔电路板电源插头时，应注意先切断电源，防止在插拔过程中烧坏 CMOS 电路的输入保护二极管。

⑩CMOS 电路并联使用。在同一芯片上两个或两个以上同样器件并联使用（与门、或非门、反相器等）时，可增大输出供给电流和输出吸收电流，若容性负载增加不大时，则既增加了器件的驱动能力，也提高了速度。使用时输出端、输入端之间也必须并联。

⑪防止 CMOS 电路输入端噪声干扰的方法。在 CMOS 电路的输入端常接有按键开关、继电器触点等机械接点，或有传感器等元件。CMOS 电路具有很高的输入阻抗，只要微小的电流就能驱动 CMOS 电路工作。当接入到 CMOS 电路输入端的电路输出阻抗高时，抗干扰能力就极差，尤其是连线较长时就更易受干扰，采取的办法是减小输入电路的输出电阻。其具体办法是：在接入的电路与 CMOS 电路输入端之间接入斯密特触发器整形电路，通过回差改变输出电阻，也可以加入滤波电路滤掉噪声。为了防止由于按键开关和继电器触点抖动所造成的误动作，可在接点上并联电容，或接 RS 触发器。

实训 6.3 电子电路的调试

实践表明，一个电子装置，即使按照设计的电路参数进行安装，往往也难以达到预期的效果。这是因为人们在设计时，不可能周全地考虑到各种复杂的客观因素（如元件值的误差、器件参数的分散性、分布参数的影响等），必须通过安装后的测试和调整，来发现和纠正设计方案的不足。然后采取措施加以改进，使装置达到预定的技术指标。因此，掌握调试电子电路的技能，对于每个从事电子技术及其有关领域工作的人员来说，是重要的。

实验和调试的常用仪器有：万用表、稳压电源、示波器和信号产生器。

下面介绍一般的调试方法和注意事项。

一、调试前的直观检查。

电路安装完毕，通常不宜急于通电，先要认真检查一下。检查内容包括：

1．连线是否正确

检查电路连线是否正确，包括错线（连线一端正确，另一端错误）、少线（安装时完全漏掉的线）和多线（连线的两端在电路图上都是不存在的）。查线的方法通常有两种：

（1）按照电路图检查安装的线路

这种方法的特点是，根据电路图连线，按一定顺序逐一检查安装好的线路，由此，可比较容易查出错线和少线。

（2）按照实际线路来对照原理电路进行查线

这是一种以元件为中心进行查线的方法。把每个元件（包括器件）引脚的连线一次查清，检查每个去处在电路图上是否存在，这种方法不但可以查出错线和少线，还容易查出多线。

为了防止出错，对于已查过的线通常应在电路图上做出标记，最好用指针式万用表“Ω×1”挡，或数字式万用表“Ω”挡的蜂鸣器来测量，而且直接测量元器件引脚，这样可以同时发现接触不良的地方。

2．元器件的安装情况

检查元器件的引脚之间有无短路；连接处有无接触不良；二极管、三极管、集成件和电解电容极性等是否连接有误。

3．电源供电（包括极性）、信号源连线是否正确

4．电源端对地（⊥）是否存在短路现象

在通电前，断开一根电源线，用万用表检查电源端对地（⊥）是否存在短路。若电路经过上述检查，并确认无误后，就可转入调试。

二、调试方法

调试包括测试和调整两个方面。所谓电子电路的调试，是以达到电路设计指标为目的而进行的一系列的测量——判断——调整——再测量的反复进行过程。

为了使调试顺利进行，设计的电路图上应当标明各点的电位值、相应的波形图以及其他主要数据。

调试方法通常采用先分调后联调（总调）。

我们知道，任何复杂电路都是由一些基本单元电路组成的，因此，调试时可以循着信号的流程，逐级调整各单元电路，使其参数基本符合设计指标。这种调试方法的核心是，把组成电路的各功能块（或基本单元电路）先调试好，并在此基础上逐步扩大调试范围，最后完成整机调试。采用先分调后联调的优点是，能及时发现问题和解决问题。新设计的电路一般采用此方法。对于包括模拟电路、数字电路和微机系统的电子装置更应采用这种方法进行调试。因为只有把三部分分开调试后，分别达到设计指标，并经过信号及电平转换电路后才能实现整机联调；否则，由于各电路要求的输入、输出电压和波形不匹配，盲目进行联调，就可能造成大量的器件损坏。

除了上述方法外，对于已定型的产品和需要相互配合才能运行的产品也可采用一次性调试。

按照上述调试电路原则，具体调试步骤如下：

1．通电观察

把经过准确测量的电源接入电路。观察有无异常现象，包括有无冒烟、是否有异常气味、手摸元器件是否发烫、电源是否有短路现象等。如果出现异常，应立即切断电源，待故障排除后才能再通电。然后测量各路总电源电压和各器件的引脚的电源电压，以保证元器件正常工作。通过通电观察，认为电路初步工作正常，就可转入正常调试。

在这里，需要指出的是，一般实验室中使用的稳压电源是一台仪器，它不仅有一个“＋”端、一个“–”端，还有一个“地”接在机壳上，当电源与实验板连接时，为了能形成一个完整的屏蔽系统，实验板的“地”一般要与电源的“地”连起来，而实验板上用的电源可能是正电压，也可能是负电压，还可能正、负电压都有，所以电源是“正”端接“地”还是负端接“地”，使用时应先考虑清楚。如果要求电路浮地，则电源的“＋”与“–”端都不与机壳相连。

另外，应注意一般电源在开与关的瞬间往往会出现瞬态电压上冲的现象，集成电路又最怕过电压的冲击，所以一定要养成先开启电源、后接电路的习惯，在实验中途也不要随意将电源关掉。

2．静态调试

交流、直流并存是电子电路工作的一个重要特点。一般情况下，直流为交流服务，直流是电路工作的基础。因此，电子电路的调试有静态调试和动态调试之分。静态调试一般是指在没有外加信号的条件下所进行的直流测试和调整过程。例如，通过静态测试模拟电路的静态工作点、数字电路的各输入端和输出端的高、低电平值及逻辑关系等，可以及时发现已经损坏的元器件，判断电路工作情况，并及时调整电路参数，使电路工作状态符合设计要求。

对于运算放大器，静态检查除测量正、负电源是否接上外，主要检查在输入为零时，输出端是否接近零电位，调零电路起不起作用。当运放输出直流电位始终接近正电源电压值或负电源电压值时，说明运放处于阻塞状态，可能是外电路没有接好，也可能是运放已经损坏。如果通过调零电位器不能使输出为零，除了是因为运放内部对称性差外，也可能是因为运放处于振荡状态，所以实验板直流工作状态的调试，最好接上示波器进行监视。

3．动态调试

动态调试是在静态调试的基础上进行的。调试的方法是：在电路的输入端接入适当频率和幅值的信号，并循着信号的流向逐级检测各有关点的波形、参数和性能指标。发现故障现象，应采取不同的方法缩小故障范围，最后设法排除故障。

测试过程中不能凭感觉和印象，要始终借助仪器观察。使用示波器时，最好把示波器的信号输入方式置于“DC”挡，通过直流耦合方式，可同时观察被测信号的交、直流成分。

通过调试，最后检查功能块和整机的各种指标（如信号的幅值、波形形状、相位关系、增益、输入阻抗和输出阻抗等）是否满足设计要求，如必要，再进一步对电路参数提出合理的修正。

三、调试中的注意事项

调试结果是否正确，在很大程度上受测量正确与否和测量精度的影响。为了保证调试的效果，必须减小测量误差，提高测量精度。为此，需注意以下几点：

1．正确使用测量仪器的接地端：

凡是使用低端接机壳的电子仪器进行测量，仪器的接地端应和放大器的接地端连接在一起；否则仪器机壳引入的干扰不仅会使放大器的工作状态发生变化，而且将使测量结果出现误差。根据这一原则，调试发射极偏置电路时，若需测量 V_{CE}，不应把仪器的两端直接接在集电极和发射极上，而应分别对地测出 V_C、V_E，然后将二者相减得 V_{CE}。若使用干电池供电的万用表进行测量，由于电表的两个输入端是浮动的，所以允许直接跨接到测量点之间。

2．在信号比较弱的输入端，尽可能用屏蔽线连线。屏蔽线的外屏蔽层要接到公共地线上。在频率比较高时要设法隔离连接线分布电容的影响，例如用示波器测量时应该使用有探头的测量线，以减少分布电容的影响。

3．测量电压所用仪器的输入阻抗必须远大于被测处的等效阻抗。因为若测量仪器输入阻抗小，则在测量时会引起分流，给测量结果带来很大误差。

4．测量仪器的带宽必须大于被测电路的带宽。例如，MF-30 型万用表的工作频率为 20～20000Hz。如果放大器的 f_H=100kHz，我们就不能用 MF-30 来测试放大器的幅频特性；否则，测试结果就不能反映放大器的真实情况。

5．要正确选择测量点：

用同一台测量仪进行测量时，测量点不同，仪器内阻引进的误差大小将不同。例如，对于如图 6-3-1 所示电路，测 C_1 点电压 V_{C1} 时，若选择 E 为测量点，测得 V_{E2}，根据 $V_{C1}=V_{E2}+V_{BE2}$ 求得的结果，可能比直接测 C_1 点得到的 V_{C1} 的误差要小得多。所以出现这种情况，是因为 R_{E2} 较小，仪器内阻引进的测量误差小。

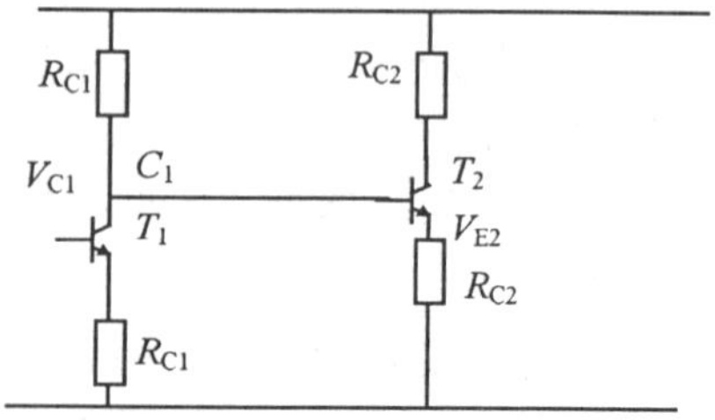

图 6-3-1　被测电路

6．测量方法要方便可行：

需要测量某电路的电流时，一般尽可能测电压而不测电流，因为测电压不必改动被测电路，测量方便。若需知道某一支路的电流值，可以通过测取该支路上电阻两端的电压，经过换算而得到。

7．调试过程中，不但要认真观察和测量，还要善于记录。记录的内容包括实验条件、观察的现象、测量的数据、波形和相位关系等。只有有了大量可靠的实验记录并与理论结果加以比较，才能发现电路设计上的问题，完善设计方案。

8．调试时出现故障，要认真查找故障原因，切不可一遇故障解决不了就拆掉线路重新安装。因为重新安装的线路仍可能存在各种问题，如果是原理上的问题，即使重新安装也解决不了问题。应当把查找故障、分析故障原因，看成一次好的学习机会，通过它来不断提高自己分析问题和解决问题的能力。

实训 6.4　检查电子电路故障的一般方法

故障是不期望但又是不可避免的电路异常工作状况。分析、寻找和排除故障是电气工程人员必备的实际技能。

对于一个复杂的系统来说，要在大量的元器件和线路中迅速、准确地找出故障是不容易的。一般故障诊断过程，就是从故障现象出发，通过反复测试，作出分析、判断，逐步找出故障的过程。

一、故障现象和产生故障的原因

1．常见的故障现象

（1）放大电路没有输入信号，而有输出波形。

（2）放大电路有输入信号，但没有输出波形，或者波形异常。

（3）串联稳压电源无电压输出，或输出电压过高且不能调整，或输出稳压性能变坏、输出电压不稳定等。

（4）振荡电路不产生振荡。

（5）计数器输出波形不稳，或不能正确计数。

（6）收音机中出现“嗡嗡”的交流声和“啪啪”的汽船声等。

以上是最常见的一些故障现象，还有很多奇怪的现象，在这里就不一一列举了。

2．产生故障的原因

故障产生的原因很多，情况也很复杂，有的是一种原因引起的简单故障，有的是多种原因相互作用引起的复杂故障。因此，引起故障的原因很难简单分类。这里只能进行一些粗略的分析：

（1）对于定型产品使用一段时间后出现故障，故障原因可能是元器件损坏，连线发生短路或断路（如焊点虚焊，接插件接触不良，可变电阻器、电位器、半可变电阻等接触不良，接触面表面镀层氧化等），或使用条件发生变化（如电网电压波动，过冷或过热的工作环境等），从而影响电子设备的正常运行。

（2）对于新设计安装的电路来说，故障原因可能是：实际电路与设计的原理图不符；元器件使用不当或损坏；设计的电路本身就存在某些严重缺点，不满足技术要求；连线发生短路或断路等。

（3）仪器使用不正确引起的故障，如示波器使用不正确而造成的波形异常或无波形，共地问题处理不当而引入的干扰等。

（4）各种干扰引起的故障（有关噪声、干扰问题将在实训 6.5 中讨论）。

二、查故障的一般方法

查找故障的顺序可以从输入到输出，也可以从输出到输入。查找故障的一般方法有：

1．直接观察法

直接观察法是指不用任何仪器，利用人的视、听、嗅、触等手段来发现问题，寻找和分析故障。

直接观察包括不通电检查和通电观察。

检查仪器的选用和使用是否正确；电源电压的等级和极性是否符合要求；电解电容的极性、二极管和三极管的管脚、集成电路的引脚有无错接、漏接、互碰等情况；布线是否合理；印刷板有无断线；电阻、电容有无烧焦和炸裂等。

通电观察元器件有无发烫、冒烟，变压器有无焦味，电子管、示波管灯丝是否亮，有无高压打火等。

此法简单，也很有效，可在初步检查时使用，但对比较隐蔽的故障无能为力。静态工作点，电子电路的供电系统，电子管或半导体三极管、集成块的直流工作状态（包括元器件引脚、电源电压）、线路中的电阻值等都可用万用表测定。当测得值与正常值相差较大时，经过分析可找到故障。现以如图 6-4-1 所示的两级放大器为例，正常工作时如图所示。静态时（V_1=0），V_{BI} =1.3V，I_{CI}=1mA，V_{CI}=6.9V，I_{C2}＝1.6mA，V_{E2}=5.3V。但实测结果 V_{B1}=0.01V，V_{C1}≈V_{CE1}≈V_{CC}=12V。考虑到正常放大工作时，硅管的 V_{BE} 约为 0.6～0.8V，现在 T_1 显然处于截止状态。实测的 V_{C1}≈V_{CC} 也证明 T_1 是截止（或损坏）。T_1 为什么截止呢？这要从影响 V_{BI} 的 R_{bl1} 和 R_{bl2} 中去寻找。进一步检查发现，R_{bl2} 本应为 11kΩ，但安装时却用的是 1.1kΩ的电阻，将 R_{bl2} 换上正确阻值的电阻，故障即消失。

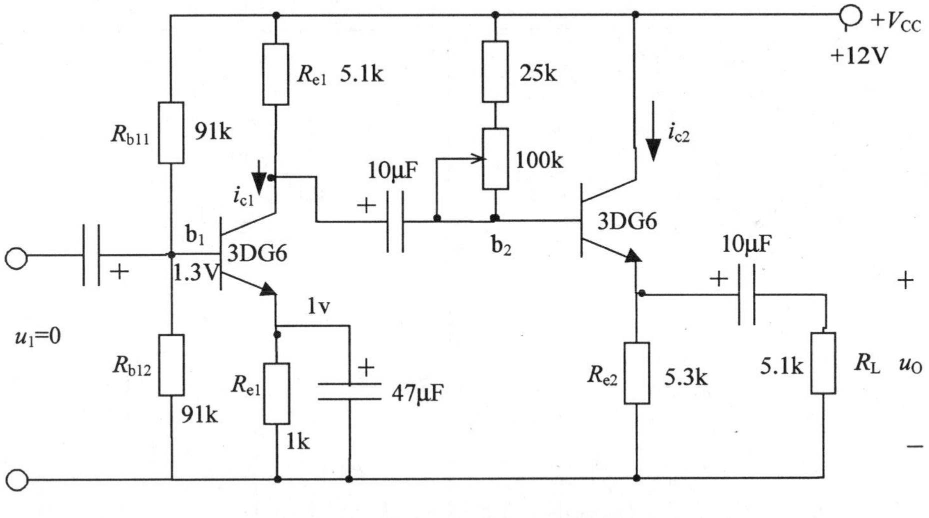

图 6-4-1　用万用表检查两级放大器故障的参考电路

顺便指出，静态工作点也可以用示波器的“DC”输入方式测定。用示波器的优点是，内阻高，能同时看到直流工作状态和被测点上的信号波形以及可能存在的干扰信号及噪声电压等，更有利于分析故障。

2．信号寻迹法

对于各种较复杂的电路，可在输入端接入一个一定幅值、适当频率的信号（例如，对于多级放大器，可在其输入端接入 f=1000Hz 的正弦信号），用示波器由前级到后级（或者相反），逐级观察波形及幅值的变化情况，如哪一级异常，则故障就在该级。这是深入检查电路的方法。

3．对比法

怀疑某一电路存在问题时，可将此电路的参数与工作状态相同的正常电路的参数（或理论分析的电流、电压、波形等）进行一一对比，从中找出电路中的不正常情况，进而分析故障原因，判断故障点。

4．部件替换法

有时故障比较隐蔽，不能一眼看出，如这时你手头有与故障仪器同型号的仪器，可以用仪器中的部件、元器件、插件板等替换有故障仪器中的相应部件，以便于缩小故障范围，进一步查找故障。

5．旁路法

当有寄生振荡现象时，可以利用适当容量的电容器，选择适当的检查点，将电容临时跨接在检查点与参考接地点之间，如果振荡消失，就表明振荡是产生在此附近或前级电路中；否则就在后面，再移动检查点寻找之。

应该指出的是，旁路电容要适当，不宜过大，只要能较好地消除有害信号即可。

6．短路法

就是采取临时性短接一部分电路来寻找故障的方法。例如，如图 6-4-2 所示放大电路，用万用表测量 T_2 的集电极对地无电压。我们怀疑 L_1 断路，则可以将 L_1 两端短路，如果此时有正常的 V_{c2} 值，则说明故障发生在 L_1 上。

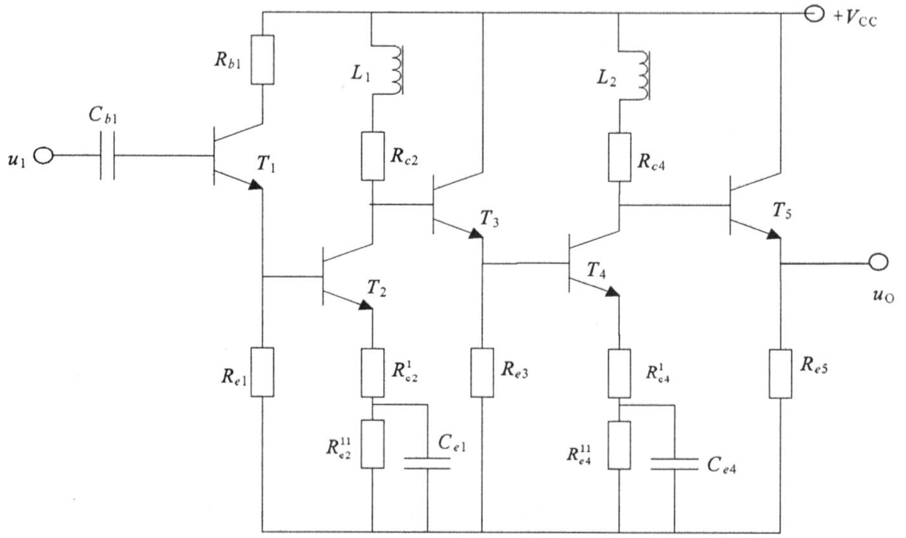

图 6-4-2　用于分析短路法的发大电路

短路法对检查断路性故障最有效。但要注意对电源（电路）是不能采用短路法的。

7．断路法

断路法用于检查短路故障最有效。断路法也是一种使故障怀疑点逐步缩小范围的方法。例如，某稳压电源因接入一带有故障，使输出电流过大，我们采取依次断开电路的某一支路的办法来检查故障。如果断开该支路后，电流恢复正常，则故障就发生在此支路。

8．暴露法

有时故障不明显，或时有时无，一时很难确定，此时可采用暴露法。检查虚焊时对电路进行敲击就是暴露法的一种。另外还可以让电路长时间工作一段时间，例如几小时，然后再来检查电路是否正常。这种情况下往往有些临界状态的元器件经不住长时间工作，就会暴露出问题来，然后对症处理。

实际调试时，寻找故障原因的方法多种多样，以上仅列举了几种常用的方法。这些方法的使用可根据设备条件、故障情况灵活掌握，对于简单的故障，用一种方法即可查找出故障点；但对于较复杂的故障，则需采取多种方法互相补充、互相配合，才能找出故障点。在一般情况下，寻找故障的常规做法是：

（1）先用直接观察法，排除明显的故障。

（2）再用万用表（或示波器）检查静态工作点。

（3）信号寻迹法是对各种电路普遍适用而且简单、直观的方法，在动态调试中广为应用。

应当指出，对于反馈环内的故障诊断是比较困难的。在这个闭环回路中，只要有一个元器件（或功能块）出故障，则往往整个回路中处处都存在故障现象。寻找故障的方法是：先把反馈回路断开，使系统成为一个开环系统，然后再接入一适当的输入信号，利用信号寻迹法逐一寻找发生故障的元器件（或功能块）。例如，如图 6-4-3 所示是一个带有反馈的方波和锯齿波电压产生器电路，A_1 的输出信号 V_{O1} 作为 A_2 的输入信号，A_2 的输出信号 V_{O2} 作为 A_1 的输入信号，也就是说，不论 A_1 组成的过零比较器或 A_2 组成的积分器发生故障，都将导致 V_{O1}、V_{O2} 无输出波形。寻找故障的方法是，断开反馈回路中的一点（例如 B_1 点或 B_2 点），假设 B_2 点，并从 B_2 点与 R_7 连线端输入一适当幅值的锯齿波，用示波器观测 V_{O1} 输出波形应为方波，V_{O2} 输出波形应为锯齿波，如果 V_{O1}（或 V_{O2}）没有波形或波形出现异常，则故障就发生在 A_1 组成的过零比较器（或 A_2 组成的积分器）电路上。

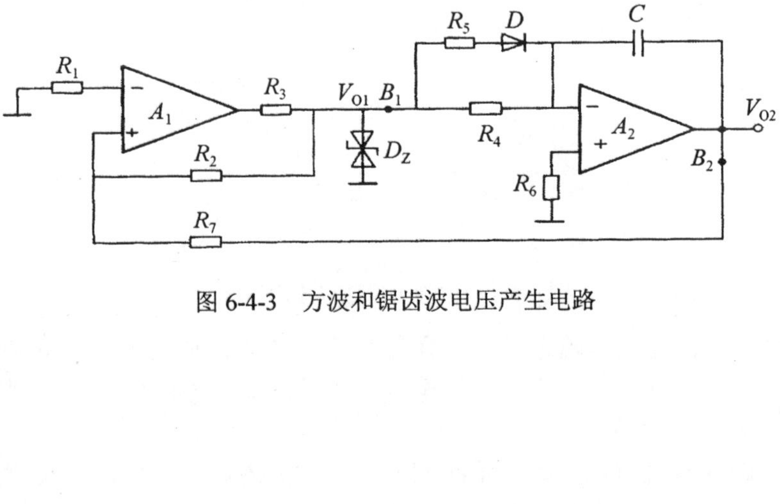

图 6-4-3　方波和锯齿波电压产生电路

实训 6.5 电子电路的抗干扰技术

电子电路是在一定的环境条件下传输信息而进行工作的，它在传输信息时，要求不受外界的影响，同时不向其他设备传播不必要的电磁信号。但在实际环境中，必然存在着自然界或人为因素产生的电磁信号，如通过电源进来的 50Hz 交流电压、电子电路周围存在的发电机、电动机、日光灯带来的杂散电磁场等等，这些电磁信号通过一定的途径进入电子设备，因而影响电路的正常工作；同时电子设备内部也会产生影响电路正常工作的信号，这些信号通称为干扰。

干扰影响电子电路的可靠性和稳定度，从而影响电子电路的性能。干扰严重时，使电子电路无法工作。但在实际环境中，干扰是客观存在的，很难完全消除，要使电路具有抑制干扰的能力，必须在设计中采取抗干扰的措施。下面就对常用的抑制干扰的方法加以介绍。

一、杂散电磁场干扰及其抑制

放大电路周围存在杂散电磁场时，放大电路的输入电路或某些重要元器件处于这种变动的电场和磁场中，就会感应出干扰电压。对于一个放大倍数比较高的放大器来说，只要第一级引入一点微弱的干扰电压，经过各级的放大，放大器的输出端就有一个较大的干扰电压。

如图 6-5-1 所示为一个由静电感应造成的干扰的原理图。

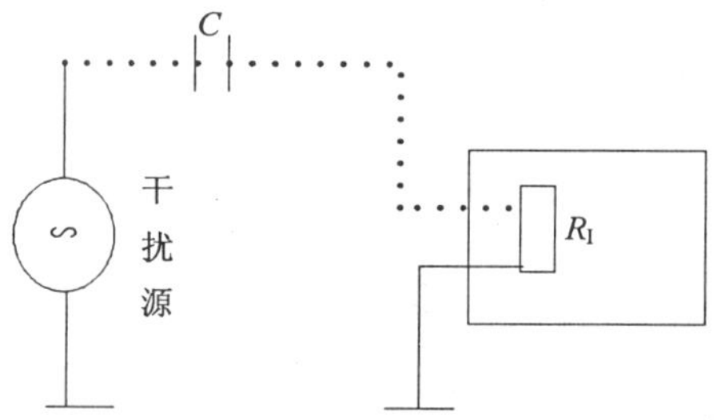

图 6-5-1　由静电感应造成的干扰

干扰源和放大器的输入电路之间，存在着杂散电容 C，构成了干扰电流的回路。此干扰电流在放大器的输入电阻 R_I 上产生干扰电压。放大器输入电阻越大，或杂散电容 C 越大，干扰电压也就越大。

放大器中的磁性材料元件（如电感线圈），对杂散磁场的干扰是很敏感的。当干扰磁场足够强时，在输入端产生的干扰电压将妨碍放大器的正常工作。

对于杂散电磁场的干扰，可采用下列措施：

1．合理布局　从放大器的结构布线来说，电源变压器要尽量远离放大器第一级的输入电路，特别是有些仪器中装有漏散磁场很强的铁磁稳压器，更应远离放大器。在安装变压器时要选择它的安装位置，使之不易对放大器产生严重干扰。对有输入变压器的放大器，应特别注意将输入变压器的线圈安装得和干扰磁场垂直，以减小感应的干扰电压。

放大器的布线要合理，放大器的输入线与输出线及交流电源线要分开走线，不要平行走线。输入走线越长，越易接受干扰。

2．屏蔽　为了减小外界的干扰，可采用屏蔽措施。屏蔽有静电屏蔽和磁屏蔽两种。屏蔽结构可以将干扰源或受干扰元件用屏蔽罩屏蔽起来，特别是多级放大器的第一级更为重要，或第一级的输入线采用具有金属套的屏蔽线，屏蔽线的外套要接地。

在抗干扰要求较高时，可把放大器的前级或整个放大器都屏蔽起来。静电屏蔽采用电导率较高的材料，如铜、铝或铁等金属。磁屏蔽用具有高磁导率的磁性材料，如坡莫合金或铁等。此外，屏蔽罩的不同形状其影响也不同，圆柱形屏蔽罩效果最好。

静电屏蔽的原理是在屏蔽罩接地后干扰电流经屏蔽罩外层短路入地。因此，屏蔽罩的妥善接地是十分重要的；否则不但不能减小干扰，反而会使干扰增大。

磁屏蔽的原理是利用高磁导率做成的磁屏蔽罩，其磁阻小于屏蔽罩与输入变压器间空气隙的磁阻，干扰磁场的大部分磁力线由屏蔽罩通过而不穿过空气隙进入输入变压器的铁芯，即使有小部分杂散磁场的磁力线进入铁芯，屏蔽罩中涡流产生的磁场也能将它对消掉一部分。

由此可见，屏蔽罩如能由既是高磁导率又是高电导率的材料做成时，效果最好。

二、电网高频干扰及其抑制

任何电子设备都需要直流电源，而直流电源一般是由电网来的交流电压经变压器变压，再经整流、滤波、稳压等电路产生的直流电压提供的。当交流电网的负载突变时（如电动机的启动和制动），在负载突变处交流电源线与地之间将产生高频干扰电压，这个电压引起的高频电流经过直流稳压电源、放大电路等与地之间的分布电容，经地线再回到电网。这个高频电流不仅沿导线流动，而且凡是有电容的地方都有它的良好通路，其中变压器的分布电容引起的干扰电压最大，从而影响电子电路的正常工作，尤其是高灵敏度的放大电路，因此必须采取措施加以抑制。

1．在稳压电源中电源变压器一次侧、二次侧之间加屏蔽层，同时屏蔽层要很好接地，如图 6-5-2 所示。此时高频电流由变压器一次侧通过屏蔽层流入地线而不经过后面的电路。

2．在稳压电源交流进线处加滤波器，如图 6-5-3 所示，此滤波器的作用是滤去高频干扰，一般 L 为几十毫亨，C 为几千微法。目前在市场上能购买到体积小、价格合理的低通滤波器。

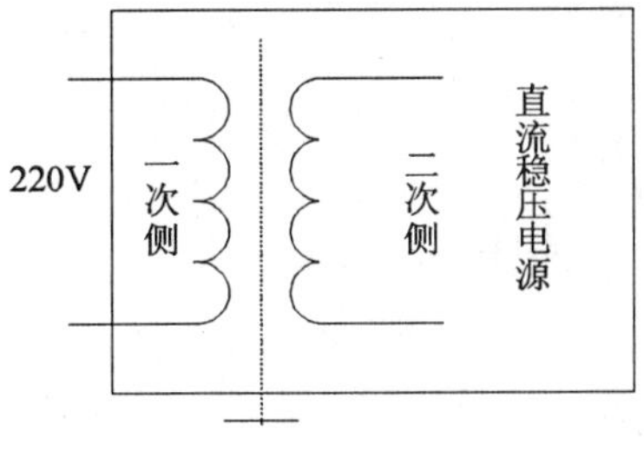

图 6-5-2　变压器一次侧、二次侧间加屏蔽

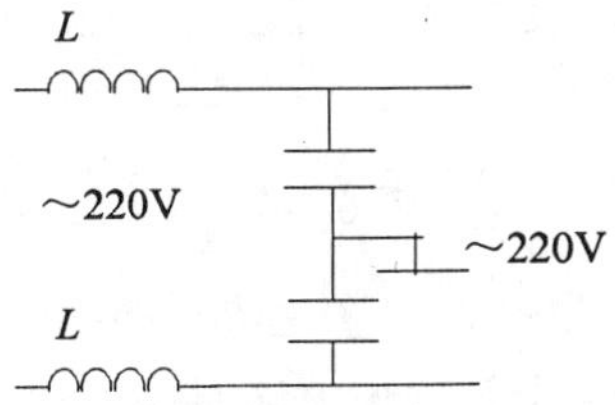

图 6-5-3　交流电源进线加滤波器

3．抑制交流干扰的另一个措施是在如图 6-5-2 所示变压器一次侧、如图 6-5-3 所示交流电源用“浮地”，即交流地线和直流地线分开，而二次侧间加屏蔽进线加滤波器且只有

交流地线接大地，这样可以避免交流干扰由公共地线串入，而影响电路正常工作。

如上所述，电子电路的直流电源是用 50Hz 的交流电经整流、滤波后得到的，如滤波不良，直流电源输出电压就会有 50Hz 或 100Hz 的交流电压使放大电路的输出电压发生波动，特别是对放大电路的第一级影响很大，此时应采取措施加以解决，一般是加大电容或在稳压电路中加以解决。

三、放大电路中的自激及其消除

电子设备的自激是实践中最易发生的问题。为防止自激，不仅要在电路中采取措施使放大电路不要产生自激，而且在结构工艺上也应予以足够的重视。下面提供几种方法可供参考：

1. 在放大电路中采用外部相位补偿电路消除自激，其方法在《模拟电子技术》书中已有介绍，这里不再重复。

2. 运算放大器应采用高质量的双列式插座，所有无源器件均接在插座附近，元器件引线应尽量短，且必须就近接地。

3. 正、负直流电源分别接上高频旁路电容器，且应接在插座的对应插脚上，就近接地。

4. 印制板的地线布置要注意，总的说来，地线越靠近插座，越便于元件引线就近接地。地线要粗一些，但不宜大面积布地线，平行、垂直走向地线的拐角处用弧形。

四、信号地之间的干扰及其抑制

信号地是指信号电路、逻辑电路的地。由于信号地必须通过导线连线，而任何导线又都具有一定的阻抗，流过各线的电流不同，因此，各个接地点的电位不完全相同。设计接地点的目的是为了尽量减少各电路电流流过公共地阻抗时产生的耦合干扰，还要避免地环路电流，从而避免环路电流与其他电路产生耦合干扰。信号地的连接方法有下列几种：

1. 单点接地　单点接地如图 6-5-4 所示。它是把各电路的地线接在一点上，这种方法的优点是不存在环形地回路，因而也不存在地环流，各电路的接地点只与本电路的地电流和地阻抗有关。如果各电路的电流都比较小，各地线中的电压降也较小。当两个电路相距较近时采用单点接地法，由于地线较短，它们之间的电位差小，所以各段地线间的相互干扰也小。

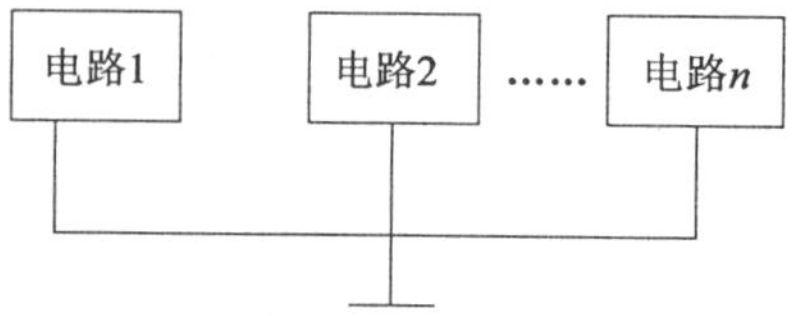

图 6-5-4　单点接地图

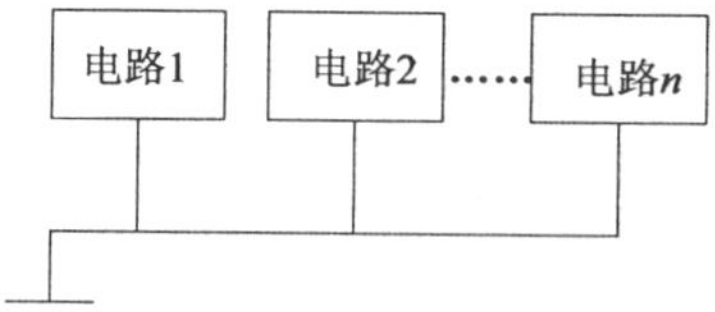

图 6-5-5　串联接地

2. 串联接地　图 6-5-5 是串联地的示意图，接地点顺序连接在一条公共用地线上。在图示电路中共用地线电流是 n 个电流流过地线电流之和。电路 1 和 2 之间的地线电流是电路 2、电路 3 和电路 n 地线电流的总和。因此，每个电路的地线电位都受其他电路的影响，噪声通过公共地线互相耦合。从防止干扰的角度出发，这种接法是不合理的，但因为它接法简单，在许多地方仍被采用。例如在一块印制电路板上，各元器件或电路之间的地线一般都是串联接法，最终连到印制电路板的地线引线端上。这种接法在设计印制电路板时比较方便。

3．多点接地　多点接地如图 6-5-6 所示。为了降低阻抗，地线一般用宽铜皮镀银作为接地母线。它是把所有电路的地线都连接到离它最近的接地母线上，以便降低地阻抗。这种接法在数字电路中是常用的。一般系统由多块印制电路板组成，它们之间的地线是通过装在机架上的宽铜皮镀银的接地母线连接在一起的，再把接地母线的一端接到直流电源的地线上，构成工作接地点，这种方法适用于高频电路。

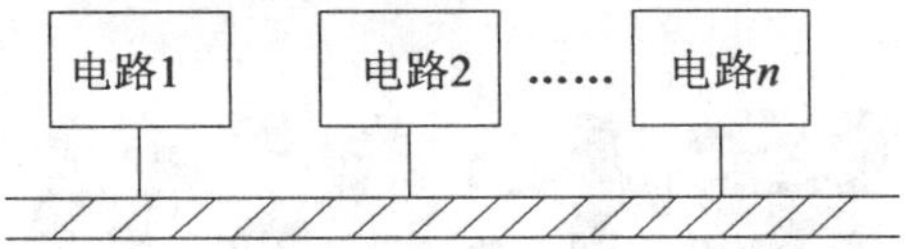

图 6-5-6　多点接地

不论是用哪种方法连接地线，地线尽可能宽一些。实际上，电子设备中信号地的接法不是简单地采用某种形式，而是采用以上三种方法组成的混合形式。

4．模拟地和数字地　在一些电子电路中（数字仪表和自动化控制设备中），同时有数字信号和模拟信号，而数字电路都工作在开关状态，电流起伏、波动较大，若两种信号间的耦合还采用电耦合，则在其线间必定会产生互相干扰，造成模数转换间的不稳定。为了消除这种干扰，最好采用两套整流电路，分别供给模拟部分和数字部分，信号间采用光耦合进行耦合，这样即可对两套电源间的地线实现电隔离。具体电路可采用如图 6-5-7 所示电路。

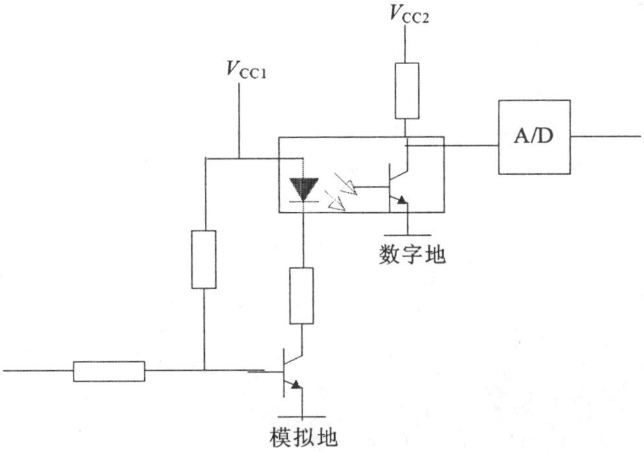

图 6-5-7　模拟地和数字地

第七部分

附　　录

常用集成电路外引线排列及功能表

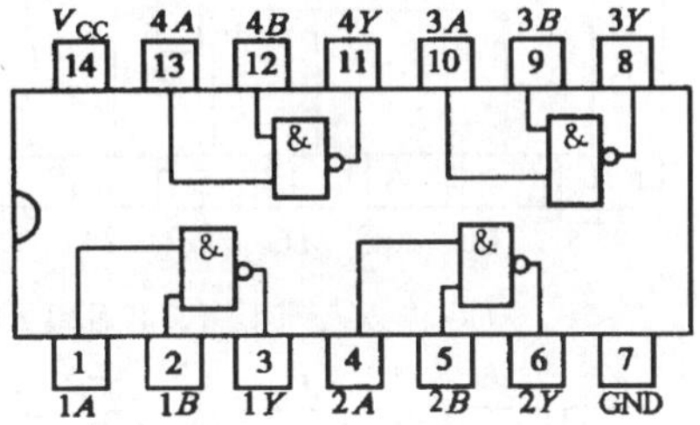

CT74LS00 四 2 输入正与非门

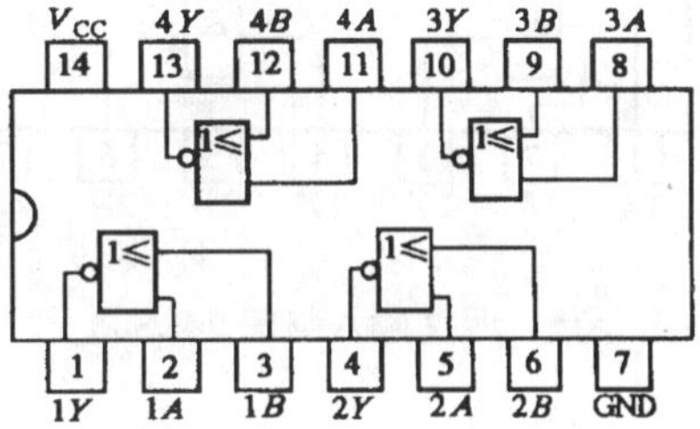

CT74LS02 四 2 输入正或非门

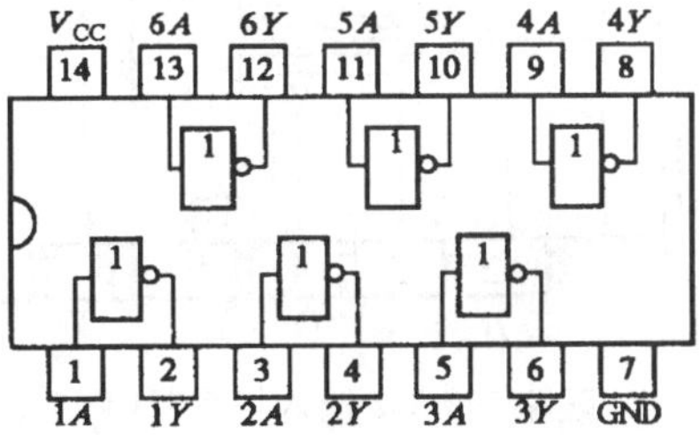

CT74LS04 六反相器

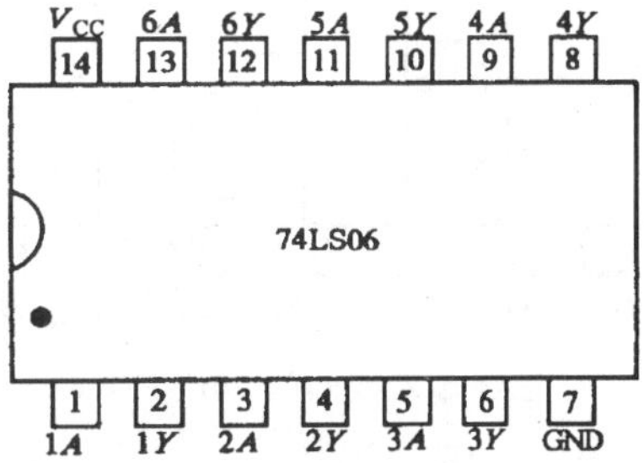

CT7406 高压输出
反相缓冲器/驱动器(OC 门)

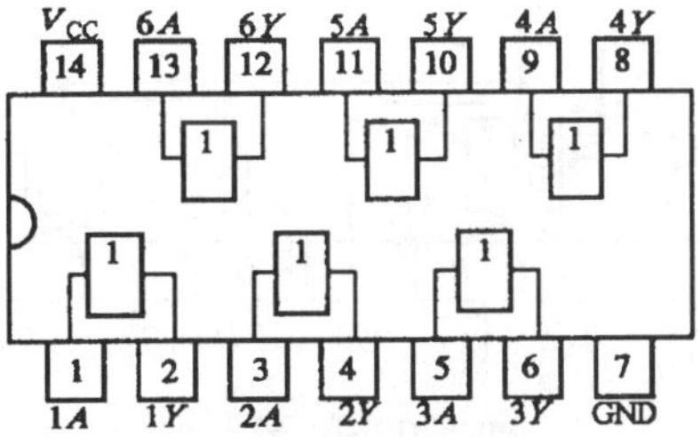

CT74LS07 六缓冲器/驱动器

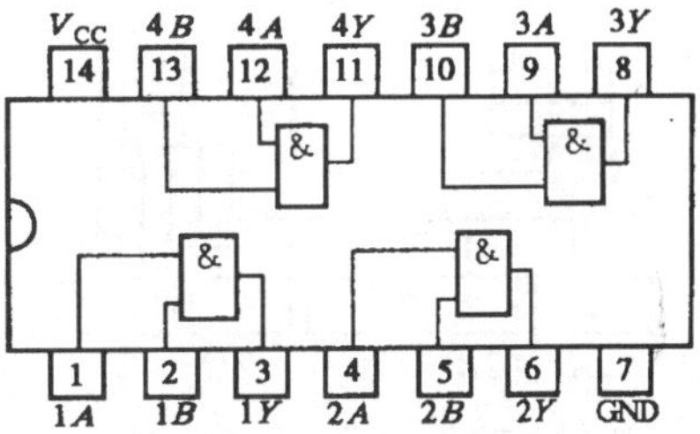

CT74LS09 四 2 输入正与门(OC)

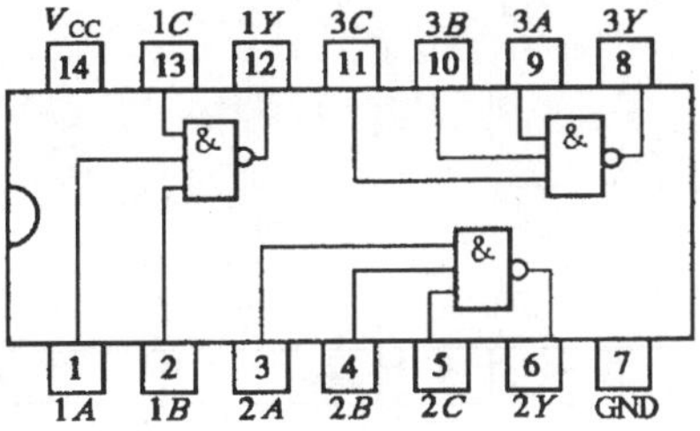

CT74LS10 三 3 输入正与非门

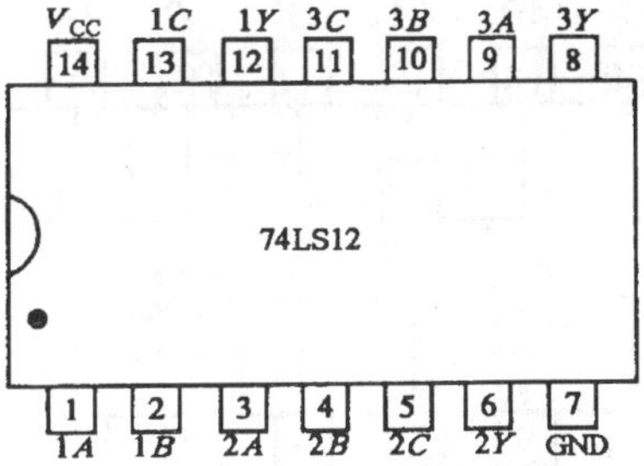

CT74LS12 三 3 输入与非门(OC)

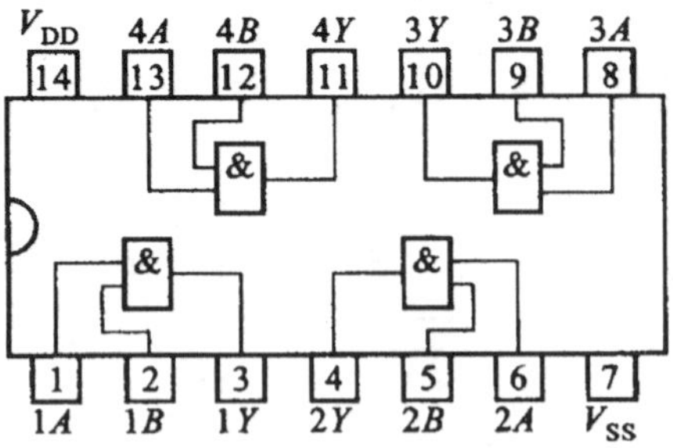

四-2 输入与门 74LS08

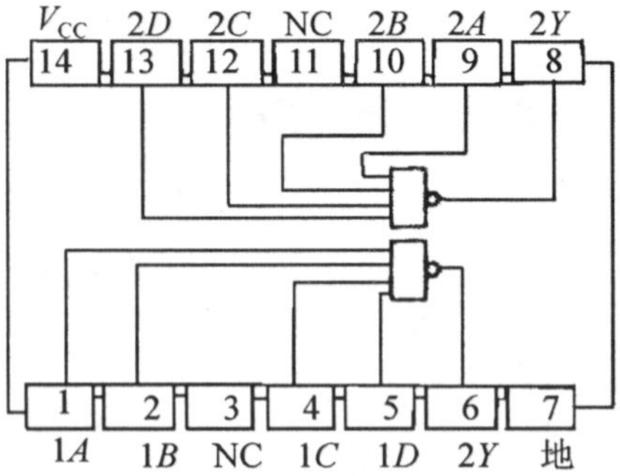

双四输入与非门　74LS20

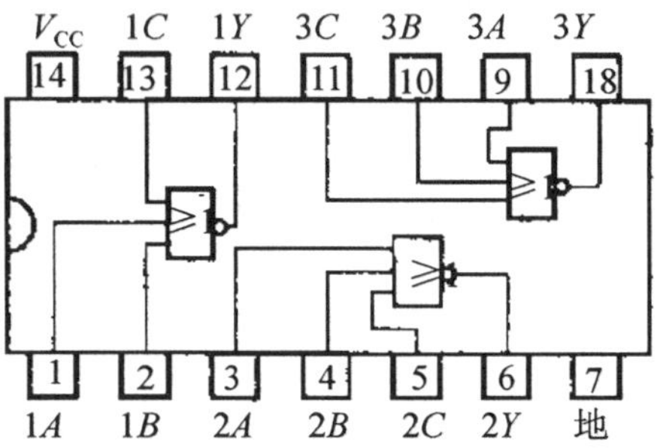

三-3 输入或非门 74LS27

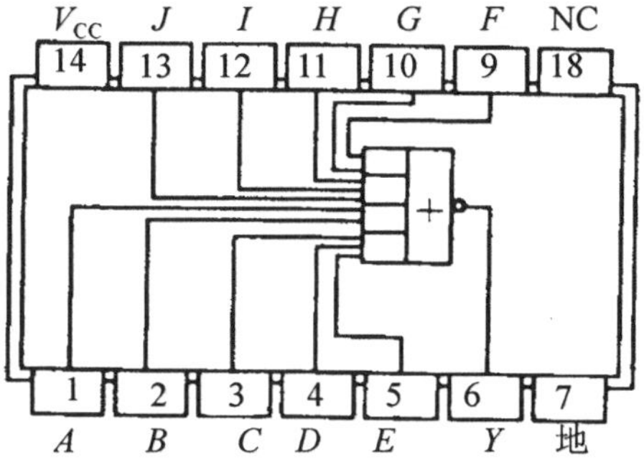

四路 2-3-3-2 输入与或非门 74LS54

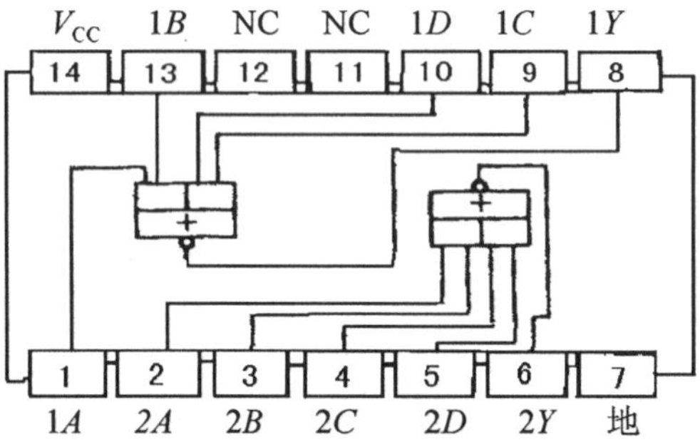

双二-2 输入与或非门 74LS51

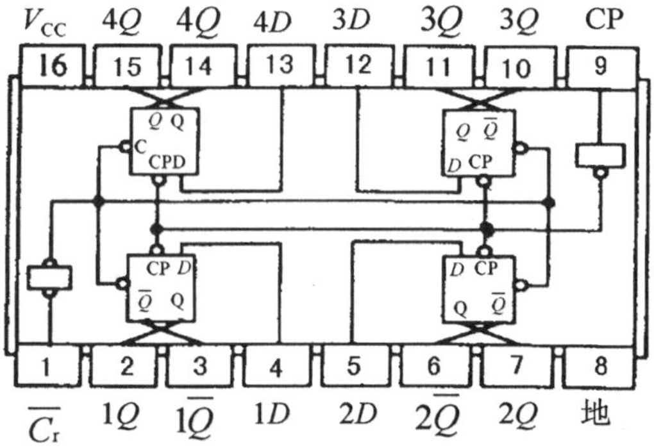

四上升沿 D 触发器 74LS175

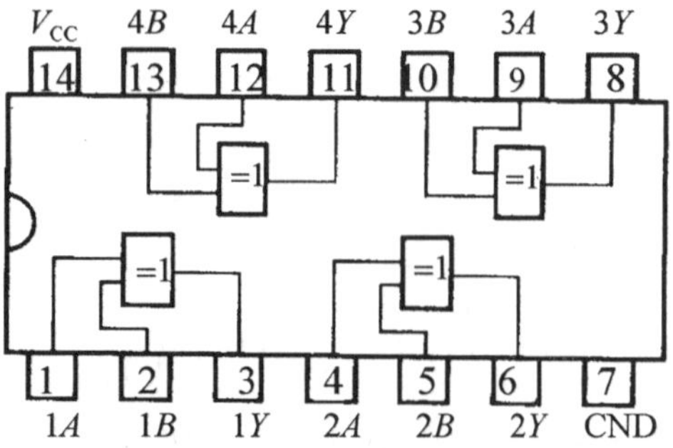

$$Y = A \oplus B = \overline{A}B + A\overline{B}$$

四-2 输入异或门 74LS86

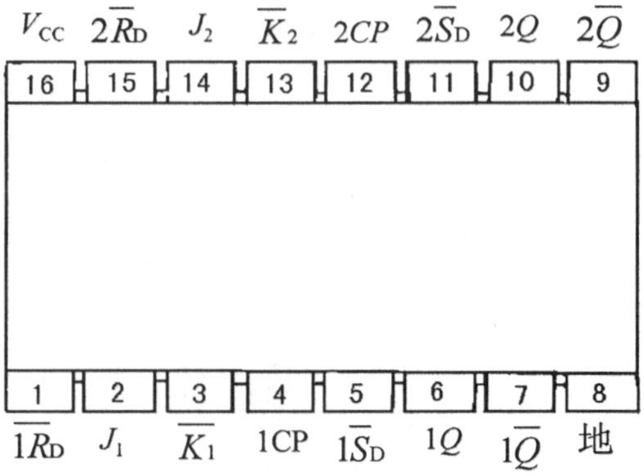

双下降沿 J-K 触发器 74LS109

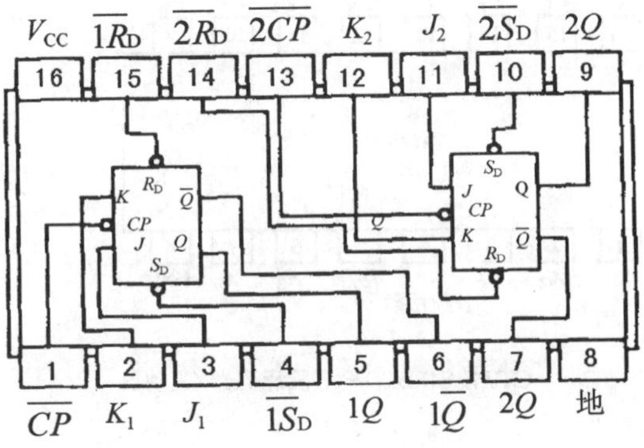

双下降沿 J-K 触发器 74LS112

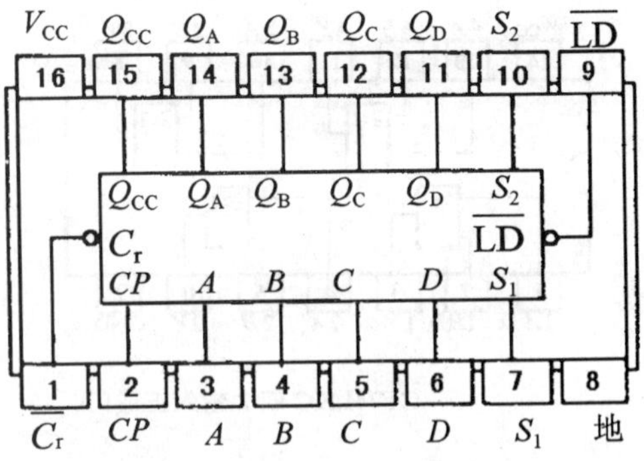

十进制同步计数器 74LS160

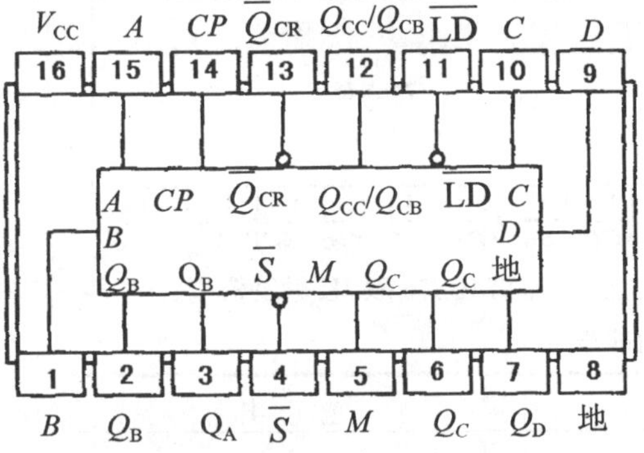

十进制同步加减计数器 74LS190

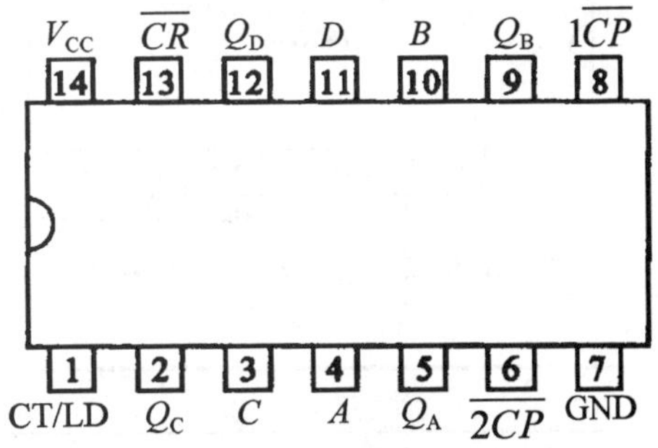

二-五-十进制计数器 74LS196

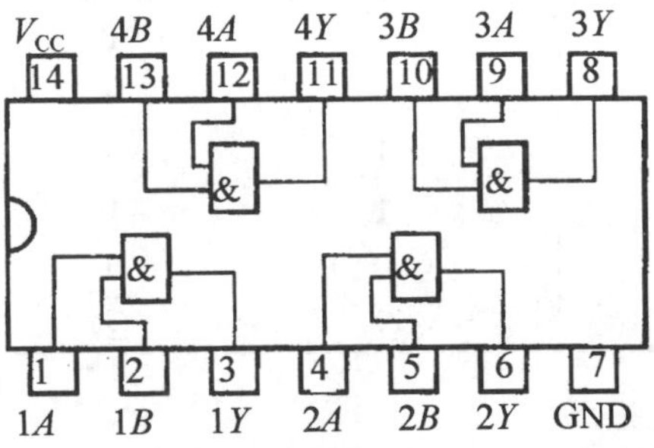

四-2 输入与门 CD4081

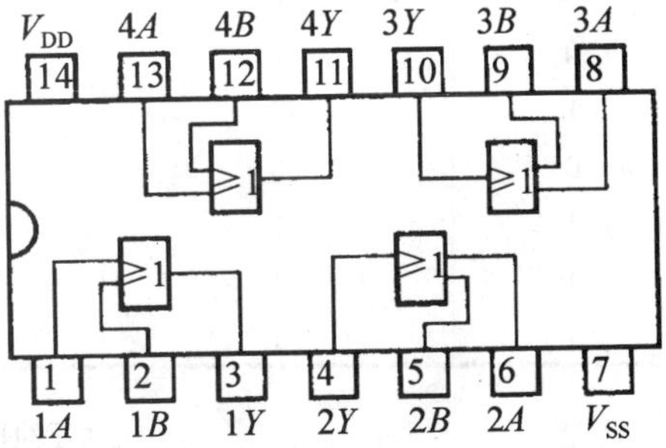

四-2 输入或门 CD4071

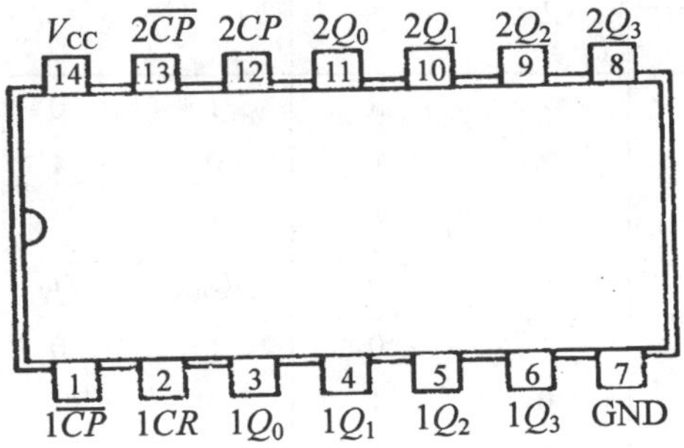

74LS393　74HC393 双四位二进制计数器

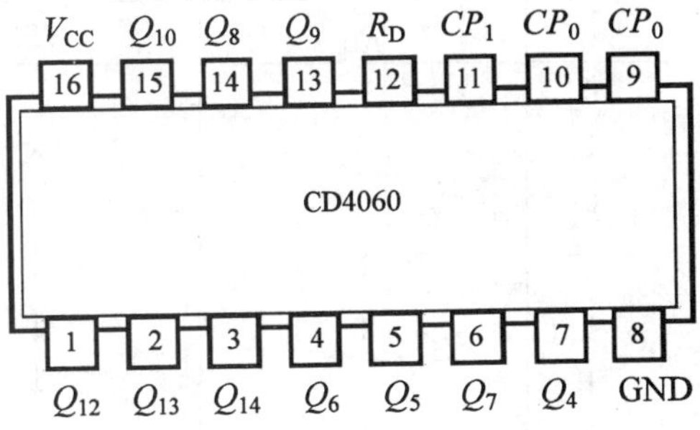

CD4060　14 位二进制串行计数器

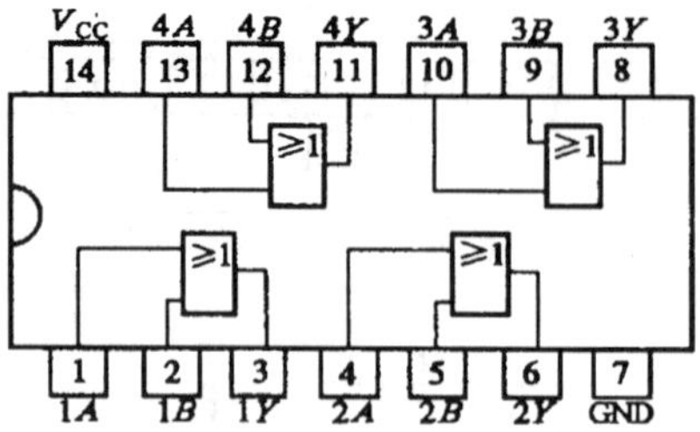

CT74LS32 四 2 输入正或门

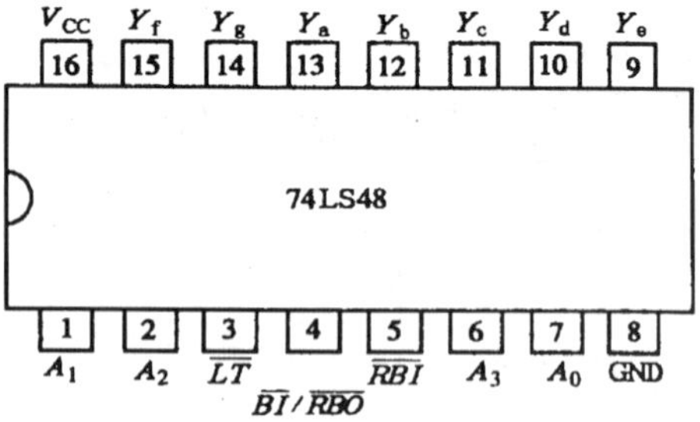

CT74LS48BCD－七段译码器/驱动器

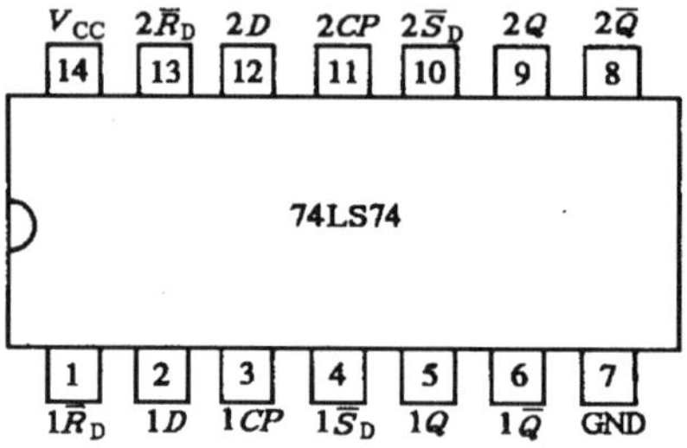

CT74LS74 正边沿触发双 D 触发器

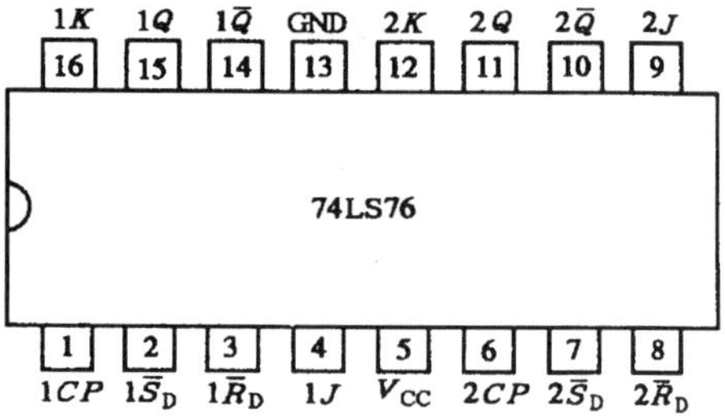

CT74LS76 双 JK 触发器

CT74LS74 功能表

输入			输出	
预置	清除	时钟	D	Q
$\overline{S}_D$	$\overline{R}_D$	CP		
0	1	×	1	0
1	0	×	0	1
0	0	×	1	1
1	1	↑	1	0
1	1	↑	0	1
1	1	0	Q_0	$\overline{Q}_0$

CT74LS76 功能表

输入					输出	
预置	清除	时钟	J	K	Q	$\overline{Q}$
$\overline{S}_D$	$\overline{R}_D$	CP				
0	1	×	×	×	1	0
1	0	×	×	×	0	1
0	0	×	×	×	1	1
1	1	↓	0	0	Q_0	$\overline{Q}_0$
1	1	↓	1	0	1	0
1	1	↓	0	1	0	1
1	1	↓	1	1	触	发
1	1	↓	×	×	Q_0	$\overline{Q}_0$

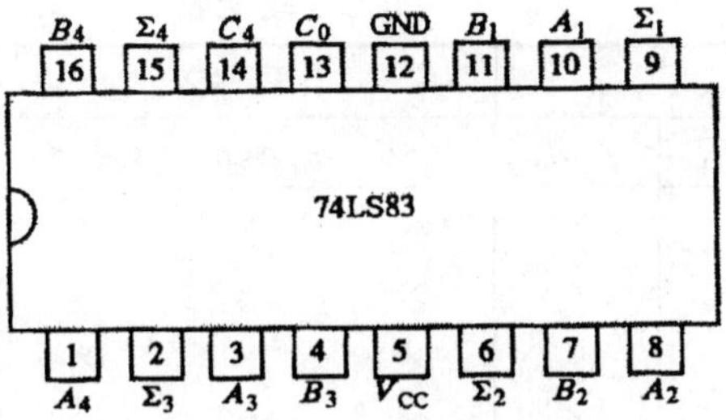

CT74LS83　4 位二进制全加器

CT74LS83 功能表

输　入				输　出					
				$C_0=0$ / $C_2=0$			$C_0=1$ / $C_2=0$		
A_1 / A_3	B_1 / B_3	A_2 / A_4	B_2 / B_4	Σ_1 / Σ_3	Σ_2 / Σ_4	C_2 / C_4	Σ_1 / Σ_3	Σ_2 / Σ_4	C_2 / C_4
0	0	0	0	0	0	0	1	0	0
1	0	0	0	1	0	0	0	1	0
0	1	0	0	1	0	0	0	1	0
1	1	0	0	0	1	0	1	1	0
0	0	1	0	0	1	0	1	1	0
1	0	1	0	1	1	0	0	0	1
0	1	1	0	1	1	0	0	0	1
1	1	1	0	1	0	1	1	0	1
0	0	0	1	0	1	0	1	1	0
1	0	0	1	0	1	0	0	0	1
0	1	0	1	1	1	0	0	0	1
1	1	0	1	1	0	1	1	0	1
0	0	1	1	0	0	1	1	0	1
1	0	1	1	1	0	1	0	1	1
0	1	1	1	1	0	1	0	1	1
1	1	1	1	0	1	1	1	1	1

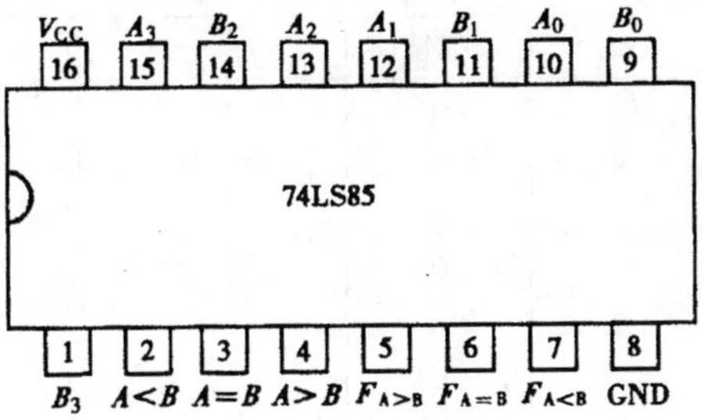

CT74LS85　4 位二进制数大小比较器

CT74LS85 功能表

比较输入				比较输入			输出		
$A_3\ B_3$	$A_2\ B_2$	$A_1\ B_1$	$A_0\ B_0$	$A>B$	$A<B$	$A=B$	$F_{A>B}$	$F_{A<B}$	$F_{A=B}$
$A_3>B_3$	×	×	×	×	×	×	1	0	0
$A_3<B_3$	×	×	×	×	×	×	0	1	0
$A_3=B_3$	$A_2>B_2$	×	×	×	×	×	1	0	0
$A_3=B_3$	$A_2<B_2$	×	×	×	×	×	0	1	0
$A_3=B_3$	$A_2=B_2$	$A_1>B_1$	×	×	×	×	1	0	0
$A_3=B_3$	$A_2=B_2$	$A_1<B_1$	×	×	×	×	0	1	0
$A_3=B_3$	$A_2=B_2$	$A_1=B_1$	$A_0>B_0$	×	×	×	1	0	0
$A_3=B_3$	$A_2=B_2$	$A_1=B_1$	$A_0<B_0$	×	×	×	0	1	0
$A_3=B_3$	$A_2=B_2$	$A_1=B_1$	$A_0=B_0$	1	0	0	1	0	0
$A_3=B_3$	$A_2=B_2$	$A_1=B_1$	$A_0=B_0$	0	1	0	0	1	0
$A_3=B_3$	$A_2=B_2$	$A_1=B_1$	$A_0=B_0$	0	0	1	0	0	1

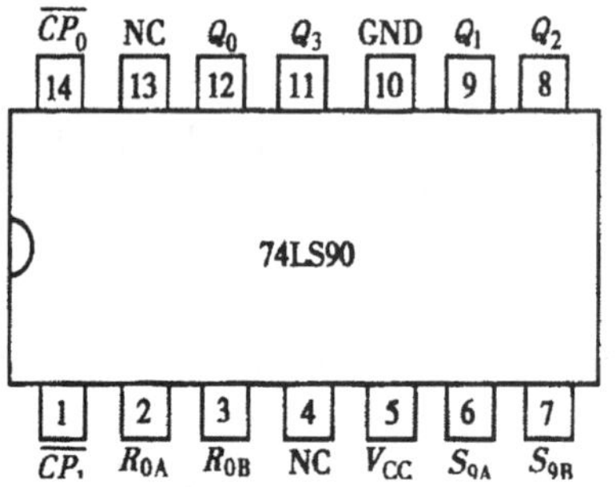

CT74LS90

十进制计数器（2 分频、5 分频）

CT74LS90 复位/计数功能表

复位输入				输出			
R_{0A}	R_{0B}	S_{9A}	S_{9B}	Q_3	Q_2	Q_1	Q_0
1	1	0	×	0	0	0	0
1	1	×	0	0	0	0	0
×	×	1	1	1	0	0	1
×	0	×	0		计	数	
0	×	0	×		计	数	
0	×	×	0		计	数	
×	0	0	×		计	数	

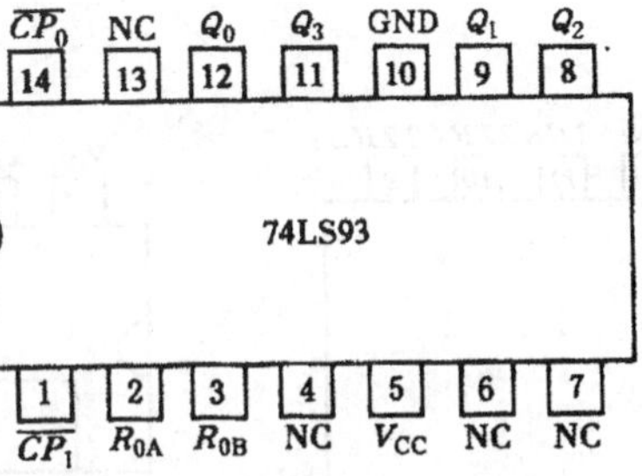

CT74LS93 4 位二进制计数器（2 分频、8 分频）

CT74LS93 复位/计数功能表

复位输入		输　出			
R_{0A}	R_{0B}	Q_3	Q_2	Q_1	Q_0
1	1	0	0	0	0
0	×		计	数	
×	0		计	数	

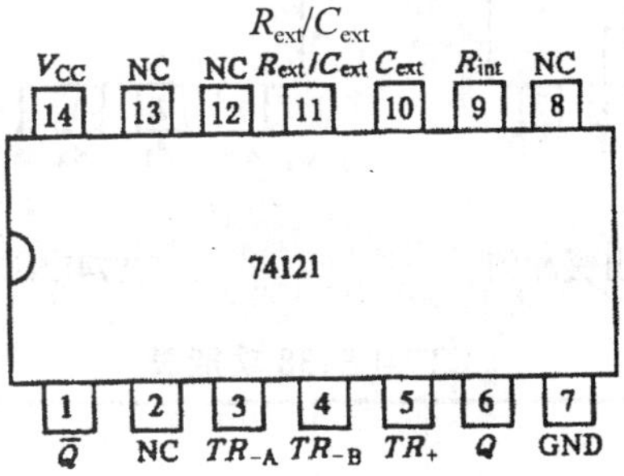

CT74 121 单稳态触发器

CT74 121 功能表

输　入			输　出	
TR_{-A}	TR_{-B}	TR_+	Q	$\overline{Q}$
0	×	1	0	1
×	0	1	0	1
×	×	0	0	1
1	1	×	0	1
1	↓	1	⊓	⊔
↓	1	1	⊓	⊔
↓	↓	1	⊓	⊔
0	×	↑	⊓	⊔
×	0	↑	⊓	⊔

注：1. 外接电容接 C_{ext} 和 R_{ext}/C_{ext} 之间。

2. 使用内部定时电阻时将 R_{int} 接 V_{CC}。为提高脉冲宽度和重复性，可在 R_{ext}/C_{ect} 和 V_{CC} 之间外接一电阻，而将 R_{int} 开路。

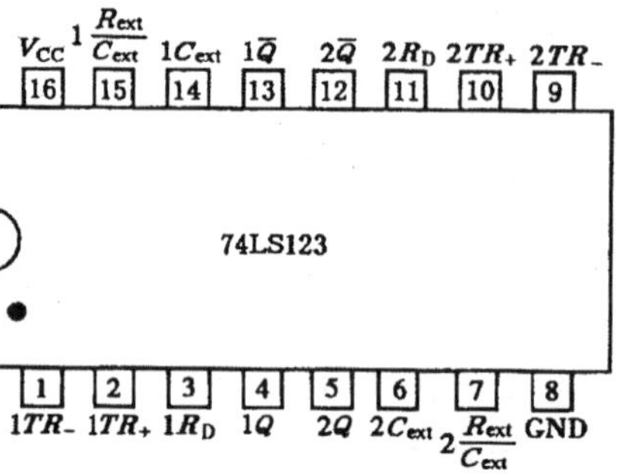

CT74LS123 双可重触发单稳态触发器（有清除端）

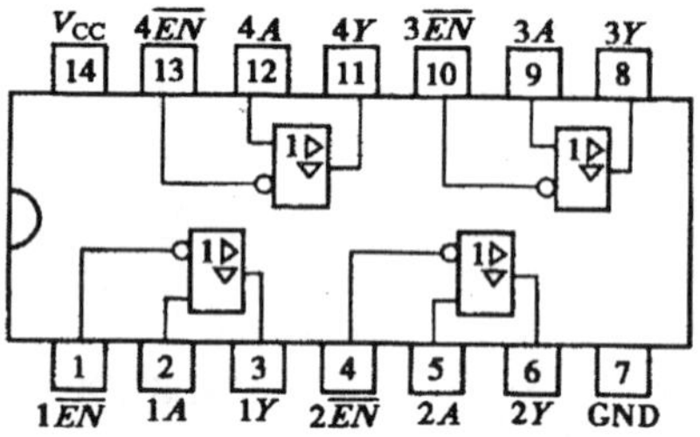

CT74LS125 四三态输出缓冲门

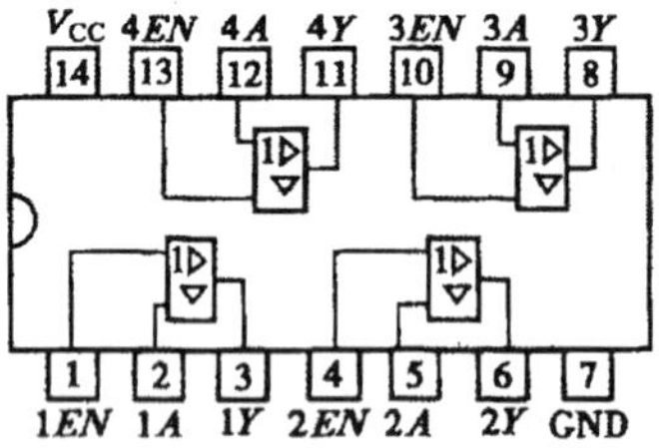

CT74LS126 四三态输出缓冲门

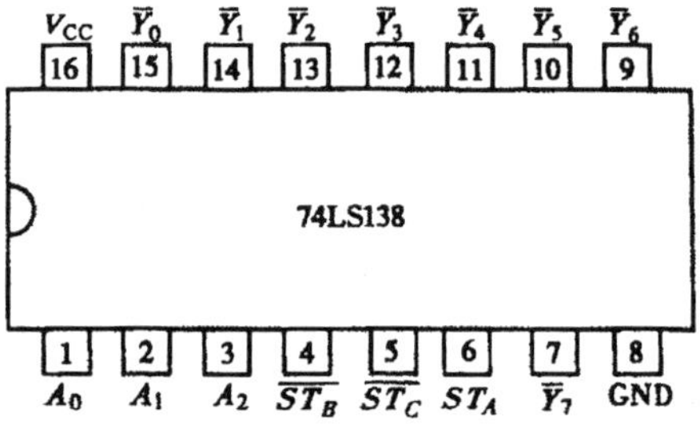

CT74LS138 3 线-8 线译码器

CT74LS138 功能表

输入					输出							
使能		选择										
ST_A	$\overline{ST_B}+\overline{ST_C}$	A_2	A_1	A_0	$\overline{Y_0}$	$\overline{Y_1}$	$\overline{Y_2}$	$\overline{Y_3}$	$\overline{Y_4}$	$\overline{Y_5}$	$\overline{Y_6}$	$\overline{Y_7}$
×	1	×	×	×	1	1	1	1	1	1	1	1
0	×	×	×	×	1	1	1	1	1	1	1	1
1	0	0	0	0	0	1	1	1	1	1	1	1
1	0	0	0	1	1	0	1	1	1	1	1	1
1	0	0	1	0	1	1	0	1	1	1	1	1
1	0	0	1	1	1	1	1	0	1	1	1	1
1	0	1	0	0	1	1	1	1	0	1	1	1
1	0	1	0	1	1	1	1	1	1	0	1	1
1	0	1	1	0	1	1	1	1	1	1	0	1
1	0	1	1	1	1	1	1	1	1	1	1	0

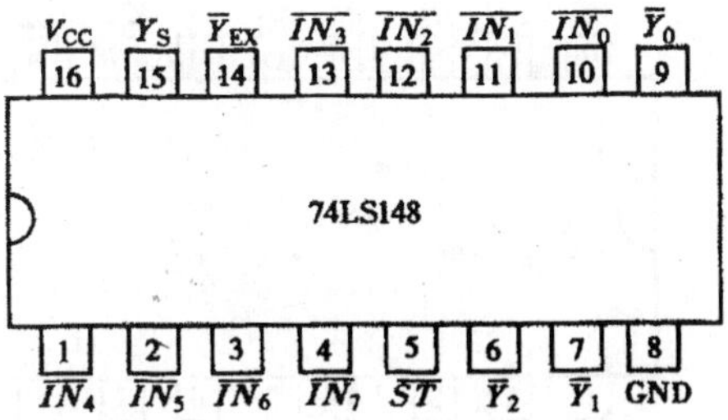

CT74LS148　8 线-3 线优先编码器

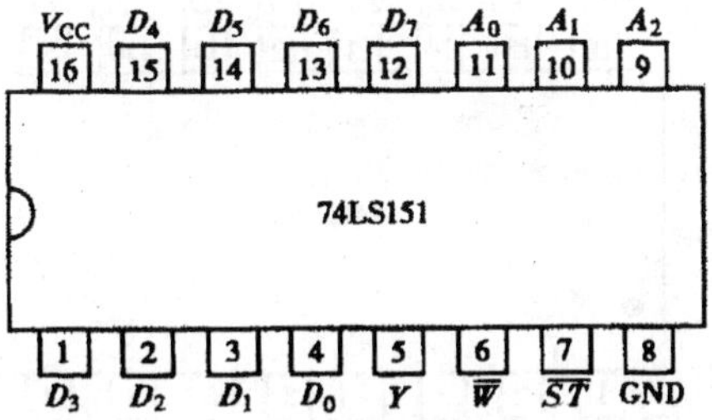

CT74LS151　8 选 1 数据选择器/多路转换器

CT74LS148 功能表

输入									输出				
$\overline{ST}$	$\overline{IN_0}$	$\overline{IN_1}$	$\overline{IN_2}$	$\overline{IN_3}$	$\overline{IN_4}$	$\overline{IN_5}$	$\overline{IN_6}$	$\overline{IN_7}$	$\overline{Y_2}$	$\overline{Y_1}$	$\overline{Y_0}$	$\overline{Y_{EX}}$	Y_3
1	×	×	×	×	×	×	×	×	1	1	1	1	1
0	1	1	1	1	1	1	1	1	1	1	1	1	0
0	×	×	×	×	×	×	×	0	0	0	0	0	1
0	×	×	×	×	×	×	0	1	0	0	1	0	1
0	×	×	×	×	×	0	1	1	0	1	0	0	1
0	×	×	×	×	0	1	1	1	0	1	1	0	1
0	×	×	×	0	1	1	1	1	1	0	0	0	1
0	×	×	0	1	1	1	1	1	1	0	1	0	1
0	×	0	1	1	1	1	1	1	1	1	0	0	1
0	0	1	1	1	1	1	1	1	1	1	1	0	1

CT74LS151 功能表

输　　入				输　出	
选　　择			选通 $\overline{ST}$	Y	$\overline{W}$
A_2	A_1	A_0			
×	×	×	1	0	1
0	0	0	0	D_0	$\overline{D_0}$
0	0	1	0	D_1	$\overline{D_1}$
0	1	0	0	D_2	$\overline{D_2}$
0	1	1	0	D_3	$\overline{D_3}$
1	0	0	0	D_4	$\overline{D_4}$
1	0	1	0	D_5	$\overline{D_5}$
1	1	0	0	D_6	$\overline{D_6}$
1	1	1	0	D_7	$\overline{D_7}$

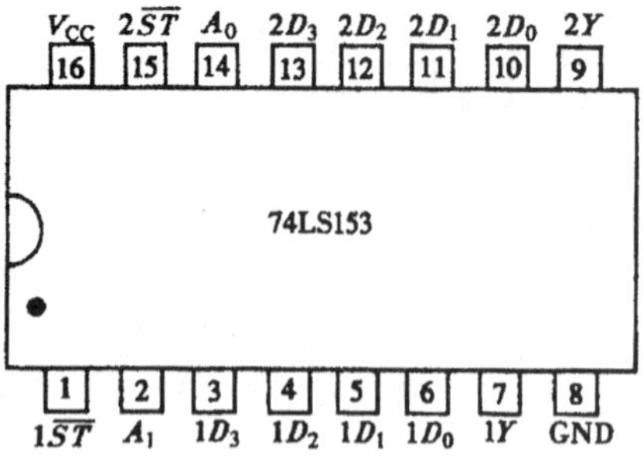

CT74LS153 双 4 选 1 数据选择器(有选通输入端)

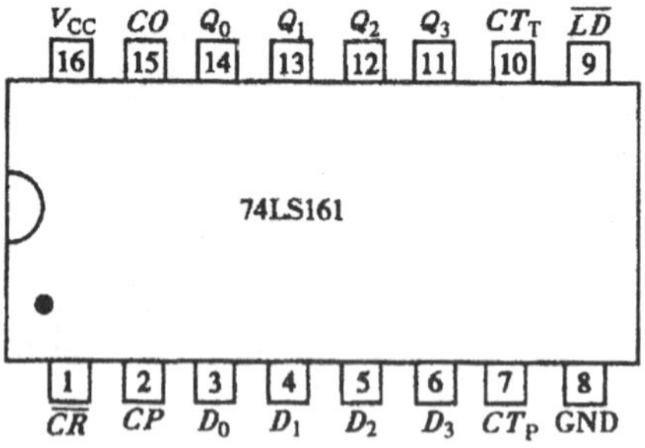

CT74LS161　4 位二进制同步计数器(异步清零)

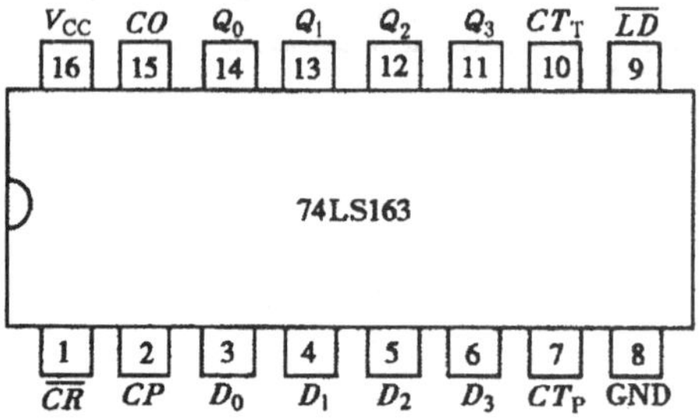

CT74LS163　4 位可预置二进制计数器

CT74LS163 功能表

输入									输出			
清零	使能		置数	时钟	数据							
$\overline{CR}$	CR_P	CT_T	$\overline{LD}$	CP	D_0	D_1	D_2	D_3	Q_0	Q_1	Q_2	Q_3
0	×	×	×	↑	×	×	×	×	0	0	0	0
1	×	×	0	↑	D_0	D_1	D_2	D_3	D_0	D_1	D_2	D_3
1	1	1	1	↑	×	×	×	×		计	数	
1	0	×	1	×	×	×	×	×		保	持	
1	×	0	1	×	×	×	×	×		保	持	

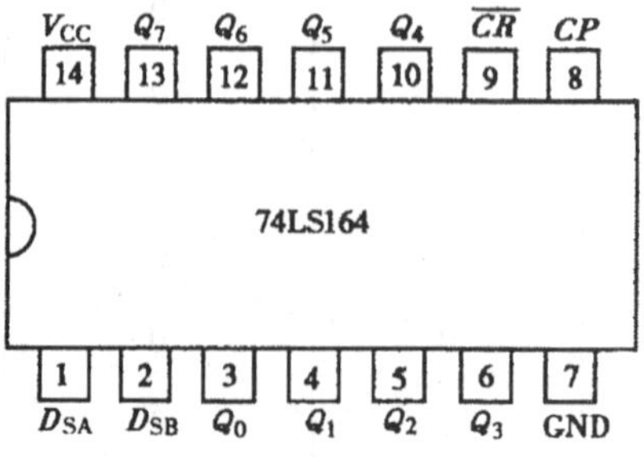

CT74LS164 8 位并行输出串行移位寄存器

CT74LS164 功能表

输入				输出		
$\overline{CR}$	CP	D_{SA}	D_{SB}	Q_0	Q_1 …	Q_7
0	×	×	×	0	0	0
1	0	×	×	Q_{00}	Q_{10}	Q_{70}
1	↑	1	1	1	Q_{0n}	Q_{6n}
1	↑	0	×	0	Q_{0n}	Q_{6n}
1	↑	×	0	0	Q_{0n}	Q_{6n}

注：1．↑：从低电平转换到高电平。

2．Q_{00}、Q_{10}、Q_{70}：在稳定输入条件建立之前，Q_0、Q_1和Q_7相应的电平。

3．Q_{0n}、Q_{6n}：在最近的时钟↑转换前Q_0或Q_6的电平，表示移一位。

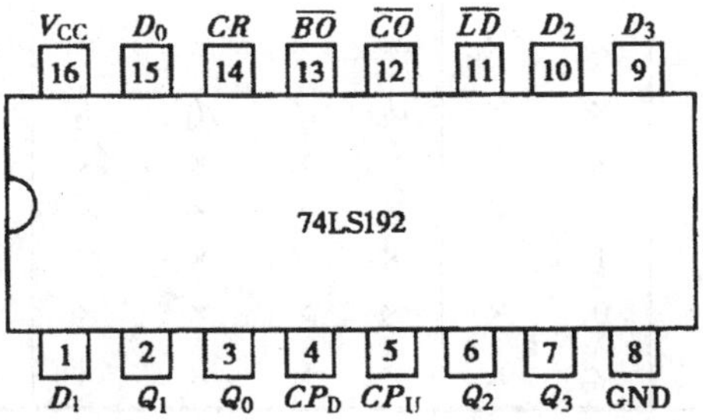

CT74LS192 同步可逆双时钟 BCD 计数器

CT74LS192 功能表

输入								输出			
清零	置数	加计数	减计数	数据				Q_0	Q_1	Q_2	Q_3
CR	$\overline{LD}$	CP_U	CP_D	D_0	D_1	D_2	D_3				
1	×	×	×	×	×	×	×	0	0	0	0
0	0	×	×	d_0	d_1	d_2	d_3	d_0	d_1	d_2	d_3
0	1	↑	1	×	×	×	×	递增计数			
0	1	1	↑	×	×	×	×	递减计数			
0	1	1	1	×	×	×	×	保　持			

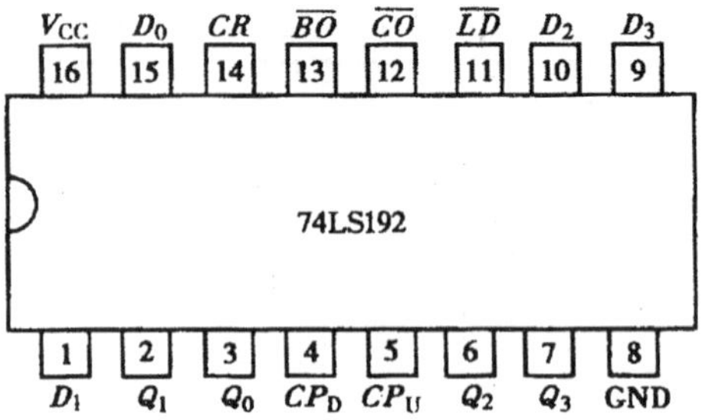

CT74LS194 4 位双向通用移位寄存器

CT74LS194

输入										输出			
清除	模式		时钟	串行		并行							
$\overline{CR}$	M_1	M_0	CP	D_{SL}	D_{SR}	D_0	D_1	D_2	D_3	Q_0	Q_1	Q_2	Q_3
0	×	×	×	×	×	×	×	×	×	0	0	0	0
1	×	×	0	×	×	×	×	×	×	Q_{00}	Q_{10}	Q_{20}	Q_{30}
1	1	1	↑	×	×	d_0	d_1	d_2	d_3	d_0	d_1	d_2	d_3
1	0	1	↑	×	1	×	×	×	×	1	Q_{0n}	Q_{1n}	Q_{2n}
1	0	1	↑	×	0	×	×	×	×	0	Q_{0n}	Q_{1n}	Q_{2n}
1	1	0	↑	1	×	×	×	×	×	Q_{1n}	Q_{2n}	Q_{3n}	1
1	1	0	↑	0	×	×	×	×	×	Q_{1n}	Q_{2n}	Q_{3n}	0
1	0	0	×	×	×	×	×	×	×	Q_{00}	Q_{10}	Q_{20}	Q_{30}

注：1. ↑：从低电平转换到高电平。

2. Q_{00}、Q_{10}、Q_{20}、Q_{30}：在规定的稳态输入条件建立之前，Q_0、Q_1、Q_2、Q_3 相应的电平。

3. Q_{0n}、Q_{1n}、Q_{2n}：在最近的时钟↑跳变前 Q_0、Q_1、Q_2 相应的电平。

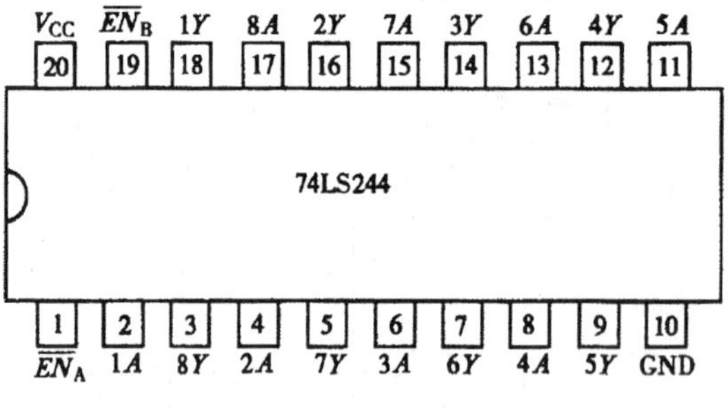

CT74LS244 八缓冲器（原码三态输出）

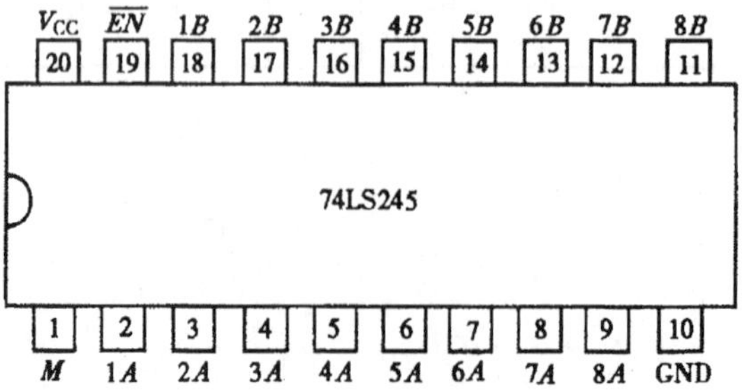

CT74LS245 八总线收发器（原码三态输出）

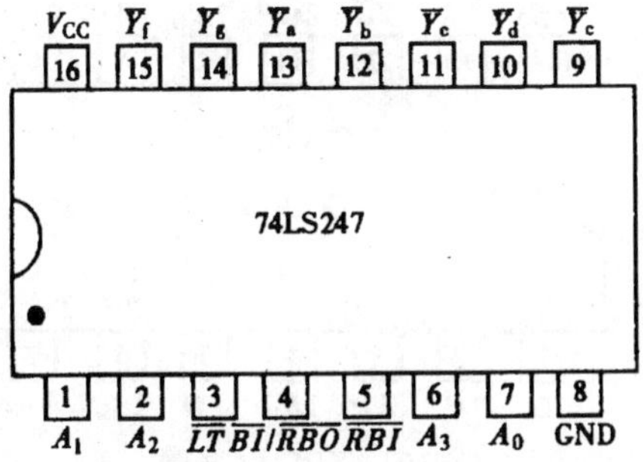

CT74LS274 4 线-七段译码器/驱动器

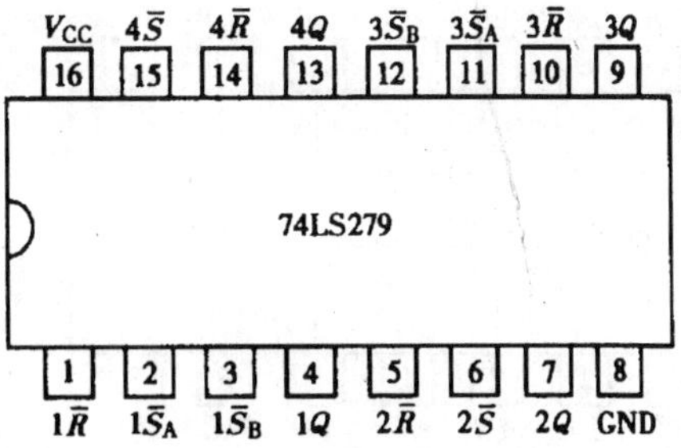

CT74LS279 四 $\overline{R}$-$\overline{S}$ 锁存器

CT74LS279 功能表

输入		输出
$\overline{S}$	$\overline{R}$	Q
1	1	Q_0
0	1	1
1	0	0
0	0	×

注：Q_0：规定的稳态输入条件建立前 Q 的电平

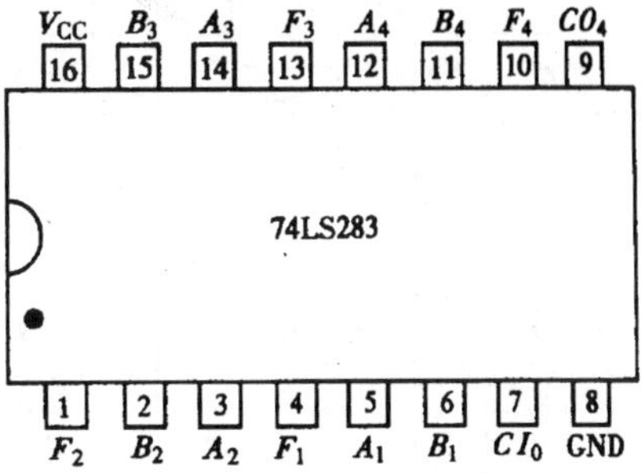

CT74LS283 4 位二进制超前进位全加器

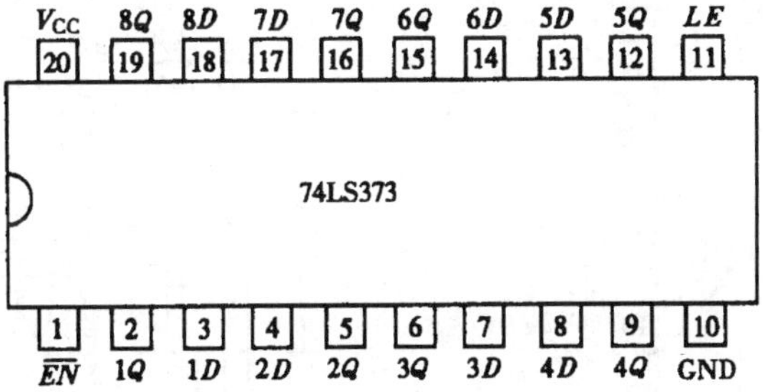

CT74LS373 八 D 锁存器

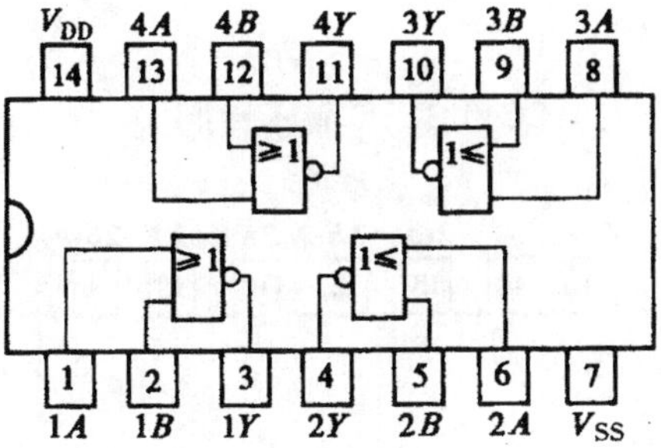

CC4001 四 2 输入或非门

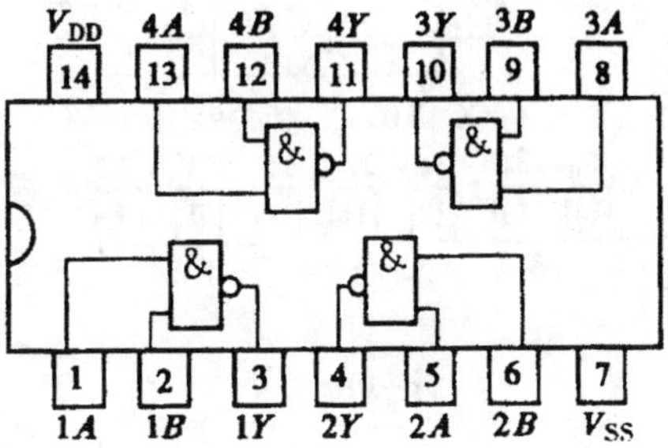

CC4011 四 2 输入与非门

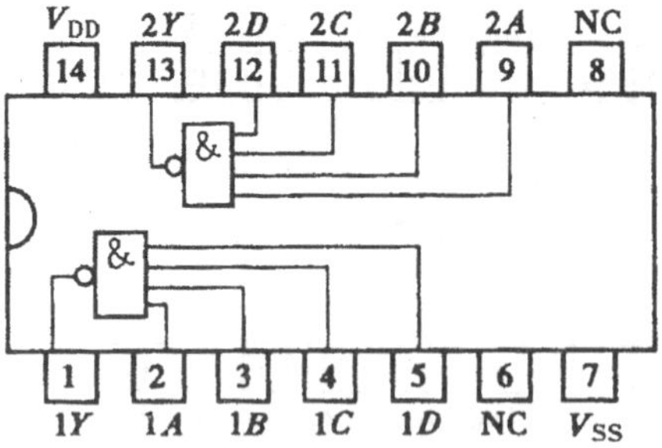

CC4012 双 4 输入与非门

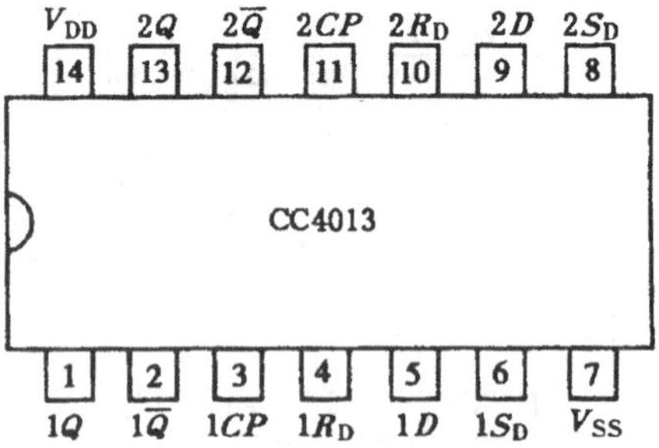

CC1013 双 D 触发器

CC4013 功能表

输入				输出	
R_D	S_D	D	CP	Q	$\overline{Q}$
0	1	×	×	1	0
1	0	×	×	0	1
1	1	×	×	0	1
0	0	0	↑	0	1
0	0	1	↑	1	0
0	0	×	↓	Q_0	$\overline{Q}_0$

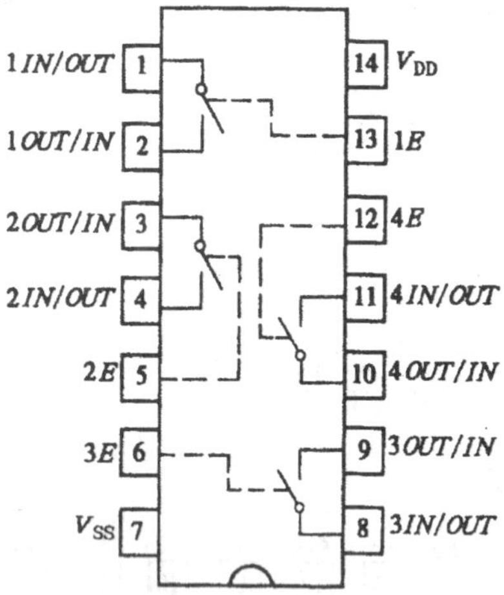

CC4016 四双向传输门

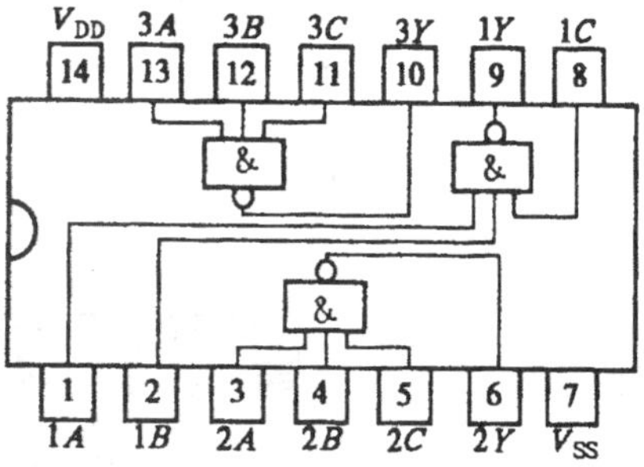

CC4023 三 3 输入与非门

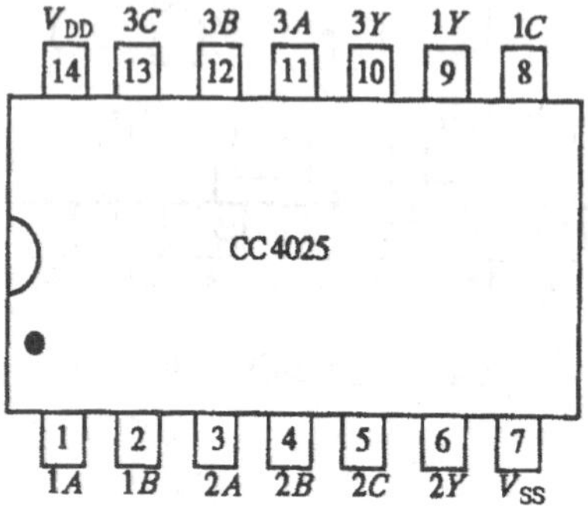

CC4025 三 3 输入或非门

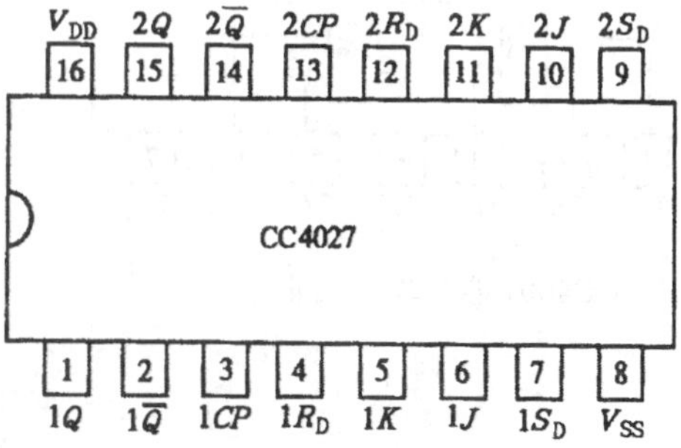

CC4027 双 JK 触发器

输入					输出	
R_D	S_D	J	K	CP	Q	$\overline{Q}$
0	1	×	×	×	1	0
1	0	×	×	×	0	1
1	1	×	×	×	0	1
0	0	0	0	↑	Q_0	$\overline{Q}_0$
0	0	0	1	↑	0	1
0	0	1	0	↑	1	0
0	0	1	1	↑	$\overline{Q}_0$	Q_0
0	0	×	×	↓	$\overline{Q}_0$	$\overline{Q}_0$

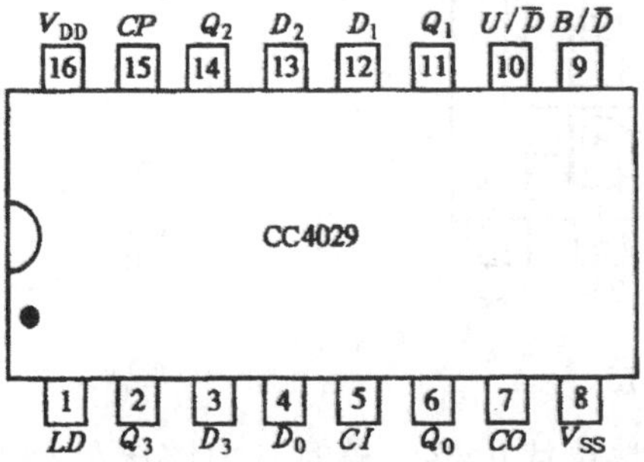

CC4029 4 位二进制/十进制加/减计数器（有预置）

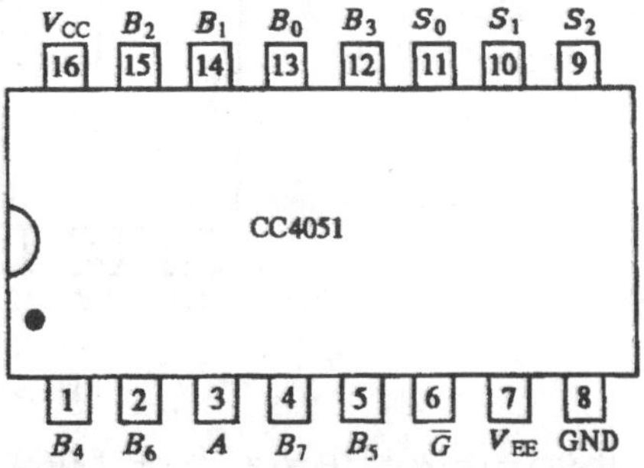

CC4051 模拟多路转换器/分配器（8 选 1 模拟开关）

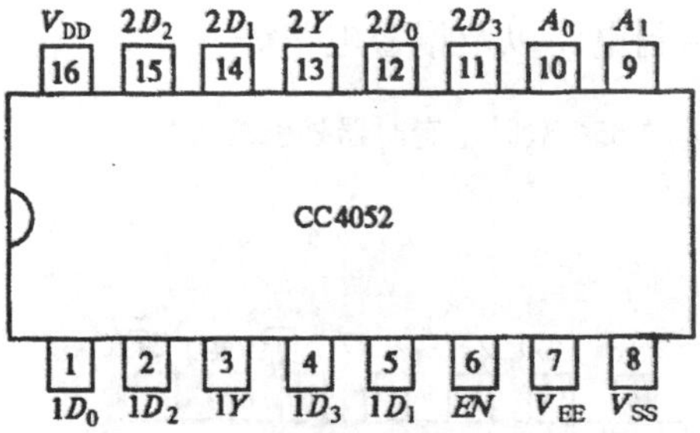

CC4052 双 4 选 1 多路转换开关

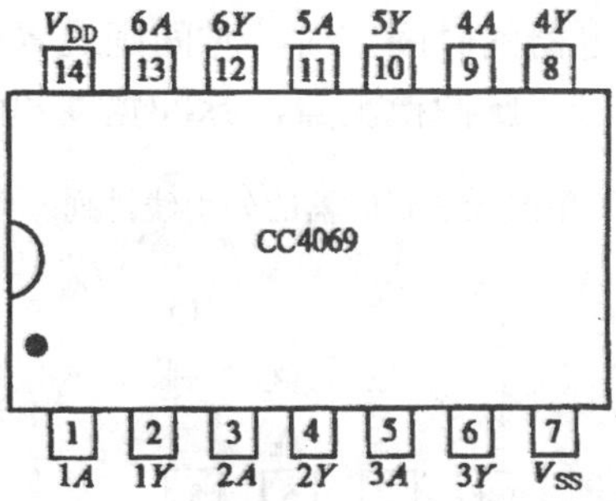

CC4069 六反相器

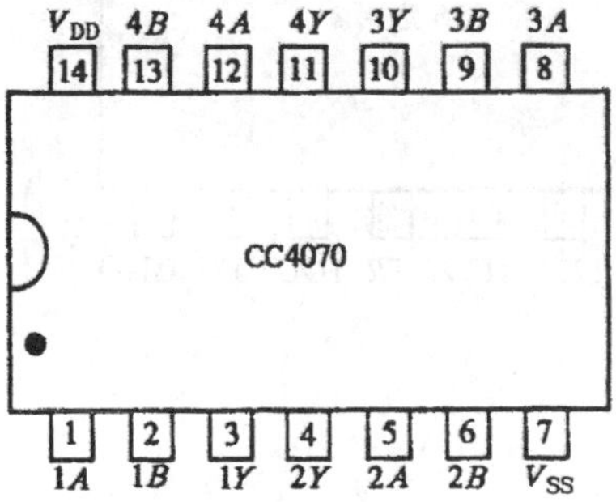

CC4070 四异或门

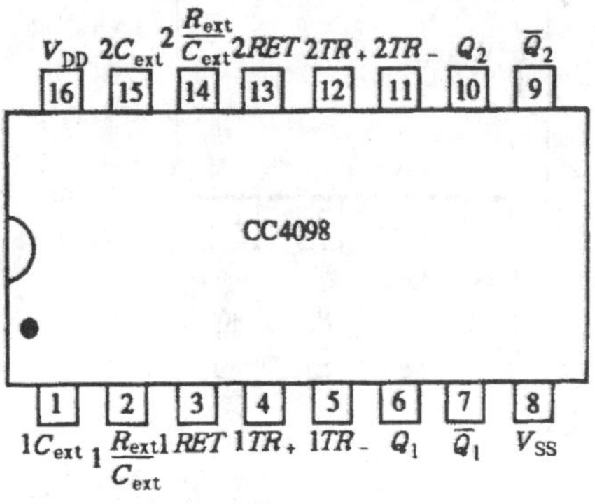

CC4098 双可重触发单稳态触发器（有清除）

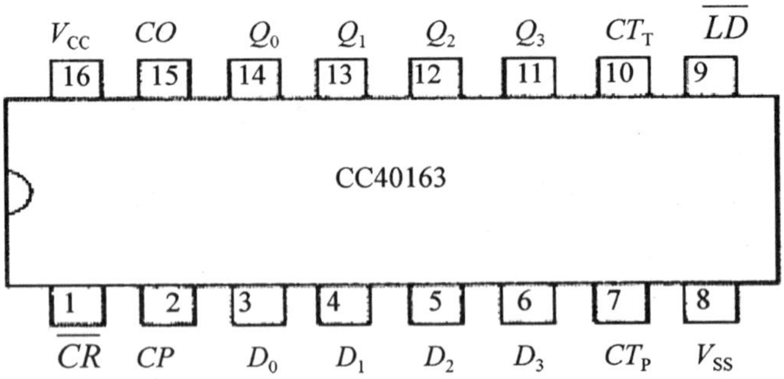

CC40163　4 位二进制同步计数器（同步清除）

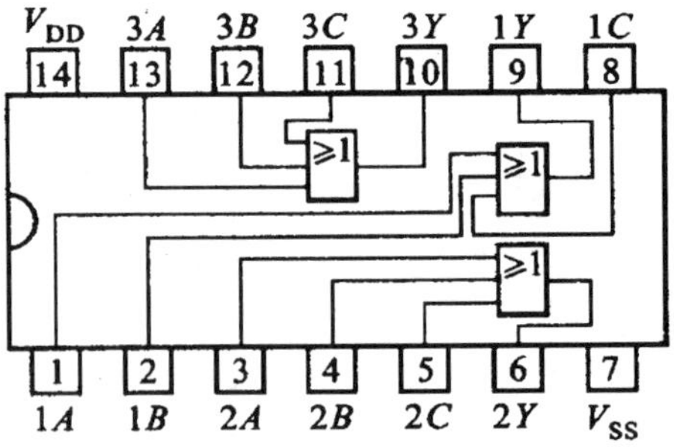

四-2 输入或门 CD4075

时基集成电路常用的有单时基集成电路和双时基集成电路。单时基电路国外型号有μA555、CA555、SE555、NE555、MCJ555 等。它被广泛应用于仪器仪表、自动化装置和各种民用电器的时间定时、时间延迟等电子控制电路，亦可做单稳态触发器、多谐振荡器、脉冲发生器、脉冲检测器、脉冲宽度和位置的调制电路以及报警电路等。

集成 555 定时器的外引线排列

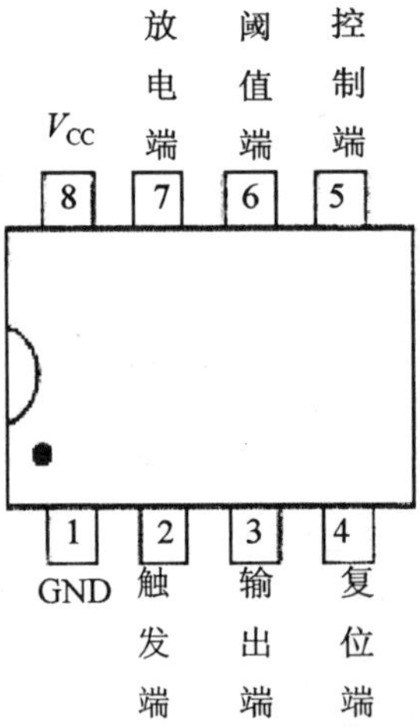

集成 556 双时基定时器外引线排列

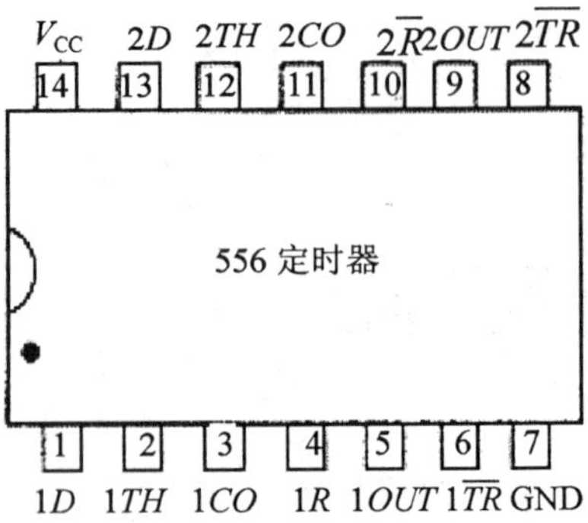

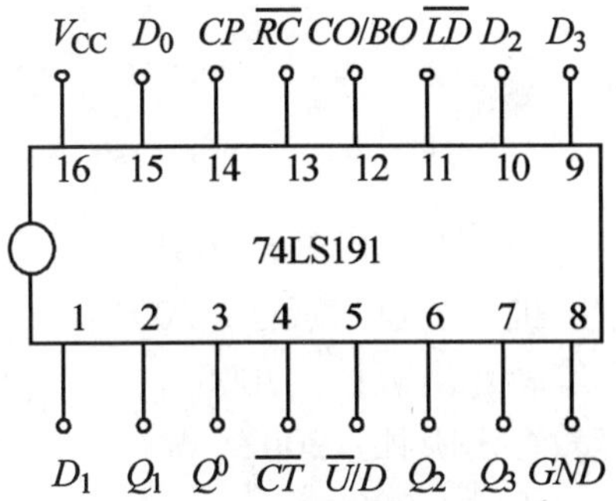

(a) 引脚排列图

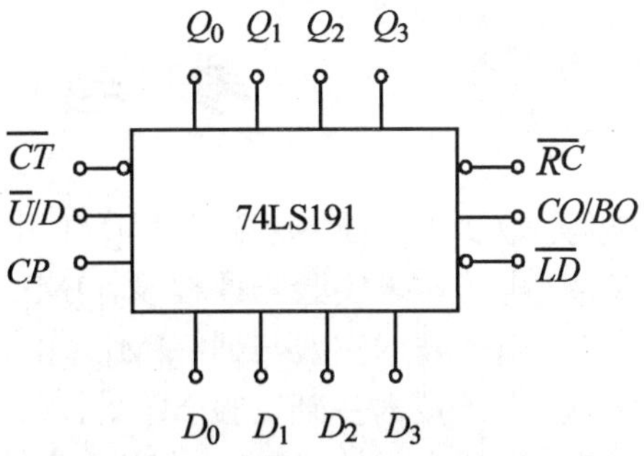

(b) 逻辑功能示意图

74LS191 十进制同步可逆计数器

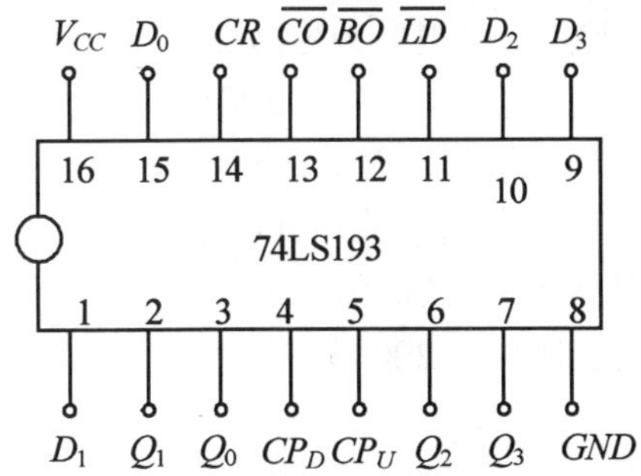

(a)引脚排列图

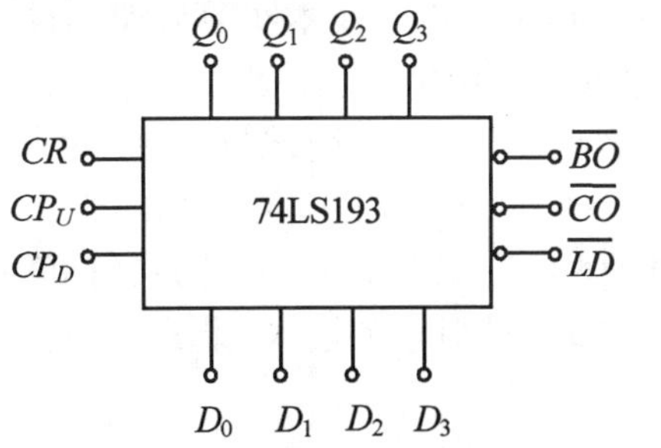

(b)逻辑功能示意图

74LS193 二进制同步可逆计数器

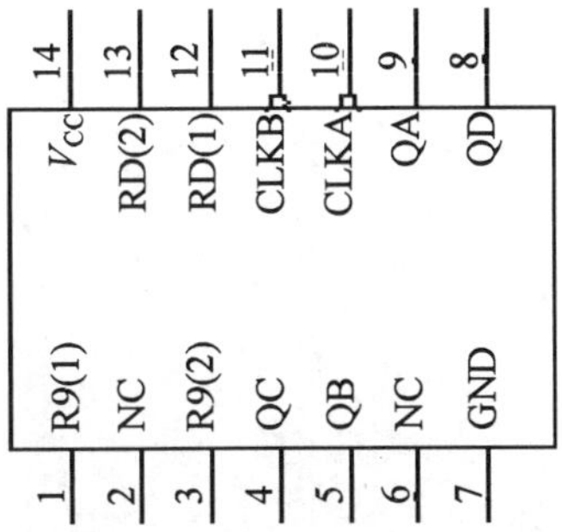

74LS290 二-五-十进制异步计数器

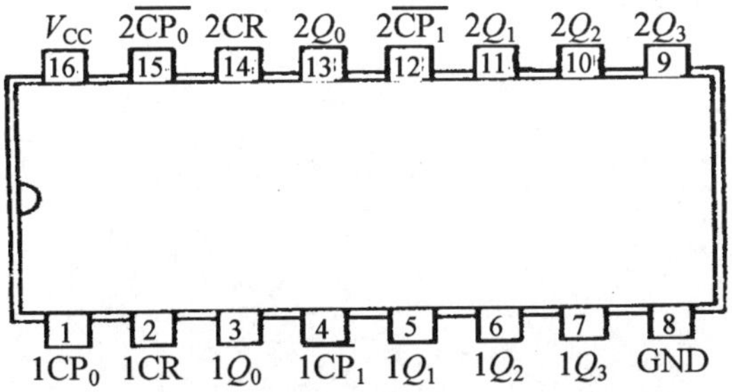

74LS390 74HC390 双四位十进制计数器

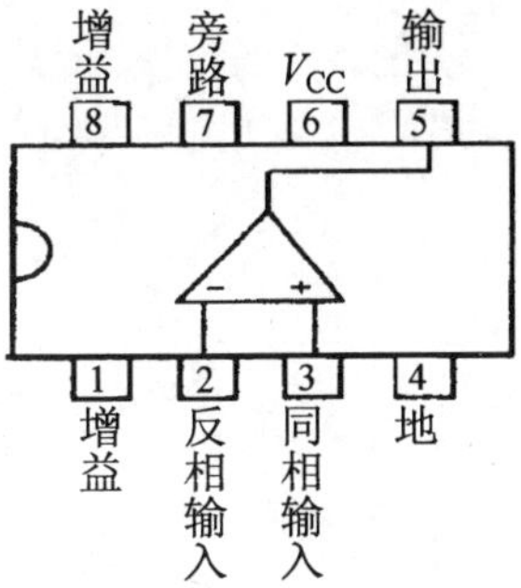

功率放大器 LM386

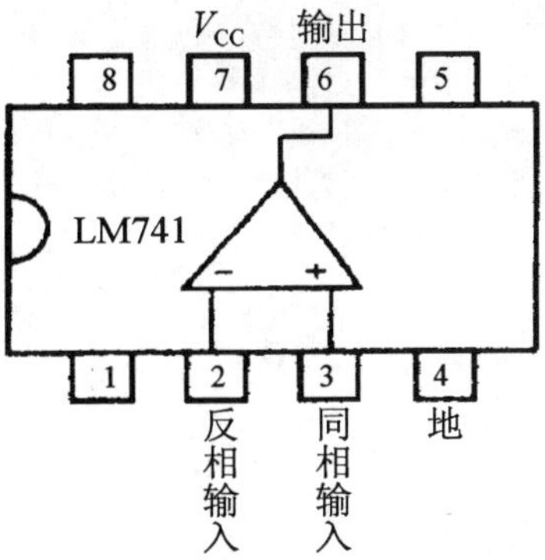

集成运算放大器 LM741

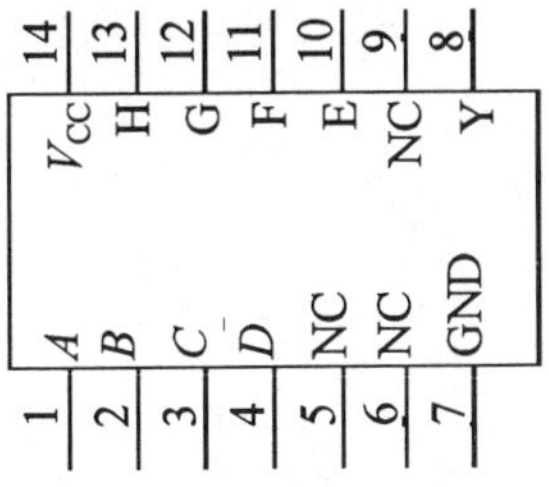

74LS55 4-4 输入与或非门

参 考 文 献

[1] 李强等. 数字电子技术基础教程[M]. 北京：电子工业出版社，2002

[2] 毕满清. 电子技术实验与课程设计[M]. 北京：机械工业出版社，2001

[3] 廖先芸. 电子技术实践与训练[M]. 北京：高等教育出版社，2000

[4] 陈大钦. 电子技术基础实验[M]. 北京：高等教育出版社，2002

[5] 杨志忠. 数字电子技术[M]. 北京：高等教育出版社，2000

[6] 陈小虎. 电工电子技术[M]. 北京：高等教育出版社，2002

[7] 石生. 电路基本分析[M]. 北京：高等教育出版社，2003

[8] 杨铮. 电工、电子技术实习与课程设计. 北京：中国电力出版社，2004

[9] 刘修文. 实用电子电路设计制作. 北京：中国电力出版社，2005

[10] 朱定华. 电子电路测试与实验. 北京：清华大学出版社，2004

[11] 路勇等. 电子电路实验及仿真. 北方：交通大学出版社，2004

[12] 胡宴如. 模拟电子技术. 北京：高等教育出版社，20002

[13] 刘吉来. 模拟电子技术. 北京：机械工业出版社，20005